普通高等学校
电类规划教材

“十三五”江苏省高等学校重点教材
（编号：2019-2-091）

信号处理教程

◎张玲华 编著

人 民 邮 电 出 版 社
北 京

图书在版编目（CIP）数据

信号处理教程 / 张玲华编著. -- 北京 : 人民邮电出版社, 2020.9
普通高等学校电类规划教材
ISBN 978-7-115-53521-4

Ⅰ. ①信… Ⅱ. ①张… Ⅲ. ①信号处理－高等学校－教材 Ⅳ. ①TN911.7

中国版本图书馆CIP数据核字(2020)第037468号

内容提要

本书全面系统地介绍了信号处理的主要理论和方法。全书共 7 章：第 1 章是全书的基础，介绍离散时间信号与系统，以及随机信号、估计理论的基本概念和基础知识；第 2 章介绍随机信号谱估计，包括古典谱、现代谱及高阶谱估计的理论、方法与应用；第 3 章、第 4 章介绍最优滤波与自适应滤波的基本概念、常用算法及典型应用；第 5 章、第 6 章介绍多抽样率信号处理与多分辨率信号处理（小波变换）的基础理论；第 7 章介绍人工神经网络的基本概念及信号处理领域常用的三种人工神经网络模型。

本书条理清晰、深入浅出，配有大量的例题，便于教学和自学。

本书可作为信息、电子、通信、自动化、计算机等学科领域高年级本科生教材或研究生教材，也可作为相关领域教师和科技人员的参考用书。

◆ 编　　著　张玲华
责任编辑　李　召
责任印制　王　郁　陈　犇
◆ 人民邮电出版社出版发行　　北京市丰台区成寿寺路 11 号
邮编　100164　　电子邮件　315@ptpress.com.cn
网址　https://www.ptpress.com.cn
三河市祥达印刷包装有限公司印刷
◆ 开本：787×1092　1/16
印张：19.5　　2020 年 9 月第 1 版
字数：477 千字　　2020 年 9 月河北第 1 次印刷

定价：59.80 元

读者服务热线：(010)81055256　印装质量热线：(010)81055316
反盗版热线：(010)81055315
广告经营许可证：京东市监广登字 20170147 号

前言

数字信号处理无论在理论上还是在工程应用中，都是发展最快的学科之一，并且其研究范围和应用领域还在不断地发展和扩大。

通过信号处理，往往可以达到以下两个目的。

一、对信号在时域及各种变换域内的特性进行分析，以便对信号有更清楚的认识。相关内容包括各种变换及谱分析等。

二、改善信号的性能。相关内容包括各种滤波，如最优滤波、自适应滤波等。

本书系统地介绍了信号处理的基本理论和方法。全书共 7 章，具体安排如下。

第 1 章为信号处理基础，系统介绍离散时间信号与系统的基本概念、性质、特点；介绍随机信号的基础知识，特别是白噪声过程和谐波过程这两种典型的随机过程，以及与随机信号处理相关的定理和方法；介绍估计的质量评价以及常用的数字特征的估计方法。

第 2 章为随机信号谱估计，系统介绍功率谱估计的方法，包括古典谱估计和现代谱估计；现代谱估计中重点介绍参数模型法谱估计，参数模型法谱估计中重点介绍 AR 模型法谱估计；简要介绍高阶谱及其估计。

第 3 章为最优滤波（包括两种常用的最优滤波：维纳滤波、卡尔曼滤波），首先介绍实现维纳滤波的三种结构即 FIR 维纳滤波器、联合过程估计、IIR 维纳滤波器；然后从 IIR 维纳滤波器引出卡尔曼滤波，并分析维纳滤波与卡尔曼滤波的异同。

第 4 章为自适应滤波，从最优滤波引出自适应滤波，重点介绍 FIR 自适应滤波器，简要介绍 IIR 自适应滤波器以及介于 FIR 和 IIR 之间的拉盖尔自适应滤波器；基于 FIR 自适应滤波器介绍自适应算法，重点介绍最小均方算法和递归最小二乘算法，进行性能分析和仿真比较；介绍自适应滤波器的典型应用。

第 5 章为多抽样率信号处理与滤波器组，介绍多抽样率信号处理的基础知识，包括抽取与插值，多相分解的概念、性质与应用；介绍滤波器组的基本概念和常用的滤波器组，重点讨论两通道滤波器组；基于两通道滤波器组介绍信号的理想重建和实现方案。

第 6 章为小波变换，从傅里叶变换和短时傅里叶变换引出小波变换的概念，分析小波变换的性质特点；介绍常用的小波函数、小波反变换、离散小波变换、多分辨率分析和小波变换的快速算法——Mallat 算法。

第 7 章为人工神经网络，简要介绍人工神经网络的工作机制和基本组成；重点介绍信号处理领域常用的三种人工神经网络模型即多层前向神经网络、自组织神经网络、霍普菲尔德神经网络；基于这三种模型，介绍人工神经网络的结构特点、学习算法和典型应用。

与国内出版的同类教材相比，本书具有如下特点。

一、脉络清晰，条理性强。重视课程的顶层设计，按照由上至下的方式组织教学内容；更加注重与先修课程的关系，从学生已掌握的知识引出新内容，突出各知识点之间的关联，理清脉络，增强教学内容的条理性。

二、深入浅出，可读性强。用问题分析配合数学推导，建立物理概念与数学公式的联系，帮助学生理解数学方法所解决的实际问题；同时，配有大量的例题与仿真结果，深入浅出，富有启发性，有利于学生理解其中的理论和算法、巩固所学知识，适合教学与自学。

三、案例丰富，实用性强。结合应用案例介绍相关方法，例如，结合语音信号参数编码介绍参数模型、结合自适应差分脉码调制（ADPCM）介绍线性预测等，将抽象的理论与实际应用相结合，既有利于学生掌握理论，也有利于培养学生解决实际问题的能力，激发学生学习兴趣。

四、内容优化，系统性强。充分吸收、融合本学科国内外优质教学资源，教学内容更加丰富饱满，使学生在有限的学时内更系统、更全面地掌握相关知识和成果，同时也更加符合人工智能时代对该课程的要求。

本书的编写遵从教学规律和认知规律，体现以学生为中心的宗旨，希望本书的出版能够给广大读者带来帮助。

本书参考或引用了一些文献中的思路和例题，在此向有关作者表示感谢！

限于作者水平，书中可能存在不妥之处，欢迎广大读者批评指正。

编　者

2020 年 1 月

目录

第 1 章 信号处理基础

1.1 离散时间信号与系统

对模拟信号进行数字处理，信号必须经过模/数（A/D）转换。首先通过采样将模拟信号转换成离散时间信号（时间离散、幅度连续），再通过量化将离散时间信号转换成数字信号（时间和幅度都离散）。其中采样是线性过程，量化是非线性过程。对线性变换已经有一套完整的、简便有效的数学分析方法，而对非线性变换的描述手段却少得多，而且复杂和不够精确，所以，研究数字信号处理的理论体系都是建立在离散时间信号与系统上的，即暂不考虑量化的影响。

1.1.1 离散时间信号

1．序列

对模拟信号 $x(t)$ 进行等间隔时域采样，如果采样间隔为 T，则该离散时间信号在模拟时间系统中表示为 $x(nT)$，而在离散时间系统中表示为序列 $x(n)$，其中，序号 n 为整型变量，第 n 项的序列值 $x(n)$ 表示信号的第 n 个样值（采样值），它是连续数值（模拟量）。例如，某离散时间信号表示为

$$x(n)=\{-3.5,-2,-1.2,0\}\,,\quad n=0,1,2,3$$

离散时间信号用序列表示，但序列不一定代表时间序列，也可以表示频域、相关域等其他域上的一组有序数，如离散傅里叶变换序列 $X(k)$、自相关函数序列 $R(m)$ 等。

下面先介绍几种常用的典型序列。

（1）单位脉冲序列 $\delta(n)$

$$\delta(n)=\begin{cases}1, & n=0\\ 0, & n\neq 0\end{cases}$$

该序列只在 $n=0$ 处有一个单位值 1，其余点上的序列值皆为 0，因此也称为“单位采样序列”，如图 1.1 所示。该序列与模拟信号中的单位冲激信号 $\delta(t)$ 类似。但是，$\delta(t)$ 是一种数学的极限，并不是现实的信号，其脉宽为 0，在 $t=0$ 处的幅度为 ∞，只是其积分为 1。而 $\delta(n)$ 却是一个现实的序列，它的脉冲幅度是 1，是一个有限值。

（2）单位阶跃序列 $u(n)$

$$u(n)=\begin{cases}1, & n\geqslant 0\\ 0, & n<0\end{cases}$$

该序列类似于模拟信号中的单位阶跃信号 $u(t)$，但是 $u(n)$ 在 $n=0$ 处有确定的取值 $u(0)=1$，如图 1.2 所示。

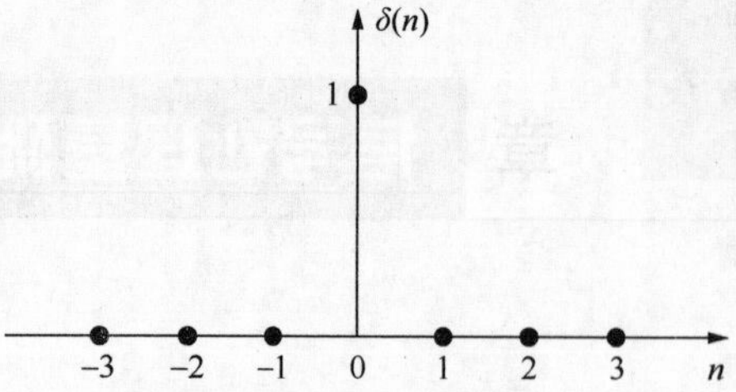

图 1.1　单位脉冲序列 $\delta(n)$

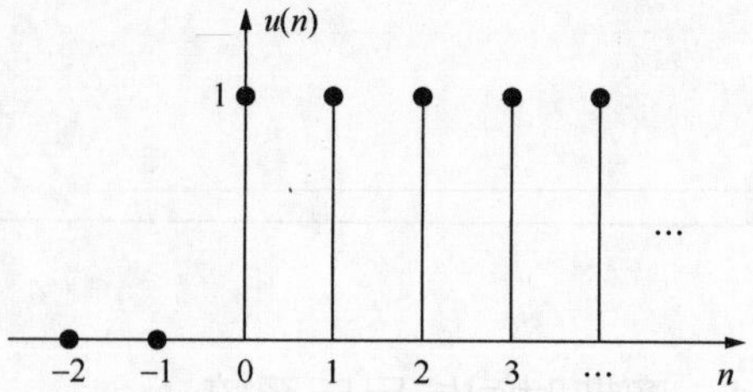

图 1.2　单位阶跃序列 $u(n)$

（3）矩形序列 $R_N(n)$

$$R_N(n)=\begin{cases}1, & 0\leqslant n\leqslant N-1\\ 0, & \text{其他}n\end{cases}$$

该序列从 $n=0$ 开始，含有 N 个幅度为 1 的数值，其余项都为 0，序列的包络是一个矩形，如图 1.3 所示。不难看出，以上 3 种序列间有以下关系：

$$u(n)=\sum_{k=-\infty}^{n}\delta(k)$$

$$\delta(n)=u(n)-u(n-1)$$

$$R_N(n)=u(n)-u(n-N)$$

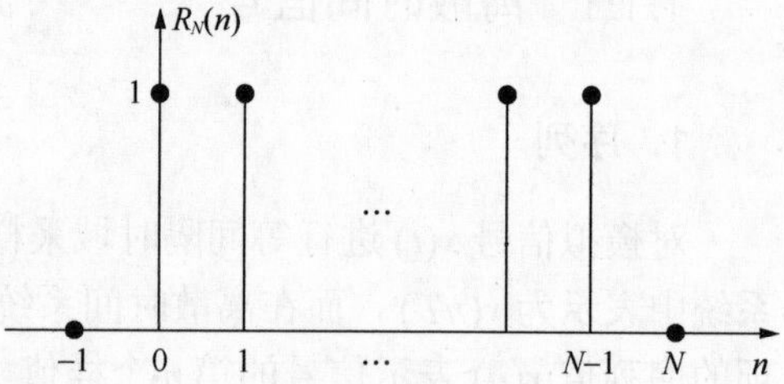

图 1.3　矩形序列 $R_N(n)$

（4）实指数序列

$$x(n)=a^n u(n)$$

即

$$x(n)=\begin{cases}a^n, & n\geqslant 0\\ 0, & n<0\end{cases}$$

式中 a 为实数：当 $|a|>1$ 时序列发散；当 $|a|<1$ 时序列收敛；当 a 为负数时，序列值正负摆动，如图 1.4 所示。

（5）复指数序列

$$x(n)=\mathrm{e}^{(\sigma+\mathrm{j}\omega_0)n}$$

其指数是复数（或纯虚数），在直角坐标系中可写成

$$x(n)=\mathrm{e}^{\sigma n}(\cos\omega_0 n+\mathrm{j}\sin\omega_0 n)=\mathrm{e}^{\sigma n}\cos\omega_0 n+\mathrm{j}\mathrm{e}^{\sigma n}\sin\omega_0 n$$

在极坐标系中可写成

$$x(n) = |x(n)|\,\mathrm{e}^{\mathrm{j}\arg[x(n)]} = \mathrm{e}^{\sigma n} \cdot \mathrm{e}^{\mathrm{j}\omega_0 n}$$

这里，模 $|x(n)| = \mathrm{e}^{\sigma n}$，辐角 $\arg[x(n)] = \omega_0 n$。

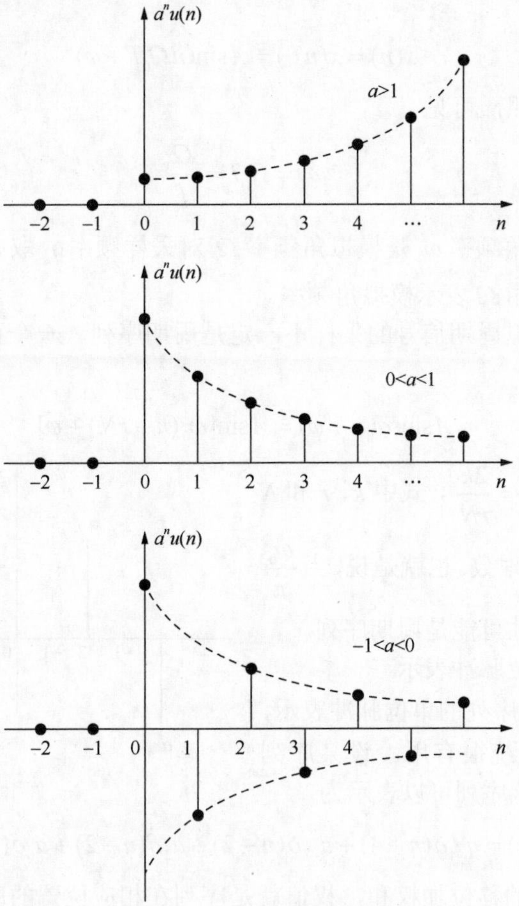

图 1.4　实指数序列

（6）正弦序列

$$x(n) = A\sin(\omega_0 n + \varphi) \tag{1.1.1}$$

式（1.1.1）中，幅值 A、初相角 φ 的含义与模拟正弦信号相同，ω_0 是正弦序列的数字角频率，它与模拟正弦信号的角频率是不同的概念。模拟正弦信号的角频率单位是 rad/s，此处 ω_0 的单位是 rad，表示相邻两个样值间弧度的变化量。正弦序列如图 1.5 所示。

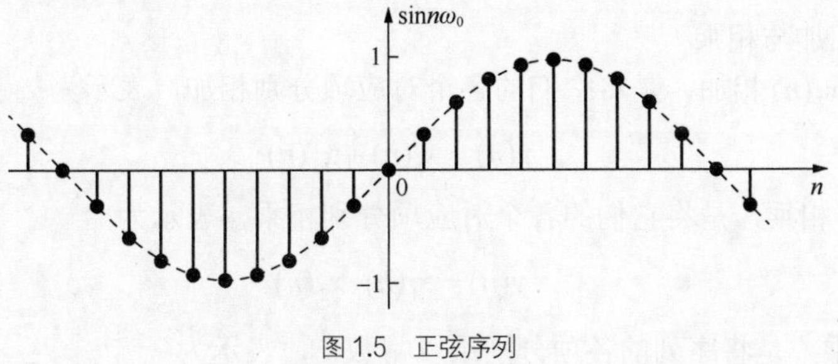

图 1.5　正弦序列

对模拟正弦信号进行采样可以得到正弦序列。例如，模拟正弦信号为

$$x(t) = A\sin(\Omega_0 t + \varphi)$$

它的采样值为

$$x(n) = x(nT) = A\sin(n\Omega_0 T + \varphi)$$

将上式与式（1.1.1）对照，可见

$$\omega_0 = \Omega_0 T = \frac{\Omega_0}{f_s} \tag{1.1.2}$$

式（1.1.2）表明，数字角频率 ω_0 是模拟角频率 Ω_0 对采样频率 f_s 取归一化的值。本书中一律用 ω 表示数字角频率，用 Ω 表示模拟角频率。

需要指出的是，模拟周期信号的采样不一定是周期序列。一个正弦序列是周期序列必须满足条件

$$A\sin(\omega_0 n + \varphi) = A\sin[\omega_0(n + rN) + \varphi]$$

即满足 $\omega_0 rN = 2k\pi$ 或 $\dfrac{\omega_0}{\pi} = \dfrac{2k}{rN}$，式中 k、r 和 N 都是整数，所以 $\dfrac{2k}{rN}$ 是有理数。也就是说，当 $\dfrac{\omega_0}{\pi}$ 为有理数时，正弦序列才可能是周期序列。

（7）任意序列的单位脉冲表示

最后，讨论一种任意序列的单位脉冲表示，这种表示对分析线性系统很有用。设某序列 $x(n)$ 如图 1.6 所示，则该序列可以表示为

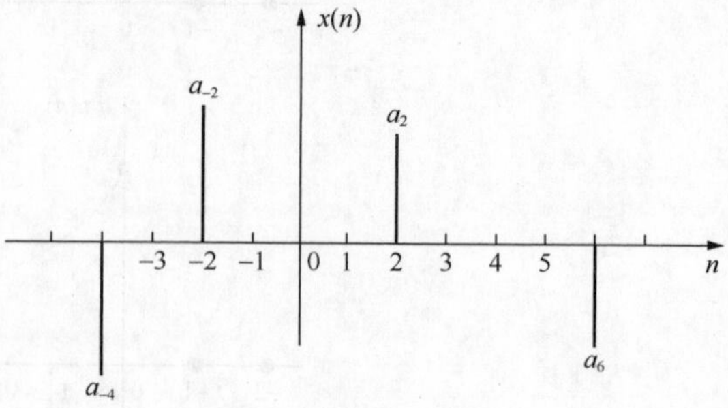

图 1.6　序列 $x(n)$

$$x(n) = a_{-4}\delta(n+4) + a_{-2}\delta(n+2) + a_2\delta(n-2) + a_6\delta(n-6)$$

即表示为单位脉冲序列的移位加权和，权值就是序列在相应位置的序列值。不失一般性，用 $x(m)$ 表示序号为 m 时的序列值，则序列 $x(n)$ 可以表示为

$$x(n) = \sum_{m=-\infty}^{\infty} x(m)\delta(n-m) \tag{1.1.3}$$

2. 序列的运算

在数字信号处理中，对信号的处理是通过序列之间的运算完成的。接下来，对处理中经常涉及的运算做简要介绍。

（1）序列的相加与相乘

序列 $x_1(n)$、$x_2(n)$ 相加，是将它们的各个对应项分别相加，表示为

$$y(n) = x_1(n) + x_2(n)$$

序列 $x_1(n)$、$x_2(n)$ 相乘，是将它们的各个对应项分别相乘，表示为

$$y(n) = x_1(n) \cdot x_2(n)$$

序列与常数 C 相乘，是将序列的各项分别乘以常数 C，表示为

$$y(n)=Cx(n)$$

（2）序列的移位

如果

$$y(n)=x(n-m)$$

那么，$y(n)$ 是整个 $x(n)$ 在时间轴上右移 m 个采样周期所得的新序列。如果

$$y(n)=x(n+m)$$

那么，$y(n)$ 是整个 $x(n)$ 在时间轴上左移 m 个采样周期所得的新序列。

（3）序列的线性卷积

序列 $x(n)$、$y(n)$ 的线性卷积定义为

$$w(n)=x(n)*y(n)=\sum_{m=-\infty}^{\infty}x(m)y(n-m) \tag{1.1.4}$$

如果序列 $x(n)$、$y(n)$ 的长度分别为 M、N，则式（1.1.4）中 $x(m)$ 的非零区间为

$$0\leqslant m\leqslant M-1$$

$y(n-m)$ 的非零区间为

$$0\leqslant n-m\leqslant N-1$$

$w(n)$ 的非零区间应是使 $x(m)$ 和 $y(n-m)$ 同时不为 0 的 n 的取值范围，也就是使上面两式同时成立的 n，应为

$$0\leqslant n\leqslant M+N-2 \tag{1.1.5}$$

即长度为 $M+N-1$。显然，如果两序列中有一个是无限长序列，则卷积结果就是无限长序列。

根据线性卷积的定义式（1.1.4）可以看出，式（1.1.3）表示的是线性卷积运算，即

$$x(n)=x(n)*\delta(n)=\sum_{m=-\infty}^{\infty}x(m)\delta(n-m) \tag{1.1.6}$$

也就是说，**任意序列与单位脉冲序列的线性卷积等于序列本身**。该结论在后续章节会经常用到。

线性卷积运算具有交换律和结合律，即

$$x(n)*y(n)=y(n)*x(n)$$

$$y(n)*[x_1(n)+x_2(n)]=y(n)*x_1(n)+y(n)*x_2(n)$$

按照线性卷积的定义式（1.1.4），线性卷积的运算分四个步骤：翻褶、移位、相乘、相加。

例 1.1.1 已知序列

$$x(n)=3\delta(n)+2\delta(n-1)+\delta(n-2)$$

$$y(n)=2\delta(n)+\delta(n-1)+\delta(n-2)$$

求：$w(n)=x(n)*y(n)$。

解： $w(n)=x(n)*y(n)=\sum_{m=-\infty}^{\infty}x(m)y(n-m)$

可以将运算过程表示如下。

m	…	−3	−2	−1	0	1	2	3	4	5	…	$w(n)$
$x(m)$					3	2	1					
$y(m)$					2	1	1					
$y(-m)$			1	1	2							$w(0)=2\times3=6$
$y(1-m)$				1	1	2						$w(1)=1\times3+2\times2=7$
$y(2-m)$					1	1	2					$w(2)=1\times3+1\times2+2\times1=7$
$y(3-m)$						1	1	2				$w(3)=1\times2+1\times1=3$
$y(4-m)$							1	1	2			$w(4)=1\times1=1$
$y(5-m)$								1	1	2		$w(5)=0$

其中，$y(-m)$是将$y(m)$以$m=0$为轴翻转，称为翻褶；$y(1-m)$是将$y(-m)$向右平移1位，$y(2-m)$是将$y(1-m)$再向右平移1位，以此类推。例1.1.1中两序列长度都是3，卷积后总长度应是$L=3+3-1=5$，$0\leqslant n\leqslant4$。从表格中可以看出，从$w(5)$开始，卷积结果总是为0。所以两序列的线性卷积为

$$w(n)=6\delta(n)+7\delta(n-1)+7\delta(n-2)+3\delta(n-3)+\delta(n-4)$$

或表示为

$$w(n)=\{6,7,7,3,1\}，\quad 0\leqslant n\leqslant4$$

1.1.2 离散时间系统

离散时间系统可以用图1.7来表示，它的输入是一个序列，输出也是一个序列。因此，离散时间系统的本质是将输入序列转变为输出序列的一种运算，图中的$\mathrm{T}[\cdot]$用来表示这个运算关系，即

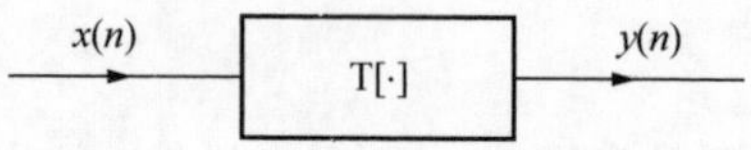

图1.7　离散时间系统

$$y(n)=\mathrm{T}[x(n)]$$

下面对离散时间系统中最常用的线性离散时间系统和移不变离散时间系统做简单介绍，并讨论线性离散时间系统和移不变离散时间系统的时域描述。

1．线性离散时间系统

一个离散时间系统，如果在输入为$x_1(n)$和$x_2(n)$时的输出分别为$y_1(n)$和$y_2(n)$，即

$$y_1(n)=\mathrm{T}[x_1(n)]，\quad y_2(n)=\mathrm{T}[x_2(n)]$$

而系统在输入为$ax_1(n)+bx_2(n)$的情况下的输出是$ay_1(n)+by_2(n)$，这样的系统就是线性离散时间系统，简称线性系统。线性系统满足叠加性和齐次性，可以表示为

$$\begin{aligned}\mathrm{T}[ax_1(n)+bx_2(n)]&=\mathrm{T}[ax_1(n)]+\mathrm{T}[bx_2(n)]\\&=a\mathrm{T}[x_1(n)]+b\mathrm{T}[x_2(n)]\\&=ay_1(n)+by_2(n)\end{aligned}$$

2．移不变离散时间系统

一个离散时间系统，如果系统的运算关系$\mathrm{T}[\cdot]$不随时间变化，则系统称为移不变离散时间

系统或时不变离散时间系统。也就是说，如果 $\mathrm{T}[x(n)] = y(n)$，那么对任意整数 n_0 有

$$\mathrm{T}[x(n-n_0)] = y(n-n_0)$$

可以看出，对移不变离散时间系统，系统的输出序列随输入序列的移位而移位，但形状不变。

既满足线性，又满足移不变条件的系统称为线性移不变离散时间系统或线性时不变离散时间系统。这是一种最常用也最易于理论分析的系统。如不另加说明，本书后面章节讨论的系统都是线性移不变离散时间系统。

3．系统的单位脉冲响应

线性移不变离散时间系统可以用系统的单位脉冲响应来描述。单位脉冲响应是系统在单位脉冲序列 $\delta(n)$ 激励下的响应，用 $h(n)$ 表示，即

$$h(n) = \mathrm{T}[\delta(n)]$$

由单位脉冲响应 $h(n)$，可以求出系统在任意输入时的输出。因为任何输入序列都可以表示为单位脉冲序列的移位加权和（式（1.1.3）），即

$$x(n) = \sum_{m=-\infty}^{\infty} x(m)\delta(n-m)$$

当输入为 $x(n)$ 时系统的输出为

$$y(n) = \mathrm{T}[x(n)] = \mathrm{T}\left[\sum_{m=-\infty}^{\infty} x(m)\delta(n-m)\right]$$

因为系统是线性的，所以

$$y(n) = \sum_{m=-\infty}^{\infty} \mathrm{T}[x(m)\delta(n-m)] = \sum_{m=-\infty}^{\infty} x(m)\mathrm{T}[\delta(n-m)] \tag{1.1.7}$$

因为系统是移不变的，所以

$$\mathrm{T}[\delta(n-m)] = h(n-m)$$

将其代入式（1.1.7），得

$$y(n) = \sum_{m=-\infty}^{\infty} x(m)h(n-m) = x(n) * h(n) \tag{1.1.8}$$

式（1.1.8）表明，**线性移不变离散时间系统的输出等于输入序列与系统单位脉冲响应的线性卷积**。

4．系统的差分方程

除了系统的单位脉冲响应 $h(n)$，线性移不变离散时间系统还可以用常系数线性差分方程来描述，其一般形式为

$$y(n) = \sum_{i=0}^{N} b_i x(n-i) + \sum_{i=1}^{N} a_i y(n-i) \tag{1.1.9}$$

所谓常系数，是指系数 b_i 和 a_i 是与序号 n 无关的常数，这正是“移不变”特性的体现；所谓

线性，是指 $x(n-i)$ 、$y(n-i)$ 各项均是一次项，没有高次项，也不存在它们的相乘项，符合系统的线性特性。

差分方程可以看成是一个递推公式，结合初始条件可以递推求出系统在给定输入下的瞬态解。初始条件反映了系统的初始状态。如果系统不是零状态，那么即使没有输入，系统也会有输出，这就是系统的零输入响应，是由系统的初始储能所产生的响应。假设系统为零状态，也就是系统初始不储能，那么系统在输入激励下的输出就是零状态响应。系统的完全响应由零输入响应和零状态响应两部分组成。下面以最简单的一阶差分方程为例来求系统的瞬态解。

例 1.1.2 已知一阶差分方程为

$$y(n)=1.5x(n)+0.5y(n-1) \tag{1.1.10}$$

初始条件为当 $n<0$ 时 $y(n)=0$，求该系统在输入为 $\delta(n)$ 时的瞬态解。

解： 递推求瞬态解只需要从 $n=0$ 开始，因为 $n=0$ 以前的输出已经由初始条件给出了。先由初始条件及输入求 $y(0)$ 的值，然后递推。

$$\begin{aligned}
&y(0)=1.5x(0)+0.5y(-1)=1.5\delta(0)=1.5\\
&y(1)=1.5x(1)+0.5y(0)=0.5y(0)=0.5\times1.5\\
&y(2)=1.5x(2)+0.5y(1)=0.5y(1)=0.5^2\times1.5\\
&y(3)=1.5x(3)+0.5y(2)=0.5y(2)=0.5^3\times1.5\\
&\qquad\vdots
\end{aligned}$$

递推下去可以得到通式

$$y(n)=h(n)=1.5\times0.5^n u(n)$$

如果初始条件改为当 $n>0$ 时 $y(n)=0$，可以将式（1.1.10）写成递推公式

$$y(n-1)=2[y(n)-1.5x(n)]$$

此时

$$\begin{aligned}
&y(0)=2[y(1)-1.5x(1)]=0\\
&y(-1)=2[y(0)-1.5x(0)]=-2\times1.5\\
&y(-2)=2[y(-1)-1.5x(-1)]=2y(-1)=-2^2\times1.5\\
&y(-3)=2[y(-2)-1.5x(-2)]=2y(-2)=-2^3\times1.5\\
&\qquad\vdots\\
&y(-n)=-2^n\times1.5
\end{aligned}$$

可以得到通解为

$$y(n)=-1.5\times(\frac{1}{2})^n u(-n-1)$$

离散时间系统的差分方程与模拟系统的微分方程类似，是一种时域分析工具。为了更便于分析离散时间系统的稳定性及频响等特性，还需要寻求一种像模拟系统中拉氏变换那样有

力的工具，这个工具对离散时间系统来说就是 Z 变换。

1.1.3 Z 变换与系统函数

1. Z 变换

一个离散序列 $x(n)$ 的 Z 变换定义为

$$X(z)=Z[x(n)]=\sum_{n=-\infty}^{\infty}x(n)z^{-n} \tag{1.1.11}$$

这是一个以 z 为变量的函数。z 是复变量，它是一个以其实部为横坐标、虚部为纵坐标的平面上的变量，这个平面也称为 z 平面。

下面举两个序列 Z 变换的例子。

（1） $x(n)=\delta(n)$

$$X(z)=\sum_{n=-\infty}^{\infty}x(n)z^{-n}=\sum_{n=-\infty}^{\infty}\delta(n)z^{-n}=\delta(0)=1$$

可见，单位脉冲序列的 Z 变换是单位常数。

（2） $x(n)=u(n)$

$$X(z)=\sum_{n=-\infty}^{\infty}x(n)z^{-n}=\sum_{n=-\infty}^{\infty}u(n)z^{-n}=\sum_{n=0}^{\infty}z^{-n}$$

这是一个等比因子为 z^{-1} 的无穷等比级数，当 $|z^{-1}|\geqslant 1$ 时级数是发散的，只有当 $|z^{-1}|<1$ 时级数才收敛，$X(z)$ 才存在。这时无穷级数可以用封闭形式即解析函数的形式表示为

$$X(z)=\sum_{n=0}^{\infty}z^{-n}=\frac{1}{1-z^{-1}}，\quad |z|>1$$

不难看出，序列 $u(n)$ 的 Z 变换只在 z 平面的一定范围内收敛，这个使 Z 变换收敛的 z 的取值范围称为 Z 变换的收敛域（Region of Convergence，ROC）。需要指出的是，任何封闭形式表示的 Z 变换都只是 z 平面收敛域上的函数，并不代表收敛域以外的函数，因为在收敛域以外函数是发散的，不存在任何解析表达式。在使用封闭形式表示 Z 变换时，必须同时注明收敛域。

收敛域对 Z 变换是一个重要概念，下面对它进行详细讨论。

2. Z 变换的收敛域

根据级数的知识可知，级数一致收敛的条件是绝对可积，因此 z 平面上的收敛域应满足

$$\sum_{n=-\infty}^{\infty}|x(n)z^{-n}|<\infty \tag{1.1.12}$$

z 是复变量，一般用极坐标形式表示为

$$z=r\mathrm{e}^{\mathrm{j}\omega} \tag{1.1.13}$$

r 和 ω 分别表示模和辐角，即

$$\begin{cases} r = |z| \\ \omega = \arg[z] \end{cases}$$

将式（1.1.13）代入式（1.1.12），得

$$\sum_{n=-\infty}^{\infty} |x(n)z^{-n}| = \sum_{n=-\infty}^{\infty} |x(n)| \cdot |z|^{-n} = \sum_{n=-\infty}^{\infty} |x(n)| \cdot r^{-n} < \infty$$

式中只有 n 、$x(n)$ 和 r 3 个因素，没有 $\arg[z]$ 。可见，z 平面上的收敛域只与模 $|z|$ 有关，而与辐角无关，收敛域的边界一定是圆，收敛域可能在圆内或在圆外，还可能在两个圆之间。下面就有限长序列、右边序列、左边序列和双边序列 4 种情况分析收敛域的特点。

（1）有限长序列

有限长序列指序列 $x(n)$ 只在有限的长度内有值，在此长度以外皆为 0，即

$$x(n) = \begin{cases} x(n), & n_1 \leqslant n \leqslant n_2 \\ 0, & n < n_1, n > n_2 \end{cases}$$

有限长序列的 Z 变换为

$$X(z) = \sum_{n=n_1}^{n_2} x(n) z^{-n}$$

上式表示的是有限项级数，因此只要级数的每一项都有界，有限项之和就有界。实际中考虑的序列值 $x(n)$ 均是有限幅值，所以只要 z^{-n} 有界即可。显然在整个开域 $0 < |z| < \infty$ 都能满足该条件。一般将这个开域称作"有限 z 平面"，也就是说，有限长序列在有限 z 平面上必然收敛。需要注意的是，有限 z 平面是有限长序列的最小收敛域，如果对有限长序列的始点 n_1 和终点 n_2 做出一定的限制，那么收敛域还可以进一步扩大，具体情况如下。

① 当始点 $n_1 \geqslant 0$ 时，必有 $n \geqslant 0$ ，此时收敛域包括 ∞ 点，为 $0 < |z| \leqslant \infty$ 。

② 当终点 $n_2 \leqslant 0$ 时，必有 $n \leqslant 0$ ，此时收敛域包括 0 点，为 $0 \leqslant |z| < \infty$ 。

前面的 $x(n) = \delta(n)$ 就是 $n_1 = n_2 = 0$ 的特例，它的收敛域是整个闭域 z 平面，有

$$Z[\delta(n)] = 1, \quad 0 \leqslant |z| \leqslant \infty$$

（2）右边序列

右边序列是指 $x(n)$ 只在 $n \geqslant n_1$ 时有值，即

$$x(n) = \begin{cases} x(n), & n \geqslant n_1 \\ 0, & n < n_1 \end{cases}$$

如果右边序列的始点 $n_1 \geqslant 0$ ，则该右边序列叫因果序列。不失一般性，假定右边序列的始点在原点左边，那么可以将该右边序列分割成一个有限长序列与一个因果序列之和，则该右边序列的收敛域应是有限长序列与因果序列各自收敛域的共同部分（交集）。

可以证明（证明从略），因果序列的收敛域在一个圆的外部且包括 ∞ 点。至于整个右边序列的收敛域是否包括 ∞ 点，则取决于它的另一部分，要看有限长序列是否包含 $n < 0$ 的序列项。考虑因果序列和有限长序列收敛域的交集，可知右边序列的收敛域如下。

① 当始点 $n_1 \geqslant 0$ 时，右边序列是因果序列，此时收敛域包括 ∞ 点，为 $R_1 < |z| \leqslant \infty$ ，R_1 表示收敛半径。

② 当始点$n_1<0$时，右边序列的收敛域为$R_1<|z|<\infty$，R_1表示收敛半径。

因为Z变换在收敛域上是有限值，所以收敛域内不存在极点（极点是使$X(z)=\infty$的z），也就是说，右边序列的收敛域在模值最大的极点所在圆的外部。例如，指数序列$x(n)=a^n u(n)$是一个因果序列，其Z变换为

$$X(z)=\sum_{n=0}^{\infty}a^n z^{-n}=\sum_{n=0}^{\infty}(az^{-1})^n$$

只有当$|az^{-1}|<1$，即$|z|>|a|$时，该级数收敛。Z变换在收敛域上可以表示为

$$X(z)=\frac{1}{1-az^{-1}}，\ |z|>|a|$$

Z变换的解析表达式$\frac{1}{1-az^{-1}}=\frac{z}{z-a}$在$z=a$处有一个一阶极点，在$z=0$处有一个一阶零点（零点是使$X(z)=0$的$z$），收敛域正是该极点所在圆$|z|=|a|$以外的区域，如图1.8所示。

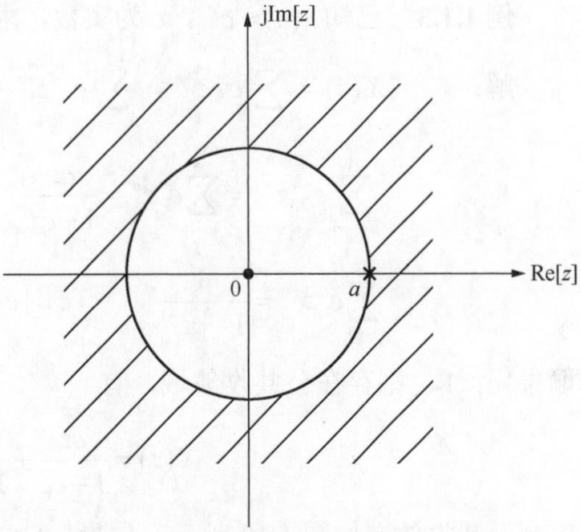

图1.8 因果序列收敛域

（3）左边序列

左边序列是指$x(n)$只在$n\leqslant n_2$时有值，即

$$x(n)=\begin{cases}x(n), & n\leqslant n_2\\ 0, & n>n_2\end{cases}$$

可以证明（证明从略），左边序列的收敛域在一个圆的内部。至于收敛域是否包括原点，要看该序列是否包含$n>0$的序列项。左边序列的收敛域如下。

① 当终点$n_2>0$时，左边序列包含$n>0$的序列项，此时收敛域不包括原点，为$0<|z|<R_2$，R_2表示收敛半径。

② 当终点$n_2\leqslant 0$时，左边序列不包含$n>0$的序列项，此时收敛域包括原点，为$0\leqslant|z|<R_2$，R_2表示收敛半径。

同样，因为收敛域内不存在极点，所以左边序列的收敛域在模值最小的极点所在圆的内部。例如，左边序列$x(n)=-a^n u(-n-1)$，其Z变换为

$$X(z)=-\sum_{n=-\infty}^{-1}a^n z^{-n}=-\sum_{n=1}^{\infty}a^{-n}z^n=-\sum_{n=1}^{\infty}(a^{-1}z)^n$$

只有当$|a^{-1}z|<1$，即$|z|<|a|$时，该级数收敛。Z变换在收敛域上可以表示为

$$X(z)=-\frac{a^{-1}z}{1-a^{-1}z}=\frac{1}{1-az^{-1}}，\ |z|<|a|$$

Z变换的解析表达式$\frac{1}{1-az^{-1}}=\frac{z}{z-a}$在$z=a$处有一个一阶极点，在$z=0$处有一个一阶零点，收敛域正是该极点所在圆$|z|=|a|$以内的区域，如图1.9所示。

（4）双边序列

双边序列$x(n)$的定义域是$(-\infty,\infty)$，这样的序列可以看作一个因果序列和一个左边序列

之和，所以双边序列 Z 变换的收敛域是这两个序列 Z 变换的公共收敛域。

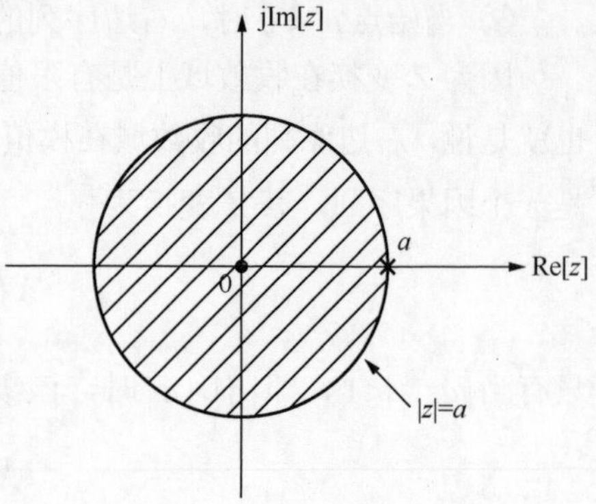

图 1.9　左边序列收敛域

$$X(z)=\sum_{n=-\infty}^{\infty}x(n)z^{-n}=\sum_{n=-\infty}^{-1}x(n)z^{-n}+\sum_{n=0}^{\infty}x(n)z^{-n}$$

第一项的收敛域是 $|z|<R_2$，第二项的收敛域是 $|z|>R_1$，$X(z)$ 的收敛域应是两者的交集。需要注意以下两点。

① 如果 $R_1<R_2$，则 $X(z)$ 的收敛域为 $R_1<|z|<R_2$，是环形域。

② 如果 $R_1>R_2$，则无公共收敛域，$X(z)$ 不收敛，即在 z 平面的任何地方 $X(z)$ 都无界。这种 Z 变换没什么意义。

例 1.1.3　已知 $x(n)=c^{|n|}$，c 为实数，求 Z 变换 $X(z)$ 及其收敛域。

解：

$$X(z)=\sum_{n=-\infty}^{\infty}c^{|n|}z^{-n}=\sum_{n=-\infty}^{-1}c^{-n}z^{-n}+\sum_{n=0}^{\infty}c^{n}z^{-n}$$

$$\sum_{n=-\infty}^{-1}c^{-n}z^{-n}=\sum_{n=1}^{\infty}c^{n}z^{n}=\frac{cz}{1-cz},\quad |z|<\frac{1}{|c|}$$

$$\sum_{n=0}^{\infty}c^{n}z^{-n}=\frac{1}{1-cz^{-1}},\quad |z|>|c|$$

如果 $|c|<1$，则存在公共收敛域，有

$$X(z)=\frac{cz}{1-cz}+\frac{1}{1-cz^{-1}},\quad |c|<|z|<\frac{1}{|c|}$$

序列及其收敛域如图 1.10 所示。如果 $|c|\geqslant 1$，则无公共收敛域，$X(z)$ 不收敛。

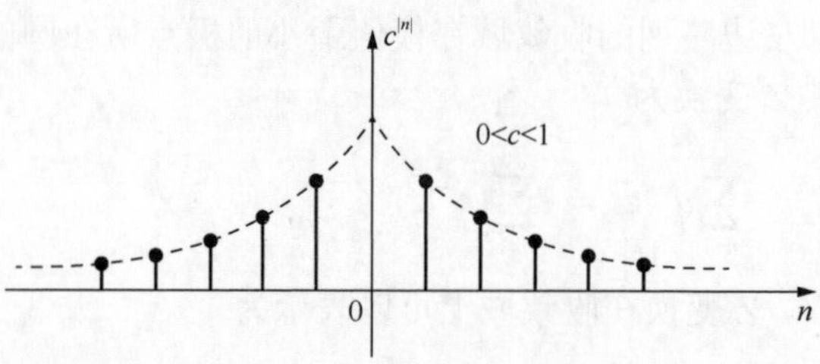

（a）序列

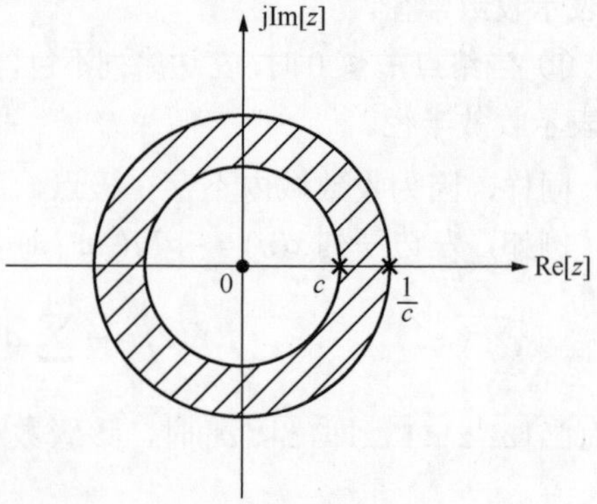

（b）环形收敛域

图 1.10　双边序列及收敛域

3．Z 变换的性质

（1）线性

Z 变换是一种线性变换，可以使用叠加定律，即如果

$$X(z)=Z[x(n)],\quad R_{x_1}<|z|<R_{x_2}$$

$$Y(z)=Z[y(n)],\quad R_{y_1}<|z|<R_{y_2}$$

那么对任意常数 a、b 都有

$$Z[ax(n)+by(n)]=aX(z)+bY(z),\quad R_1<|z|<R_2$$

其中收敛域 (R_1,R_2) 是 (R_{x_1},R_{x_2}) 和 (R_{y_1},R_{y_2}) 的公共收敛域，即

$$R_1=\max[R_{x_1},R_{y_1}],\quad R_2=\min[R_{x_2},R_{y_2}]$$

如果在 $aX(z)+bY(z)$ 中能消去极点，则收敛域会扩大。例如

$$x(n)=a^n u(n),\quad X(z)=\frac{1}{1-az^{-1}},\quad |z|>|a|$$

$$y(n)=a^n u(n-M),\quad Y(z)=\frac{a^M z^{-M}}{1-az^{-1}},\quad |z|>|a|$$

$$Z[x(n)-y(n)]=\frac{1-a^M z^{-M}}{1-az^{-1}}=\sum_{n=0}^{M-1}a^n z^{-n},\quad |z|>0$$

由于极点 $z=a$ 被抵消，因此收敛域扩大到 $|z|>0$。

（2）序列移序

如果

$$X(z)=Z[x(n)],\quad R_{x_1}<|z|<R_{x_2}$$

则

$$Z[x(n\pm n_0)]=z^{\pm n_0}X(z),\quad R_{x_1}<|z|<R_{x_2}$$

一般收敛域不变，但由于有 $z^{\pm n_0}$ 因子，所以当 $\pm n_0>0$ 时要去除 ∞ 点，当 $\pm n_0<0$ 时要去除原点。

（3）序列加权

如果

$$X(z)=Z[x(n)],\quad R_{x_1}<|z|<R_{x_2}$$

则

$$Z[nx(n)]=-z\frac{\mathrm{d}}{\mathrm{d}z}X(z),\quad R_{x_1}<|z|<R_{x_2}$$

$$Z[a^n x(n)]=X(a^{-1}z),\quad |a|R_{x_1}<|z|<|a|R_{x_2}$$

（4）因果序列的初值

如果 $x(n)$ 为因果序列，且 $Z[x(n)]=X(z)$，则序列 $x(n)$ 的初值为

$$x(0)=\lim_{z\to\infty}X(z)$$

（5）因果序列的终值

如果 $x(n)$ 为因果序列，且 $Z[x(n)]=X(z)$，而 $X(z)$ 除在 $z=1$ 处可以有一阶极点外，其他

极点都在单位圆$|z|=1$以内，则序列$x(n)$的终值为

$$\lim_{n\to\infty} x(n)=\lim_{z\to 1}[(1-z^{-1})X(z)]$$

（6）时域卷积

如果$w(n)=x(n)*y(n)$，则

$$Z[w(n)]=Z[x(n)*y(n)]=Z[x(n)]\cdot Z[y(n)]$$

即

$$W(z)=X(z)Y(z)$$

$W(z)$的收敛域是$X(z)$和$Y(z)$的公共收敛域。如果$X(z)Y(z)$可以消去极点，收敛域可以扩大。

（7）复序列的共轭

如果

$$Z[x(n)]=X(z)\,,\qquad R_{x_1}<|z|<R_{x_2}$$

则

$$Z[x^*(n)]=X^*(z^*)\,,\qquad R_{x_1}<|z|<R_{x_2}$$

（8）序列反向

如果

$$Z[x(n)]=X(z)\,,\qquad R_{x_1}<|z|<R_{x_2}$$

则

$$Z[x(-n)]=X(z^{-1})\,,\qquad \frac{1}{R_{x_2}}<|z|<\frac{1}{R_{x_1}}$$

计算给定序列的Z变换，通常有3种途径：

① 利用定义式（1.1.11）；

② 利用Z变换的性质；

③ 直接查Z变换表。

Z变换表可在相关资料中找到。表1.1中给出了几个经常作为公式使用的Z变换。

表1.1　几个常用的Z变换

序列	**Z**变换	收敛域
$\delta(n)$	1	全z平面
$u(n)$	$\dfrac{1}{1-z^{-1}}$	$\|z\|>1$
$R_N(n)$	$\dfrac{1-z^{-N}}{1-z^{-1}}$	$\|z\|>0$
$a^n u(n)$	$\dfrac{1}{1-az^{-1}}$	$\|z\|>\|a\|$
$-a^n u(-n-1)$	$\dfrac{1}{1-az^{-1}}$	$\|z\|<\|a\|$

4．系统函数

1.1.2 节已经讨论过，一个线性移不变离散时间系统可以用它的单位脉冲响应 $h(n)$ 来表示其输入与输出序列的关系（式（1.1.8）），即

$$y(n) = x(n) * h(n)$$

对上式两边取 Z 变换，得

$$Y(z) = X(z) \cdot H(z)$$

即

$$H(z) = \frac{Y(z)}{X(z)}$$

$H(z)$ 被定义为系统函数，它是单位脉冲响应 $h(n)$ 的 Z 变换，反映了系统本身的特征。因为系统函数是输出、输入序列的 Z 变换之比，从 Z 域反映了输出、输入的关系，所以系统函数有时也被称为转移函数、传递函数或传输函数。

如前所述，一个线性移不变离散时间系统也可以用差分方程来表示，将式（1.1.9）重写为

$$y(n) = \sum_{i=0}^{N} b_i x(n-i) + \sum_{i=1}^{N} a_i y(n-i)$$

如果不研究系统的瞬态现象，并假设系统起始时是零状态，就可以直接对上式两边取 Z 变换。利用 Z 变换的移序特性可得

$$Y(z) = \sum_{i=0}^{N} b_i z^{-i} X(z) + \sum_{i=1}^{N} a_i z^{-i} Y(z)$$

整理可得系统函数为

$$H(z) = \frac{Y(z)}{X(z)} = \frac{\sum_{i=0}^{N} b_i z^{-i}}{1 - \sum_{i=0}^{N} a_i z^{-i}} \tag{1.1.14}$$

这是一个 z^{-1} 的 N 阶常系数有理分式，它的系数正是差分方程的系数。式（1.1.14）的分子与分母多项式也可以用因子的形式表示为

$$H(z) = A \cdot \frac{\prod_{i=1}^{N}(1 - c_i z^{-1})}{\prod_{i=1}^{N}(1 - d_i z^{-1})}$$

其中，$\{c_i \mid i = 1, \cdots, N\}$ 是 $H(z)$ 在 z 平面的零点，$\{d_i \mid i = 1, \cdots, N\}$ 是 $H(z)$ 在 z 平面的极点。因此，除了比例常数 A 以外，整个系统函数可以用它的全部零、极点唯一确定。

系统函数反映系统的稳态特性，它包含了许多关于系统的信息，比如从它的收敛域可以看到系统的因果性、稳定性，从它的零、极点可以大致估计系统频响，从系统函数有无分母

可以判断它的类型和结构。下面对这些问题进行讨论。

1.1.4 系统的因果性和稳定性

从概念上说，如果系统的输出只取决于此时以及此时以前的输入，而与以后的输入无关，则此系统是因果系统。如果系统在有限激励下的响应是有限值，则此系统是稳定系统。对于线性移不变离散时间系统，可以用系统的单位脉冲响应 $h(n)$ 及其 Z 变换 $H(z)$ 的收敛域来判断系统的因果性、稳定性。表 1.2 给出了从时域和 Z 域判断系统因果性和稳定性的充要条件。

表 1.2 **因果系统、稳定系统的充要条件**

	时域充要条件	Z 域充要条件
因果系统	$h(n)\equiv 0$， $n<0$	$R_1<\lvert z\rvert\leqslant\infty$
稳定系统	$\sum_{n=-\infty}^{\infty}\lvert h(n)\rvert<\infty$	包括单位圆

因果系统的时域条件和 Z 域条件都很容易理解。根据线性卷积公式（1.1.8），有

$$y(n)=x(n)*h(n)=\sum_{m=-\infty}^{\infty}h(m)x(n-m)$$

当 $m\geqslant 0$ 时， $x(n-m)$ 表示此时以及此时以前的输入；当 $m<0$ 时， $x(n-m)$ 表示此时以后的输入。要使此时的输出 $y(n)$ 与此时以后的输入无关，单位脉冲响应 $h(n)$ 必须满足表 1.2 中的条件，即 $h(n)$ 为因果序列。对因果序列 $h(n)$，其 Z 变换 $H(z)$ 的收敛域包含 ∞ 点。

稳定系统的 Z 域条件较容易理解。根据式（1.1.12），$H(z)$ 的收敛域应满足

$$\sum_{n=-\infty}^{\infty}\lvert h(n)z^{-n}\rvert<\infty \tag{1.1.15}$$

表 1.2 中的时域条件 $\sum_{n=-\infty}^{\infty}\lvert h(n)\rvert<\infty$ 说明式（1.1.15）对 $\lvert z\rvert^{-n}=1$ 成立，即收敛域包括单位圆。

下面证明稳定系统的时域条件为充分必要条件。稳定系统的时域条件为

$$\sum_{n=-\infty}^{\infty}\lvert h(n)\rvert<\infty \tag{1.1.16}$$

先证明该条件为必要条件。如果 $h(n)$ 不符合式（1.1.16），即

$$\sum_{n=-\infty}^{\infty}\lvert h(n)\rvert=\infty$$

那么当一个有界的输入为 $x(n)=\dfrac{h^*(-n)}{\lvert h(-n)\rvert}$ 时，输出 $y(n)$ 在 $n=0$ 时的值就是

$$y(0)=\sum_{m=-\infty}^{\infty}x(m)h(-m)=\sum_{m=-\infty}^{\infty}\lvert h(-m)\rvert=\sum_{m=-\infty}^{\infty}\lvert h(m)\rvert=\infty$$

即 $y(0)$ 是无界的。所以式（1.1.16）是稳定系统的必要条件。

再证明该条件为充分条件。系统的输出为

$$|y(n)|=|\sum_{m=-\infty}^{\infty}x(m)h(n-m)|\leqslant\sum_{m=-\infty}^{\infty}|x(m)|\cdot|h(n-m)| \tag{1.1.17}$$

假定输入 $x(n)$ 的界为 M，即

$$|x(n)|\leqslant M$$

将其代入式（1.1.17），有

$$|y(n)|\leqslant M\sum_{m=-\infty}^{\infty}|h(n-m)|<\infty$$

即只要满足式（1.1.16）的条件，就可以保证系统在有限激励下的响应是有限值，从而保证系统是稳定的。

显然，既满足稳定条件又满足因果条件的系统不仅可以稳定工作而且是物理可实现的，所以因果稳定系统是一切数字系统设计的目标。从表 1.2 可以看出，因果稳定系统的收敛域不仅包括∞点而且包括单位圆。由于收敛域内没有极点，因此**因果稳定系统的所有极点都在单位圆以内**。

差分方程、单位脉冲响应和系统函数从三个角度描述了线性移不变离散时间系统，三者可在一定的约束条件下互相转换。单位脉冲响应和差分方程可用于系统的瞬态分析，系统函数则用来进行稳态分析。

例 1.1.4 某稳定系统，系统函数是 $H(z)=\dfrac{1-z^{-1}}{1-az^{-1}}$，$a\neq0$，试判断系统的因果性。

解： 可以通过分析 $H(z)$ 的收敛域来判断系统的因果性。判断的依据有以下两点。

① 因为是稳定系统，所以 $H(z)$ 的收敛域包含单位圆。

② $H(z)$ 只有一个极点 $z=a$，收敛域应在以 $|a|$ 为半径的圆内或圆外。

下面分三种情况讨论。

① 当 $|a|>1$ 时，$H(z)$ 的极点在单位圆外。为使收敛域包含单位圆，$H(z)$ 的收敛域应在以 $|a|$ 为半径的圆内，即 $h(n)$ 是左边序列，这时系统是非因果的。

② 当 $|a|<1$ 时，$H(z)$ 的极点在单位圆内。为使收敛域包含单位圆，$H(z)$ 的收敛域应在以 $|a|$ 为半径的圆外，即 $h(n)$ 是右边序列。又 $H(\infty)=\lim\limits_{z\to\infty}\dfrac{1-z^{-1}}{1-az^{-1}}=1$ 为有限值，所以 $H(z)$ 的收敛域为

$$|a|<|z|\leqslant\infty$$

这时系统是因果的。

③ 因为是稳定系统，所以极点 $z=a$ 一般不会在单位圆上，即 $|a|\neq1$。但对 $H(z)=\dfrac{1-z^{-1}}{1-az^{-1}}$ 有一个例外，那就是 $a=1$。此时，零、极点对消，$H(z)=1$，系统函数在整个 z 平面都收敛，系统是因果的。

由例 1.1.4 可以看出，仅凭系统函数并不能唯一确定一个系统，收敛域不同，对应的系统也不同。

1.1.5 序列傅里叶变换与系统频响

z 平面单位圆上的 Z 变换称为序列傅里叶变换，也叫离散时间傅里叶变换（Discrete Time Fourier Transform，DTFT）。令 $z=e^{j\omega}$，由 Z 变换定义式（1.1.11）可得序列傅里叶变换的定义式为

$$X(\mathrm{e}^{\mathrm{j}\omega})=\sum_{n=-\infty}^{\infty}x(n)\mathrm{e}^{-\mathrm{j}n\omega}$$

将

$$x(n)=\frac{1}{2\pi}\int_{-\pi}^{\pi}X(\mathrm{e}^{\mathrm{j}\omega})\mathrm{e}^{\mathrm{j}n\omega}\mathrm{d}\omega$$

定义为序列傅里叶反变换。将 z 平面的单位圆定义为数字频域，用来表征信号和系统的频率特性。

由于序列傅里叶变换是 Z 变换的特例（单位圆上的 Z 变换），因此它具有 Z 变换的一切特性。除了前面列出的 Z 变换的性质，它还另有一些常用的性质，如表 1.3 所示。表 1.3 中第 5 条和第 8 条是 Z 变换性质中没有出现的，现做简单介绍。

（1）时域序列的乘积对应于数字频域的卷积

如果 $w(n)=x(n)y(n)$，则

$$W(\mathrm{e}^{\mathrm{j}\omega})=X(\mathrm{e}^{\mathrm{j}\omega})*Y(\mathrm{e}^{\mathrm{j}\omega})=\frac{1}{2\pi}\int_{-\pi}^{\pi}X(\mathrm{e}^{\mathrm{j}\theta})Y(\mathrm{e}^{\mathrm{j}(\omega-\theta)})\mathrm{d}\theta$$

（2）帕塞瓦尔（Parseval）定律

$$\sum_{n=-\infty}^{\infty}x(n)y^{*}(n)=\frac{1}{2\pi}\int_{-\pi}^{\pi}X(\mathrm{e}^{\mathrm{j}\omega})Y^{*}(\mathrm{e}^{\mathrm{j}\omega})\mathrm{d}\omega$$

当 $y(n)=x(n)$ 时，上式成为

$$\sum_{n=-\infty}^{\infty}|x(n)|^{2}=\frac{1}{2\pi}\int_{-\pi}^{\pi}|X(\mathrm{e}^{\mathrm{j}\omega})|^{2}\mathrm{d}\omega \tag{1.1.18}$$

式（1.1.18）的物理意义是，时域序列的总能量等于频域的总能量。

这两条性质在 Z 变换中也有相应的公式，因为计算复杂且物理意义不直观，所以在 Z 变换性质中没有提及。

表 1.3　　序列傅里叶变换的常用性质

	序列	序列傅里叶变换
1	$ax(n)+by(n)$	$aX(\mathrm{e}^{\mathrm{j}\omega})+bY(\mathrm{e}^{\mathrm{j}\omega})$
2	$x(n\pm n_0)$	$\mathrm{e}^{\pm\mathrm{j}n_0\omega}X(\mathrm{e}^{\mathrm{j}\omega})$
3	$\mathrm{e}^{\mathrm{j}n\omega_0}x(n)$	$X(\mathrm{e}^{\mathrm{j}(\omega-\omega_0)})$
4	$x(n)*y(n)$	$X(\mathrm{e}^{\mathrm{j}\omega})\cdot Y(\mathrm{e}^{\mathrm{j}\omega})$
5	$x(n)y(n)$	$\frac{1}{2\pi}\int_{-\pi}^{\pi}X(\mathrm{e}^{\mathrm{j}\theta})Y(\mathrm{e}^{\mathrm{j}(\omega-\theta)})\mathrm{d}\theta$
6	$x^{*}(n)$	$X^{*}(\mathrm{e}^{-\mathrm{j}\omega})$
7	$x(-n)$	$X(\mathrm{e}^{-\mathrm{j}\omega})$
8	$\sum_{n=-\infty}^{\infty}\|x(n)\|^{2}$	$\frac{1}{2\pi}\int_{-\pi}^{\pi}\|X(\mathrm{e}^{\mathrm{j}\omega})\|^{2}\mathrm{d}\omega$

序列傅里叶变换是 ω 的周期函数，周期为 2π，它反映了信号和系统的频率特性。信号序

列 $x(n)$ 的序列傅里叶变换 $X(e^{j\omega})$ 是信号的频谱，系统单位脉冲响应 $h(n)$ 的序列傅里叶变换 $H(e^{j\omega})$ 是系统的频响，它是系统函数 $H(z)$ 在单位圆上的值。

系统频响可分解为模和辐角两部分，分别称为幅频特性和相频特性，表示为

$$H(e^{j\omega}) = |H(e^{j\omega})| e^{j\arg[H(e^{j\omega})]}$$

其中，$|H(e^{j\omega})|$ 表示幅频特性，$\arg[H(e^{j\omega})]$ 表示相频特性。要确定系统的频响 $H(e^{j\omega})$，可以求 $h(n)$ 的序列傅里叶变换，也可以求 $H(z)$ 在单位圆上的值。下面介绍一种估算系统频响的直观方法——几何法确定系统频响。

前已述及，系统函数可以用其零、极点表示为

$$H(z) = A \cdot \frac{\prod_{i=1}^{N}(1-c_i z^{-1})}{\prod_{i=1}^{N}(1-d_i z^{-1})} = A \cdot \frac{\prod_{i=1}^{N}(z-c_i)}{\prod_{i=1}^{N}(z-d_i)}$$

令 $z = e^{j\omega}$，可得系统的频响为

$$H(e^{j\omega}) = A \cdot \frac{\prod_{i=1}^{N}(e^{j\omega}-c_i)}{\prod_{i=1}^{N}(e^{j\omega}-d_i)} = |H(e^{j\omega})| e^{j\arg[H(e^{j\omega})]}$$

其中 $|H(e^{j\omega})| = A \cdot \frac{\prod_{i=1}^{N}|e^{j\omega}-c_i|}{\prod_{i=1}^{N}|e^{j\omega}-d_i|}$。

在 z 平面上，$e^{j\omega}-c_i$ 可以用一由零点 c_i 指向单位圆上 $e^{j\omega}$ 点的向量来表示，此向量被称作零向量。同样，$e^{j\omega}-d_i$ 可以用一由极点 d_i 指向单位圆上 $e^{j\omega}$ 点的向量来表示，此向量被称作极向量。如果不考虑常数因子 A，则有

幅频特性 ＝ 零向量模的连乘÷极向量模的连乘

相频特性 ＝ 零向量辐角之和−极向量辐角之和

当数字角频率 ω 从 0 变化到 2π 时，这些向量的终端点在单位圆上逆时针旋转一周，由此可以估算出系统在 0～2π 范围内的频响。例如，已知因果稳定系统的差分方程为

$$y(n) = x(n) + by(n-1),\quad 0 < b < 1$$

可以求出以下各项。

（1）系统函数

$$H(z) = \frac{Y(z)}{X(z)} = \frac{1}{1-bz^{-1}},\quad |z| > b$$

（2）零、极点分布图及收敛域

零、极点分布图及收敛域如图 1.11 所示。

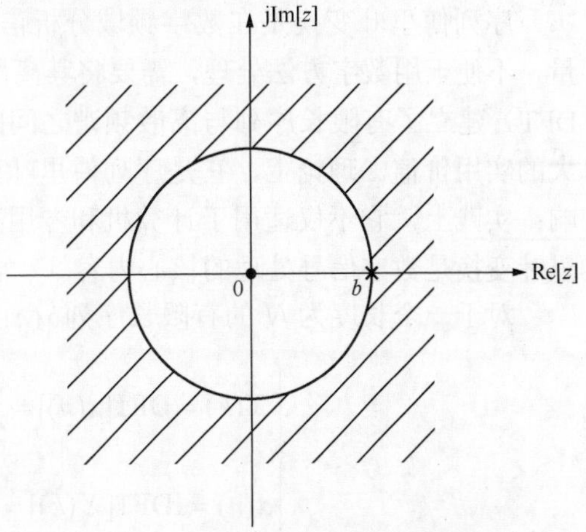

图 1.11　零、极点分布图及收敛域

（3）系统的单位脉冲响应

$$h(n)=b^n u(n)$$

（4）系统频响

$$H(\mathrm{e}^{\mathrm{j}\omega})=\frac{1}{1-b\mathrm{e}^{-\mathrm{j}\omega}}=\frac{1}{1-b\cos\omega+\mathrm{j}b\sin\omega}$$

（5）幅频、相频特性曲线

由频响表达式可以求出幅频特性、相频特性为

$$|H(\mathrm{e}^{\mathrm{j}\omega})|=\frac{1}{\sqrt{(1-b\cos\omega)^2+b^2\sin^2\omega}}=\frac{1}{\sqrt{1-2b\cos\omega+b^2}}$$

$$\varphi(\omega)=\arg[H(\mathrm{e}^{\mathrm{j}\omega})]=\operatorname{arctg}[-\frac{b\sin\omega}{1-b\cos\omega}]$$

根据上面的两个表达式可以画出幅频、相频特性曲线。但在估计系统频响的大致特性时，一般不采用该方法，而是利用几何法画出幅频、相频特性曲线。

在零、极点分布图上画出零向量和极向量，如图 1.12（a）所示。使 ω 从 0 变化到 2π，记录下该过程中零向量、极向量的模和辐角的变化情况，可以画出幅频特性、相频特性的大致曲线如图 1.12（b）、图 1.12（c）所示。

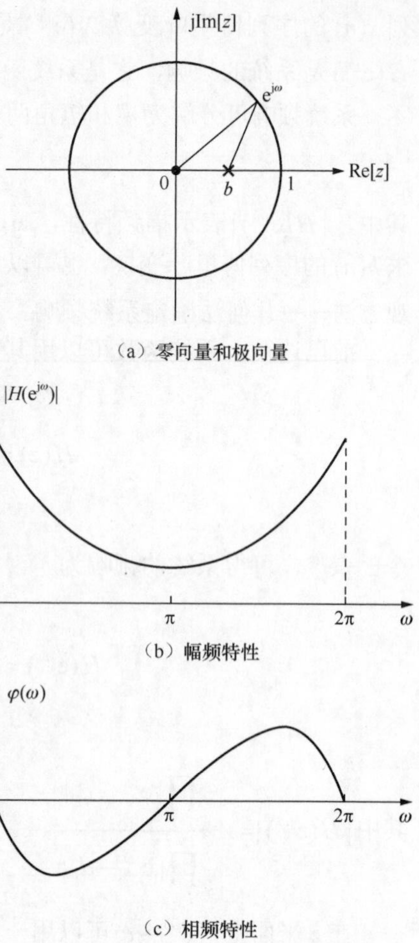

（a）零向量和极向量

（b）幅频特性

（c）相频特性

图 1.12　几何法确定系统频响

几何法确定系统频响有助于认识零、极点分布对系统频响的影响，这种影响可以总结如下。

（1）频响在极点附近出现峰值，极点越靠近单位圆峰越尖锐。如果极点在单位圆上则系统不稳定。

（2）频响在零点附近出现谷值，零点越靠近单位圆谷值越接近 0。如果零点在单位圆上则谷值为 0，即该零点处的频响为 0。

1.1.6　离散傅里叶变换

序列傅里叶变换是在数字频域分析信号频谱和系统频响，但数字角频率 $\omega=\Omega T$ 是模拟量，不便于用数字方法处理，需要将其离散化。离散傅里叶变换（Discrete Fourier Transform，DFT）建立了有限长序列与离散频谱之间的联系，它不仅具有重要的理论意义，而且具有极大的实用价值。理论上，它是序列傅里叶变换的采样值，能用来分析信号的频谱和系统的频响；实践上，它不仅适用于计算机和专用数字信号处理器，而且有快速实现的算法。离散傅里叶变换是数字信号处理的核心内容。

对于一个长度为 N 的有限长序列 $x(n)$，其离散傅里叶变换及其反变换的定义式为

$$\begin{cases} X(k)=\mathrm{DFT}[x(n)]=\sum\limits_{n=0}^{N-1}x(n)\mathrm{e}^{-\mathrm{j}\frac{2\pi}{N}nk}, & 0\leqslant k\leqslant N-1 \\ x(n)=\mathrm{IDFT}[X(k)]=\frac{1}{N}\sum\limits_{k=0}^{N-1}X(k)\mathrm{e}^{\mathrm{j}\frac{2\pi}{N}kn}, & 0\leqslant n\leqslant N-1 \end{cases}$$

习惯上常采用W_N表示$e^{-j\frac{2\pi}{N}}$，因此定义式可写为

$$\begin{cases} X(k)=\text{DFT}[x(n)]=\sum_{n=0}^{N-1}x(n)W_N^{nk}, & 0\leqslant k\leqslant N-1 \\ x(n)=\text{IDFT}[X(k)]=\frac{1}{N}\sum_{k=0}^{N-1}X(k)W_N^{-kn}, & 0\leqslant n\leqslant N-1 \end{cases}$$

式中$x(n)$和$X(k)$是一个有限长序列离散傅里叶变换对。长度为N的有限长序列$x(n)$，其离散傅里叶变换$X(k)$是一个有限长频域序列，其长度依然为N。已知$x(n)$就能唯一地确定$X(k)$，同样，已知$X(k)$也就唯一地确定了$x(n)$。

例 1.1.5 若$x(n)=\cos\frac{n\pi}{6}$是一个$N=12$的有限长序列，求其 DFT。

解：

$$\begin{aligned} X(k)&=\text{DFT}[x(n)]=\sum_{n=0}^{11}\cos\frac{n\pi}{6}e^{-j\frac{2\pi}{N}nk} \\ &=\sum_{n=0}^{11}\left[\frac{e^{j\frac{n\pi}{6}}+e^{-j\frac{n\pi}{6}}}{2}\right]e^{-j\frac{2\pi}{N}nk} \\ &=\frac{1}{2}\sum_{n=0}^{11}e^{j\frac{2\pi n}{12}(1-k)}+\frac{1}{2}\sum_{n=0}^{11}e^{-j\frac{2\pi n}{12}(1+k)} \\ &=\frac{1-e^{j2\pi(1-k)}}{2(1-e^{j\frac{2\pi}{12}(1-k)})}+\frac{1-e^{-j2\pi(1+k)}}{2(1-e^{-j\frac{2\pi}{12}(1+k)})} \\ &=\begin{cases}6, & k=1,11\\ 0, & k=0,2,3,4,5,6,7,8,9,10\end{cases} \end{aligned}$$

$x(n)$和$X(k)$如图 1.13 所示。

将 DFT 的定义式

$$X(k)=\text{DFT}[x(n)]=\sum_{n=0}^{N-1}x(n)W_N^{nk}, \qquad 0\leqslant k\leqslant N-1$$

与有限长序列的 Z 变换公式

$$X(z)=\text{Z}[x(n)]=\sum_{n=0}^{N-1}x(n)z^{-n}$$

相对照，可以看出，当$z=W_N^{-k}=e^{j\frac{2\pi}{N}k}$时，有

$$X(z)\big|_{z=W_N^{-k}}=\sum_{n=0}^{N-1}x(n)W_N^{nk}=X(k) \quad (1.1.19)$$

因为$z=W_N^{-k}=e^{j\frac{2\pi}{N}k}$是$z$平面单位圆上辐角为$\omega=\frac{2\pi}{N}k$的点，即将$z$平面单位圆$N$等分后的第$k$点，所以式（1.1.19）表明，序列$X(k)$是$X(z)$在$z$平面单位圆上的等距离采样值。1.1.5 节介

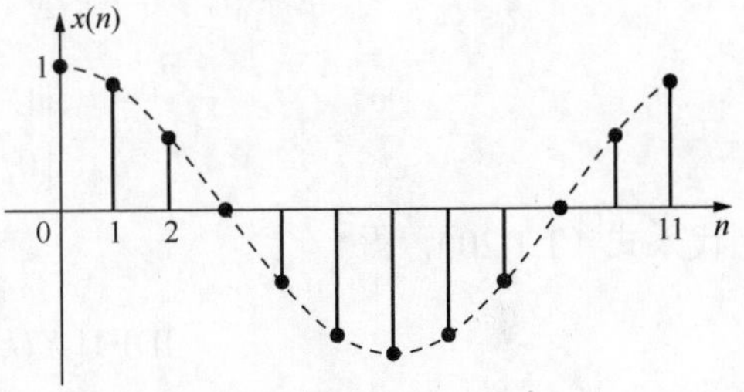

（a）序列x(n)

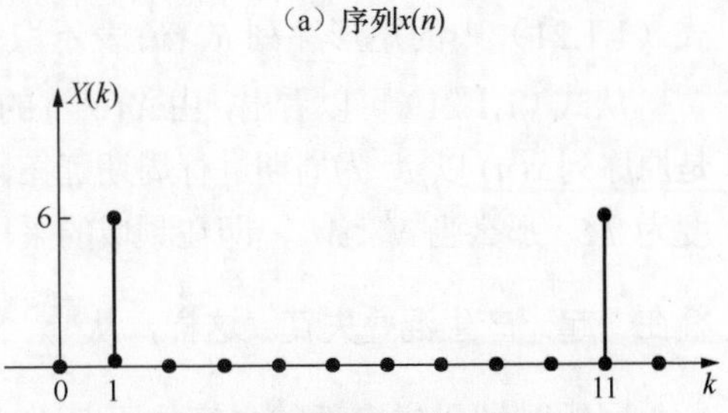

（b）x(n) 的离散傅里叶变换X(k)

图 1.13 有限长序列 x(n)及其离散傅里叶变换 X(k)

绍过，$X(z)$ 在单位圆上的值是信号的频谱 $X(e^{j\omega})$，所以 $X(k)$ 是信号频谱 $X(e^{j\omega})$ 的采样值，采样间隔为 $\frac{2\pi}{N}$。也就是说，离散傅里叶变换不仅在时域是离散的，而且实现了频域的离散化，这为在频域采用数字技术处理提供了方法和手段。特别是 DFT 的快速算法——快速傅里叶变换（Fast Fourier Transform，FFT）的提出，使 DFT 运算量大大减少，成为既有理论意义又有实用价值的强有力的工具。

前面的讨论表明，DFT 实现了频域的采样，读者自然会想到：这样采样后信息是否有损失？从采样得到的 $X(k)$ 能否恢复原时域序列 $x(n)$？接下来对此进行分析。

设 $x(n)$ 是一绝对可积的序列（暂不考虑序列长度），则 $x(n)$ 的 Z 变换在 z 平面单位圆上一定收敛。现对 $X(z)$ 在 z 平面单位圆上进行 N 点等距离采样，即对 $X(e^{j\omega})$ 进行 N 点等距离采样，得

$$X(k) = X(z)\big|_{z=W_N^{-k}} = \sum_{n=-\infty}^{\infty} x(n)W_N^{nk}$$

对采样得到的序列 $X(k)$ 求离散傅里叶反变换（Inverse Discrete Fourier Transform，IDFT），有

$$\begin{aligned}\text{IDFT}[X(k)] &= \frac{1}{N}\sum_{k=0}^{N-1} X(k)W_N^{-nk}\cdot R_N(n)\\ &= \frac{1}{N}\sum_{k=0}^{N-1}\left[\sum_{m=-\infty}^{\infty} x(m)W_N^{mk}\right]W_N^{-nk}\cdot R_N(n)\\ &= \sum_{m=-\infty}^{\infty} x(m)\left[\frac{1}{N}\sum_{k=0}^{N-1} W_N^{(m-n)k}\right]\cdot R_N(n)\end{aligned} \tag{1.1.20}$$

将

$$\begin{aligned}\frac{1}{N}\sum_{k=0}^{N-1} W_N^{(m-n)k} &= \frac{1}{N}\cdot\frac{1-e^{-j\frac{2\pi}{N}(m-n)N}}{1-e^{-j\frac{2\pi}{N}(m-n)}}\\ &= \begin{cases}1, & m-n=rN\\ 0, & m-n\neq rN\end{cases} \quad (r\text{ 为任意整数})\end{aligned}$$

代入式（1.1.20），得

$$\text{IDFT}[X(k)] = \sum_{r=-\infty}^{\infty} x(n+rN)\cdot R_N(n) \tag{1.1.21}$$

式（1.1.21）中的矩形序列 $R_N(n)$ 表示取 $0\leqslant n\leqslant N-1$。

从式（1.1.21）可以看出，由 $X(e^{j\omega})$ 的 N 点等距离采样值 $X(k)$ 得到的时域序列 $\text{IDFT}[X(k)]$，是原序列 $x(n)$ 以 N 为周期进行周期延拓，再截取主值区间。如果原序列 $x(n)$ 是有限长的，其长度为 M，那么当 $N<M$，即在频域的采样点不够密时，$x(n)$ 的周期延拓就会出现某些序列值交叠在一起，产生混叠失真。这样，从 $\sum_{r=-\infty}^{\infty} x(n+rN)\cdot R_N(n)$ 就不可能不失真地恢复出原序列来。

回顾时域采样定理的内容如下。

（1）时域采样造成频域序列的周期延拓。

（2）一个频带有限的信号可以进行时域采样而不丢失信息的条件是采样频率 $f_s\geqslant 2f_m$（f_m 是信号最高频率）。

通过上面的分析，可以得出与时域采样定理对称的频域采样定理如下。

（1）频域采样造成时域序列的周期延拓。

（2）一个时间有限的信号（有限长序列）可以进行频域采样而不丢失信息的条件是单位圆上的采样点数 $N \geqslant$ 序列长度 M。

例如，对无限长序列 $x(n)=a^n u(n)$，$|a|<1$，可以求得

$$\mathrm{IDFT}[X(k)]=\frac{a^n}{1-a^N}\cdot R_N(n)$$

上式中的 $\frac{a^n}{1-a^N}\cdot R_N(n)$ 只能随着采样点数 N 的增加逐渐逼近 $a^n u(n)$，而不能精确地等于 $a^n u(n)$。

频域采样定理表明，对于长度为 N 的有限长序列 $x(n)$，N 个频域采样值 $X(k)$ 就足以不失真地代表它，所以对长度为 N 的有限长序列求 N 点 DFT 即可。但实用中有时也会将 DFT 的点数取得大于序列长度，这等效于在单位圆上的采样点增多。DFT 的点数越多，样点越密，离散谱越能反映真实谱的形状。

既然 N 个采样值 $X(k)$ 能不失真地代表长度为 N 的有限长序列 $x(n)$，它也应该能够完全地表达整个 $X(z)$ 函数及其频响 $X(\mathrm{e}^{\mathrm{j}\omega})$。下面找出它们的关系。

将

$$x(n)=\frac{1}{N}\sum_{k=0}^{N-1}X(k)W_N^{-kn}$$

和

$$X(k)=\sum_{n=0}^{N-1}x(n)W_N^{nk}$$

代入有限长序列的 Z 变换公式，有

$$\begin{aligned}X(z)&=\sum_{n=0}^{N-1}x(n)z^{-n}=\sum_{n=0}^{N-1}\left[\frac{1}{N}\sum_{k=0}^{N-1}X(k)W_N^{-kn}\right]z^{-n}\\&=\frac{1}{N}\sum_{k=0}^{N-1}X(k)\left[\sum_{n=0}^{N-1}W_N^{-kn}z^{-n}\right]=\frac{1}{N}\sum_{k=0}^{N-1}X(k)\frac{1-W_N^{-Nk}z^{-N}}{1-W_N^{-k}z^{-1}}\end{aligned}$$

由于 $W_N^{-Nk}=1$，所以

$$X(z)=\frac{1-z^{-N}}{N}\sum_{k=0}^{N-1}\frac{X(k)}{1-W_N^{-k}z^{-1}} \tag{1.1.22}$$

式（1.1.22）就是用 N 个采样值 $X(k)$ 表示 $X(z)$ 的内插公式。如果用 $\varPhi_k(z)$ 表示内插函数，则

$$X(z)=\sum_{k=0}^{N-1}X(k)\varPhi_k(z)$$

$$\varPhi_k(z)=\frac{1}{N}\cdot\frac{1-z^{-N}}{1-W_N^{-k}z^{-1}}$$

令 $z=\mathrm{e}^{\mathrm{j}\omega}$，由 Z 变换内插公式可以得到频响的内插公式

$$X(\mathrm{e}^{\mathrm{j}\omega})=\sum_{k=0}^{N-1}X(k)\varPhi_k(\mathrm{e}^{\mathrm{j}\omega}) \tag{1.1.23}$$

$$\Phi_k(\mathrm{e}^{\mathrm{j}\omega})=\frac{1}{N}\cdot\frac{1-\mathrm{e}^{-\mathrm{j}N\omega}}{1-\mathrm{e}^{-\mathrm{j}(\omega-\frac{2\pi}{N}k)}}$$

$$=\frac{1}{N}\cdot\frac{\sin(\frac{N\omega}{2})}{\sin\left(\frac{\omega-\frac{2\pi}{N}k}{2}\right)}\mathrm{e}^{-\mathrm{j}(\frac{N\omega}{2}-\frac{\omega}{2}+\frac{\pi}{N}k)}$$

令 $\varphi(\omega)=\frac{1}{N}\cdot\frac{\sin(\frac{N\omega}{2})}{\sin(\frac{\omega}{2})}\mathrm{e}^{-\mathrm{j}\omega(\frac{N}{2}-\frac{1}{2})}$，$\varphi_k(\omega)=\varphi(\omega-\frac{2\pi}{N}k)$，则上式可以写为

$$\Phi_k(\mathrm{e}^{\mathrm{j}\omega})=\varphi(\omega-\frac{2\pi}{N}k)=\varphi_k(\omega) \tag{1.1.24}$$

将式（1.1.24）代入式（1.1.23），得

$$X(\mathrm{e}^{\mathrm{j}\omega})=\sum_{k=0}^{N-1}X(k)\varphi(\omega-\frac{2\pi}{N}k)=\sum_{k=0}^{N-1}X(k)\varphi_k(\omega) \tag{1.1.25}$$

从式（1.1.25）可以看出，连续谱 $X(\mathrm{e}^{\mathrm{j}\omega})$ 等于内插函数 $\varphi(\omega)$ 依次移频 $\frac{2\pi}{N}k$ 并以 $X(k)$ 加权后求和，如图 1.14 所示。

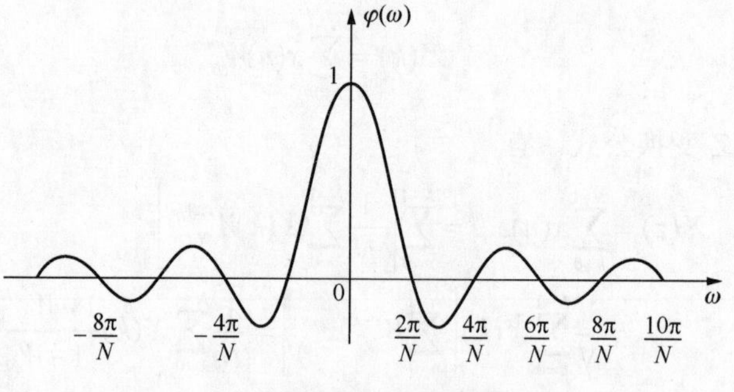

（a）内插函数$\varphi(\omega)$的幅度函数

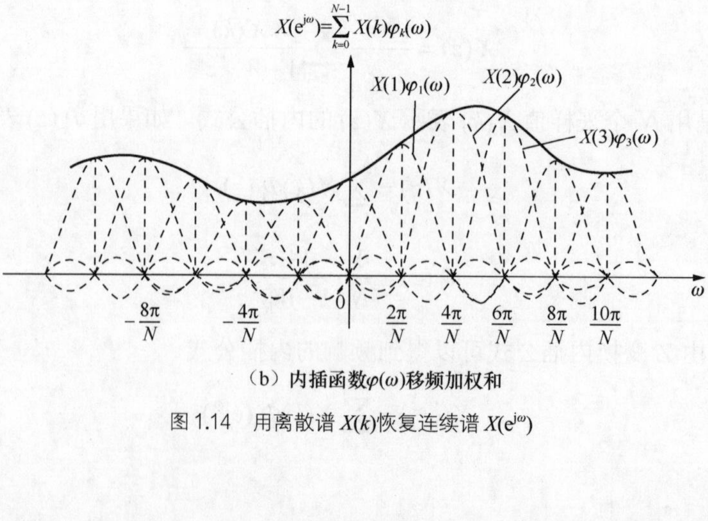

（b）内插函数$\varphi(\omega)$移频加权和

图 1.14　用离散谱 $X(k)$ 恢复连续谱 $X(\mathrm{e}^{\mathrm{j}\omega})$

例 1.1.6 设长度为 5 的有限长序列 $x(n)=1$，（$n=0,1,2,3,4$），求序列傅里叶变换及 10 点离散傅里叶变换。

解：（1）序列傅里叶变换

$$X(\mathrm{e}^{\mathrm{j}\omega})=\sum_{n=-\infty}^{\infty}x(n)\mathrm{e}^{-\mathrm{j}\omega n}=\sum_{n=0}^{4}\mathrm{e}^{-\mathrm{j}\omega n}=\frac{1-\mathrm{e}^{-\mathrm{j}5\omega}}{1-\mathrm{e}^{-\mathrm{j}\omega}}$$

$$=\frac{\mathrm{e}^{-\mathrm{j}\frac{5\omega}{2}}(\mathrm{e}^{\mathrm{j}\frac{5\omega}{2}}-\mathrm{e}^{-\mathrm{j}\frac{5\omega}{2}})}{\mathrm{e}^{-\mathrm{j}\frac{\omega}{2}}(\mathrm{e}^{\mathrm{j}\frac{\omega}{2}}-\mathrm{e}^{-\mathrm{j}\frac{\omega}{2}})}=\frac{\mathrm{e}^{-\mathrm{j}\frac{5\omega}{2}}}{\mathrm{e}^{-\mathrm{j}\frac{\omega}{2}}}\cdot\frac{\sin\dfrac{5\omega}{2}}{\sin\dfrac{\omega}{2}}=\frac{\sin\dfrac{5\omega}{2}}{\sin\dfrac{\omega}{2}}\mathrm{e}^{-\mathrm{j}2\omega}$$

（2）10 点离散傅里叶变换

$$X(k)=\sum_{n=0}^{4}x(n)\mathrm{e}^{-\mathrm{j}\frac{2\pi}{10}nk}=\sum_{n=0}^{4}\mathrm{e}^{-\mathrm{j}\frac{2\pi}{10}nk}=\frac{1-\mathrm{e}^{-\mathrm{j}\frac{2\pi}{10}k\cdot 5}}{1-\mathrm{e}^{-\mathrm{j}\frac{2\pi}{10}k}}=\frac{\mathrm{e}^{-\mathrm{j}\frac{\pi}{2}k}(\mathrm{e}^{\mathrm{j}\frac{\pi}{2}k}-\mathrm{e}^{-\mathrm{j}\frac{\pi}{2}k})}{\mathrm{e}^{-\mathrm{j}\frac{\pi}{10}k}(\mathrm{e}^{\mathrm{j}\frac{\pi}{10}k}-\mathrm{e}^{-\mathrm{j}\frac{\pi}{10}k})}$$

$$=\frac{\mathrm{e}^{-\mathrm{j}\frac{\pi}{2}k}}{\mathrm{e}^{-\mathrm{j}\frac{\pi}{10}k}}\cdot\frac{\sin\dfrac{\pi}{2}k}{\sin\dfrac{\pi}{10}k}=\frac{\sin\dfrac{\pi}{2}k}{\sin\dfrac{\pi}{10}k}\mathrm{e}^{-\mathrm{j}\frac{2\pi}{5}k},\quad k=0,1,\cdots,9$$

如果对 2π 进行 10 等分，则 10 个等分点的角频率分别为

$$\omega_k=\frac{2\pi}{10}k,\quad k=0,1,\cdots,9$$

可以看出，序列傅里叶变换 $X(\mathrm{e}^{\mathrm{j}\omega})$ 在这 10 个等分点上的值就等于离散傅里叶变换的值 $X(k)$。$X(\mathrm{e}^{\mathrm{j}\omega})$ 以及 10 点 $X(k)$ 的模分别如图 1.15（a）和图 1.15（b）所示。

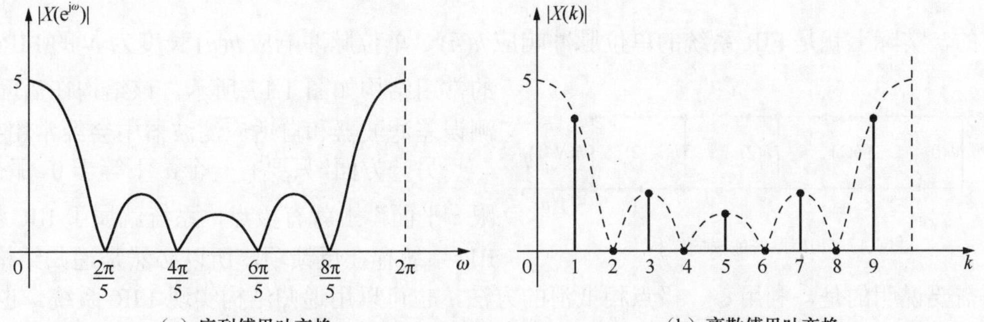

图 1.15 序列傅里叶变换和离散傅里叶变换

1.1.7 IIR 系统与 FIR 系统

离散时间系统可以从多个角度分类，常用的一种分类方法是按系统单位脉冲响应 $h(n)$ 的长度将系统分成两大类：IIR 系统和 FIR 系统。

如果在一个单位脉冲 $\delta(n)$ 作用下，系统的输出 $h(n)$ 延续到无限长（理论上趋于零又不等于零），则称该系统为无限长单位脉冲响应（Infinite Impulse Response，IIR）系统；反之，如果 $h(n)$ 有限长，则称该系统为有限长单位脉冲响应（Finite Impulse Response，FIR）系统。

IIR 系统和 FIR 系统有一些不同的特点，下面做简单分析。

（1）实现结构

线性移不变离散时间系统的标准差分方程为

$$y(n)=\sum_{i=0}^{N}b_i x(n-i)+\sum_{i=1}^{N}a_i y(n-i)$$

其一般实现结构如图 1.16 所示。

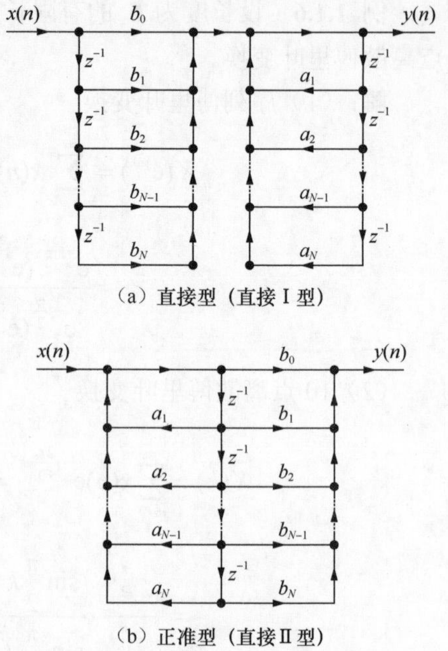

图 1.16　线性移不变离散时间系统的一般实现结构

从图 1.16 所示的实现结构可以看出，$y(n)$ 取决于前馈项 $x(n-i)$ 和反馈项 $y(n-i)$。如果至少有一个 a_i 不等于 0，则必然存在反馈项，该系统就是“递归”的。反之，如果 a_i 全为 0，则没有反馈项，该系统就是“非递归”的。

将差分方程转换到 Z 域，可得系统函数

$$H(z)=\frac{\sum_{i=0}^{N}b_i z^{-i}}{1-\sum_{i=1}^{N}a_i z^{-i}}$$

对 FIR 系统来说，其单位脉冲响应 $h(n)$ 的长度为有限长序列。根据前面的介绍，有限长序列的 Z 变换在“有限 z 平面”上没有极点，所以 FIR 系统所有的 a_i 应全为 0，也就是没有反馈项，对应非递归结构，其系统函数可表示为

$$H(z)=\sum_{i=0}^{N}b_i z^{-i}$$

式中的 b_i 实际上就是 FIR 系统的单位脉冲响应 $h(n)$。单位脉冲响应 $h(n)$ 长度为 N 的 FIR 系统的常用结构如图 1.17 所示。该结构在后面的预测误差滤波器和自适应滤波器中会经常用到。

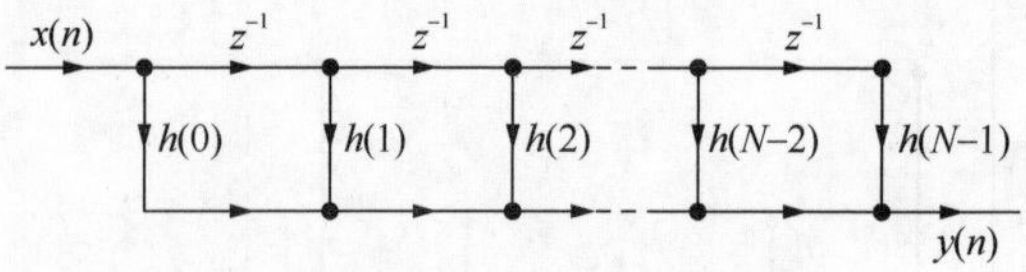

图 1.17　FIR 系统的横向结构

另一方面，只要有一个 a_i 不等于 0，那么“有限 z 平面”上就有极点，系统就属于 IIR 系统。IIR 系统存在反馈项，所以必然是递归结构。

需要说明的是，利用零、极点相抵消的方法，也可以用递归结构实现 FIR 系统。也就是说，非递归结构的数字滤波器必然是 FIR 系统，但 FIR 系统未必是非递归结构；IIR 系统必然是递归结构，但递归结构的数字滤波器未必是 IIR 系统。

（2）滤波性能

IIR 系统和 FIR 系统的滤波性能可以简单总结如下。

① FIR 系统在有限 z 平面上没有极点，所以不存在稳定、因果方面的问题（非因果的有限长序列可以通过一定的延时转变为因果序列）。

② 在同样的频率选择性要求下，IIR 系统需要的阶次低；FIR 系统因为无极点，要获得好的过渡带特性需以较高的阶数为代价。

③ FIR 系统可以实现精确、严格的线性相位，只要其单位脉冲响应 $h(n)$ 满足奇对称或偶

对称的条件（$h(n)$为实序列）；而IIR系统很难实现线性相位。

1.2 随机信号基础

1.2.1 随机过程及其特征描述

1. 随机过程

随机过程通常用$X(\xi,t)$表示，可以看成是两个自变量$\xi\in\Omega$和$t\in T$的一个二元函数，其中，Ω是随机过程$X(\xi,t)$的样本空间，T是参数t的集合。随机过程$X(\xi,t)$可以用两种方式描述。

（1）从时间的角度，表示成随机变量族$\{X(\xi,t_i),t_i\in T\}$，对任何固定的$t_i\in T$，$X(\xi,t_i)$是随机变量。

（2）从分布的角度，表示成T上的一个函数集$\{X(\xi_i,t),\xi_i\in\Omega\}$，对任何固定的$\xi_i\in\Omega$，$X(\xi_i,t)$是一个样本函数，或称为过程的一个实现。

例如，一对正在通话的电话线，在每一时刻电话线上的话音电压都是不确定的，对任何固定的$t_i\in T$，电压幅度$V(t_i)$都是随机变量，它所有可能的取值的集合构成随机变量的样本空间，每一次测得的电压的具体值，是随机变量的一个样本。如果记录一段时间内的电压幅度，因为每个时间观测点上的电压幅度都是随机变量，所以整个时间段上电压的变化曲线也是随机曲线，$\{V(t),t\in[0,\infty)\}$是随机过程。这些曲线的采样是对应的随机序列。实测到的曲线或序列被称作随机过程的样本，所有可能的曲线的集合构成随机过程的样本空间，如图1.18所示，点A_1、B_1、C_1分别是随机变量$V(t_1)$的样本，曲线a、b、c分别是随机过程$V(t)$的样本。

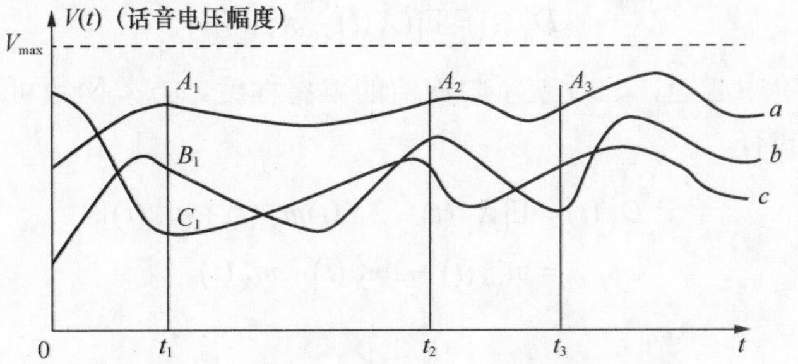

图1.18 随机变量和随机过程的样本

此例中，分别用$V(t_1)$和$V(t)$表示随机变量和随机过程。实际上，为书写方便，常将随机过程的自变量ξ略去，将随机过程$X(\xi,t)$记作$X(t)$，将随机过程的样本函数记作$x(t)$，将样本函数的采样值构成的随机序列记作$x(n)$，将随机变量记作$X(t_i)$或X。

2. 随机过程的n维分布函数

设$\{X(t),t\in T\}$是随机过程，对于任意的正整数n及任意的$t_1,t_2,\cdots,t_n\in T$，随机变量$X(t_1),X(t_2),\cdots,X(t_n)$的联合分布函数为

$$F(x_1,x_2,\cdots,x_n;t_1,t_2,\cdots,t_n)=P\{X(t_1)\leqslant x_1,X(t_2)\leqslant x_2,\cdots X(t_n)\leqslant x_n\}$$

n维分布函数不仅反映了对应于每一个t的随机变量的统计规律性，而且也反映了各个随

机变量之间的关系，从而完整地描述了随机过程的统计规律性。

如果存在某个函数 p，使

$$F(x_1,x_2,\cdots,x_n;t_1,t_2,\cdots,t_n)=\int_{-\infty}^{x_1}\int_{-\infty}^{x_2}\cdots\int_{-\infty}^{x_n}p(x_1,x_2,\cdots,x_n;t_1,t_2,\cdots,t_n)\mathrm{d}x_n\mathrm{d}x_{n-1}\cdots\mathrm{d}x_2\mathrm{d}x_1$$

则称 p 为随机过程 $X(t)$ 的 n 维概率密度函数或分布密度函数。

实际中，随机过程的 n 维分布函数往往很难获得，需要对大量的取样数据进行统计分析。用得较多的是随机过程的数字特征。

3. 随机过程的数字特征

随机过程的数字特征也就是随机过程的矩，包括各阶原点矩和各阶中心矩。对于实随机过程，各阶原点矩是指与原点差值各次方的均值，各阶中心矩是指与均值差值各次方的均值。

设 $\{X(t),t\in T\}$ 为实随机过程，其主要数字特征如下。

（1）均值函数（数学期望）

$$m_X(t)=\mathrm{E}[X(t)]$$

均值函数是一阶原点矩，它是全部样本在同一时刻取值的平均。

（2）均方函数

$$m_{X^2}(t)=\mathrm{E}[X^2(t)]$$

均方函数是二阶原点矩。

（3）方差函数

$$D_X(t)=\mathrm{E}[(X(t)-m_X(t))^2]$$

方差函数是二阶中心矩，它反映了与均值的偏离程度。方差函数可以用均值函数和均方函数表示，根据上式有

$$\begin{aligned}D_X(t)&=\mathrm{E}[X^2(t)-2X(t)m_X(t)+m_X^2(t)]\\&=m_{X^2}(t)-2m_X^2(t)+m_X^2(t)\end{aligned}$$

即

$$D_X(t)=m_{X^2}(t)-m_X^2(t)$$

（4）自相关函数和自协方差函数

$$R_X(t_1,t_2)=\mathrm{E}[X(t_1)X(t_2)]$$

$$C_X(t_1,t_2)=\mathrm{E}[(X(t_1)-m_X(t_1))(X(t_2)-m_X(t_2))]$$

自相关函数是二阶联合原点矩，自协方差函数是二阶联合中心矩。它们反映了同一随机信号在不同时刻取值的关联程度。

（5）互相关函数和互协方差函数

$$R_{XY}(t_1,t_2)=\mathrm{E}[X(t_1)Y(t_2)]$$

$$C_{XY}(t_1,t_2)=\mathrm{E}[(X(t_1)-m_X(t_1))(Y(t_2)-m_Y(t_2))]$$

它们反映了两个随机信号在不同时刻取值的关联程度。

如果随机过程的相关函数 $R_{XY}(t_1,t_2)=0$，则称 $X(t)$ 与 $Y(t)$ 为正交过程；如果随机过程的协方差函数 $C_{XY}(t_1,t_2)=0$，则称 $X(t)$ 与 $Y(t)$ 互不相关。

对于随机序列 $p(n)$ 和 $q(n)$，如果满足 $\mathrm{E}[p(n)\cdot q(n)]=0$，则称 $p(n)$ 与 $q(n)$ 正交。

4．平稳随机过程

（1）严平稳过程——从 n 维概率分布函数出发

设 $\{X(t),t\in T\}$ 是一个随机过程，如果对于任意的 $\tau\in T$，过程 $X(t+\tau)$ 与 $X(t)$（$t\in T$）有相同的分布，即

$$F(x_1,x_2,\cdots,x_n;t_1,t_2,\cdots,t_n)=F(x_1,x_2,\cdots,x_n;t_1+\tau,t_2+\tau,\cdots,t_n+\tau)$$

对一切有限集 $\{t_i\}\in T$ 和任意 $\tau\in T$ 都成立，则称 $X(t)$ 为严平稳过程（狭义平稳过程或强平稳过程）。

严平稳过程描述的物理系统，其任意的有限维分布不随时间改变。注意，只是分布不随时间变化，并不涉及服从什么分布。

（2）宽平稳过程——只考虑一阶矩和二阶矩

设 $\{X(t),t\in T\}$ 是一个随机过程，如果

① $X(t),t\in T$ 为二阶矩过程，即

$$\mathrm{E}[|X(t)|^2]<\infty,\forall t\in T$$

② $m_X(t)=$ 常数，且相关函数只与时间间隔有关，而与起点无关，即

$$R_X(t,t+\tau)=R_X(\tau)$$

则称 $X(t)$ 为宽平稳过程（广义平稳过程或弱平稳过程），简称平稳过程。

宽平稳过程不一定是严平稳过程；反过来，严平稳过程也不一定是宽平稳过程，因为宽平稳过程必须是二阶矩过程。

在有些情况下，一个非平稳随机过程可以看作短时广义平稳随机过程。例如，语音信号是非平稳的，但通常在10～30ms之内保持相对平稳，所以语音信号是分段处理的，每一段称为一“帧”（借用影视术语，其原意为单幅静态画面），帧长一般取10～30ms。一帧内的语音信号被认为是广义平稳的，这样便于分析和处理。

（3）各态历经性

前面讨论的平均是统计平均，即当样本数趋于无穷时的集合平均。所谓集合平均，是指各个样本函数在某一时刻的平均。因此，集合平均通常也指统计平均。

下面引入时间平均的定义。所谓时间平均，是指某一样本函数在不同时刻的平均。时间平均取适用于随机过程的完整时间范围，并假定样本函数在任一时刻存在。

用 $\mathrm{A}_t[\cdot]$ 表示时间平均，则

$$\mathrm{A}_t[x(t)]=\lim_{T\to\infty}\frac{1}{2T}\int_{-T}^{T}x(t)\mathrm{d}t$$

$$\mathrm{A}_t[x(t)x(t+\tau)]=\lim_{T\to\infty}\frac{1}{2T}\int_{-T}^{T}x(t)x(t+\tau)\mathrm{d}t$$

如果随机过程任一样本函数的时间平均等于过程的集合平均，则称随机过程是各态历经

的或各态遍历的。具体来说，如果有

$$\mathrm{A}_t[x(t)] = \mathrm{E}[X(t)] = m_X$$

则称 $X(t)$ 为均值各态历经随机过程；如果有

$$\mathrm{A}_t[x(t)x(t+\tau)] = \mathrm{E}[X(t)X(t+\tau)] = R_X(\tau)$$

则称 $X(t)$ 为自相关各态历经随机过程。

可见，对于各态历经随机过程，可以用一个样本函数的时间平均计算随机过程的集合平均。这一点为统计的工程实现带来了很大方便，因为对一个样本过程进行长时间统计比同时对许多样本进行统计要容易实现。如果不做说明，下面的讨论都针对广义平稳和各态历经的随机过程。例如，通信中常用的高斯白噪声，是平稳各态历经的。

在实际处理信号时，对已获得的一个物理信号，往往先假设它是平稳的，再假设它是各态历经的。按此假设对信号进行处理后，再用处理结果来检验所做假设的正确性。

各态历经的随机过程一定是平稳随机过程。对于各态历经的平稳随机过程 $X(t)$，其均值、均方值和方差都是常数，分别表示为 m_x、 m_{x^2} 和 σ_x^2，并且有

$$\sigma_x^2 = m_{x^2} - m_x^2 \tag{1.2.1}$$

其自相关函数和自协方差函数只与时间间隔有关，与起点无关，通常表示为 $R_x(\tau)$ 和 $C_x(\tau)$，有

$$R_x(\tau) = \mathrm{E}[X(t)X(t+\tau)]$$

$$C_x(\tau) = \mathrm{E}\{[X(t)-m_x][X(t+\tau)-m_x]\} = R_x(\tau) - m_x^2$$

对各态历经的平稳随机序列 $\{x(n)\}$，上面两式成为

$$R_x(m) = \mathrm{E}[x(n)x(n+m)] \tag{1.2.2}$$

$$C_x(m) = \mathrm{E}\{[x(n)-m_x][x(n+m)-m_x]\} = R_x(m) - m_x^2 \tag{1.2.3}$$

可以看出，自协方差函数 $C_x(m)$ 与自相关函数 $R_x(m)$ 只相差一个常数 m_x^2。如果事先对随机序列进行了去除均值的预处理，则自协方差函数 $C_x(m)$ 与自相关函数 $R_x(m)$ 相等。事实上，一般都会在预处理中去除均值。

5. 高斯过程

设 $\{X(t), t\in T\}$ 是随机过程，若对任意的正整数 n 及任意的 $t_1, t_2, \cdots, t_n \in T$，$\left(X(t_1), X(t_2), \cdots, X(t_n)\right)$ 是 n 维高斯随机变量，即服从高斯分布（正态分布），则称 $\{X(t), t\in T\}$ 是高斯过程（正态过程）。

高斯过程具有以下性质。

① 高斯过程是二阶矩过程。

② 由高斯过程的一阶矩和二阶矩即可确定其有限维分布。

③ 对于高斯过程，严平稳与宽平稳是一致的。

对于高斯过程，知道均值和方差时就可以导出任意阶次的概率密度函数。而对于非高斯过程，知道均值和方差不能为较高阶矩提供完全的信息，更不用说概率密度函数了。

在实际中，为了解决问题，获得对原有问题的接近最佳且又切实可行的解，人们总是要引入一些假设，将问题转化为适合应用条件的形式。但这些假设必须是依据统计数据的合理假设。在实际问题尤其是电信问题中，许多随机变量服从或近似服从高斯分布，再加上高斯分布具有一系列良好的分析特性，所以，高斯过程应用极其广泛，在现代随机过程理论和应用中具有十分重要的意义。

1.2.2 相关函数与功率谱

1. 相关函数

因为平稳随机信号的相关函数具有确定性，所以对平稳随机信号的分析和处理常常在相关域进行。当用线性移不变离散时间系统对随机信号进行处理时，虽然信号是随机的，但用来描述线性系统的单位脉冲响应总是确定的。所以，在讨论平稳随机信号的相关函数之前，先讨论确定性信号的相关函数。

（1）确定性能量信号的相关函数

确定性信号是自变量的确定函数。对于自变量的每一个值，可以通过数字关系式或图表对照唯一地确定其对应的信号值。正弦信号、指数信号、卫星轨迹信号、电容充放电的电压信号等都是确定性信号。

能量信号是指能量有限的信号，对于连续时间信号可表示为

$$E = \int_{-\infty}^{\infty} |x(t)|^2 \, dt < \infty$$

式中的 E 表示信号 $x(t)$ 的能量，所以 $|x(t)|^2$ 也叫能量密度。对于离散时间信号可表示为

$$E = \sum_{n=-\infty}^{\infty} |x(n)|^2 < \infty$$

式中的 E 表示序列 $x(n)$ 的能量。能量信号可以是有限长的，也可以是无限长的，比如指数衰减的信号。

确定性能量信号的自相关函数 $R_x(m)$ 和互相关函数 $R_{xy}(m)$ 分别定义为

$$R_x(m) = \sum_{n=-\infty}^{\infty} x^*(n)x(n+m) \tag{1.2.4}$$

$$R_{xy}(m) = \sum_{n=-\infty}^{\infty} x^*(n)y(n+m) \tag{1.2.5}$$

式（1.2.4）和式（1.2.5）中，$x(n)$ 和 $y(n)$ 都是确定性能量信号，“*”代表取共轭。如果 $x(n)$ 和 $y(n)$ 都是实序列，则式（1.2.4）和式（1.2.5）成为

$$R_x(m) = \sum_{n=-\infty}^{\infty} x(n)x(n+m) \tag{1.2.6}$$

$$R_{xy}(m) = \sum_{n=-\infty}^{\infty} x(n)y(n+m) \tag{1.2.7}$$

确定性能量信号的相关函数具有如下性质。

① 若 $x(n)$ 为实信号，则 $R_x(m)$ 为实偶函数，即

$$R_x(m) = R_x^*(m)$$
$$R_x(m) = R_x(-m)$$

若 $x(n)$ 为复信号，则 $R_x(m)$ 共轭偶对称，即

$$R_x(m) = R_x^*(-m)$$

② 在 $m = 0$ 时，$R_x(m)$ 取得最大值，即

$$R_x(0) \geqslant R_x(m)$$

且 $R_x(0)$ 就是信号序列的能量：

$$E = R_x(0) = \sum_{n=-\infty}^{\infty} |x(n)|^2$$

③ 对于能量信号，当间隔 $m \to \infty$ 时，序列项之间便失去了相关性，即

$$R_x(\infty) = 0$$
$$R_{xy}(\infty) = 0$$

④ 互相关函数 $R_{xy}(m)$ 不是偶函数，由式（1.2.5），有

$$R_{xy}(m) = R_{yx}^*(-m)$$

证明： $R_{yx}^*(-m) = [\sum_{n=-\infty}^{\infty} y^*(n)x(n-m)]^*$

$$= \sum_{n=-\infty}^{\infty} y(n)x^*(n-m) \quad （令 n-m=n）$$

$$= \sum_{n=-\infty}^{\infty} x^*(n)y(n+m)$$

$$= R_{xy}(m)$$

如果是实信号，则有

$$R_{xy}(m) = R_{yx}(-m)$$

在后面的讨论中，如果不做特殊说明，$x(n)$ 和 $y(n)$ 一律为实信号。

⑤ 相关卷积定理

对实信号有

$$R_x(m) = x(-m) * x(m) \tag{1.2.8}$$

$$R_{xy}(m) = x(-m) * y(m) \tag{1.2.9}$$

证明： $R_{xy}(m) = \sum_{n=-\infty}^{\infty} x(n)y(n+m)$ （令 $n+m=l$）

$$= \sum_{l=-\infty}^{\infty} x(l-m)y(l)$$

$$= \sum_{l=-\infty}^{\infty} x[-(m-l)]y(l)$$
$$= x(-m) * y(m)$$

⑥ 相关定理

能量信号的相关函数与能量谱是傅里叶变换对。根据傅里叶变换的定义式，可以将该定理表示成

$$|X(\mathrm{e}^{\mathrm{j}\omega})|^2 = \mathrm{F}[R_x(m)] = \sum_{m=-\infty}^{\infty} R_x(m)\mathrm{e}^{-\mathrm{j}\omega m} \tag{1.2.10}$$

$$R_x(m) = \mathrm{F}^{-1}[|X(\mathrm{e}^{\mathrm{j}\omega})|^2] = \frac{1}{2\pi}\int_{-\pi}^{\pi} |X(\mathrm{e}^{\mathrm{j}\omega})|^2 \mathrm{e}^{\mathrm{j}\omega m}\mathrm{d}\omega$$

将 $m=0$ 代入上式，得

$$R_x(0) = \frac{1}{2\pi}\int_{-\pi}^{\pi} |X(\mathrm{e}^{\mathrm{j}\omega})|^2 \mathrm{d}\omega$$

由前面的性质②可知，$R_x(0)$ 就是信号序列的能量，所以将 $|X(\mathrm{e}^{\mathrm{j}\omega})|^2$ 叫作能量谱密度，简称能量谱。相应地，将 $X^*(\mathrm{e}^{\mathrm{j}\omega})Y(\mathrm{e}^{\mathrm{j}\omega})$ 叫作互能量谱，并且有

$$X^*(\mathrm{e}^{\mathrm{j}\omega})Y(\mathrm{e}^{\mathrm{j}\omega}) = \sum_{m=-\infty}^{\infty} R_{xy}(m)\mathrm{e}^{-\mathrm{j}\omega m} \tag{1.2.11}$$

利用傅里叶变换的性质，由式（1.2.8）和式（1.2.9）可以推出式（1.2.10）和式（1.2.11）。因为式（1.2.10）可以看成式（1.2.11）在 $y(n)=x(n)$ 情况下的结果，所以下面只给出式（1.2.11）的证明。

证明：对式（1.2.9）两边求傅里叶变换，由傅里叶变换的性质（表 1.3 中的性质 4），可得

$$\mathrm{F}[R_{xy}(m)] = \mathrm{F}[x(-m)]\cdot \mathrm{F}[y(m)] \tag{1.2.12}$$

再利用傅里叶变换的序列反向性质（表 1.3 中的性质 7），对实信号 $x(n)$ 有

$$\mathrm{F}[x(-m)] = X^*(\mathrm{e}^{\mathrm{j}\omega})$$

将上式代入式（1.2.12），得

$$\mathrm{F}[R_{xy}(m)] = X^*(\mathrm{e}^{\mathrm{j}\omega})\cdot Y(\mathrm{e}^{\mathrm{j}\omega})$$

即

$$X^*(\mathrm{e}^{\mathrm{j}\omega})Y(\mathrm{e}^{\mathrm{j}\omega}) = \sum_{m=-\infty}^{\infty} R_{xy}(m)\mathrm{e}^{-\mathrm{j}\omega m}$$

式（1.2.11）得证。

（2）确定性功率信号的相关函数

如果信号能量无限大，如确定性的周期信号、阶跃信号以及随机信号等，就不能从能量的角度入手，而应从功率的角度去研究它们，这类信号叫功率信号，对于连续时间信号和离散时间信号可分别表示为

$$P=\lim_{T\to\infty}\frac{1}{2T}\int_{-T}^{T}|x(t)|^2\,\mathrm{d}t<\infty$$

$$P=\lim_{N\to\infty}\frac{1}{2N+1}\sum_{n=-N}^{N}|x(n)|^2<\infty$$

确定性功率信号的自相关函数 $R_x(m)$ 和互相关函数 $R_{xy}(m)$ 分别定义为

$$R_x(m)=\lim_{N\to\infty}\frac{1}{2N+1}\sum_{n=-N}^{N}x(n)x(n+m)$$

$$R_{xy}(m)=\lim_{N\to\infty}\frac{1}{2N+1}\sum_{n=-N}^{N}x(n)y(n+m)$$

其中，$x(n)$ 和 $y(n)$ 都是确定性实功率信号。常见的单位阶跃信号以及确定性周期信号都属于这类信号。

周期信号的相关函数依然是周期信号，且与原信号的周期相同。在语音信号处理中，经常利用该性质在相关域检测浊音信号的基音周期。

（3）平稳随机信号的相关函数

平稳随机信号的自相关函数 $R_x(m)$ 和互相关函数 $R_{xy}(m)$ 分别定义为

$$R_x(m)=\mathrm{E}[x^*(n)x(n+m)] \tag{1.2.13}$$

$$R_{xy}(m)=\mathrm{E}[x^*(n)y(n+m)] \tag{1.2.14}$$

式（1.2.13）和式（1.2.14）中，$x(n)$ 和 $y(n)$ 都是平稳随机信号，“*”代表取共轭。如果 $x(n)$ 和 $y(n)$ 都是实随机序列，则式（1.2.13）和式（1.2.14）成为

$$R_x(m)=\mathrm{E}[x(n)x(n+m)] \tag{1.2.15}$$

$$R_{xy}(m)=\mathrm{E}[x(n)y(n+m)] \tag{1.2.16}$$

平稳随机信号的相关函数具有如下性质。

① 若 $x(n)$ 为实信号，则 $R_x(m)$ 为实偶函数，即

$$R_x(m)=R_x^*(m)$$

$$R_x(m)=R_x(-m)$$

若 $x(n)$ 为复信号，则 $R_x(m)$ 共轭偶对称，即

$$R_x(m)=R_x^*(-m)$$

在后面的讨论中，如果不做特殊说明，$x(n)$ 和 $y(n)$ 一律为实信号。

② 在 $m=0$ 时，$R_x(m)$ 取得最大值，即

$$R_x(0)\geqslant R_x(m)$$

且 $R_x(0)$ 就是序列的平均功率：

$$R_x(0)=\mathrm{E}[x^2(n)]=m_{x^2}$$

③ 一个非周期平稳随机序列，当间隔 m 增大时相关性减弱，当 $m\to\infty$ 时，可认为序列

项之间不相关，有

$$R_x(\infty)=\lim_{m\to\infty}\mathrm{E}[x(n)x(n+m)]=\lim_{m\to\infty}\mathrm{E}[x(n)]\mathrm{E}[x(n+m)]$$

即

$$R_x(\infty)=m_x^2 \tag{1.2.17}$$

根据上面的关系，可以将方差用自相关函数表示为

$$\sigma_x^2=m_{x^2}-m_x^2=R_x(0)-R_x(\infty)$$

④ 互相关函数有

$$R_{xy}(m)=R_{yx}^*(-m) \tag{1.2.18}$$

⑤ $R_x(0)R_y(0)\geqslant|R_{xy}(m)|^2$

⑥ $R_{xy}(\infty)=m_x m_y$

⑦ 维纳-辛钦定理：随机信号自相关函数的傅里叶变换是信号的功率谱密度。如果用 $S_x(\mathrm{e}^{\mathrm{j}\omega})$ 表示随机信号序列 $x(n)$ 的功率谱密度，则有

$$S_x(\mathrm{e}^{\mathrm{j}\omega})=F[R_x(m)]=\sum_{m=-\infty}^{\infty}R_x(m)\mathrm{e}^{-\mathrm{j}\omega m} \tag{1.2.19}$$

$$R_x(m)=F^{-1}[S_x(\mathrm{e}^{\mathrm{j}\omega})]=\frac{1}{2\pi}\int_{-\pi}^{\pi}S_x(\mathrm{e}^{\mathrm{j}\omega})\mathrm{e}^{\mathrm{j}\omega m}\mathrm{d}\omega \tag{1.2.20}$$

在式（1.2.20）中令 $m=0$，可得

$$R_x(0)=\frac{1}{2\pi}\int_{-\pi}^{\pi}S_x(\mathrm{e}^{\mathrm{j}\omega})\mathrm{d}\omega$$

因为 $R_x(0)=\mathrm{E}[x^2(n)]=m_{x^2}$ 为信号的平均功率，所以将 $S_x(\mathrm{e}^{\mathrm{j}\omega})$ 称为随机信号的功率谱密度（Power Spectral Density，PSD）或功率密度谱，简称功率谱，它描述随机信号的功率随频率的分布。

2．平稳随机信号的功率谱

对确定性能量信号，可以用 FFT 做频谱分析，得到其频域特性。平稳随机信号是能量无限的信号，故其傅里叶变换不存在（在 z 平面的单位圆上不满足绝对可和的条件）。

注意，平稳随机序列 $x(n)$ 的自相关函数 $R_x(m)$ 也是一个序列，只是序号不代表时间，而代表时差。自相关函数序列来自随机序列，它反映的是随机序列的二阶统计特性。对平稳随机信号，其自相关函数序列是确定的，且当 m 增大时，相关性减弱，当 $m\to\infty$ 时，有 $R_x(\infty)=m_x^2$（式（1.2.17））。一般随机信号在预处理时要去除均值，即 $m_x=0$。所以 $R_x(\infty)=0$，即 $R_x(m)$ 是趋于零的衰减序列。

由于自相关函数 $R_x(m)$ 是一个能量有限的确定性序列，故其满足序列傅里叶变换绝对可和的条件。由维纳-辛钦定理可知，对序列 $R_x(m)$ 求傅里叶变换得到的就是序列的功率谱 $S_x(\mathrm{e}^{\mathrm{j}\omega})$。

平稳随机信号的功率谱具有如下性质。

（1）不论 $x(n)$ 是实序列还是复序列，$S_x(e^{j\omega})$ 都是 ω 的实函数。

（2）如果 $x(n)$ 是实序列，$S_x(e^{j\omega})$ 具有偶对称性。

（3）$S_x(e^{j\omega})$ 对所有的 ω 都是非负的，且是 ω 的周期函数，周期为 2π。

下面给出性质（1）和性质（2）的证明。

证明： 假定 $x(n)$ 为实信号，由平稳随机信号相关函数的性质①，有

$$R_x(m)=R_x(-m) \tag{1.2.21}$$

且均为实序列。

对于实序列，由傅里叶变换的序列反向性质，可知式（1.2.21）右边的傅里叶变换为

$$\mathrm{F}[R_x(-m)]=S_x(e^{-j\omega})=S_x^*(e^{j\omega}) \tag{1.2.22}$$

又式（1.2.21）左边的傅里叶变换为

$$\mathrm{F}[R_x(m)]=S_x(e^{j\omega}) \tag{1.2.23}$$

由式（1.2.21）、式（1.2.22）和式（1.2.23）可得

$$S_x(e^{j\omega})=S_x(e^{-j\omega})=S_x^*(e^{j\omega})$$

上式表明，对于实信号 $x(n)$，$S_x(e^{j\omega})$ 不仅是 ω 的实函数，同时还是 ω 的偶函数。

假定 $x(n)$ 为复信号，由平稳随机信号相关函数的性质①，有

$$R_x(m)=R_x^*(-m) \tag{1.2.24}$$

式（1.2.24）右边的傅里叶变换为

$$\begin{aligned}\mathrm{F}[R_x^*(-m)]&=\sum_{m=-\infty}^{\infty}R_x^*(-m)e^{-j\omega m} \quad（令\ m=-m）\\&=\sum_{m=-\infty}^{\infty}R_x^*(m)e^{j\omega m}=[\sum_{m=-\infty}^{\infty}R_x(m)e^{-j\omega m}]^*=S_x^*(e^{j\omega})\end{aligned}$$

又式（1.2.24）左边的傅里叶变换为 $S_x(e^{j\omega})$，于是有

$$S_x(e^{j\omega})=S_x^*(e^{j\omega})$$

上式表明，$S_x(e^{j\omega})$ 是 ω 的实函数。于是平稳随机信号的功率谱的性质（1）和性质（2）得证。

性质（1）表明，不论 $x(n)$ 是实信号还是复信号，$S_x(e^{j\omega})$ 都是 ω 的实函数，所以功率谱不含相位信息（也称为盲相的）。由功率谱只能得出序列的统计特性 $R_x(m)$，不能恢复出原随机序列 $x(n)$。

另外，需要注意的是，性质（2）只对实信号成立，对于复信号 $x(n)$，$S_x(e^{j\omega})$ 不是 ω 的偶函数。

1.2.3 白噪声过程和谐波过程

信号在时域与频域的分布特点是：在时域分布越宽，则在频域分布越窄；反之，在时域

分布越窄，则在频域分布越宽。具体地说，如果信号在时间上压缩为原来的$\frac{1}{a}$，则其频谱在频域中要扩展 a 倍。例如，信号 $\cos 4\pi ft$ 是 $\cos 2\pi ft$ 在时间上压缩为原来的$\frac{1}{2}$，相应地，$\cos 4\pi ft$ 的频谱位于 $\pm 2f$ 之间，而 $\cos 2\pi ft$ 的频谱位于 $\pm f$ 之间，相当于 $\cos 4\pi ft$ 是 $\cos 2\pi ft$ 在频域扩展了 2 倍。这一性质说明，信号在时域中的压缩导致了频域中频谱的扩展；反之，信号在时域中的扩展将导致频域中频谱的压缩。

因为相关函数与功率谱是傅里叶变换对，所以相关性的强弱决定了功率谱分布。如果随机信号的相关性较强，则自相关函数曲线随时延增加下降慢，这相当于在时域分布宽，故其功率谱窄，对应窄带过程；反之，如果随机信号的相关性较弱，则自相关函数曲线随时延增加下降快，这相当于在时域分布窄，故其功率谱宽，对应宽带过程，如图 1.19 所示。

相关函数与功率谱的这一关系也说明，对窄带过程，自相关函数曲线随时延增加下降慢，时延大的自相关函数仍含有较多的信息；而对宽带过程，自相关函数曲线随时延增加下降很快，时延大的自相关函数含有的信息很少，如果计算中用到时延大的相关函数效果就差。宽带过程和窄带过程的两种极端情况是白噪声过程和谐波过程。下面就来讨论这两种过程。

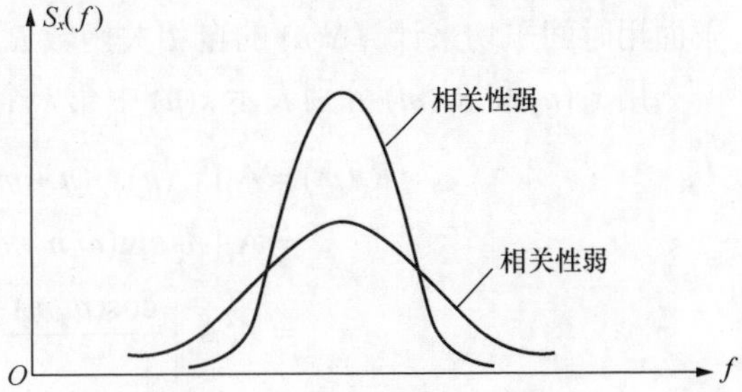

图 1.19 随机信号的功率谱与相关性

1. 白噪声过程

一个平稳随机过程，如果其均值为 0，且功率谱在$|\omega|\leqslant\pi$范围内始终为一常数，则称该过程为白噪声过程，用 $w(n)$ 表示。如果用 $S_w(\mathrm{e}^{\mathrm{j}\omega})$ 和 σ_w^2 分别表示白噪声过程的功率谱和方差，则有

$$S_w(\mathrm{e}^{\mathrm{j}\omega})=\sigma_w^2$$

“白噪声”这个名称来源于白光。牛顿指出，白光包含了所有频率的光波，且在全部可见光谱范围内基本上是连续的、均匀的。白噪声的功率谱在整个频域内是均匀分布的，也就是说，白噪声的所有频率分量均具有相同的功率。不符合此条件的噪声为色噪声或非白噪声。

由维纳-辛钦定理，白噪声的自相关函数

$$R_w(m)=\frac{1}{2\pi}\int_{-\pi}^{\pi}S_w(\mathrm{e}^{\mathrm{j}\omega})\mathrm{e}^{\mathrm{j}\omega m}\mathrm{d}\omega=\sigma_w^2\delta(m) \tag{1.2.25}$$

是在 $m=0$ 处的线脉冲。此线脉冲表明，白噪声过程在任意两个不同时刻上的随机变量都是不相关的。于是可以得出结论：**白噪声过程的相关性最弱，为线脉冲，但其功率谱最宽，为平谱。**

白噪声过程只针对谱密度结构，并未涉及概率分布，因此它可以是不同分布的白噪声，如高斯（正态）分布的白噪声、均匀分布的白噪声、瑞利分布的白噪声等。如果是高斯分布的白噪声，则随机变量不相关与统计独立是等效的，所以在任意两个不同时刻上的随机变量相互独立，这种序列的过去值不能给其当前值和未来值提供任何信息。

白噪声是一种理想化的噪声模型，在实际中，随机过程通过一个系统时，只要过程的功率谱在比系统带宽大得多的区间内近似均匀分布，就可当作白噪声处理。

由于白噪声是信号处理中最具有代表性的噪声信号，因此人们提出了很多近似产生白噪声的方法。例如，可以利用程序产生不同均值和不同方差的“伪白噪”序列，它们既可以服从均匀分布，也可以服从高斯分布。

2．谐波过程

谐波过程就是随机初相正弦序列。下面就实正弦序列和复正弦序列两种情况进行讨论。

（1）$x(n)$ 由 M 个实正弦信号组成

$$x(n)=\sum_{k=1}^{M}A_k\sin(\omega_k n+\varphi_k)$$

式中，A_k、ω_k 是常数，分别为第 k 个正弦信号的幅度和频率，初相 φ_k 是在 $[0,2\pi)$ 内均匀分布的随机变量。因为谐波过程具有各态历经性，所以可用时间平均（用 A_t 表示）代替集合平均。下面用时间平均来计算 $x(n)$ 的自相关函数 $R_x(m)$。

用 $x_k(n)$ 和 $R_k(m)$ 分别表示 $x(n)$ 中第 k 个正弦信号及其自相关函数，则有

$$\begin{aligned}R_k(m)&=\mathrm{A}_t[x_k(n)x_k(n+m)]\\&=\mathrm{A}_t[A_k^2\sin(\omega_k n+\varphi_k)\sin(\omega_k n+\omega_k m+\varphi_k)]\\&=A_k^2\mathrm{A}_t\left[\frac{\cos(\omega_k m)-\cos(2\omega_k n+\omega_k m+2\varphi_k)}{2}\right]\\&=\frac{A_k^2}{2}\mathrm{A}_t[\cos(\omega_k m)]-\frac{A_k^2}{2}\mathrm{A}_t[\cos(2\omega_k n+\omega_k m+2\varphi_k)] \qquad (1.2.26)\\&=\frac{A_k^2}{2}\cos(\omega_k m) \qquad (1.2.27)\end{aligned}$$

式（1.2.26）中的第一项与 n 无关，相当于常数，第二项是 n 的余弦函数，对时间求平均应等于零，于是可得式（1.2.27），它是与原序列具有相同频率的正弦序列。

当然，也可以用自相关函数的定义求 $x_k(n)$ 的自相关函数。由自相关函数的定义有

$$\begin{aligned}R_k(n_1,n_2)&=\mathrm{E}[x_k(n_1)x_k(n_2)]\\&=\int_0^{2\pi}A_k^2\sin(\omega_k n_1+\varphi_k)\sin(\omega_k n_2+\varphi_k)\frac{1}{2\pi}\mathrm{d}\varphi_k\\&=\int_0^{2\pi}\frac{A_k^2}{2\pi}\frac{\cos(\omega_k n_1-\omega_k n_2)-\cos(\omega_k n_1+\omega_k n_2+2\varphi_k)}{2}\mathrm{d}\varphi_k\\&=\frac{A_k^2}{2\pi}\frac{\cos(\omega_k n_1-\omega_k n_2)}{2}\varphi_k\Big|_0^{2\pi}\\&=\frac{A_k^2}{2}\cos[\omega_k(n_1-n_2)]\\&=\frac{A_k^2}{2}\cos(\omega_k m)\text{，其中 } m=n_1-n_2\end{aligned}$$

可见，按集合平均求出的结果与前面按时间平均求出的结果相同，这一结论也说明了随机初

相正弦序列不仅是平稳的，而且是各态历经的。

于是可得 $x(n)$ 的自相关函数为

$$R_x(m)=\sum_{k=1}^{M}\frac{A_k^2}{2}\cos(\omega_k m) \tag{1.2.28}$$

其功率谱 $S_x(\mathrm{e}^{\mathrm{j}\omega})$ 是 $R_x(m)$ 的傅里叶变换

$$S_x(\mathrm{e}^{\mathrm{j}\omega})=\sum_{m=-\infty}^{\infty}R_x(m)\mathrm{e}^{-\mathrm{j}\omega m} \tag{1.2.29}$$

将式（1.2.28）表示为

$$R_x(m)=\sum_{k=1}^{M}\frac{A_k^2}{4}(\mathrm{e}^{\mathrm{j}\omega_k m}+\mathrm{e}^{-\mathrm{j}\omega_k m})$$

将上式代入式（1.2.29），可得

$$\begin{aligned}S_x(\mathrm{e}^{\mathrm{j}\omega})&=\sum_{k=1}^{M}\frac{A_k^2}{4}2\pi[\delta(\omega-\omega_k)+\delta(\omega+\omega_k)]\\&=\sum_{k=1}^{M}\frac{\pi A_k^2}{2}[\delta(\omega-\omega_k)+\delta(\omega+\omega_k)]\end{aligned} \tag{1.2.30}$$

从式（1.2.30）可以看出，实谐波过程的功率谱由位于 $\{\pm\omega_k\}$，$k=1,2,\cdots,M$ 的 $2M$ 个线脉冲（δ 函数）组成。

（2）$x(n)$ 由 M 个复正弦信号组成

$$x(n)=\sum_{k=1}^{M}A_k\mathrm{e}^{\mathrm{j}(\omega_k n+\varphi_k)}$$

式中，A_k、ω_k 是常数，分别为第 k 个正弦信号的幅度和频率，初相 φ_k 是在 $[0,2\pi)$ 内均匀分布的随机变量。

$x(n)$ 的自相关函数为

$$R_x(m)=\sum_{k=1}^{M}A_k^2\mathrm{e}^{\mathrm{j}\omega_k m} \tag{1.2.31}$$

其功率谱为

$$S_x(\mathrm{e}^{\mathrm{j}\omega})=\sum_{k=1}^{M}A_k^2 2\pi\delta(\omega-\omega_k) \tag{1.2.32}$$

从式（1.2.32）可以看出，复谐波过程的功率谱由位于 $\{\omega_k\}$，$k=1,2,\cdots,M$ 的 M 个线脉冲（δ 函数）组成。

综上所述可以得出结论：**谐波过程的相关性最强，为相同频率的正弦波，但其功率谱最窄，为线谱。**

1.2.4 平稳随机信号的有理分式模型

构造随机过程模型是处理随机过程的重要手段。例如，语音编码中的参数编码，用数学模型模拟人的声道，将一段语音信号用对应的激励信号参数和声道模型参数来表示，模型的内部结构并不对应语音产生的物理过程，所期望的是输出等效。参数编码可以获得比波形编码更低的码率。再如，现代谱估计中的参数模型法谱估计，将待分析的随机信号模型化为某系统在白噪声激励下的输出，通过构造合适的系统模型，将待分析的随机信号的功率谱用模型的参数来表示。

我们介绍白噪声过程和谐波过程时曾提到两种极端情况的谱——平谱和线谱。显然，介于两者之间的应是既有峰点又有谷点的连续谱。常用的纯连续谱的平稳随机信号模型是有理分式模型。

有理分式模型是应用最为普遍的线性模型，该模型的系统函数为有理分式，根据有理分式分子和分母的具体情况，可将有理分式模型分为 AR 模型、MA 模型和 ARMA 模型。实际中，AR 模型用得较多，有时也会用到 ARMA 模型，MA 模型则很少用。

1．AR 模型

AR（AutoRegressive，自回归）模型的系统函数 $H(z)$ 表示为

$$H(z)=\frac{G}{1+\sum_{i=1}^{p}a_i z^{-i}} \tag{1.2.33}$$

可以看出，AR 模型的系统函数 $H(z)$ 只有极点，没有零点，故 AR 模型又称为全极点模型。模型的阶由分母多项式的阶 p 决定，p 阶 AR 模型表示为 $\mathrm{AR}(p)$。如果在白噪声 $w(n)$ 激励下模型的输出为 $x(n)$，则模型输入、输出关系的时域表达式为

$$x(n)+\sum_{i=1}^{p}a_i x(n-i)=Gw(n) \tag{1.2.34}$$

式（1.2.34）为 AR 模型的差分方程。将白噪声 $w(n)$ 激励 AR 模型产生的输出 $x(n)$ 叫作 AR 过程。

2．MA 模型

MA（Moving Average，滑动平均）模型的系统函数 $H(z)$ 表示为

$$H(z)=G(1+\sum_{i=1}^{q}b_i z^{-i})$$

可以看出，MA 模型的系统函数 $H(z)$ 只有零点，没有极点，故 MA 模型又称为全零点模型。模型的阶由多项式的阶 q 决定，q 阶 MA 模型表示为 $\mathrm{MA}(q)$。如果在白噪声 $w(n)$ 激励下模型的输出为 $x(n)$，则模型输入、输出关系的时域表达式为

$$x(n)=G[w(n)+\sum_{i=1}^{q}b_i w(n-i)]$$

$$=G\sum_{i=0}^{q}b_i w(n-i)\text{，}\quad 其中\ b_0=1$$

此为 MA 模型的差分方程。由该方程可以看出，MA 模型当前的输出 $x(n)$ 是当前的输入 $w(n)$ 和过去 q 个输入 $w(n-i)$（$i=1,2,\cdots,q$）的加权和，即输出是输入的滑动平均，所以该模型叫滑动平均模型或动均模型。相应地，将白噪声 $w(n)$ 激励 MA 模型产生的输出 $x(n)$ 叫作 MA 过程。

3. ARMA 模型

ARMA 模型就是自回归滑动平均模型。ARMA(p,q) 的系统函数 $H(z)$ 表示为

$$H(z)=G\frac{1+\sum_{i=1}^{q}b_i z^{-i}}{1+\sum_{i=1}^{p}a_i z^{-i}}$$

可以看出，ARMA 模型的系统函数 $H(z)$ 既有极点，又有零点，故 ARMA 模型又称为零极点模型。如果在白噪声 $w(n)$ 激励下模型的输出为 $x(n)$，则模型输入、输出关系的时域表达式为

$$x(n)+\sum_{i=1}^{p}a_i x(n-i)=G[w(n)+\sum_{i=1}^{q}b_i w(n-i)]$$

此为 ARMA 模型的差分方程。相应地，将白噪声 $w(n)$ 激励 ARMA 模型产生的输出 $x(n)$ 叫作 ARMA 过程。

从上面的介绍可以看出，AR 模型和 MA 模型都是 ARMA 模型的特殊情况。当 ARMA 模型中所有的 $b_i=0$ 时（$i=1,2,\cdots,q$），ARMA 模型就成为 AR 模型；当 ARMA 模型中所有的 $a_i=0$ 时（$i=1,2,\cdots,p$），ARMA 模型就成为 MA 模型。

1.2.5 平稳随机信号通过线性系统的定理

从前面的讨论可以看出，无论所研究的随机过程是 AR 过程、MA 过程，还是 ARMA 过程，都可以将该过程看成白噪声通过一个线性系统的输出。为了进一步描述激励信号、系统参数和系统输出之间的关系，下面介绍几个有关平稳随机信号通过线性系统的定理。

设 $x(n)$ 通过一线性移不变离散时间系统 $h(n)$ 后输出为 $y(n)$，则有

$$y(n)=x(n)*h(n)=\sum_{m=-\infty}^{\infty}x(m)h(n-m)$$

如果 $x(n)$ 是确定性信号，则

$$Y(\mathrm{e}^{\mathrm{j}\omega})=X(\mathrm{e}^{\mathrm{j}\omega})H(\mathrm{e}^{\mathrm{j}\omega})$$

如果 $x(n)$ 是一平稳随机信号，则 $y(n)$ 也是平稳随机信号。由于随机信号不存在傅里叶变换，所以需要从相关函数和功率谱的角度来研究随机信号通过线性系统的行为。

随机信号通过线性系统的输入输出关系可以从以下几个定理得到

（1）相关—卷积定理

若 $y(n)=x(n)*h(n)$，$R_y(m)$、$R_x(m)$、$R_h(m)$ 分别是 $y(n)$、$x(n)$、$h(n)$ 的自相关函数，则

$$R_y(m)=R_x(m)*R_h(m)$$

也就是说，**卷积的相关等于相关的卷积**。

证明：求 $y(n)$ 的相关就是求 $x(n)$ 与 $h(n)$ 卷积的相关。利用卷积的定义式（1.1.4）、确定性实序列自相关函数定义式（1.2.6）和实随机序列自相关函数定义式（1.2.15），有

$$
\begin{aligned}
R_y(m) &= \mathrm{E}[y(n)y(n+m)] \\
&= \mathrm{E}[\sum_{k=-\infty}^{\infty} h(k)x(n-k) \cdot \sum_{r=-\infty}^{\infty} h(r)x(n+m-r)] \\
&= \sum_{k=-\infty}^{\infty} \sum_{r=-\infty}^{\infty} h(k)h(r)\mathrm{E}[x(n-k)x(n-k+k+m-r)] \\
&= \sum_{k=-\infty}^{\infty} \sum_{r=-\infty}^{\infty} h(k)h(r)R_x(k+m-r)
\end{aligned}
$$

令 $l=-(k-r)$，则有

$$
\begin{aligned}
R_y(m) &= \sum_{l=-\infty}^{\infty} R_x(m-l) \sum_{k=-\infty}^{\infty} h(k)h(k+l) \\
&= \sum_{l=-\infty}^{\infty} R_x(m-l)R_h(l) = R_x(m) * R_h(m)
\end{aligned} \tag{1.2.35}
$$

注意，系统的单位脉冲响应 $h(n)$ 是确定性能量信号，其自相关函数的定义与随机序列自相关函数的定义是不同的。

如果对式（1.2.35）两边求傅里叶变换，由傅里叶变换的性质，有

$$
\begin{aligned}
\mathrm{F}[R_y(m)] &= \mathrm{F}[R_x(m) * R_h(m)] \\
&= \mathrm{F}[R_x(m)] \cdot \mathrm{F}[R_h(m)]
\end{aligned}
$$

根据维纳–辛钦定理（式（1.2.19））和相关定理（式（1.2.10）），由上式可得

$$
S_y(\mathrm{e}^{\mathrm{j}\omega}) = S_x(\mathrm{e}^{\mathrm{j}\omega}) \cdot |H(\mathrm{e}^{\mathrm{j}\omega})|^2 \tag{1.2.36}
$$

式（1.2.36）表明，**输出自功率谱等于输入自功率谱与系统能量谱的乘积**。相应的 Z 域表达式为

$$
S_y(z) = S_x(z)H(z)H(z^{-1})
$$

考虑更一般的情况，如果 $e(n)=a(n)*b(n)$，$f(n)=c(n)*d(n)$，则有

$$
R_{ef}(m) = R_{ac}(m) * R_{bd}(m)
$$

（2）输入输出互相关定理

输入、输出序列的互相关等于输入自相关与系统单位抽样响应的卷积。即

$$
R_{xy}(m) = R_x(m) * h(m) \tag{1.2.37}
$$

对式（1.2.37）两边求傅里叶变换，可得

$$
S_{xy}(\mathrm{e}^{\mathrm{j}\omega}) = H(\mathrm{e}^{\mathrm{j}\omega})S_x(\mathrm{e}^{\mathrm{j}\omega}) \tag{1.2.38}
$$

式（1.2.38）表明，**输入、输出序列互功率谱等于输入序列的自功率谱与系统频响的乘积**。

由式（1.2.18）、式（1.2.21）和式（1.2.37），对实信号有

$$
R_{yx}(m) = R_{xy}(-m) = R_x(-m) * h(-m) = R_x(m) * h(-m) \tag{1.2.39}
$$

对式（1.2.39）两边求傅里叶变换，可得

$$
S_{yx}(\mathrm{e}^{\mathrm{j}\omega}) = H^*(\mathrm{e}^{\mathrm{j}\omega})S_x(\mathrm{e}^{\mathrm{j}\omega}) \tag{1.2.40}
$$

如果已知输入自功率谱和输入输出互功率谱，利用互相关定理可以分析出系统的幅度谱和相位谱。由式（1.2.38）或式（1.2.40），可得系统幅度谱

$$|H(e^{j\omega})| = \frac{|S_{xy}(e^{j\omega})|}{S_x(e^{j\omega})}$$

或

$$|H(e^{j\omega})| = \frac{|S_{yx}(e^{j\omega})|}{S_x(e^{j\omega})}$$

将式（1.2.40）除以式（1.2.38）可导出相位谱

$$e^{-j2\varphi(\omega)} = \frac{H^*(e^{j\omega})}{H(e^{j\omega})} = \frac{S_{yx}(e^{j\omega})}{S_{xy}(e^{j\omega})}$$

这里，系统频响是$|H(e^{j\omega})|e^{j\varphi(\omega)}$。

互相关和互功率谱反映了随机序列通过系统前、后的关系，这种关系与系统有关，因而可以直接用来测算系统的特性，例如，测定系统频响和单位抽样响应。用方差为 1 的白噪声序列 $w(n)$ 作为激励源输入待测系统，得到一个输出序列 $y(n)$，由式（1.1.6）、式（1.2.25）和式（1.2.37），可得

$$R_{wy}(m) = R_w(m) * h(m) = \delta(m) * h(m) = h(m) \tag{1.2.41}$$

式（1.2.41）表明，系统的输入输出互相关序列就是系统的单位脉冲响应序列。两边求傅里叶变换可得系统频响，它等于输入输出互功率谱。

（3）均值定理

输出随机序列的均值等于输入随机序列的均值与系统零频（直流）响应的乘积。即

$$m_y = m_x \cdot H(e^{j0})$$

证明： $H(e^{j0}) = H(e^{j\omega})\big|_{\omega=0} = \sum_{n=-\infty}^{\infty} h(n)e^{-j\omega n}\big|_{\omega=0} = \sum_{n=-\infty}^{\infty} h(n)$

$$m_y = E[x(n) * h(n)] = E[\sum_{m=-\infty}^{\infty} h(m)x(n-m)]$$

$$= \sum_{m=-\infty}^{\infty} h(m)E[x(n-m)] = \sum_{m=-\infty}^{\infty} h(m)\cdot m_x = m_x H(e^{j0})$$

例 1.2.1 已知一线性离散系统的系统函数为$H(z) = \dfrac{1}{1-az^{-1}}$，$0 < a < 1$，现输入一个自相关函数为$R_x(m) = \sigma^2\delta(m)$的平稳随机序列$x(n)$，试求系统输出$y(n)$的自相关函数$R_y(m)$及其平均功率$P_y$。

解： $h(n) = a^n u(n)$

根据随机信号通过线性系统的相关—卷积定理，有

$$R_y(m) = R_x(m) * R_h(m) = \sigma^2\delta(m) * R_h(m) = \sigma^2 R_h(m)$$

根据确定性能量信号自相关函数的定义，并考虑到$h(n) = a^n u(n)$为因果系统，有

$$R_h(m)=\sum_{n=0}^{\infty}h(n)h(n+m)\,,\qquad m\geqslant 0$$

于是

$$R_y(m)=\sigma^2\sum_{n=0}^{\infty}h(n)h(n+m)=\sigma^2\sum_{n=0}^{\infty}a^n a^{n+m}$$
$$=\sigma^2 a^m\sum_{n=0}^{\infty}a^{2n}=\frac{\sigma^2 a^m}{1-a^2}\,,\qquad m\geqslant 0$$

故有

$$R_y(m)=\frac{\sigma^2 a^{|m|}}{1-a^2}$$

$$P_y=R_y(0)=\frac{\sigma^2}{1-a^2}$$

1.2.6 谱分解定理及三种模型的适应性

1. 谱分解定理

任何实平稳随机信号 $x(n)$ 的有理功率谱 $S_x(z)$ 都可唯一地表示成下列最小相位形式

$$S_x(z)=\sigma^2 H(z)H(z^{-1}) \tag{1.2.42}$$

式（1.2.42）中 σ^2 为常数，$H(z)$ 是有理分式，即

$$H(z)=\frac{B(z)}{A(z)}$$

式中，$A(z)$ 和 $B(z)$ 都是最小相位多项式（多项式的根都在单位圆内）。适当调整常系数 σ^2 的数值，使 $A(z)$ 和 $B(z)$ 都是最高次项系数为 1 的多项式，这样式（1.2.42）的分解是唯一的。

对因果稳定系统，其系统函数 $H(z)$ 的极点全部在 z 平面单位圆的内部。如果 $\dfrac{1}{H(z)}$ 也对应一个因果稳定的系统，那么系统 $H(z)$ 就是可逆系统。也就是说，可逆系统系统函数的零、极点全部在 z 平面单位圆的内部，其 $A(z)$ 和 $B(z)$ 都应该是最小相位多项式。所以，可逆系统也叫最小相位系统，是指所有的零点全在单位圆内的因果稳定系统。反之，所有零点全在单位圆外的系统叫最大相位系统。如果部分零点在单位圆内，部分零点在单位圆外，则为非最小相位系统或混合相位系统。

谱分解定理保证了平稳随机信号模型的存在。因为白噪声 $w(n)$ 的功率谱为常数 σ_w^2，所以任何平稳随机信号 $x(n)$ 都可以看成由白噪声 $w(n)$ 激励一个可逆系统 $H(z)$ 产生的输出，如图 1.20 所示，其功率谱 $S_x(e^{j\omega})$ 为

图 1.20 平稳随机信号模型

$$S_x(e^{j\omega})=\sigma_w^2\,|H(e^{j\omega})|^2 \tag{1.2.43}$$

式（1.2.43）中，σ_w^2 是白噪声 $w(n)$ 的功率谱（为常数），$H(e^{j\omega})$ 是系统 $H(z)$ 的频谱。式（1.2.43）说明，平稳随机信号 $x(n)$ 的功率谱 $S_x(e^{j\omega})$ 可以用系统 $H(z)$ 的参数来表示。因此，谱估计问题就转化为模型参数的估计问题，只要估计出模型的参数，就可以分析随机信号的功率谱，这就是现代谱估计中参数模型法谱估计的基础。于是可以归纳出参数模型法谱估计的基本思路如下。

（1）假定所研究的随机过程 $x(n)$ 是由一白噪声序列 $w(n)$ 激励一因果稳定的线性可逆系统 $H(z)$ 的输出。

（2）由观测获得的数据 $x(n)$ 估计 $H(z)$ 的参数。

（3）由 $H(z)$ 的参数估计 $x(n)$ 的功率谱。

上述问题的关键在于，模型应能准确合理地表示随机过程。由于 AR 模型是全极点模型，所以 AR 过程的功率谱具有尖锐的峰而无深谷，具有这一特点的随机信号适合选择 AR 模型。MA 过程的功率谱具有深谷而无尖锐的峰，具有这一特点的随机信号适合选择 MA 模型。ARMA 过程的功率谱既有谷又有峰，具有这一特点的随机信号适合选择 ARMA 模型。

例 1.2.2 已知三个 MA 模型分别为

$$y_1(n)=x(n)-(a+b)x(n-1)+abx(n-2)$$

$$y_2(n)=x(n)-(a+b)x(n+1)+abx(n+2)$$

$$y_3(n)=-ax(n+1)+(1+ab)x(n)-bx(n-1)$$

且有 $0<a<1$ 和 $0<b<1$。判断哪个是最小相位系统，哪个是最大相位系统，哪个是混合相位系统。

解：

$$Y_1(z)=X(z)-(a+b)z^{-1}X(z)+abz^{-2}X(z)$$

$$H_1(z)=\frac{Y_1(z)}{X(z)}=1-(a+b)z^{-1}+abz^{-2}=(1-az^{-1})(1-bz^{-1})$$

零点：$z_{01}=a$，$z_{02}=b$

$$Y_2(z)=X(z)-(a+b)zX(z)+abz^2X(z)$$

$$H_2(z)=\frac{Y_2(z)}{X(z)}=1-(a+b)z+abz^2=(1-az)(1-bz)$$

零点：$z_{01}=\frac{1}{a}$，$z_{02}=\frac{1}{b}$

$$Y_3(z)=-azX(z)+(1+ab)X(z)-bz^{-1}X(z)$$

$$H_3(z)=\frac{Y_3(z)}{X(z)}=-az+(1+ab)-bz^{-1}=(1-az)(1-bz^{-1})$$

零点：$z_{01}=\frac{1}{a}$，$z_{02}=b$

因为 $0<a<1$、$0<b<1$，所以 $H_1(z)$ 是最小相位系统，$H_2(z)$ 是最大相位系统，$H_3(z)$ 是混合相位系统。

例 1.2.3 设$S_x(\mathrm{e}^{\mathrm{j}\omega})=\dfrac{1.04+0.4\cos\omega}{1.25+\cos\omega}$，求对应于$S_x(\mathrm{e}^{\mathrm{j}\omega})$的最小相位系统的传递函数$H(z)$。

解：

$$S_x(\mathrm{e}^{\mathrm{j}\omega})=\frac{1.04+0.4\cos\omega}{1.25+\cos\omega}=\frac{1.04+0.2\mathrm{e}^{\mathrm{j}\omega}+0.2\mathrm{e}^{-\mathrm{j}\omega}}{1.25+0.5\mathrm{e}^{\mathrm{j}\omega}+0.5\mathrm{e}^{-\mathrm{j}\omega}}$$

$$S_x(z)=\frac{1.04+0.2z+0.2z^{-1}}{1.25+0.5z+0.5z^{-1}}=\frac{(1+0.2z^{-1})(1+0.2z)}{(1+0.5z^{-1})(1+0.5z)}$$

因为

$$S_x(z)=\sigma_w^2 H(z)H(z^{-1})$$

所以

$$H(z)=\frac{1+0.2z^{-1}}{1+0.5z^{-1}}$$

按照谱分解定理的约束条件，只能唯一地分解出一个零、极点均在单位圆内部的系统函数。如果没有零、极点均在单位圆内部的约束条件，分解便不是唯一的。按照谱分解定理分解出的$H(z)$一定是最小相位系统，它保证了模型的可逆性。

例 1.2.4 离散随机信号$x(n)$是由一白噪声序列$w(n)$激励 AR 模型

$$H(z)=\frac{1}{1-az^{-1}},\quad |a|<1$$

产生的。已知信号$x(n)$的自相关函数$R_x(0)$和$R_x(1)$的值，试确定白噪声$w(n)$的方差σ_w^2及a的值。（注：$\dfrac{1}{2\pi\mathrm{j}}\oint_c\dfrac{z^m}{(z-a)(1-az)}\mathrm{d}z=\dfrac{a^m}{1-a^2}$）

解：根据题意，信号$x(n)$的功率谱为

$$S_x(z)=\sigma_w^2 H(z)H(z^{-1})=\frac{\sigma_w^2}{(1-az^{-1})(1-az)}$$

利用 Z 反变换可求出$x(n)$的自相关函数为

$$R_x(m)=\frac{1}{2\pi\mathrm{j}}\oint_c S_x(z)z^{m-1}\mathrm{d}z=\frac{\sigma_w^2}{2\pi\mathrm{j}}\oint_c\frac{z^m}{(z-a)(1-az)}\mathrm{d}z=\frac{\sigma_w^2 a^m}{1-a^2}$$

将$m=0$、$m=1$分别代入上式有

$$R_x(0)=\frac{\sigma_w^2}{1-a^2}$$

$$R_x(1)=\frac{\sigma_w^2 a}{1-a^2}$$

解得

$$a=\frac{R_x(1)}{R_x(0)}$$

$$\sigma_w^2=(1-a^2)R_x(0)=R_x(0)-\frac{R_x^2(1)}{R_x(0)}$$

上式中信号 $x(n)$ 的自相关函数 $R_x(0)$、$R_x(1)$ 为已知量。

例 1.2.5　输入信号 $x(n)=s(n)+v(n)$，其中原始信号 $s(n)$ 是由方差为 $\sigma_u^2=0.82$ 的白噪声序列 $u(n)$ 激励 AR 模型 $A(z)=\dfrac{1}{1-0.6z^{-1}}$ 产生的输出，$v(n)$ 是与 $s(n)$ 不相关且方差为 $\sigma_v^2=1$ 的白噪声序列。输入信号 $x(n)$ 经过系统函数为 $\dfrac{1}{B(z)}$ 的滤波器变为白噪声序列 $w(n)$，试求 $B(z)$ 和 σ_w^2。

解：因为信号 $x(n)$ 经过系统函数为 $\dfrac{1}{B(z)}$ 的滤波器后输出白噪声序列 $w(n)$，所以 $x(n)$ 可以看作白噪声序列 $w(n)$ 激励模型 $B(z)$ 得到的输出，有

$$S_x(z)=\sigma_w^2B(z)B(z^{-1}) \tag{1.2.44}$$

考虑到加性噪声 $v(n)$ 与信号 $s(n)$ 不相关，有

$$S_{xs}(z)=S_{(s+v)s}(z)=S_s(z)=\sigma_u^2A(z)A(z^{-1})=\frac{0.82}{(1-0.6z^{-1})(1-0.6z)}$$

和

$$S_x(z)=S_s(z)+S_v(z)=\sigma_u^2A(z)A(z^{-1})+\sigma_v^2$$

上式可以表示为

$$S_x(z)=\frac{0.82}{(1-0.6z^{-1})(1-0.6z)}+1=2\frac{1-0.3z^{-1}}{1-0.6z^{-1}}\bullet\frac{1-0.3z}{1-0.6z} \tag{1.2.45}$$

根据式（1.2.44）和式（1.2.45），可得

$$\sigma_w^2=2$$

$$B(z)=\frac{1-0.3z^{-1}}{1-0.6z^{-1}}$$

2．三种模型的适应性

在 AR、MA 和 ARMA 三种模型中，AR 模型是全极点模型，易反映谱中的峰值，一般有锐峰无深谷的谱适于选用 AR 模型；MA 模型是全零点模型，易反映谱中的谷值，一般有深谷无锐峰的谱适于选用 MA 模型；ARMA 模型是零、极点模型，ARMA 谱既有峰点又有谷点。

沃尔德（Wold）分解定理将 AR、MA 和 ARMA 三种模型联系起来。基本定理表明，任何广义平稳随机过程都可以分解成完全随机的分量和确定性分量。例如，可以把由纯正弦信号（相位随机，以保证为广义平稳过程）和白噪声组成的随机过程分解成纯随机分量（白噪声）和确定性分量（正弦信号）。这种分解也可以看作在谱域中把功率谱分解成表示白噪声的连续分量和表示正弦信号的离散分量（脉冲状态）。

沃尔德定理的推论是，如果功率谱是纯连续的，任何 ARMA 过程或 AR 过程都可以用无限阶的唯一的 MA 模型表示。

柯尔莫哥洛夫（Kolmogorov）定理指出，任何 ARMA 过程或 MA 过程都可以用无限阶的

AR 过程表示。

这些定理表明，即使在建模时选择了不正确的模型，只要模型的阶次足够高，仍然可以得到一个合理的近似表示。

在 AR、MA 和 ARMA 三种模型中，AR 模型是应用最为广泛的一种，这主要有以下原因。

（1）AR 模型的参数可借助解线性方程获得，且存在快速高效的解法；ARMA、MA 模型的参数涉及解非线性方程，较难获得。

（2）三种模型在一定条件下可以互相转换，任何 ARMA 过程和 MA 过程都可以用一个无穷阶的 AR 过程来表示。

例如，语音信号并非 AR 过程，而应看成 ARMA 过程。如果用 AR 模型对语音信号进行谱估计（LPC 谱），则在信号谱的峰值处估计谱与信号谱匹配得较好，而在信号谱的谷底处则匹配得较差。但只要 AR 模型的阶数足够大，总能使 AR 模型谱以任意小的误差逼近语音信号谱。图 1.21 所示为一段男声的 LPC 谱与其信号谱的比较，可以看出，LPC 谱在信号谱的峰值处与信号谱匹配较好。

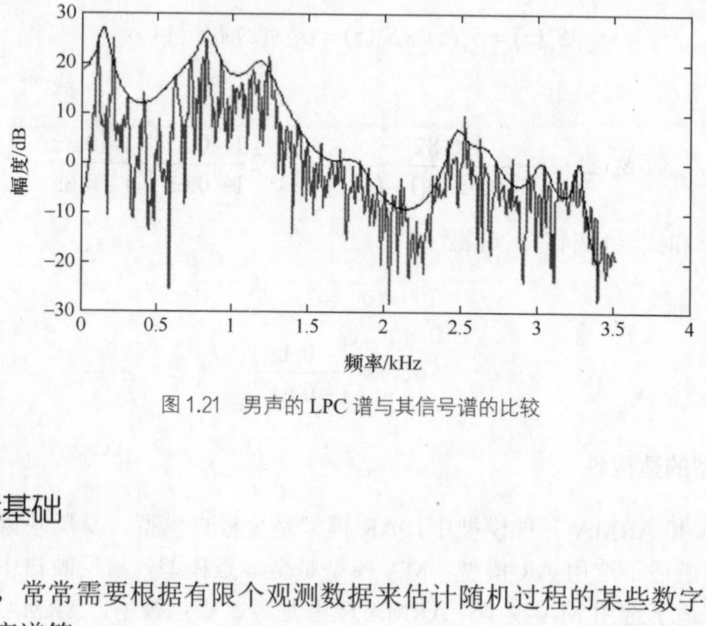

图 1.21　男声的 LPC 谱与其信号谱的比较

1.3　估计理论基础

实际应用中，常常需要根据有限个观测数据来估计随机过程的某些数字特征，如均值、自相关函数、功率谱等。

现用 θ 表示广义平稳随机序列的某个数字特征值，可以是均值、方差、相关函数等，用 $\hat{\theta}$ 表示 θ 的估计。估计的方法不止一种，可以想象，即使是用相同的方法进行估计，由于每次所用样本的不同（长度、位置等），得到的估计是不同的。所以，用任何一种估计方法得到的估计 $\hat{\theta}$ 都是随机变量。为了对不同的估计方法进行比较，需要根据统计特性对它们进行评价。

1.3.1　估计的偏差

估计的偏差（也叫估计的偏）定义为

$$\text{bia}[\hat{\theta}] = \theta - \text{E}[\hat{\theta}]$$

其中 $\mathrm{E}[\hat{\theta}]$表示估计的均值。估计的偏反映估计的均值与真值的偏离程度。

如果 $\mathrm{E}[\hat{\theta}]=\theta$，则 $\mathrm{bia}[\hat{\theta}]=0$，此时，$\hat{\theta}$ 是 θ 的一个无偏估计，否则为有偏估计。如果随着样本数的增加，偏差减小，当样本数 $N\to\infty$ 时，$\mathrm{bia}[\hat{\theta}]\to 0$，则称 $\hat{\theta}$ 为 θ 的一个渐近无偏估计。

例 1.3.1　将 N 个样点数据的算术平均作为均值 m_x 的估计 $\hat{m}_x$，即

$$\hat{m}_x=\frac{1}{N}\sum_{n=0}^{N-1}x(n) \tag{1.3.1}$$

试分析所得到的估计 $\hat{m}_x$ 是否为均值 m_x 的无偏估计。

解：估计 $\hat{m}_x$ 的均值为

$$\mathrm{E}[\hat{m}_x]=\mathrm{E}[\frac{1}{N}\sum_{n=0}^{N-1}x(n)]=\frac{1}{N}\sum_{n=0}^{N-1}\mathrm{E}[x(n)]=\frac{1}{N}\sum_{n=0}^{N-1}m_x=m_x \tag{1.3.2}$$

式（1.3.2）表明，估计 $\hat{m}_x$ 的均值等于真值 m_x，所以，由式（1.3.1）得到的估计 $\hat{m}_x$ 是均值 m_x 的无偏估计。

均值的估计在实际中应用很广，在预处理中往往通过减去均值把均值不为 0 的情况变成零均值的情况，减去的均值就通过估计得到。

例 1.3.2　利用 N 个样点数据计算方差估计值的一种方法是

$$\hat{\sigma}_x^2=\frac{1}{N}\sum_{n=0}^{N-1}[x(n)-m_x]^2 \tag{1.3.3}$$

试分析估计 $\hat{\sigma}_x^2$ 的偏差。

解：此估计的均值为

$$\mathrm{E}[\hat{\sigma}_x^2]=\frac{1}{N}\sum_{n=0}^{N-1}\mathrm{E}[(x(n)-m_x)^2]=\frac{1}{N}\sum_{n=0}^{N-1}\sigma_x^2=\sigma_x^2 \tag{1.3.4}$$

因为估计的均值等于真值，所以，式（1.3.3）对方差的估计是无偏估计。

事实上，因为式（1.3.3）中的均值也只能来自估计，所以方差的估计往往不是式（1.3.3），而是

$$\hat{\sigma}_x^2=\frac{1}{N}\sum_{n=0}^{N-1}[x(n)-\hat{m}_x]^2$$

可以证明，用此式对方差进行估计得到的是渐近无偏的估计，只是分析较复杂。

1.3.2　估计的方差

如果 $\hat{\theta}_1$ 和 $\hat{\theta}_2$ 都是 θ 的无偏估计，那么如何在 $\hat{\theta}_1$ 和 $\hat{\theta}_2$ 中做出选择？为此，考虑估计的方差 $\mathrm{var}[\cdot]$。估计的方差定义为

$$\mathrm{var}[\hat{\theta}]=\mathrm{E}[(\hat{\theta}-\mathrm{E}[\hat{\theta}])^2]$$

对无偏估计，因为 $\mathrm{E}[\hat{\theta}]=\theta$，所以 $\mathrm{var}[\hat{\theta}]=\mathrm{E}[(\hat{\theta}-\theta)^2]$。

假设 $\mathrm{var}[\hat{\theta}_1] < \mathrm{var}[\hat{\theta}_2]$，则 $\hat{\theta}_1$ 的值比 $\hat{\theta}_2$ 的值更紧密地聚集在真值 θ 的附近。所以，选择 $\hat{\theta}_1$ 作为 θ 的估计比选择 $\hat{\theta}_2$ 要好。图 1.22 所示为两种估计的概率密度分布 $p(\hat{\theta})$，两种估计的均值都等于真值 θ，它们都是无偏估计。但 $\hat{\theta}_1$ 分布在 θ 附近的概率密度较大，这意味着它与均值的偏离程度较小（一致性好），也就是方差较小，所以认为 $\hat{\theta}_1$ 比 $\hat{\theta}_2$ 有效。

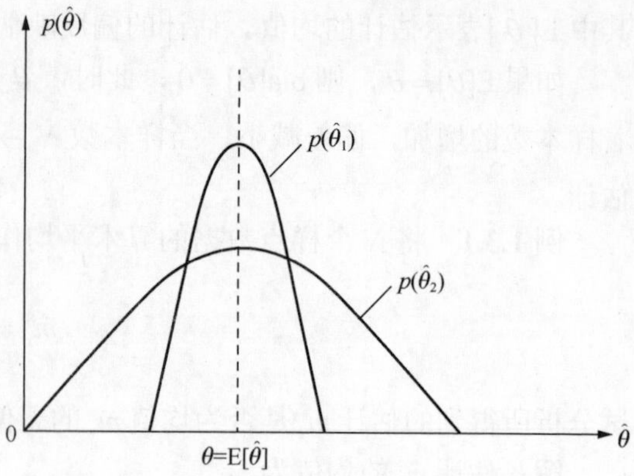

图 1.22　两种估计的概率密度分布

如果对所有估计 θ'，有 $\mathrm{var}(\hat{\theta}) \leqslant \mathrm{var}(\theta')$，则 $\hat{\theta}$ 为最小方差估计。

1.3.3　估计的均方误差与一致估计

如果 $\hat{\theta}_1$ 和 $\hat{\theta}_2$ 不全是无偏估计，则方差就不再是有效性的唯一参量，需要同时考虑偏差和方差。这时，应以均方误差（Mean Square Error，MSE）作为有效性的参量。估计的均方误差定义为

$$\mathrm{MSE} = \mathrm{E}[(\hat{\theta} - \theta)^2]$$

经过简单的推导，可以得到均方误差与偏差和方差的关系：

$$\begin{aligned}\mathrm{MSE} &= \mathrm{E}[(\hat{\theta} - \theta)^2] = \mathrm{E}[(\hat{\theta} - \mathrm{E}[\hat{\theta}] + \mathrm{E}[\hat{\theta}] - \theta)^2] \\ &= \mathrm{E}[(\hat{\theta} - \mathrm{E}[\hat{\theta}])^2 + (\mathrm{E}[\hat{\theta}] - \theta)^2 + 2(\hat{\theta} - \mathrm{E}[\hat{\theta}])(\mathrm{E}[\hat{\theta}] - \theta)] \\ &= \mathrm{var}[\hat{\theta}] + \mathrm{bia}^2[\hat{\theta}] + 2\{\mathrm{E}[\hat{\theta}] - \mathrm{E}[\hat{\theta}]\}\{\mathrm{E}[\hat{\theta}] - \theta\} \\ &= \mathrm{var}[\hat{\theta}] + \mathrm{bia}^2[\hat{\theta}]\end{aligned}$$

可见，均方误差同时反映了估计的偏差和方差。选择均方误差较小的 $\hat{\theta}$ 作为估计，就是最小均方误差准则。对于无偏估计，因为偏差为 0，最小均方误差准则成为最小方差准则。

如果随着样本数的增加，估计的均方误差减小，当样本数趋于无穷时，估计的均方误差趋于零，则称估计为一致估计。

令 $\hat{\theta}$ 是基于 N 个观测样本获得的 θ 的估计，如果同时满足

$$（1）\ \lim_{N\to\infty} \mathrm{E}[\hat{\theta}] = \theta$$

$$（2）\ \lim_{N\to\infty} \mathrm{E}[(\hat{\theta} - \mathrm{E}[\hat{\theta}])^2] = 0$$

则 $\hat{\theta}$ 是 θ 的一个一致估计。

例 1.3.3　将 N 个样点数据的算术平均作为均值 m_x 的估计 $\hat{m}_x$，即

$$\hat{m}_x = \frac{1}{N}\sum_{n=0}^{N-1} x(n)$$

试分析估计 $\hat{m}_x$ 的方差。

解：估计 $\hat{m}_x$ 的方差为

$$\mathrm{var}(\hat{m}_x) = \mathrm{E}[\hat{m}_x^2] - [\mathrm{E}(\hat{m}_x)]^2$$

将式（1.3.2）代入上式，得

$$\mathrm{var}(\hat{m}_x)=\mathrm{E}[\hat{m}_x^2]-m_x^2 \tag{1.3.5}$$

对$\mathrm{E}[\hat{m}_x^2]$有

$$\begin{aligned}\mathrm{E}[\hat{m}_x^2]&=\mathrm{E}\left[\left(\frac{1}{N}\sum_{n=0}^{N-1}x(n)\right)\left(\frac{1}{N}\sum_{m=0}^{N-1}x(m)\right)\right]\\&=\frac{1}{N^2}\sum_{n=0}^{N-1}\sum_{m=0}^{N-1}\mathrm{E}[x(n)x(m)]\\&=\frac{1}{N^2}\sum_{n=0}^{N-1}\left[\mathrm{E}(x^2(n))+\sum_{m=0,m\neq n}^{N-1}\mathrm{E}[x(n)x(m)]\right]\\&=\frac{1}{N^2}\sum_{n=0}^{N-1}\mathrm{E}[x^2(n)]+\frac{1}{N^2}\sum_{n=0}^{N-1}\left[\sum_{m=0,m\neq n}^{N-1}\mathrm{E}[x(n)x(m)]\right]\end{aligned} \tag{1.3.6}$$

为便于分析，假定$x(n)$与$x(m)$是互不相关的，则

$$\mathrm{E}[x(n)x(m)]=\mathrm{E}[x(n)]\cdot\mathrm{E}[x(m)]=m_x^2$$

于是式（1.3.6）成为

$$\mathrm{E}[\hat{m}_x^2]=\frac{1}{N}m_{x^2}+\frac{1}{N^2}\sum_{n=0}^{N-1}\left[\sum_{m=0,m\neq n}^{N-1}m_x^2\right]=\frac{1}{N}m_{x^2}+\frac{N-1}{N}m_x^2$$

将上式代入式（1.3.5）有

$$\begin{aligned}\mathrm{var}(\hat{m}_x)&=\frac{1}{N}m_{x^2}+\frac{N-1}{N}m_x^2-m_x^2\\&=\frac{1}{N}(m_{x^2}-m_x^2)=\frac{1}{N}\sigma_x^2\end{aligned}$$

可见：当$N\to\infty$时，$\mathrm{var}(\hat{m}_x)\to 0$。

综合例 1.3.1 和例 1.3.3 的分析可以看出，当各样值互不相关时（事实上各样值之间存在相关性），由式（1.3.1）所得的对均值m_x的估计$\hat{m}_x$是无偏的一致估计。

1.3.4 自相关函数的估计方法

由于平稳随机信号的二阶统计量自相关函数只与时间间隔有关而与时间无关，因此在平稳随机信号处理中，自相关函数应用非常广泛，是一个重要的数字特征。在实际应用中，该特征往往只能来自估计。

自相关函数的估计方法通常有两种，现用$\hat{R}_1(m)$和$\hat{R}_2(m)$分别表示两种不同方法下得到的估计。下面介绍用随机序列$x(n)$的N个样点数据$\{x(0),x(1),\cdots,x(N-1)\}$估计$x(n)$自相关函数的两种常用方法。

（1）方法一

$$\hat{R}_1(m)=\frac{1}{N-|m|}\sum_{n=0}^{N-1-|m|}x(n)x(n+|m|)\text{，}\quad m=0,\pm1,\cdots,\pm(N-1) \tag{1.3.7}$$

对于实序列$x(n)$，其自相关函数偶对称，即

$$R_x(m)=R_x(-m)$$

所以，只需要计算 $m=0,1,\cdots,(N-1)$ 时 $\hat{R}_1(m)$ 的值即可。而 $m=-1,-2,\cdots,-(N-1)$ 时 $\hat{R}_1(m)$ 的值，可由 $\hat{R}_1(-m)=\hat{R}_1(m)$ 求得。于是将式（1.3.7）表示为

$$\hat{R}_1(m)=\frac{1}{N-m}\sum_{n=0}^{N-1-m}x(n)x(n+m),\qquad m=0,1,\cdots,N-1 \tag{1.3.8}$$

此估计的均值为

$$\mathrm{E}[\hat{R}_1(m)]=\frac{1}{N-m}\sum_{n=0}^{N-1-m}\mathrm{E}[x(n)x(n+m)]=\frac{1}{N-m}\sum_{n=0}^{N-1-m}R(m)=R(m) \tag{1.3.9}$$

因为估计的均值等于真值，所以 $\hat{R}_1(m)$ 是 $R(m)$ 的一个无偏估计。

（2）方法二

$$\hat{R}_2(m)=\frac{1}{N}\sum_{n=0}^{N-1-m}x(n)x(n+m),\qquad m=0,1,\cdots,N-1 \tag{1.3.10}$$

同样，$m=-1,-2,\cdots,-(N-1)$ 时 $\hat{R}_2(m)$ 的值，可由 $\hat{R}_2(-m)=\hat{R}_2(m)$ 求得。

此估计的均值为

$$\begin{aligned}\mathrm{E}[\hat{R}_2(m)]&=\frac{1}{N}\sum_{n=0}^{N-1-m}\mathrm{E}[x(n)x(n+m)]\\&=\frac{1}{N}\sum_{n=0}^{N-1-m}R(m)=(1-\frac{m}{N})R(m)\end{aligned} \tag{1.3.11}$$

故 $\hat{R}_2(m)$ 是 $R(m)$ 的有偏估计，其偏差为

$$\begin{aligned}\mathrm{bia}[\hat{R}_2(m)]&=R(m)-\mathrm{E}[\hat{R}_2(m)]\\&=R(m)-(1-\frac{m}{N})R(m)\\&=\frac{m}{N}R(m)\end{aligned} \tag{1.3.12}$$

由式（1.3.11）和式（1.3.12）可以看出，随着样本数 N 的增大，估计的均值趋于真值，偏差趋于零，即

$$\lim_{N\to\infty}\mathrm{E}[\hat{R}_2(m)]=R(m)$$

$$\lim_{N\to\infty}\mathrm{bia}[\hat{R}_2(m)]=0$$

所以，$\hat{R}_2(m)$ 是 $R(m)$ 的渐近无偏估计。

无偏估计是一个期望的性能，但很多学者主张用 $\hat{R}_2(m)$ 作为 $R(m)$ 的估计。为什么呢？下面来比较一下两种估计的方差。

将式（1.3.10）写为

$$\begin{aligned}\hat{R}_2(m)&=\frac{1}{N}\sum_{n=0}^{N-1-m}x(n)x(n+m)\\&=\frac{N-m}{N}\frac{1}{N-m}\sum_{n=0}^{N-1-m}x(n)x(n+m)\end{aligned}$$

将式（1.3.8）代入上式，得

$$\hat{R}_2(m)=\frac{N-m}{N}\hat{R}_1(m) \tag{1.3.13}$$

对 $\hat{R}_1(m)$ 有

$$\mathrm{var}[\hat{R}_1(m)]=\mathrm{E}[(\hat{R}_1(m)-\mathrm{E}[\hat{R}_1(m)])^2]$$

将式（1.3.9）代入上式，得

$$\mathrm{var}[\hat{R}_1(m)]=\mathrm{E}[(\hat{R}_1(m)-R(m))^2] \tag{1.3.14}$$

对 $\hat{R}_2(m)$ 有

$$\mathrm{var}[\hat{R}_2(m)]=\mathrm{E}[(\hat{R}_2(m)-\mathrm{E}[\hat{R}_2(m)])^2]$$

将式（1.3.11）和式（1.3.13）代入上式，得

$$\begin{aligned}\mathrm{var}[\hat{R}_2(m)]&=\mathrm{E}\left\{\left[\frac{N-m}{N}\hat{R}_1(m)-\frac{N-m}{N}R(m)\right]^2\right\}\\&=\left(\frac{N-m}{N}\right)^2\mathrm{E}[(\hat{R}_1(m)-R(m))^2]\end{aligned}$$

将式（1.3.14）代入上式，得

$$\mathrm{var}[\hat{R}_2(m)]=\left(\frac{N-m}{N}\right)^2\mathrm{var}[\hat{R}_1(m)] \tag{1.3.15}$$

所以有

$$\mathrm{var}[\hat{R}_2(m)]<\mathrm{var}[\hat{R}_1(m)]$$

由式（1.3.15）可以看出，当 m 远小于 N 时，两种估计的方差相差不大。但当 m 较大时，$\hat{R}_2(m)$ 的方差就小于 $\hat{R}_1(m)$ 的方差。事实上，式（1.3.8）表示的估计自相关函数的方法，只有当 m 远小于 N 时能得到一致估计，而当 N 一定且 $m\to N$ 时，$\hat{R}_1(m)$ 的方差就变得非常大，不能得到有用的估计。另一方面，虽然 $\hat{R}_2(m)$ 的偏差和方差都不等于零，但当 $N\to\infty$ 时，$\hat{R}_2(m)$ 的偏差和方差都趋于零，是一致估计，且 $\mathrm{var}[\hat{R}_2(m)]<\mathrm{var}[\hat{R}_1(m)]$。同时可以证明，$\hat{R}_2(m)$ 的均方误差小于 $\hat{R}_1(m)$ 的均方误差。

除此之外，还有很重要的一点：用 $\hat{R}_2(m)$ 作为自相关函数的估计，可以保证自相关矩阵非负定（正定或半正定）。这一性质对后面的运算是非常重要的。

关于自相关函数的估计，正如上面指出的，当 $N>>|m|$，即数据长度远大于相关函数的延迟量时，两种估计相差不大。但当 N 一定时，随着时间间隔 $|m|$ 的增加，可资利用的数据越来越少，估计运算中的求和项越来越少，此时虽然 $\hat{R}_2(m)$ 优于 $\hat{R}_1(m)$，但总的说来，两种估计的效果都变差。因此，为了保证自相关函数估计的必要精度，在实际应用中应取适当的 $|m|$ 值，不宜过大。如果应用中需要较多的自相关函数值，则需要有较多的样本数据。

第 2 章 随机信号谱估计

2.1 概述

频域分析又称谱分析，主要研究信号在频率域中的各种特征。谱分析的主要用途是设定模型，这些模型可将数据描述为宽带的或窄带的，平稳的或非平稳的，低通的或高通的，等等。一旦模型选定，并通过人为的判断或通过对数据进一步的统计检验加以证实，就可以由此得出新的认识，并可能提出解决问题的新方法。

功率谱密度函数描述随机过程的功率随频率的分布。根据维纳-辛钦定理，广义平稳随机过程的功率谱是自相关函数的傅里叶变换，它取决于无限多个自相关函数值。但对于许多实际应用问题，可资利用的观测数据往往是有限的，所以要准确计算功率谱通常是不可能的。比较合理的目标是设法得出功率谱的一个好的估计值，这就是功率谱估计。也就是说，功率谱估计就是根据平稳随机过程的一个实现的有限个观测值，来估计该随机过程的功率谱密度。这涉及两个问题：怎样评价一个估计是好的估计？怎样得到好的估计？

功率谱估计的评价指标包括客观度量和统计度量。在客观度量中，谱分辨率特性是一个主要指标。谱分辨率是指估计谱对真实谱中两个靠得很近的谱峰的分辨能力。统计度量是指估计的偏差、方差、均方误差、一致性等评价指标。但需要注意的是，对统计特性的分析方法只适用于长数据记录。所以，利用统计度量对不同的谱估计方法进行比较是不妥当的，统计度量只能用来对某种谱估计方法进行描述，并且一般只用来描述古典谱估计方法，因为现代谱估计方法往往用于短数据记录。

至于怎样得到好的估计，这就是后面将要介绍的各种谱估计的方法要解决的问题。这些方法主要分为两大类。通常，将以傅里叶分析为理论基础的谱估计方法叫作古典谱估计或经典谱估计；把不同于傅里叶分析的新的谱估计方法叫作现代谱估计或近代谱估计。图 2.1 所示为功率谱估计方法的大致分类。

本章介绍古典谱估计和现代谱估计的主要方法。

在现代谱估计部分，重点介绍参数模型法谱估计。根据 1.2.6 节的介绍，任何平稳随机信号 $x(n)$ 都可以看成由白噪声 $w(n)$ 激励一个可逆系统 $H(z)$ 产生的输出。因为白噪声 $w(n)$ 的功率谱为常数 σ_w^2，所以待分析信号 $x(n)$ 的功率谱 $S_x(\mathrm{e}^{\mathrm{j}\omega})$ 为

$$S_x(\mathrm{e}^{\mathrm{j}\omega}) = \sigma_w^2 \,|\, H(\mathrm{e}^{\mathrm{j}\omega})\,|^2 \tag{2.1.1}$$

其中，$H(e^{j\omega})$ 是有理分式模型 $H(z)$ 的频谱。因此，谱估计问题就转化为模型参数的估计问题。只要估计出模型的参数，就可以用模型参数表示随机信号的功率谱。

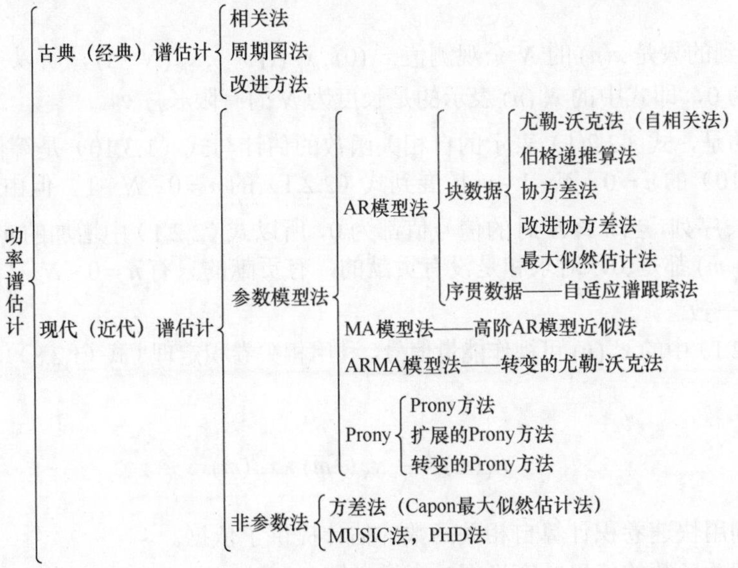

图 2.1 功率谱估计方法

在参数模型法谱估计部分，重点介绍 AR 模型的正则方程及其参数求解，并对 MA 模型及 ARMA 模型的正则方程及其参数求解做简单介绍。

另外，本章对基于矩阵特征分解的皮萨伦科谐波分解（Pisarenko Harmonic Decomposition，PHD）法和多信号分类（Multiple Signal Classification，MUSIC）法也将做分析介绍。

最后，考虑到功率谱不含相位信息，以及其在非高斯或非白过程中应用的局限性，作为功率谱估计的拓展，本章在 2.7 节将介绍基于高阶统计量的高阶谱及其估计方法，并讨论高阶谱的应用。

2.2 古典谱估计

古典谱估计主要有相关法（间接法）和周期图法（直接法）两种，以及由此派生出来的各种改进方法。

2.2.1 相关法谱估计

相关法谱估计是以相关函数为媒介计算功率谱，所以又叫间接法。它的理论基础是维纳-辛钦定理，因为是由布莱克曼（Blackman）和杜奇（Tukey）提出的，所以又叫 BT 法。其具体步骤是：

（1）由获得的 N 点数据构成的有限长序列 $x_N(n)$ 来估计自相关函数序列 $\hat{R}_x(m)$，即

$$\hat{R}_x(m)=\frac{1}{N}\sum_{n=0}^{N-1}x_N(n)x_N(n+m),\qquad m=0,1,\cdots,(N-1) \tag{2.2.1}$$

这一步需要注意以下两个问题。

① $\hat{R}_x(m)$ 是双边序列，自变量的取值范围应为 $m=-(N-1),\cdots,-1,0,1,\cdots,(N-1)$ ，对实序列 $x_N(n)$ ，因为自相关函数的偶对称性，所以只需求出 $m=0,1,\cdots,(N-1)$ 的 $\hat{R}_x(m)$ ，另一半也就知道了。

② 因为得到的只是 $x(n)$ 的 N 个观测值 $x_N(0)$, $x_N(1)$, $\cdots$, $x_N(N-1)$ ，所以 $n\geqslant N$ 时的 $x(n)$ 的值只能假设为 0，即式中的 $x_N(n)$ 表示的是长度为 N 的有限长序列。

需要说明的是，式（2.2.1）表示的自相关函数的估计与式（1.3.10）是等价的。虽然求和范围由式（1.3.10）的 $n=0\sim N-1-m$ 扩展到式（2.2.1）的 $n=0\sim N-1$ ，但由于 $x_N(n)$ 表示长度为 N 的有限长序列，当 $n\geqslant N$ 时的信号值都为 0，所以式（2.2.1）中增加的 $n=N-m\sim N-1$ 的对应项 $x_N(n+m)$ 都是 0，对求和是没有贡献的，有贡献的只有 $n=0\sim N-1-m$ 的对应项，与式（1.3.10）一致。

由于式（2.2.1）中的 $x_N(n)$ 可视作能量信号，利用相关卷积定理（式（1.2.8）），可将式（2.2.1）表示为

$$\hat{R}_x(m)=\frac{1}{N}x_N(-m)*x_N(m) \tag{2.2.2}$$

式（2.2.2）为利用快速卷积计算自相关函数的估计提供了依据。

（2）求自相关函数的傅里叶变换得功率谱，即

$$\hat{S}_x(\mathrm{e}^{\mathrm{j}\omega})=\sum_{m=-(M-1)}^{M-1}\hat{R}_x(m)\mathrm{e}^{-\mathrm{j}\omega m} \tag{2.2.3}$$

1.3.4 节曾指出，当延迟量较大时估计所得的 $\hat{R}_x(m)$ 较差，通常取 $|m|<<N$ ，所以，计算自相关函数时只需求出 $m=0,1,\cdots,(M-1)$ 的 $\hat{R}_x(m)$（这里 $M<<N$ ），然后利用 $\hat{R}_x(m)=\hat{R}_x(-m)$ 求出另一半，代入式（2.2.3）估计功率谱。

以上两步中经历了两次截断，一次是估计 $\hat{R}_x(m)$ 时仅利用了 $x(n)$ 的 N 个观测值 $x_N(n)$ ，这相当于对 $x(n)$ 加矩形窗截断。该窗是加在数据上的，一般称为加数据窗。另一次是估计 $\hat{S}_x(\mathrm{e}^{\mathrm{j}\omega})$ 时仅利用了从 $-(M-1)$ 到 $(M-1)$ 的 $\hat{R}_x(m)$ ，这相当于对 $R_x(m)$ 加矩形窗截断，将 $R_x(m)$ 截成 $(2M-1)$ 长，这称为加延迟窗。式中的 $\hat{R}_x(m)$ 和 $\hat{S}_x(\mathrm{e}^{\mathrm{j}\omega})$ 分别表示对 $R_x(m)$ 和 $S_x(\mathrm{e}^{\mathrm{j}\omega})$ 的估计。

以上两步都可以通过 FFT 实现。利用 FFT 计算相关函数 $\hat{R}_x(m)$ 叫快速相关（原理与快速卷积相似），其运算步骤如下。

（1）对长度为 N 的 $x_N(n)$ 充 $(N-1)$ 个零，使其成为长度为 $(2N-1)$ 的 $x_{2N-1}(n)$ 。

（2）求 $(2N-1)$ 点的 FFT，得

$$X_{2N-1}(k)=\sum_{n=0}^{2N-2}x_{2N-1}(n)W_{2N-1}^{nk}$$

（3）求 $\frac{1}{N}|X_{2N-1}(k)|^2$ 。

（4）求 $(2N-1)$ 点的 IFFT（Inverse Fast Fourier Transform，快速傅里叶反变换），得

$$\hat{R}_x(m)=\frac{1}{2N-1}\sum_{k=-(N-1)}^{N-1}\frac{1}{N}|X_{2N-1}(k)|^2\,W_{2N-1}^{-mk}$$

上面的相关运算中，充零是为了能用圆周卷积代替线性卷积，以便采用快速卷积算法。图 2.2 给出了相关法谱估计运算框图，图中快速相关的输出是从 $-(N-1)$ 到 $(N-1)$ 的 $(2N-1)$ 个点，加延迟窗 $W_M(m)$ 后截取的是从 $-(M-1)$ 到 $(M-1)$ 的 $\hat{R}_x(m)$，最后做 $(2M-1)$ 点 FFT，得 $\hat{S}_x(k)$。

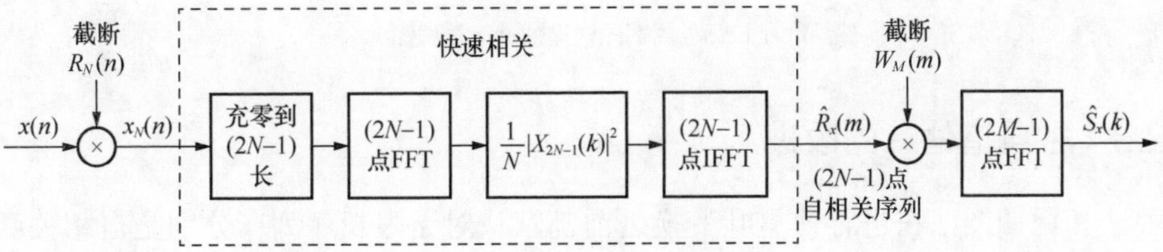

图 2.2 相关法谱估计运算框图

2.2.2 周期图法谱估计

周期图法又称直接法，其具体步骤如下。

（1）由获得的 N 点数据构成的有限长序列 $x_N(n)$ 直接求傅里叶变换，得频谱 $X_N(\mathrm{e}^{\mathrm{j}\omega})$，即

$$X_N(\mathrm{e}^{\mathrm{j}\omega}) = \sum_{n=0}^{N-1} x_N(n)\mathrm{e}^{-\mathrm{j}\omega n}$$

（2）取频谱幅度的平方，并除以 N，以此作为对 $x(n)$ 真实功率谱 $S_x(\mathrm{e}^{\mathrm{j}\omega})$ 的估计，即

$$\hat{S}_x(\mathrm{e}^{\mathrm{j}\omega}) = \frac{1}{N}|X_N(\mathrm{e}^{\mathrm{j}\omega})|^2$$

事实上，在相关法谱估计中对自相关函数的估计采用第二种估计方法（渐近无偏估计）的情况下，周期图法谱估计就相当于相关法谱估计不加延迟窗，图 2.2 可以说明这一点。自相关函数的第二种估计方法为

$$\hat{R}_x(m) = \frac{1}{N}\sum_{n=0}^{N-1-m} x(n)x(n+m), \qquad m = 0,1,\cdots,N-1$$

$m=-1,-2,\cdots,-(N-1)$ 的 $\hat{R}_x(m)$ 值由 $\hat{R}_x(-m)=\hat{R}_x(m)$ 求得。以此求傅里叶变换所得的功率谱估计就是周期图。因为对实序列有 $\hat{R}_x(m)=\hat{R}_x(-m)$ 和 $\hat{S}_x(\mathrm{e}^{\mathrm{j}\omega})=\hat{S}_x(\mathrm{e}^{-\mathrm{j}\omega})$，于是

$$\begin{aligned}\hat{S}_x(\mathrm{e}^{\mathrm{j}\omega}) = \hat{S}_x(\mathrm{e}^{-\mathrm{j}\omega}) &= \sum_{m=-\infty}^{\infty}\hat{R}_x(m)\mathrm{e}^{\mathrm{j}\omega m}\\ &= \frac{1}{N}\sum_{m=-\infty}^{\infty}\sum_{n=-\infty}^{\infty} x_N(n)x_N(n+m)\mathrm{e}^{\mathrm{j}\omega m}\end{aligned}$$

式中 $x_N(n)$ 和 $x_N(n+m)$ 的下标 N 表示它们是长度为 N 的有限长序列。令 $l=n+m$，有

$$\begin{aligned}\hat{S}_x(\mathrm{e}^{\mathrm{j}\omega}) &= \frac{1}{N}\left[\sum_{n=-\infty}^{\infty} x_N(n)\mathrm{e}^{-\mathrm{j}\omega n}\right]\left[\sum_{l=-\infty}^{\infty} x_N(l)\mathrm{e}^{-\mathrm{j}\omega l}\right]^*\\ &= \frac{1}{N}X_N(\mathrm{e}^{\mathrm{j}\omega})X_N^*(\mathrm{e}^{\mathrm{j}\omega}) = \frac{1}{N}|X_N(\mathrm{e}^{\mathrm{j}\omega})|^2\end{aligned}$$

周期图法谱估计运算框图如图 2.3 所示，图中用 FFT 完成傅里叶变换。

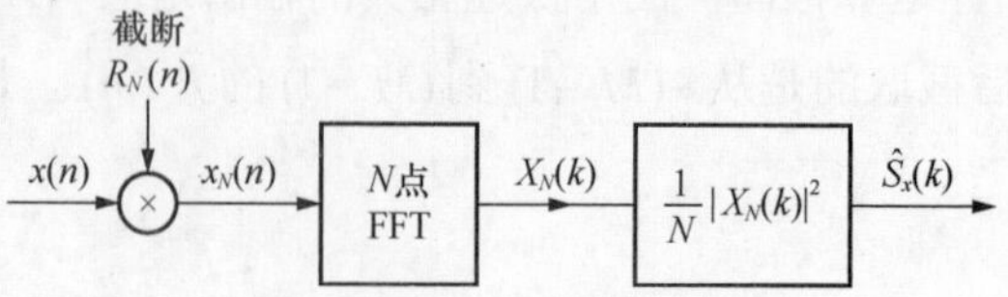

图 2.3 周期图法谱估计运算框图

2.2.3 古典谱估计的改进

相关法和周期图法在进行傅里叶变换之前都默认对无限长序列（分别是自相关函数序列和信号序列）加了一个矩形窗截断。时域中与矩形窗函数相乘对应于频域中与矩形窗频谱相卷积，就这一点来说，估计谱相当于真实谱与矩形窗频谱相卷积的结果。矩形窗频谱等于矩形序列 $R_N(n)$ 的傅里叶变换，即

$$W_R(\mathrm{e}^{\mathrm{j}\omega}) = \sum_{n=-\infty}^{\infty} R_N(n)\mathrm{e}^{-\mathrm{j}\omega n} = \sum_{n=0}^{N-1}\mathrm{e}^{-\mathrm{j}\omega n}$$

$$= \frac{1-\mathrm{e}^{-\mathrm{j}\omega N}}{1-\mathrm{e}^{-\mathrm{j}\omega}} = \frac{\sin\left(\frac{\omega N}{2}\right)}{\sin\left(\frac{\omega}{2}\right)}\mathrm{e}^{-\mathrm{j}\frac{\omega(N-1)}{2}}$$

对功率谱有影响的是矩形窗频谱的幅度函数 $W_R(\omega) = \dfrac{\sin\left(\frac{\omega N}{2}\right)}{\sin\left(\frac{\omega}{2}\right)}$，幅度函数 $W_R(\omega)$ 的形状如图 2.4 所示。该函数与功率谱相卷积必然使所得的估计谱不同于真实的功率谱，因为函数 $\dfrac{\sin\left(\frac{\omega N}{2}\right)}{\sin\left(\frac{\omega}{2}\right)}$ 不同于 δ 函数（任何函数与 δ 函数相卷积形状不变）。

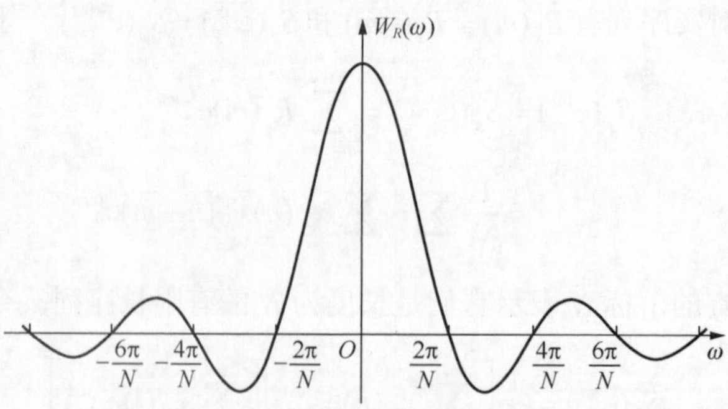

图 2.4 矩形窗频谱的幅度函数

为了使估计谱逼近真实谱，应设法使矩形窗频谱的幅度函数逼近 δ 函数。矩形窗频谱的

幅度函数为$\dfrac{\sin\left(\dfrac{\omega N}{2}\right)}{\sin\left(\dfrac{\omega}{2}\right)}$，它与$\delta$函数有两方面的差异，一是主瓣不是无限窄，二是有旁瓣。由于主瓣不是无限窄，真实的功率谱与主瓣卷积后将使功率向附近频域扩散，造成谱分辨率下降。主瓣越宽分辨率越低，如图 2.5 所示。图 2.5（a）是真实谱的两个峰；图 2.5（b）是矩形窗截断后矩形窗频谱与真实谱的卷积结果；图 2.5（c）表示原峰离得较远的情况，此时原峰仍能辨认；图 2.5（d）表示原峰离得较近的情况，此时无法辨认原峰的位置。

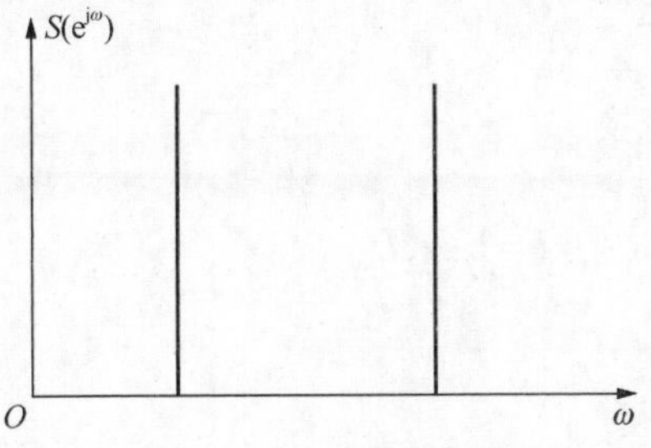

（a）真实谱的两个峰

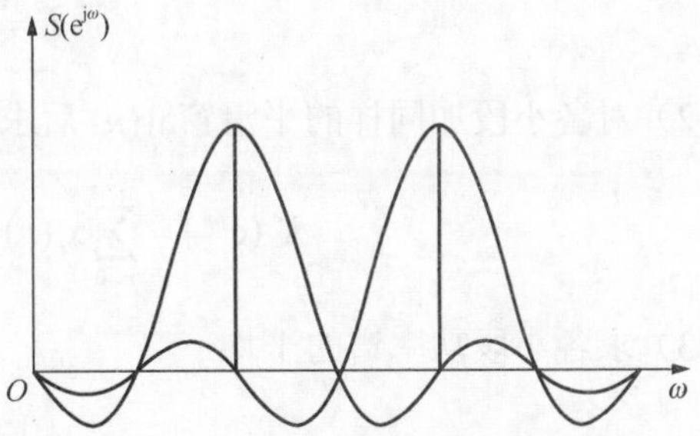

（b）矩形窗频谱与真实谱的卷积结果

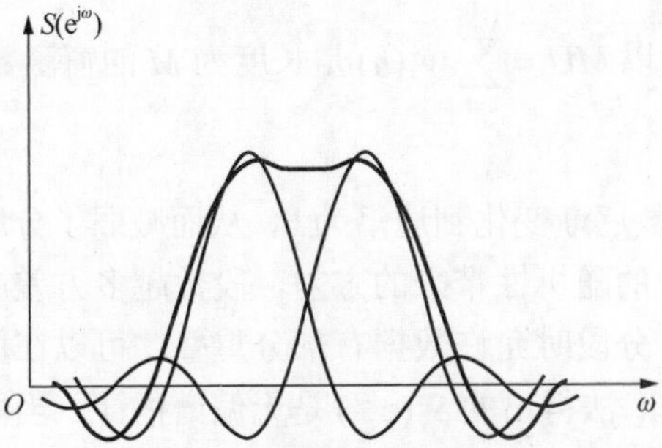

（c）原峰离得较远的情况

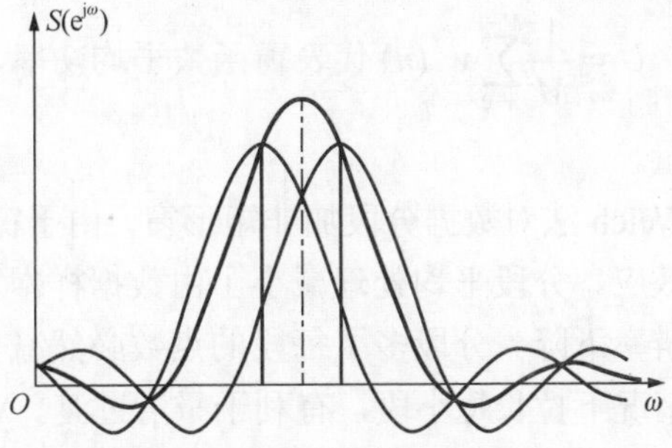

（d）原峰离得较近的情况

图 2.5　谱分辨率示意图

由于存在旁瓣，又会产生两个后果：一是功率谱主瓣内的能量“泄漏”到旁瓣使谱估计的方差增大；二是与旁瓣卷积后得到的功率谱完全属于干扰，严重情况下，强信号与旁瓣的卷积可能大于弱信号与主瓣的卷积，使弱信号淹没在强信号的干扰中，无法检测出来。

对相关法谱估计的改进经常是用窗函数 $w(m)$ 对自相关函数进行加权再求傅里叶变换，则式（2.2.3）成为

$$\hat{S}_x(\mathrm{e}^{\mathrm{j}\omega}) = \sum_{m=-(M-1)}^{M-1} \hat{R}_x(m)w(m)\mathrm{e}^{-\mathrm{j}\omega m}$$

这相当于用一个适当的矩形窗频谱$W(\mathrm{e}^{\mathrm{j}\omega})$与相关法谱估计的功率谱进行卷积，使谱线平滑，这种改进方法称为平滑。平滑后的估计谱是无偏的，方差也变小，但分辨率下降。这是因为相对矩形窗而言（直接截取相当于加矩形窗），其他窗函数的旁瓣小、主瓣宽。

改进周期图法的主要途径是平均，就是将截取的数据段 $x_N(n)$ 再分成 L 个小段，分别计算功率谱后取功率谱的平均，这种方法叫 Bartlett 法。因为 L 个平均的方差是随机变量的单独方

差的$\frac{1}{L}$，所以当$L\to\infty$时，L个平均的方差趋于零，可以达到一致估计的目的。显然，$L=1$的 Bartlett 法就是周期图法。

现在比较常用的改进方法是 Welch 法，又叫加权交叠平均法。这种方法以加窗（加权）求取平滑，以分段重叠求得平均，因此集平均与平滑的优点于一体，同时也不可避免带有两者的缺点。其主要步骤如下。

（1）将长度为N的数据段分成L个小段，每小段M点，相邻小段间交叠$M/2$点，于是段数为

$$L=\frac{N-M/2}{M/2}$$

（2）对各小段加同样的平滑窗$w(n)$后求傅里叶变换

$$X_i(\mathrm{e}^{\mathrm{j}\omega})=\sum_{n=0}^{M-1}x_i(n)w(n)\mathrm{e}^{-\mathrm{j}\omega n}\,,\qquad i=1,\cdots,L$$

（3）求各小段功率谱的平均

$$\hat{S}_x(\mathrm{e}^{\mathrm{j}\omega})=\frac{1}{L}\sum_{i=1}^{L}\frac{1}{MU}|X_i(\mathrm{e}^{\mathrm{j}\omega})|^2$$

这里，$U=\frac{1}{M}\sum_{n=0}^{M-1}w^2(n)$代表窗函数平均功率，所以$MU=\sum_{n=0}^{M-1}w^2(n)$是长度为$M$的窗函数$w(n)$的能量。

Welch 法对数据分段加非矩形窗，由于窗函数逐渐变化到边沿为 0，从而减弱了分段时的截断效应。分段平均处理减小了由数据样本本身的随机性带来的方差，段数越多方差越小，但分辨率下降。分段多了每段的点数必然减少，分段时允许数据有部分重叠，可以在段数较多的情况下拉长每小段，有利于平滑过渡。Welch 法得出的$\hat{S}_x(\mathrm{e}^{\mathrm{j}\omega})$是无偏谱估计，当段数$L$增大时方差减小，$\hat{S}_x(\mathrm{e}^{\mathrm{j}\omega})$趋于一致估计。

图 2.6 所示为用相关法、周期图法以及 Bartlett 法、Welch 法对白噪声中的两个正弦信号进行谱估计的结果。两个正弦信号对采样频率的归一化频率分别为$f_1=0.1$和$f_2=0.4$。数据窗采用矩形窗，长度$N=512$。图 2.6（a）是两个正弦信号与白噪声叠加的时域波形；图 2.6（b）是用相关法进行谱估计所得的实验结果，实验中延迟窗长度$M=256$；图 2.6（c）是用周期图法（相当于$L=1$的 Bartlett 法）进行谱估计所得的实验结果；图 2.6（d）是用$L=2$的 Bartlett 法进行谱估计所得的实验结果；图 2.6（e）是用$L=4$的 Bartlett 法进行谱估计所得的实验结果；图 2.6（f）是用 Welch 法进行谱估计所得的实验结果，实验中采用汉宁窗平滑，相邻小段的交叠长度为每小段长度的一半，共分为 7 段（$L=7$），64 点交叠。可以看出，图 2.6（f）的噪声水平在几种估计中是最平坦的。

古典谱估计出现较早，运算量较小，物理概念明确，便于工程实现，对长数据记录来说还是比较实用的，有些改进算法已被固化到谱分析仪中。但古典谱估计有一些难以克服的缺点，那就是加窗的坏影响不可避免。较宽的主瓣降低分辨率，较大的旁瓣有可能掩盖真实谱中较弱的成分，或是产生虚假的谱峰，使估计谱方差变大，其改进算法在减小方差的同时往往使估计谱的分辨率下降。

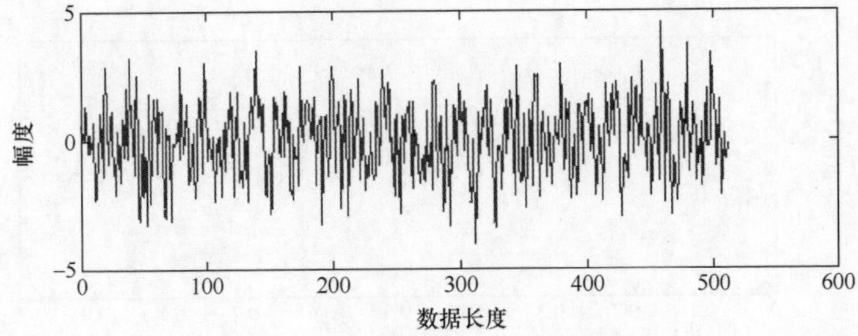

（a）两个正弦信号与白噪声叠加的时域波形

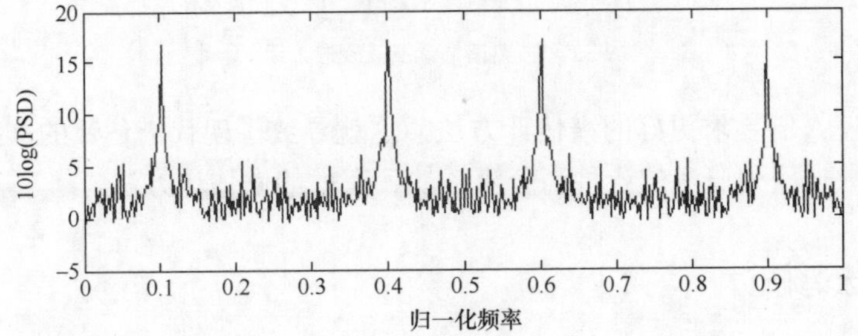

（b）相关法谱估计

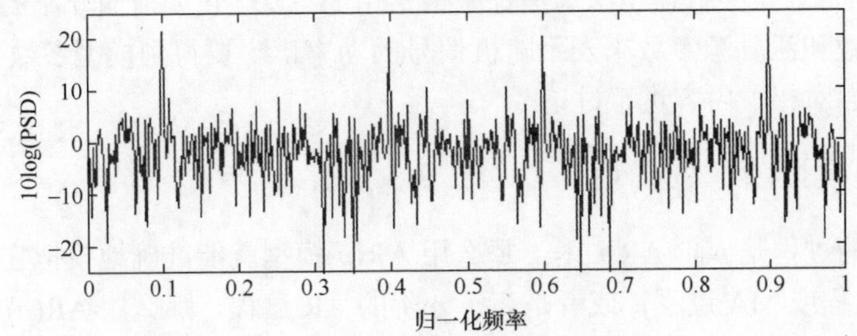

（c）周期图法谱估计

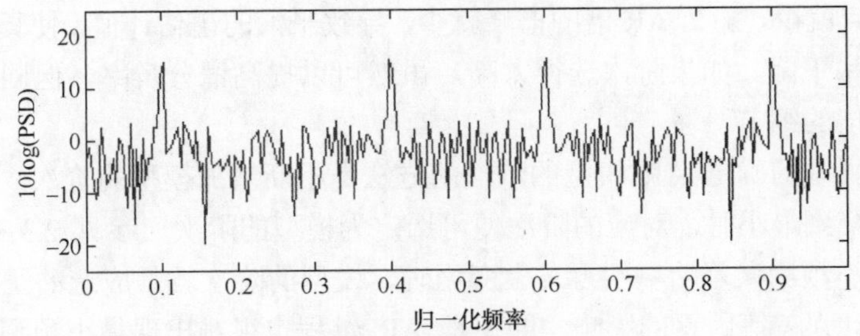

（d）Bartlett法谱估计（L=2）

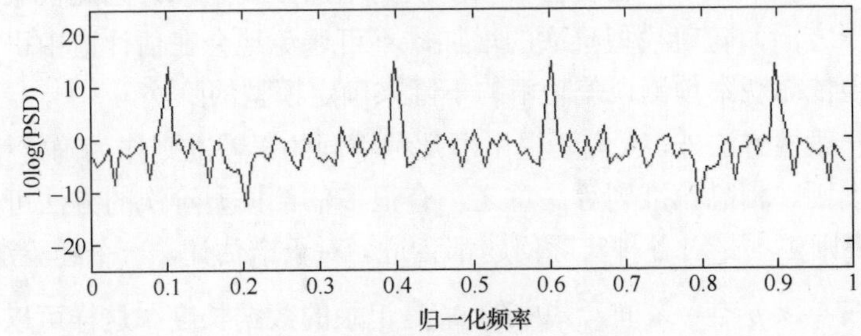

（e）Bartlett法谱估计（L=4）

图2.6　古典谱估计及其改进

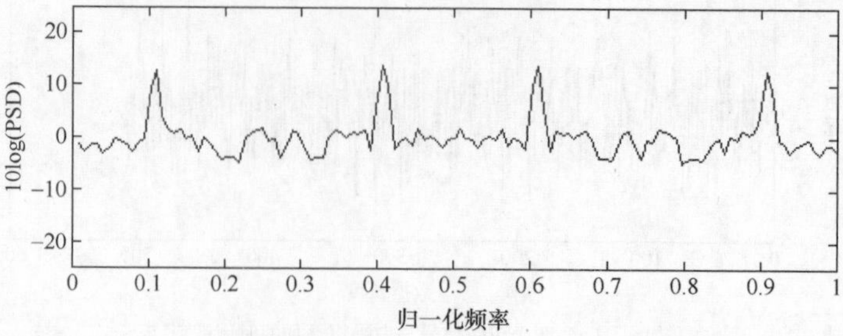

（f）Welch法谱估计（汉宁窗，L=7，64点交叠）

图 2.6　古典谱估计及其改进（续）

上述缺点促使人们寻求更好的谱估计方法，这就导致了现代谱估计的产生。现代谱估计重点研究包含短数据序列在内的各种高分辨率的、有效的谱估计方法。

2.3　AR 模型法谱估计

AR 模型法谱估计是参数模型法谱估计中最常用的方法。正如前面介绍的，参数模型法谱估计是用模型参数和激励源参数来表示随机信号的功率谱。要得到模型参数，涉及建立方程和方程求解。下面对相关内容进行讨论。

2.3.1　AR 模型阶次的确定

如果被估计的过程是 p 阶 AR 过程，那么用 AR(p)模型就能准确地模拟它。如果被估计的过程是 ARMA 过程或 MA 过程，或者是高于 p 阶的 AR 过程，那么用 AR(p)模型作为它们的模型就不够精确。事实上，事先往往并不知道合适的阶次是多少。如果阶次选得太低，相应的 AR 模型的极点就少，那么 AR 谱的谱峰就少，导致平滑的谱估计值，使真实谱中的谱峰难以分辨，谱分辨率下降。如果阶次选得太高，虽然可以提高谱分辨率，但同时会产生虚假的谱峰（伪峰）或谱的细节。

一种简单而直观的确定 AR 模型的阶次的方法是不断增加模型的阶次，同时观察预测误差功率，当其下降到最小时，对应的阶次便可选定为模型的阶次（参见 2.3.3 节）。理论上，当模型对应的最小预测误差功率不再发生变化时，模型的阶次就是应选的正确阶次。但是，受自相关函数估计误差等因素的影响，即使是 AR 过程也很难出现最小预测误差功率不发生变化的情况，最小预测误差功率会随着模型阶次的增加单调下降，因此很难确定降到什么程度才最合适。另一方面，随着模型阶次的增加，不可避免地会在估计谱中引入伪峰或细节。因此，不能简单地依靠观察预测误差功率的下降来确定模型的阶次。

除了上面的一般性方法外，人们还提出了几种不同的误差准则作为确定模型阶次的依据，如最终预测误差准则、信息论准则等。总之，有很多估计模型阶次的方法可供使用。但需要注意的是，这些准则也不是对各种实际问题都合适。对于谱估计，一个经验法则是，AR 模型的阶次应该选择在 $\dfrac{N}{3}<p<\dfrac{N}{2}$ 之间，式中的 N 是记录的数据长度。这样可以得到高分辨率的估计谱，并且很少出现伪峰。

2.3.2 尤勒–沃克方程

为求出适合于随机信号 $x(n)$ 的 AR 模型的参数，需先建立包含模型参数的方程。采用的方法是建立模型参数与随机信号自相关函数之间的关系，即建立正则方程（Normal Equation），这是在二阶统计意义上建模。因为高斯过程仅用二阶统计量就能够完全描述，所以，这种基于相关函数的建模方法只适合于高斯过程。

假定 $w(n)$、$x(n)$ 都是实平稳的随机信号，其中 $w(n)$ 是方差为 1 的高斯白噪声序列，$x(n)$ 为 AR 过程，是 AR 模型在白噪声 $w(n)$ 激励下产生的输出，希望建立 AR 模型参数与 $x(n)$ 的自相关函数之间的关系，也就是 AR 模型的正则方程。当然，直接由 AR 模型的差分方程式（1.2.34）以及实平稳过程自相关函数的定义式（1.2.15）可以建立它们之间的关系，在后面推求 MA 模型和 ARMA 模型的正则方程时将采用这种方法。这里，为说明 AR 模型与线性预测的关系，将从线性预测的角度来建立 AR 模型的正则方程。

如前所述，p 阶 AR 模型的系统函数为

$$H(z)=\frac{G}{1+\sum_{i=1}^{p}a_i z^{-i}} \tag{2.3.1}$$

可以看出，p 阶 AR 模型有 $(p+1)$ 个待定参数 $a_1,a_2,\cdots,a_p$ 和系统增益 G。在有些文献中，将系统增益 G 取为常数 1，这时，激励源白噪声 $w(n)$ 的方差 σ_w^2 应为待定量。在后面的分析中可以发现，G 和 σ_w^2 是以 $G^2\sigma_w^2$ 的形式出现的，这说明在它们两者之间可以只求一个而将另一个固定。这里，我们将激励源白噪声 $w(n)$ 的方差 σ_w^2 固定为常数 1，将系统增益 G 作为待定量。

根据式（2.3.1），可将系统的输出 $x(n)$ 表示为

$$x(n)=-\sum_{i=1}^{p}a_i x(n-i)+Gw(n)$$

此式可以解释为：用 n 时刻之前 p 个值的线性组合 $-\sum_{i=1}^{p}a_i x(n-i)$ 来预测 n 时刻的值 $x(n)$，预测误差为 $Gw(n)$。在最小均方误差准则下，组合系数 $a_1,a_2,\cdots,a_p$ 的选择应使预测误差 $Gw(n)$ 的均方值最小。

令预测误差为 $e(n)$，有

$$e(n)=Gw(n)=x(n)+\sum_{i=1}^{p}a_i x(n-i) \tag{2.3.2}$$

根据式（2.3.2）可以得到均方误差 $\mathrm{E}[e^2(n)]$ 与系统增益 G 以及 AR 系数 $a_1,a_2,\cdots,a_p$ 的关系。由 $e(n)=Gw(n)$，有

$$\mathrm{E}[e^2(n)]=\mathrm{E}[G^2w^2(n)]=G^2\mathrm{E}[w^2(n)]=G^2\sigma_w^2=G^2 \tag{2.3.3}$$

从式（2.3.3）中可以看出，G^2 与白噪声的方差 σ_w^2 是同时出现的，所以可以将其中的一个固定，只求另一个。另外，由 $e(n)=x(n)+\sum_{i=1}^{p}a_i x(n-i)$，有

$$
\begin{aligned}
\mathrm{E}[e^2(n)] &= \mathrm{E}\{[x(n)+\sum_{i=1}^{p}a_i x(n-i)]^2\} \\
&= \mathrm{E}\{x^2(n)+2x(n)\sum_{i=1}^{p}a_i x(n-i)+[\sum_{i=1}^{p}a_i x(n-i)]^2\} \\
&= \mathrm{E}[x^2(n)]+2\mathrm{E}[\sum_{i=1}^{p}a_i x(n)x(n-i)]+\mathrm{E}\{[\sum_{i=1}^{p}a_i x(n-i)][\sum_{k=1}^{p}a_k x(n-k)]\}
\end{aligned} \tag{2.3.4}
$$

式（2.3.4）中

$$
\mathrm{E}[x^2(n)] = R_x(0) \tag{2.3.5}
$$

$$
\begin{aligned}
2\mathrm{E}[\sum_{i=1}^{p}a_i x(n)x(n-i)] &= 2\sum_{i=1}^{p}a_i \mathrm{E}[x(n)x(n-i)] \\
&= 2\sum_{i=1}^{p}a_i R_x(-i) = 2\sum_{i=1}^{p}a_i R_x(i)
\end{aligned} \tag{2.3.6}
$$

$$
\begin{aligned}
\mathrm{E}\{[\sum_{i=1}^{p}a_i x(n-i)][\sum_{k=1}^{p}a_k x(n-k)]\} &= \sum_{i=1}^{p}a_i\sum_{k=1}^{p}a_k \mathrm{E}[x(n-i)x(n-k)] \\
&= \sum_{i=1}^{p}a_i\sum_{k=1}^{p}a_k R_x(i-k)
\end{aligned} \tag{2.3.7}
$$

将式（2.3.5）、式（2.3.6）和式（2.3.7）代入式（2.3.4），得

$$
\mathrm{E}[e^2(n)] = R_x(0)+2\sum_{i=1}^{p}a_i R_x(i)+\sum_{i=1}^{p}a_i\sum_{k=1}^{p}a_k R_x(i-k) \tag{2.3.8}
$$

在最小均方误差准则下，要使预测值尽可能逼近 $x(n)$，参数 a_i 的选择应使

$$
\frac{\partial \mathrm{E}[e^2(n)]}{\partial a_i}=0, \quad i=1,2,\cdots,p
$$

由式（2.3.8）可得

$$
\frac{\partial \mathrm{E}[e^2(n)]}{\partial a_i}=0+2R_x(i)+2\sum_{k=1}^{p}a_k R_x(i-k)
$$

令 $\frac{\partial \mathrm{E}[e^2(n)]}{\partial a_i}=0$，$i=1,2,\cdots,p$，得

$$
R_x(i)=-\sum_{k=1}^{P}a_k R_x(i-k), \quad i=1,2,\cdots,p \tag{2.3.9}
$$

即自相关序列呈自回归关系，回归系数就是 AR 参数。由式（2.3.9）可得 p 个方程，写成矩阵式为

$$
\begin{bmatrix} R_x(0) & R_x(1) & \cdots & R_x(p-1) \\ R_x(1) & R_x(0) & \cdots & R_x(p-2) \\ \vdots & \vdots & \ddots & \vdots \\ R_x(p-1) & R_x(p-2) & \cdots & R_x(0) \end{bmatrix}
\begin{bmatrix} a_1 \\ a_2 \\ \vdots \\ a_p \end{bmatrix}
=-\begin{bmatrix} R_x(1) \\ R_x(2) \\ \vdots \\ R_x(p) \end{bmatrix}
$$

上式利用了自相关函数的偶对称性。由上面的 p 个方程，可以求出 p 个参数 a_i。有了参数 a_i（$i=1,2,\cdots,p$），就可以由自相关函数和参数 a_i 求系统增益 G。将式（2.3.9）代入式（2.3.8），得

$$\begin{aligned}\mathrm{E}[e^2(n)] &= R_x(0)+2\sum_{i=1}^{p}a_iR_x(i)+\sum_{i=1}^{p}a_i[-R_x(i)] \\ &= R_x(0)+\sum_{i=1}^{p}a_iR_x(i)\end{aligned}$$

将式（2.3.3）代入上式，有

$$R_x(0)+\sum_{i=1}^{p}a_iR_x(i)=G^2 \tag{2.3.10}$$

综合式（2.3.9）和式（2.3.10），可得

$$R_x(m)=\begin{cases}-\sum\limits_{i=1}^{p}a_iR_x(m-i), & m=1,2,\cdots,p \\ -\sum\limits_{i=1}^{p}a_iR_x(i)+G^2, & m=0\end{cases} \tag{2.3.11}$$

式（2.3.11）就是 AR 模型的正则方程，也叫尤勒-沃克（Yule-Walker）方程。

例 2.3.1 已知某序列满足 AR(1)模型 $H(z)=\dfrac{1}{1-0.2z^{-1}}$，白噪声过程的均值为 0，方差 $\sigma_w^2=1$，求 $x(n)$ 的自相关序列 $R_x(m)$ 的表达式。

解法一： 根据已知条件可以写出相应的时域方程

$$x(n)=0.2x(n-1)+w(n) \tag{2.3.12}$$

由自相关函数的定义及式（2.3.12），有

$$\begin{aligned}R_x(m) &= \mathrm{E}[x(n)x(n+m)] \\ &= \mathrm{E}\{x(n)[0.2x(n+m-1)+w(n+m)]\} \\ &= \mathrm{E}[0.2x(n)x(n+m-1)]+\mathrm{E}[x(n)w(n+m)] \\ &= 0.2R_x(m-1)+\mathrm{E}[x(n)w(n+m)]\end{aligned} \tag{2.3.13}$$

（1）当 $m>0$ 时，$w(n+m)$ 表示 n 时刻之后的输入。对因果系统 $H(z)$，n 时刻的输出 $x(n)$ 与 n 时刻之后的输入 $w(n+m)$ 无关，所以有

$$\mathrm{E}[x(n)w(n+m)]=0$$

将上式代入式（2.3.13），得

$$R_x(m)=0.2R_x(m-1),\qquad m>0 \tag{2.3.14}$$

（2）当 $m=0$ 时

$$\begin{aligned}R_x(0) &= \mathrm{E}[x^2(n)]=\mathrm{E}\{[0.2x(n-1)+w(n)]^2\} \\ &= \mathrm{E}[0.2^2x^2(n-1)+w^2(n)+0.4x(n-1)w(n)] \\ &= 0.2^2\mathrm{E}[x^2(n-1)]+\mathrm{E}[w^2(n)]+0.4\mathrm{E}[x(n-1)w(n)] \\ &= 0.2^2R_x(0)+1\end{aligned}$$

解得

$$R_x(0)=\frac{25}{24}$$

将其代入式（2.3.14），有

$$R_x(1)=0.2R_x(0)=0.2\times\frac{25}{24}$$

$$R_x(2)=0.2R_x(1)=0.2^2\times\frac{25}{24}$$

$$\vdots$$

$$R_x(m)=\frac{25}{24}\times 0.2^m，\quad m\geqslant 0$$

利用自相关函数的偶对称性，可得 $x(n)$ 的自相关序列 $R_x(m)$ 的表达式为

$$R_x(m)=\frac{25}{24}\times 0.2^{|m|}$$

解法二：AR(1)模型的传递函数为 $H(z)=\dfrac{1}{1-0.2z^{-1}}$，白噪声过程的方差 $\sigma_w^2=1$，则

$$\begin{aligned}S_x(z)&=\sigma_w^2H(z)H(z^{-1})\\&=\frac{1}{1-0.2z^{-1}}\cdot\frac{1}{1-0.2z}\\&=\frac{1}{1-0.2z^{-1}}\cdot\frac{-5z^{-1}}{1-5z^{-1}}\\&=\frac{\frac{25}{24}}{1-0.2z^{-1}}+\frac{-\frac{25}{24}}{1-5z^{-1}}\end{aligned}$$

自相关函数是双边序列，其 Z 变换的收敛域呈环形，即收敛域是 $0.2<|z|<5$，其 Z 反变换为

$$R_x(m)=\frac{25}{24}\times 0.2^m u(m)-\frac{25}{24}\times(-5^m)u(-m-1)$$

当 $m\geqslant 0$ 时，有

$$R_x(m)=\frac{25}{24}\times 0.2^m$$

当 $m\leqslant -1$ 时（也就是 $m<0$），有

$$R_x(m)=\frac{25}{24}\times 5^m=\frac{25}{24}\times 0.2^{-m}$$

综合上面两种情况

$$R_x(m)=\frac{25}{24}\times 0.2^{|m|}$$

例 2.3.2　已知 $x(n)$ 满足 AR(2)模型 $H(z)=\dfrac{1}{1+0.3z^{-1}-0.4z^{-2}}$，白噪声过程的均值为 0，方差 $\sigma_w^2=1$，求 $x(n)$ 的自相关 $R_x(0)$、$R_x(1)$、$R_x(2)$。

解法一： $p=2$ 的尤勒-沃克方程为

$$\begin{cases}R_x(0)+a(1)R_x(1)+a(2)R_x(2)=\sigma_w^2\\ R_x(1)+a(1)R_x(0)+a(2)R_x(1)=0\\ R_x(2)+a(1)R_x(1)+a(2)R_x(0)=0\end{cases}$$

将已知数据代入，得

$$\begin{cases}R_x(0)+0.3R_x(1)-0.4R_x(2)=1\\ R_x(1)+0.3R_x(0)-0.4R_x(1)=0\\ R_x(2)+0.3R_x(1)-0.4R_x(0)=0\end{cases}\rightarrow\begin{cases}R_x(0)+0.3R_x(1)-0.4R_x(2)=1\\ 0.3R_x(0)+0.6R_x(1)=0\\ -0.4R_x(0)+0.3R_x(1)+R_x(2)=0\end{cases}$$

解得

$$\begin{cases}R_x(0)=\dfrac{100}{63}\\ R_x(1)=-\dfrac{50}{63}\\ R_x(2)=\dfrac{55}{63}\end{cases}$$

解法二： 根据已知条件可以写出相应的时域方程

$$x(n)=-0.3x(n-1)+0.4x(n-2)+w(n)\tag{2.3.15}$$

自相关函数为

$$\begin{aligned}R_x(m)=R_x(-m)&=\mathrm{E}[x(n)x(n-m)]\\&=\mathrm{E}\{[-0.3x(n-1)+0.4x(n-2)+w(n)]x(n-m)\}\\&=-0.3R_x(m-1)+0.4R_x(m-2)+\mathrm{E}[w(n)x(n-m)]\end{aligned}\tag{2.3.16}$$

（1）当 $m>0$ 时，$x(n-m)$ 表示 n 时刻之前的输出。对因果系统 $H(z)$，n 时刻之前的输出 $x(n-m)$ 与 n 时刻的输入 $w(n)$ 无关，所以有

$$\mathrm{E}[w(n)x(n-m)]=0$$

将上式代入式（2.3.16），得

$$R_x(m)=-0.3R_x(m-1)+0.4R_x(m-2),\qquad m>0\tag{2.3.17}$$

（2）当 $m=0$ 时，式（2.3.16）成为

$$R_x(0)=-0.3R_x(-1)+0.4R_x(-2)+\mathrm{E}[w(n)x(n)]$$

将式（2.3.15）代入上式，并利用自相关函数的偶对称性，有

$$\begin{aligned}R_x(0)&=-0.3R_x(1)+0.4R_x(2)+\mathrm{E}\{w(n)[-0.3x(n-1)+0.4x(n-2)+w(n)]\}\\&=-0.3R_x(1)+0.4R_x(2)+\sigma_w^2\end{aligned}\tag{2.3.18}$$

式（2.3.18）中用到的 n 时刻之前的输出 $x(n-1)$ 和 $x(n-2)$ 与 n 时刻的输入 $w(n)$ 无关。

将$\sigma_w^2=1$代入式（2.3.18），得

$$R_x(0)=-0.3R_x(1)+0.4R_x(2)+1 \tag{2.3.19}$$

再将$m=1$和$m=2$分别代入式（2.3.17），可得

$$R_x(1)=-0.3R_x(0)+0.4R_x(1) \tag{2.3.20}$$

$$R_x(2)=-0.3R_x(1)+0.4R_x(0) \tag{2.3.21}$$

式（2.3.19）、式（2.3.20）和式（2.3.21）构成了$p=2$时的尤勒-沃克方程，同样可以解得

$$\begin{cases} R_x(0)=\dfrac{100}{63} \\ R_x(1)=-\dfrac{50}{63} \\ R_x(2)=\dfrac{55}{63} \end{cases}$$

本节最后，对AR模型的有关问题做进一步讨论。假定AR模型的系统增益$G=1$，激励源白噪声的方差σ_w^2为待求量，则AR模型的系统函数为

$$H(z)=\frac{1}{1+\sum_{i=1}^{p}a_i z^{-i}}$$

需要说明的几点如下。

（1）AR模型的逆滤波器是预测误差滤波器。

以上在最小均方误差准则下求得了AR模型的参数a_i（$i=1,2,\cdots,p$），也就是说，AR模型的参数a_i就是最优线性预测器的系数，此时预测误差为（式（2.3.2））

$$e(n)=x(n)+\sum_{i=1}^{p}a_i x(n-i) \tag{2.3.22}$$

且预测误差的功率$\mathrm{E}[e^2(n)]$达到最小。

如果将预测误差$e(n)$作为某预测误差滤波器的输出，将AR过程$x(n)$作为该滤波器的输入，则预测误差滤波器的传递函数为

$$H'(z)=\frac{Z[e(n)]}{Z[x(n)]} \tag{2.3.23}$$

对式（2.3.22）两边求Z变换，得

$$Z[e(n)]=X(z)+\sum_{i=1}^{p}a_i z^{-i}X(z)$$

将上式代入式（2.3.23），得

$$\begin{aligned} H'(z)=\frac{Z[e(n)]}{Z[x(n)]}&=\frac{X(z)+\sum_{i=1}^{p}a_i z^{-i}X(z)}{X(z)} \\ &=1+\sum_{i=1}^{p}a_i z^{-i}=\frac{1}{H(z)} \end{aligned}$$

可以看出，AR 模型 $H(z)$ 的逆滤波器 $\dfrac{1}{H(z)}$ 正是预测误差滤波器。

（2）预测误差滤波器对 AR 过程有白化作用。

因为 AR 过程可以看成 AR 模型在白噪声激励下的输出，而预测误差 $e(n)$ 是预测误差滤波器 $\dfrac{1}{H(z)}$ 在输入为 AR 过程 $x(n)$ 时的输出，如图 2.7 所示。可以看出，AR 模型与预测误差滤波器级联的结果相当于一个全通网络，所以预测误差 $e(n)$ 具有白噪声的性质，并且，当 AR 过程的阶次与线性预测的阶次相同时，最小预测误差功率就是激励源白噪声的方差 σ_w^2。

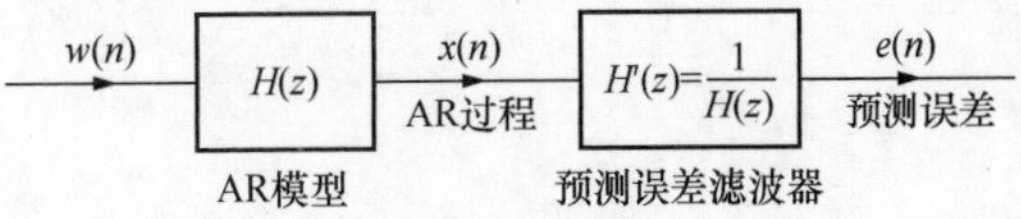

图 2.7　AR 模型与预测误差滤波器

因为预测误差滤波器 $\dfrac{1}{H(z)}$ 能将 AR 过程 $x(n)$ 变成白噪声 $e(n)$，所以，预测误差滤波器也叫白化滤波器，它对 AR 过程有白化作用（就是去相关）。相反的作用则称为“加色”。

由此可以看出，AR 模型的参数可以通过线性预测来确定。p 阶线性预测的预测系数就是 AR 模型系数 $a_1, a_2, \cdots, a_p$，最小预测误差功率就是激励源白噪声的方差 σ_w^2。

（3）AR 模型谱与最大熵谱具有一致性。

古典谱估计隐含着数据窗以外的序列值为 0 的假设，显然这是不合理的。如何利用有限的数据记录，尽可能得到 PSD 的良好估计？伯格（Burg）提出外推给定的有限长自相关序列，使之变成无限长序列，再由维纳-辛钦定理计算功率谱。

假定已知自相关序列 $\{R_x(0), R_x(1), \cdots, R_x(p)\}$，现通过合理的外推求得 $R_x(p+1)$，$R_x(p+2)$，…，并要保证外推后的自相关矩阵是非负定的。一般有无限多种外推方法能得到比较合适的自相关序列。伯格证明了只有外推后的自相关序列所对应的时间序列具有最大熵，这种外推方法才是最合理的。为了帮助读者理解这种方法的合理性，先简单介绍一下熵的概念。

在香农（Shannon）信息论中，离散型随机变量 X 的熵定义为

$$H(X) = -\sum_{i=1}^{N} P(x_i) \ln P(x_i) = -\mathrm{E}[\ln P(x_i)]$$

式中 $P(x_i)$ 表示 $X = x_i$ 这一事件发生的概率，$-\ln P(x_i)$ 是信息量的定义，信息量是解除事件不确定性所需信息的量。$\mathrm{E}[\cdot]$ 表示求数学期望。上式表明，熵是代表平均不确定性的量，它在数值上等于平均信息量。对于必然事件，由于其发生的概率等于 1，故其信息量等于零，对应的熵等于零。越是小概率事件，其信息量越大，对应的熵越大。

对连续型随机变量 X，熵定义为

$$H(X) = -\int_{-\infty}^{\infty} p(x) \ln p(x) \mathrm{d}x = -\mathrm{E}[\ln p(x)]$$

式中 $p(x)$ 表示连续型随机变量 X 的概率密度函数。

根据上面的概念不难想象，如果外推后的自相关序列所对应的时间序列具有最大熵，则意味着在具有已知的 $(p+1)$ 个自相关值的所有时间序列中，该时间序列的不确定性最大，是最随机或最不可预测的。在统计学上，最大熵是最合理、最自然、最无主观性的假定。这正

是以最大熵准则外推自相关序列的合理性所在。

在此思路下，应用解有约束优化问题的拉格朗日乘子法，可以推出高斯随机过程的最大熵功率谱为

$$S(\mathrm{e}^{\mathrm{j}\omega})=\frac{\sigma^2}{\left|1+\sum_{k=1}^{p}a_k\mathrm{e}^{-\mathrm{j}\omega k}\right|^2}$$

式中的 a_k 可以根据尤勒-沃克方程由已知的 $(p+1)$ 个自相关函数值求得，也就是 AR 模型的参数。

于是可以得出结论，对于高斯随机过程，在已知 $\{R_x(0),R_x(1),\cdots,R_x(p)\}$ 的情况下，其最大熵谱与其 AR 模型谱是一致的。因为最大熵谱是建立在自相关函数外推基础上的，所以 AR 模型谱也等效于一个外推后的自相关函数的谱。

事实上，尤勒-沃克方程本身就是自相关函数的递推方程，AR 隐含着自相关函数外推。如果已由观测数据计算出 $\{R_x(0),R_x(1),\cdots,R_x(p)\}$ $(p+1)$ 个自相关函数，则 $m>p$ 的自相关函数 $R_x(m)$ 可以由尤勒-沃克方程递推得到。

2.3.3 莱文森-杜宾快速递推算法

解尤勒-沃克方程是从已知的 $(p+1)$ 个自相关函数 $R_x(m)$（$m=0,1,\cdots,p$）求出 p 个 a_i 和一个 G。对于 $(p+1)$ 元线性方程组，一般解法是矩阵求逆或高斯消去法。通常尽量避免使用矩阵求逆运算，因为它的运算量太大。如果应用高斯消去法直接解线性方程组，其运算量约在 p^3 数量级。下面介绍莱文森-杜宾（Levinson-Durbin）快速递推算法，它可以将运算量减少到 p^2 数量级。

尤勒-沃克方程对应的矩阵形式为

$$\begin{bmatrix} R_x(0) & R_x(1) & R_x(2) & \cdots & R_x(p) \\ R_x(1) & R_x(0) & R_x(1) & \cdots & R_x(p-1) \\ R_x(2) & R_x(1) & R_x(0) & \cdots & R_x(p-2) \\ \vdots & \vdots & \vdots & \ddots & \vdots \\ R_x(p) & R_x(p-1) & R_x(p-2) & \cdots & R_x(0) \end{bmatrix}\begin{bmatrix} 1 \\ a_1 \\ a_2 \\ \vdots \\ a_p \end{bmatrix}=\begin{bmatrix} G^2 \\ 0 \\ 0 \\ \vdots \\ 0 \end{bmatrix}$$

只要已知或估计出 $(p+1)$ 个自相关函数值，即可解出 $(p+1)$ 个模型参数。

方程组的系数矩阵（自相关矩阵）$\boldsymbol{R}$ 具有一系列好的性质，可以总结如下。

（1）$\boldsymbol{R}$ 是对称矩阵。对称矩阵是指与其转置矩阵相等的实方阵。

（2）$\boldsymbol{R}$ 是托普利兹（Toeplitz）矩阵。托普利兹矩阵是指与主对角线平行的任一对角线上的元素都相等的矩阵。

（3）$\boldsymbol{R}$ 是非负定矩阵（正定矩阵或半正定矩阵）。因为对任意向量 $\boldsymbol{v}$ 有

$$\boldsymbol{v}^{\mathrm{T}}\boldsymbol{R}\boldsymbol{v}=\mathrm{E}[\boldsymbol{v}^{\mathrm{T}}\boldsymbol{x}\boldsymbol{x}^{\mathrm{T}}\boldsymbol{v}]=\mathrm{E}[(\boldsymbol{x}^{\mathrm{T}}\boldsymbol{v})^2]\geqslant 0$$

其中向量 $\boldsymbol{x}=[x(n)\quad x(n-1)\quad\cdots\quad x(n-p)]^{\mathrm{T}}$。如果向量 $\boldsymbol{v}$ 是自相关矩阵的一个特征向量，则 $\boldsymbol{v}^{\mathrm{T}}\boldsymbol{R}\boldsymbol{v}$ 就是相应的特征值。特征值全部大于零的实对称矩阵为正定矩阵；特征值全部大于等于零的实对称矩阵为半正定矩阵。

莱文森-杜宾算法是解尤勒-沃克方程的快速有效的算法，这种算法利用尤勒-沃克方程的系数矩阵（自相关矩阵）$\boldsymbol{R}$ 的对称性、托普利兹性、非负定性，使运算量大大减少。

莱文森-杜宾算法从一阶开始，由 $(p-1)$ 阶模型的参数递推求 p 阶模型的参数。递推过程中，用 $a_p(i)$ 表示在阶次为 p 时 AR 模型的第 i 个系数，$i=1,2,\cdots,p$。由式（2.3.3），即 $\mathrm{E}[e^2(n)]=G^2$ 可知，G^2 表示预测误差功率。将此功率用 ρ 表示，令 $G^2=\rho$。为表示递推过程中不同阶次的预测误差功率，用 ρ_p 表示 p 阶预测时的最小预测误差功率，显然，$\rho_0=\mathrm{E}[x^2(n)]=R_x(0)$。该式很容易理解，因为零阶预测就相当于信号直接通过，所以信号功率有多大，预测误差功率就是多大。

递推公式的获取方法如下。

（1）在式（2.3.11）中令 $p=1$，得一阶 AR 模型对应的尤勒-沃克方程

$$\begin{cases} R_x(0)+a_1(1)R_x(1)=\rho_1 & (2.3.24\text{a}) \\ R_x(1)+a_1(1)R_x(0)=0 & (2.3.24\text{b}) \end{cases}$$

由式（2.3.24b）可解得

$$a_1(1)=-\frac{R_x(1)}{R_x(0)} \tag{2.3.25}$$

将式（2.3.25）代入式（2.3.24a），得

$$\begin{aligned} \rho_1 &= R_x(0)-\frac{R_x^2(1)}{R_x(0)} \\ &= R_x(0)[1-\frac{R_x^2(1)}{R_x^2(0)}] \\ &= \rho_0[1-a_1^2(1)] \end{aligned}$$

（2）在式（2.3.11）中令 $p=2$，得二阶 AR 模型对应的尤勒-沃克方程

$$\begin{cases} R_x(0)+a_2(1)R_x(1)+a_2(2)R_x(2)=\rho_2 \\ R_x(1)+a_2(1)R_x(0)+a_2(2)R_x(1)=0 \\ R_x(2)+a_2(1)R_x(1)+a_2(2)R_x(0)=0 \end{cases}$$

解此方程组，得

$$\begin{cases} a_2(2)=-[R_x(2)+a_1(1)R_x(1)]/\rho_1 \\ a_2(1)=-[R_x(0)R_x(1)-R_x(1)R_x(2)]/[R_x^2(0)-R_x^2(1)] \\ \qquad\quad =a_1(1)+a_2(2)a_1(1) \\ \rho_2=\rho_1[1-a_2^2(2)] \end{cases}$$

（3）令 $p=3,4,\cdots$，找出递推规律，于是可得由 $(p-1)$ 阶参数求 p 阶参数的通用递推公式

$$\begin{cases} a_p(p)=-[R_x(p)+\sum_{i=1}^{p-1}a_{p-1}(i)R_x(p-i)]/\rho_{p-1} \\ a_p(i)=a_{p-1}(i)+a_p(p)a_{p-1}(p-i), \qquad i=1,2,\cdots,p-1 \\ \rho_p=\rho_{p-1}[1-a_p^2(p)] \end{cases}$$

式中的ρ就是p阶AR模型的G^2。这样，就求得了p阶AR模型的p个系数$a_p(i)$（$i=1,2,\cdots,p$）和G。

一般将递推过程中不断变化的阶次用m表示，并将m阶AR模型的第m个系数$a_m(m)$定义为反射系数，用k_m表示，于是可将计算m阶AR模型参数的莱文森-杜宾算法表示为

$$\begin{cases} k_m = -[R_x(m) + \sum_{i=1}^{m-1} a_{m-1}(i)R_x(m-i)]/\rho_{m-1} & (2.3.26a) \\ a_m(i) = a_{m-1}(i) + k_m a_{m-1}(m-i), \quad i=1,2,\cdots,m-1 & (2.3.26b) \\ \rho_m = \rho_{m-1}(1-k_m^2) & (2.3.26c) \end{cases}$$

其中，$k_m = a_m(m)$，$m=1,2,\cdots,p$，$\rho_0 = R_x(0)$。在得到的递推算法中，式（2.3.26a）用来计算m阶AR模型的反射系数k_m，它用到自相关函数序列，这是莱文森-杜宾算法的一个特点。实际上，自相关函数只能根据$x(n)$的有限个观测值估计得到。一般选择式（1.3.10）的有偏估计，以保证估计的一致性较好，特别是保证自相关矩阵非负定。

可以看出，用莱文森-杜宾算法求AR参数的关键是自相关函数序列的估计。为保证自相关函数的估计较准确，往往需要较多的样本数据，所以，在短数据记录的情况下，用莱文森-杜宾算法求AR参数效果较差。

式（2.3.26b）叫作莱文森（Levinson）关系式，是用$(m-1)$阶AR模型的参数和m阶AR模型的反射系数k_m计算m阶AR模型的参数$a_m(i)$，$i=1,2,\cdots,m-1$。式(2.3.26c)是根据$(m-1)$阶预测误差功率ρ_{m-1}计算m阶预测误差功率ρ_m。

下面对算法中涉及的参量进行分析，通过这些参量的特点来认识一些问题。

（1）反射系数k_m

反射系数$k_m = a_m(m)$，$a_m(m)$为m阶AR模型

$$H(z) = \frac{G}{1+\sum_{i=1}^{m} a_i z^{-i}}$$

的第m个系数。将m阶AR模型的系统函数用极点表示为

$$H(z) = \frac{G}{(1-z_1z^{-1})(1-z_2z^{-1})\cdots(1-z_mz^{-1})}$$

其中$z_1,z_2,\cdots,z_m$是$H(z)$的m个极点。对于因果稳定系统$H(z)$，由于极点全在单位圆内，所以$|z_i|<1$，$i=1,2,\cdots,m$。$a_m(m)$应等于m个绝对值小于1的z_i相乘，其绝对值必然小于1。所以反射系数k_m有

$$|k_m| = |a_m(m)| < 1, \qquad m=1,2,\cdots,p$$

如果由于有限字长或自相关函数估计误差的影响，模型的极点移到了单位圆上或圆外，在递推过程中就会出现$|a_m(m)|\geqslant 1$，即$|k_m|\geqslant 1$。此时递推应立即停止，因为对应的模型已经不稳定。

（2）预测误差功率ρ_m

因为$\rho_m = \rho_{m-1}(1-k_m^2)$，且$0<k_m^2<1$，所以有

$$\rho_m < \rho_{m-1} < \cdots < \rho_1 < \rho_0$$

可见 AR 模型的阶次越高，预测误差功率越小。由此式可以看出反射系数的物理意义，它相当于功率传输到终端接不匹配二端网络时的功率反射程度，因而被称作反射系数。

如果反射系数 $k_{m+1}=0$，则有 $\rho_{m+1}=\rho_m$。这种情况表明，m 阶时预测误差功率已达最小，从而说明了 AR 过程的正确模型应是 m 阶。此结果可用于确定 AR 模型的合适阶次。当然，如果用 AR 模型作为非 AR 过程随机信号的信号模型，即使到很高阶也不会出现 $k_m=0$ 的情况，因为在理论上此时的 AR 模型应为无穷阶。

对于长数据记录（数据样本数 $N>>p$），因为可以得到较好的自相关估计，所以通过解尤勒-沃克方程能够得到良好的谱估计。但是对于短数据记录，自相关函数的估计不佳对 AR 参数的求解将会造成不良影响。

事实上，实际中遇到的常常是短数据记录。例如，火山爆发或地震只持续很短的时间，所得到的数据往往是瞬时的。还有一些应用场合要获得大量的数据耗资巨大。

另外，对宽带过程，由于自相关函数曲线随时延增加下降很快，时延大的自相关函数含有的信息量很小，如果用时延大的相关函数进行计算效果就差。下面介绍一种常用的计算反射系数的方法，这种方法不需要自相关函数，且在数据记录较短的情况下具有优于尤勒-沃克法的性能。

2.3.4 格型预测误差滤波器与伯格递推算法

前面介绍的求 AR 参数的方法需要用到信号的自相关函数序列，即先由自相关函数序列求出反射系数，再代入莱文森关系式求出 AR 参数。下面介绍一种不需要自相关函数，直接由观测数据求反射系数的方法——伯格（Burg）递推算法。由于这是一种与格型预测误差滤波器密切相关的算法，所以接下来先讨论格型预测误差滤波器，然后由此导出伯格递推算法。

1. 格型预测误差滤波器

首先将预测的概念推广，不再局限于由过去估计现在或未来，也可以由现在估计过去。为便于区分，将前者叫作前向预测，后者叫作后向预测，将“由随机序列一些已知值的线性组合去估计序列的未知值”称作线性预测。如果是利用序列的一组相继值向前预测紧邻的一个值，则叫作向前一步预测；相应地，如果是利用序列的一组相继值向后预测紧邻的一个值，则叫作向后一步预测，如图 2.8 所示。

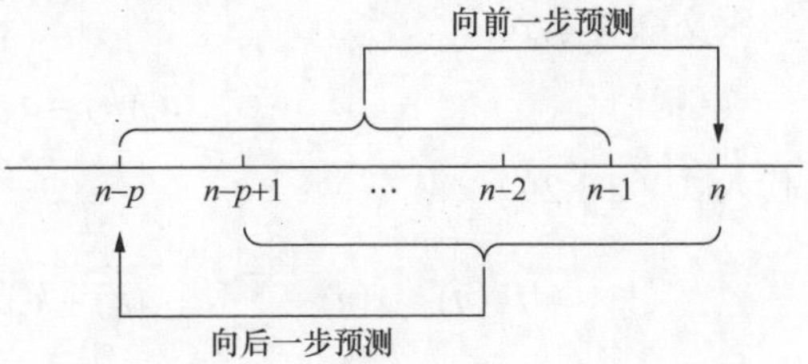

图 2.8　向前一步预测和向后一步预测示意图

为便于区分，将 p 阶前向（forward）预测误差和 p 阶后向（backward）预测误差分别表示为 $f_p(n)$ 和 $b_p(n)$。显然，这里的前向预测误差 $f_p(n)$ 就是前面涉及的预测误差 $e(n)$。

将 p 阶前向预测表示为

$$\hat{x}^{\mathrm{f}}(n)=-\sum_{k=1}^{p}a_p(k)x(n-k)$$

式中上角标“f”表示“前向（forward）”，$a_p(k)$ 表示前向预测系数。则 p 阶前向预测误差（Forward

Prediction Error，FPE）为

$$
\begin{aligned}
f_p(n) &= x(n) - \hat{x}^{\mathrm{f}}(n) \\
&= x(n) + \sum_{k=1}^{p} a_p(k)x(n-k)
\end{aligned}
\tag{2.3.27}
$$

相应地，p 阶后向预测表示为

$$
\hat{x}^{\mathrm{b}}(n-p) = -\sum_{k=1}^{p} a'_p(k)x(n-p+k)
$$

式中上角标“b”表示“后向（backward）”，$a'_p(k)$ 表示后向预测系数。则 p 阶后向预测误差（Backward Prediction Error，BPE）为

$$
\begin{aligned}
b_p(n) &= x(n-p) - \hat{x}^{\mathrm{b}}(n-p) \\
&= x(n-p) + \sum_{k=1}^{p} a'_p(k)x(n-p+k)
\end{aligned}
$$

可以证明，在实系数情况下，前向预测系数与后向预测系数相等，即 $a_p(k) = a'_p(k)$，$k = 1, 2, \cdots, p$。所以上式可以写为

$$
b_p(n) = x(n-p) + \sum_{k=1}^{p} a_p(k)x(n-p+k) \tag{2.3.28}
$$

由式（2.3.28）可得横向型后向预测误差滤波器的结构如图 2.9 所示。

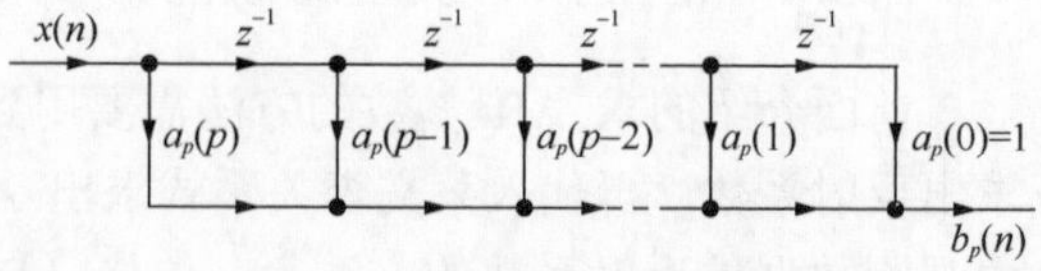

图 2.9　横向型后向预测误差滤波器

下面，借助莱文森关系式（2.3.26b）导出预测误差滤波器的格型结构。由式（2.3.27）得

$$
\begin{aligned}
f_p(n) &= x(n) + \sum_{k=1}^{p-1} a_p(k)x(n-k) + a_p(p)x(n-p) \\
&= x(n) + \sum_{k=1}^{p-1} a_p(k)x(n-k) + k_p x(n-p)
\end{aligned}
\tag{2.3.29}
$$

将莱文森关系式

$$
a_p(k) = a_{p-1}(k) + k_p a_{p-1}(p-k)
$$

代入式（2.3.29），得

$$
\begin{aligned}
f_p(n) &= x(n) + \sum_{k=1}^{p-1} [a_{p-1}(k) + k_p a_{p-1}(p-k)]x(n-k) + k_p x(n-p) \\
&= x(n) + \sum_{k=1}^{p-1} a_{p-1}(k)x(n-k) + k_p[x(n-p) + \sum_{k=1}^{p-1} a_{p-1}(p-k)x(n-k)] \\
&= f_{p-1}(n) + k_p[x(n-p) + \sum_{k=1}^{p-1} a_{p-1}(p-k)x(n-k)]
\end{aligned}
\tag{2.3.30}
$$

令 $p-k=k'$，则式（2.3.30）方括号中的表达式为

$$
x(n-p) + \sum_{k=1}^{p-1} a_{p-1}(p-k)x(n-k)
$$

$$= x(n-p) + \sum_{k'=1}^{p-1} a_{p-1}(k')x(n-p+k')$$

$$= x[(n-1)-(p-1)] + \sum_{k=1}^{p-1} a_{p-1}(k)x[(n-1)-(p-1)+k] \tag{2.3.31}$$

可以看出，式（2.3.31）表示的是，用 $(n-1)-(p-1)$ 时刻以后的 $(p-1)$ 个序列值的线性组合来预测 $(n-1)-(p-1)$ 时刻的信号值 $x[(n-1)-(p-1)]$，组合系数为 $a_{p-1}(k)$。对照式（2.3.28），可以将式（2.3.31）写为 $b_{p-1}(n-1)$。于是式（2.3.30）成为

$$f_p(n) = f_{p-1}(n) + k_p b_{p-1}(n-1) \tag{2.3.32}$$

式（2.3.32）就是计算前向预测误差的递推公式。

用类似的方法可以得出计算后向预测误差的递推公式

$$b_p(n) = b_{p-1}(n-1) + k_p f_{p-1}(n) \tag{2.3.33}$$

递推的初始值为 $f_0(n) = b_0(n) = x(n)$，即零阶预测时预测误差等于信号值。这是可以理解的，因为零阶预测相当于信号直接通过。

一般将递推过程中不断变化的阶次用 m 表示。于是可将计算 m 阶预测误差的递推公式表示为

$$\begin{cases} f_m(n) = f_{m-1}(n) + k_m b_{m-1}(n-1) \\ b_m(n) = b_{m-1}(n-1) + k_m f_{m-1}(n) \\ f_0(n) = b_0(n) = x(n) \end{cases} \tag{2.3.34}$$

根据式（2.3.34）可以画出格型预测误差滤波器的信号流图，如图 2.10 所示，图 2.10（a）是单阶格型结构，图 2.10（b）是 m 阶格型结构。

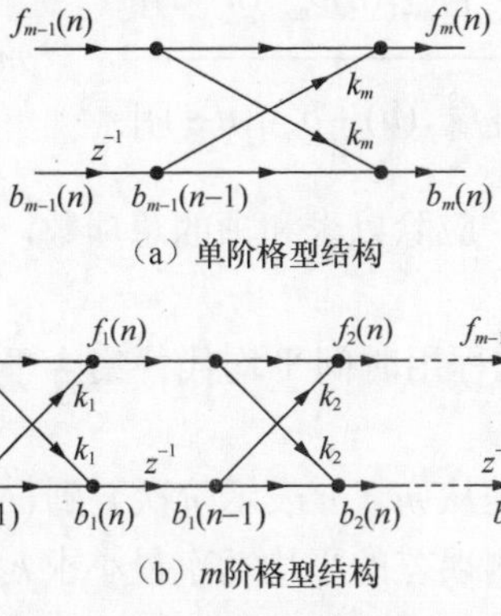

（a）单阶格型结构

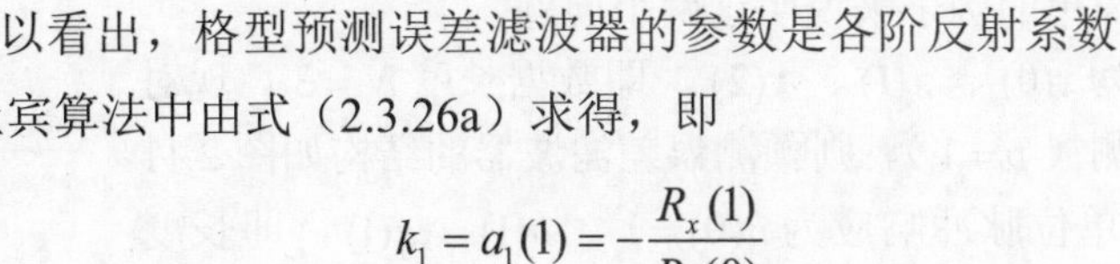

（b）m阶格型结构

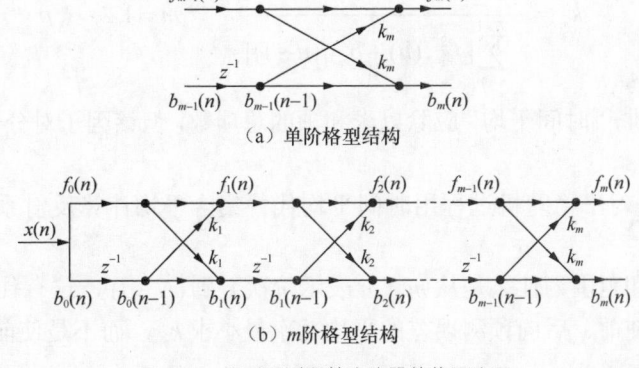

图 2.10　格型预测误差滤波器的信号流图

从图 2.10 中可以看出，格型预测误差滤波器的参数是各阶反射系数 k_m，$m = 1, 2, \cdots, p$。该参数在莱文森-杜宾算法中由式（2.3.26a）求得，即

$$k_1 = a_1(1) = -\frac{R_x(1)}{R_x(0)}$$

$$\vdots$$

$$k_m = a_m(m) = -[R_x(m) + \sum_{i=1}^{m-1} a_{m-1}(i) R_x(m-i)] / \rho_{m-1}$$

计算中用到信号的自相关序列 $R_x(0), R_x(1), \cdots R_x(m)$，需要根据观测数据去估计。在短数据记录情况下，由于估计自相关函数存在误差，所以求反射系数效果较差。下面介绍直接从已知的数据序列计算参数 k_m 的方法——伯格递推算法。

2. 伯格递推算法

伯格于 1967 年提出最大熵谱估计，后来又在另一篇文章中提出直接由时间序列估计 AR 模型系数的方法，被人们称为伯格递推算法。

伯格递推算法不是直接估计 AR 模型的参数，而是先估计反射系数 k_m，再利用莱文森关系式求得 AR 模型参数。估计反射系数的准则是使前向预测的均方误差与后向预测的均方误差之和为最小。令

$$\frac{\partial \mathrm{E}[f_m^2(n) + b_m^2(n)]}{\partial k_m} = 0$$

将式（2.3.34）代入上式，可得

$$\mathrm{E}\{2 f_{m-1}(n) b_{m-1}(n-1) + k_m [f_{m-1}^2(n) + b_{m-1}^2(n-1)]\} = 0$$

于是有

$$k_m = -\frac{2\mathrm{E}[f_{m-1}(n) b_{m-1}(n-1)]}{\mathrm{E}[f_{m-1}^2(n) + b_{m-1}^2(n-1)]}$$

对于平稳随机过程，可以用时间平均代替集合平均，因此上式可写成

$$k_m = -\frac{2\sum_{n=m}^{N-1}[f_{m-1}(n) b_{m-1}(n-1)]}{\sum_{n=m}^{N-1}[f_{m-1}^2(n) + b_{m-1}^2(n-1)]}, \quad m = 1, 2, \cdots, p \tag{2.3.35}$$

从严格意义上讲，"时间平均"应除以求和项的总项数，但该因子对分子和分母是相同的，所以可以不考虑。

式（2.3.35）是对平稳随机过程用时间平均代替集合平均计算反射系数，需要说明以下两点。

（1）式中的求和范围为什么是从 m（m 表示阶次）到 $(N-1)$，这有什么特点？

（2）为什么是使前、后向预测误差的平均功率最小求 k_m，而不是使前向预测误差功率或后向预测误差功率最小？

下面通过一个简单的例子来说明这两个问题。

设记录的数据为 $x(0)$、$x(1)$、$x(2)$，即数据长度 $N=3$。现对它进行一阶线性预测（$p=1$），则预测误差滤波器的结构如图 2.11 所示。该滤波器的单位脉冲响应为 $h(0)=1$，$h(1)=a_1(1)$，即长度 $M=2$，其中 $a_1(1)$ 是一阶 AR 模型的参数。

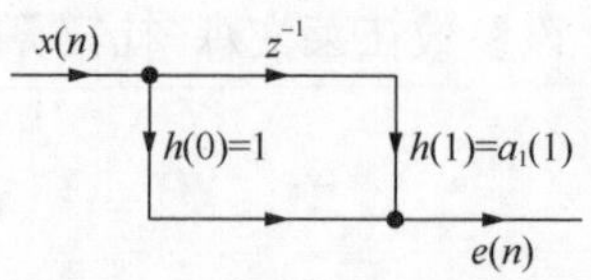

图 2.11　一阶预测误差滤波器

一阶预测误差滤波器的输出为

$$
\begin{aligned}
e(n) &= x(n) * h(n) = \sum_{m=0}^{1} h(m)x(n-m) \\
&= h(0)x(n) + h(1)x(n-1) \\
&= x(n) + h(1)x(n-1)
\end{aligned} \tag{2.3.36}
$$

如果认为 $x(n)$ 的长度 $N=3$，$h(n)$ 的长度 $M=2$，则 $e(n)$ 的长度应为 $N+M-1=4$，相应地，$n=0,1,2,3$（式（1.1.5））。由式（2.3.36）有

$$e(0) = x(0) + h(1)x(-1) \tag{2.3.37}$$

$$e(1) = x(1) + h(1)x(0) \tag{2.3.38}$$

$$e(2) = x(2) + h(1)x(1) \tag{2.3.39}$$

$$e(3) = x(3) + h(1)x(2) \tag{2.3.40}$$

式（2.3.37）和式（2.3.40）中分别用到了 $x(-1)$ 和 $x(3)$。事实上，所观测到的数据只有 $x(0)$、$x(1)$ 和 $x(2)$，如果将该数据段之外的数据人为地假设为 0，就存在某种不合理性。

伯格算法的求和范围恰恰回避了这一人为的假设。此例为一阶，$m=1$，数据长度 $N=3$，式（2.3.35）中求和范围从 m 到 $(N-1)$ 在这里就意味着只用到 $e(1)$ 和 $e(2)$。由式（2.3.38）和式（2.3.39）可以看出，计算 $e(1)$ 和 $e(2)$ 时不会用到已知数据段之外的数据，因而不含有对未知数据的人为假设，这种数据开窗方法叫作协方差法。

当用时间平均代替集合平均时，较典型的数据开窗方法有四种，另三种分别是自相关法、前窗法和后窗法，可以将它们总结如下。

协方差法对已知数据段之外的数据不做人为假设，求和范围从 m 到 $(N-1)$。在此例中就相当于只用到 $e(1)$ 和 $e(2)$。

自相关法将已知数据段前后的数据都假设为 0，求和范围从 0 到 $(M+N-2)$。在此例中就相当于从 $e(0)$ 到 $e(3)$ 全部用到。

前窗法将已知数据段之前的数据假设为 0，但对已知数据段之后的数据不做人为假设，求和范围从 0 到 $(N-1)$。在此例中就相当于用到 $e(0)$、$e(1)$ 和 $e(2)$。

后窗法将已知数据段之后的数据假设为 0，但对已知数据段之前的数据不做人为假设，求和范围从 m 到 $(M+N-2)$。在此例中就相当于用到 $e(1)$、$e(2)$ 和 $e(3)$。

现在回到前面的问题（2），即同时考虑前、后向预测误差的问题。假定数据开窗依然采用协方差法，如果只考虑前向预测误差功率最小来求反射系数 k_m，则有

$$\varepsilon(n) = \sum_{n=1}^{2} e^2(n) = e^2(1) + e^2(2)$$

将式（2.3.38）和式（2.3.39）代入上式，有

$$\varepsilon(n) = [x(1) + a_1(1)x(0)]^2 + [x(2) + a_1(1)x(1)]^2$$

令 $\dfrac{\partial \varepsilon(n)}{\partial a_1(1)} = 0$，得

$$2x(0)x(1) + 2x^2(0)a_1(1) + 2x(1)x(2) + 2x^2(1)a_1(1) = 0$$

解得

$$k_1 = a_1(1) = -\frac{x(0)x(1) + x(1)x(2)}{x^2(0) + x^2(1)}$$

上式中分母与 $x(2)$ 无关，所以如果 $x(2)$ 足够大，就有可能使 $|k_1|>1$，预测误差滤波器将失去最小相位性质，从而造成 AR 模型不稳定。也就是说，协方差法存在着稳定性问题。利用柯西-施瓦茨不等式可以从数学上证明，伯格算法能够保证预测误差滤波器是最小相位的，从而保证 AR 模型是稳定系统。

通过此例得出上述两个问题的答案如下。

（1）伯格算法不对已知数据段之外的数据做人为假设。

（2）伯格算法总是保证预测误差滤波器是最小相位的。

例 2.3.3 已知信号样值为 $x(n) = \{2,4,1,2\}$，用伯格算法求二阶格型预测误差滤波器的各阶反射系数 k_1 和 k_2。

解：

$$k_1 = -\frac{2\sum_{n=1}^{3}[f_0(n)b_0(n-1)]}{\sum_{n=1}^{3}[f_0^2(n) + b_0^2(n-1)]} = -\frac{2\sum_{n=1}^{3}[x(n)x(n-1)]}{\sum_{n=1}^{3}[x^2(n) + x^2(n-1)]}$$

$$= -\frac{2[x(1)x(0) + x(2)x(1) + x(3)x(2)]}{x^2(1) + x^2(0) + x^2(2) + x^2(1) + x^2(3) + x^2(2)}$$

$$= -\frac{2(8+4+2)}{16+4+1+16+4+1} = -\frac{2}{3}$$

$$k_2 = -\frac{2\sum_{n=2}^{3}[f_1(n)b_1(n-1)]}{\sum_{n=2}^{3}[f_1^2(n) + b_1^2(n-1)]}$$

$$= -\frac{2[f_1(2)b_1(1) + f_1(3)b_1(2)]}{f_1^2(2) + b_1^2(1) + f_1^2(3) + b_1^2(2)}$$

其中

$$f_1(2) = x(2) + k_1 x(1) = 1 - \frac{2}{3} \times 4 = -\frac{5}{3}$$

$$b_1(1) = x(0) + k_1 x(1) = 2 - \frac{2}{3} \times 4 = -\frac{2}{3}$$

$$f_1(3) = x(3) + k_1 x(2) = 2 - \frac{2}{3} \times 1 = \frac{4}{3}$$

$$b_1(2) = x(1) + k_1 x(2) = 4 - \frac{2}{3} \times 1 = \frac{10}{3}$$

将其代入上式，得

$$k_2 = -\frac{2\left(\frac{10}{9} + \frac{40}{9}\right)}{\frac{25}{9} + \frac{4}{9} + \frac{16}{9} + \frac{100}{9}} = -\frac{20}{29}$$

例 2.3.4 已知二阶格型预测误差滤波器的各阶反射系数为 $k_1=-\dfrac{5}{7}$，$k_2=\dfrac{3}{25}$，试求 AR(2) 的参数 $a_2(1)$ 和 $a_2(2)$ 以及 AR(2)的两个极点位置，并判断 AR(2)的因果稳定性。

解： $a_2(2)=k_2=\dfrac{3}{25}=0.12$

由莱文森关系式 $a_m(k)=a_{m-1}(k)+k_m a_{m-1}(m-k)$ 可得

$$a_2(1)=a_1(1)+k_2a_1(1)=k_1(1+k_2)=-\frac{5}{7}(1+\frac{3}{25})=-\frac{4}{5}=-0.8$$

$$H(z)=\frac{1}{1+a_2(1)z^{-1}+a_2(2)z^{-2}}=\frac{1}{1-0.8z^{-1}+0.12z^{-2}}=\frac{1}{(1-0.2z^{-1})(1-0.6z^{-1})}$$

可见极点位置为 $z_1=0.2$ 和 $z_2=0.6$。

因为两个极点都在单位圆以内，所以该 AR(2)模型是因果稳定的。

例 2.3.5 已知预测误差滤波器的系统函数为

$$H(z)=1+0.5z^{-1}-0.1z^{-2}-0.5z^{-3}$$

画出该滤波器的格型结构。

解： 由题意可知 $m=3$，$a_3(0)=1$，$a_3(1)=0.5$，$a_3(2)=-0.1$，$a_3(3)=-0.5$。根据莱文森关系式

$$a_m(i)=a_{m-1}(i)+k_m a_{m-1}(m-i),\qquad i=1,2,\cdots,m-1$$

有

$$a_3(1)=a_2(1)+k_3a_2(2)$$
$$a_3(2)=a_2(2)+k_3a_2(1)$$

将 $a_3(1)=0.5$、$a_3(2)=-0.1$、$k_3=a_3(3)=-0.5$ 代入上式，解得

$$a_2(1)=0.6\qquad k_2=a_2(2)=0.2$$

同理有

$$a_2(1)=a_1(1)+k_2a_1(1)$$

解得

$$k_1=a_1(1)=\frac{a_2(1)}{1+k_2}=0.5$$

由 $k_1=0.5$、$k_2=0.2$、$k_3=-0.5$ 可以画出格型结构如图 2.12 所示。

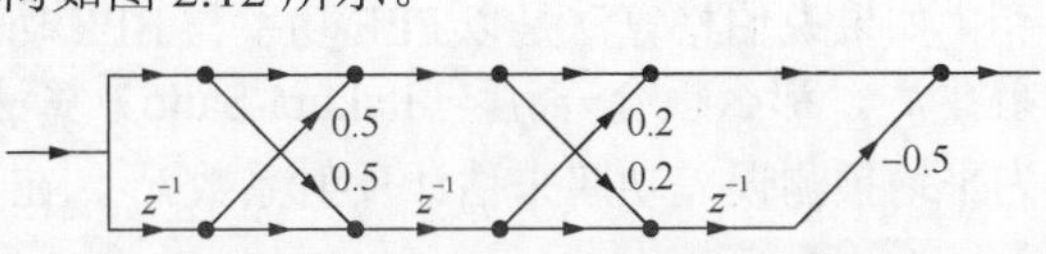

图 2.12 前向预测误差滤波器的格型结构

通过上面的分析可以看出，用伯格算法确定 AR 模型的参数不需要估算自相关序列，这种方法是建立在线性预测基础上的，并用格型结构实现预测误差滤波器。在输入信号 $x(n)$ 自左向右的传递过程中，可以同时得到不同阶次的前向与后向预测误差，由此求出各阶反射系数，然后利用莱文森关系式即可由反射系数求得 AR 参数。

综上所述可以看出，一个 p 阶 AR 过程 $x(n)$，可以等效地用以下三组参数来表示。

（1）$(p+1)$ 个自相关函数：$R_x(0), R_x(1), \cdots, R_x(p)$。

（2）$(p+1)$ 个 AR 模型参数：$a_p(1), a_p(2), \cdots, a_p(p)$ 和 G（或 ρ_p，或 σ_w^2，它们的关系是 $G^2 = \rho_p = \sigma_w^2$）。

（3）$R_x(0)$ 和 p 个反射系数：$k_1, k_2, \cdots, k_p$。

这三组参数可以相互导出。

以 $a_p(1), a_p(2), \cdots, a_p(p)$ 为参数的横向型预测误差滤波器与以 $k_1, k_2, \cdots, k_p$ 为参数的格型预测误差滤波器具有不同的结构特点，使得它们的性能有所不同，在实际应用中的效果也是不一样的，可以总结为以下几点。

（1）格型滤波器是模块化结构，各节的结构相同。每节只用一个参数，就是相应的反射系数。如果滤波器输出的均方值（预测误差功率）不够小，只需要增加同样结构的格型模块，原有各节的反射系数保持不变。而对于横向型预测误差滤波器，增加阶数后，最优滤波器的所有参数 $a_p(i)$（$i = 1, 2, \cdots, p$）都要重新计算。

（2）在滤波器对“有限字长效应的影响和参数值扰动”的敏感性上，格型优于横向型，当滤波器系数为了存储和传输而需要量化时，这一性质变得更为重要。另外，格型滤波器反射系数的幅度恒小于 1，是具有良好稳定性的最小相位滤波器。

（3）当格型滤波器各阶输出信号都满足最小均方误差准则时，在输入信号是平稳信号的情况下，格型预测误差滤波器不同阶的输出误差之间是正交的，可以表示为

$$\mathrm{E}[b_m(n) b_l(n)] = \begin{cases} \rho_m, & m = l \\ 0, & m \neq l \end{cases}$$

$$\mathrm{E}[f_m(n+m) f_l(n+l)] = \begin{cases} \rho_m, & m = l \\ 0, & m \neq l \end{cases}$$

其中，$\rho_m = \mathrm{E}[f_m^2(n)] = \mathrm{E}[b_m^2(n-1)]$，是第 m 阶预测误差功率。这种正交性十分有用，它导致了前后各阶之间的无耦性能，当各阶分别达到最优时可以使滤波器达到全局最优。

除了伯格递推算法，还有其他估计反射系数的方法。例如，由板仓（Itakura）和斋藤（Saito）于 1971 年提出的计算公式

$$k_m = -\frac{\sum_{n=m}^{N-1} [f_{m-1}(n) b_{m-1}(n-1)]}{\sqrt{\sum_{n=m}^{N-1} f_{m-1}^2(n) \cdot \sum_{n=m}^{N-1} b_{m-1}^2(n-1)}} \tag{2.3.41}$$

如果说伯格算法是以 FPE 功率与 BPE 功率的算术平均作为平均预测误差功率来估计反射系数 k_m，那么板仓-斋藤（Itakura-Saito）算法则相当于用 FPE 功率与 BPE 功率的几何平均作为平均预测误差功率来估计反射系数 k_m。在语音信号处理中常用式（2.3.41）估计反射系数。

但式（2.3.41）定义的反射系数不是直接从 FPE 功率或 BPE 功率极小化准则得出的，而是定义“反射系数 k_m 是 k_m^{f} 和 k_m^{b} 的几何平均”，即

$$k_m = s\sqrt{k_m^{\mathrm{f}} k_m^{\mathrm{b}}} \tag{2.3.42}$$

这是板仓当年导出的反射系数，式（2.3.42）中的 s 是 k_m^{f} 或 k_m^{b} 的符号。使前向预测误差均方值

最小可得

$$k_m^{\mathrm{f}} = \frac{\mathrm{E}[f_{m-1}(n)b_{m-1}(n-1)]}{\mathrm{E}[b_{m-1}^2(n-1)]}$$

使后向预测误差均方值最小可得

$$k_m^{\mathrm{b}} = \frac{\mathrm{E}[f_{m-1}(n)b_{m-1}(n-1)]}{\mathrm{E}[f_{m-1}^2(n)]}$$

将上面两式代入式（2.3.42），并用时间平均代替集合平均，可得式（2.3.41）。

此外还有很多估计反射系数的方法，但在功率谱估计中多用伯格算法估计反射系数。

相对于莱文森-杜宾算法，伯格递推算法的优点是求得的 AR 模型保证稳定。另外，伯格算法不需要估算自相关函数，所以性能优于莱文森-杜宾算法。尤其在短数据记录情况下，伯格算法明显优越，具有较高的谱分辨率。

图 2.13 所示为用参数模型法谱估计的莱文森-杜宾算法和伯格递推算法对白噪声中的两个正弦信号进行谱估计的结果。两个正弦信号对采样频率的归一化频率分别为 $f_1 = 0.1$ 和 $f_2 = 0.4$。数据窗采用矩形窗，长度 $N = 512$。图 2.13 中谱估计的结果明显优于图 2.6 所示的古典谱估计。

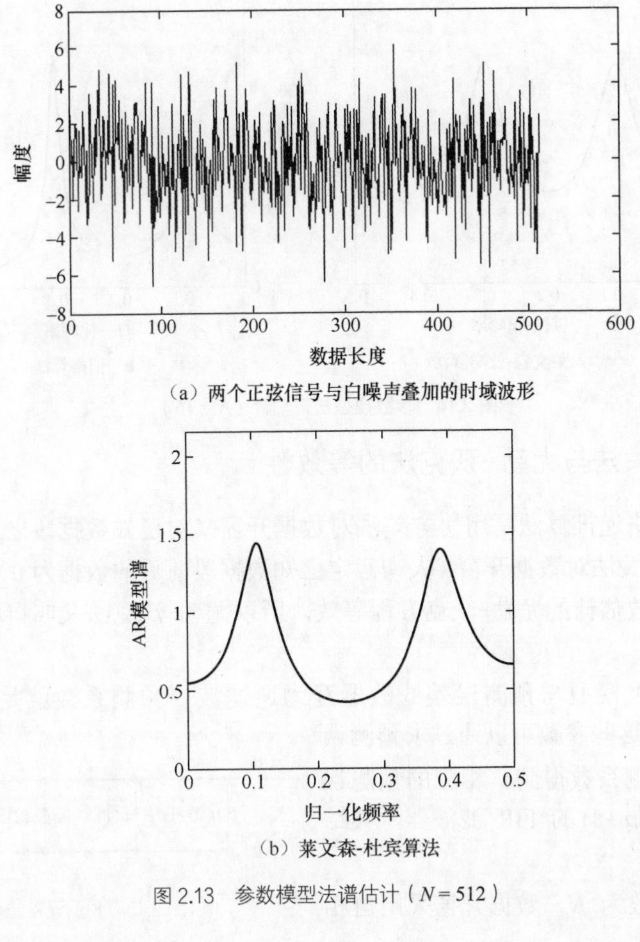

图 2.13　参数模型法谱估计（$N = 512$）

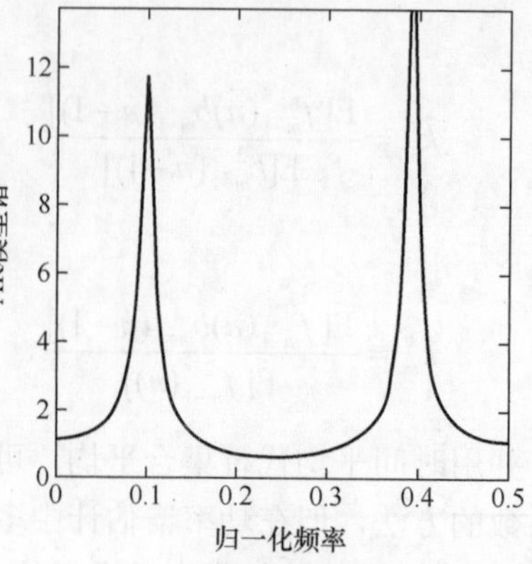

（c）伯格算法

图 2.13　参数模型法谱估计（$N=512$）（续）

在数据样点数 $N=16$ 的情况下，用参数模型法谱估计的莱文森-杜宾算法和伯格算法对白噪声中的两个正弦信号进行谱估计的结果如图 2.14 所示。实验中两个正弦信号对采样频率的归一化频率分别为 $f_1=0.1$ 和 $f_2=0.3$。在这样的实验条件下，用古典谱估计将无法估计出两个正弦信号的频率。

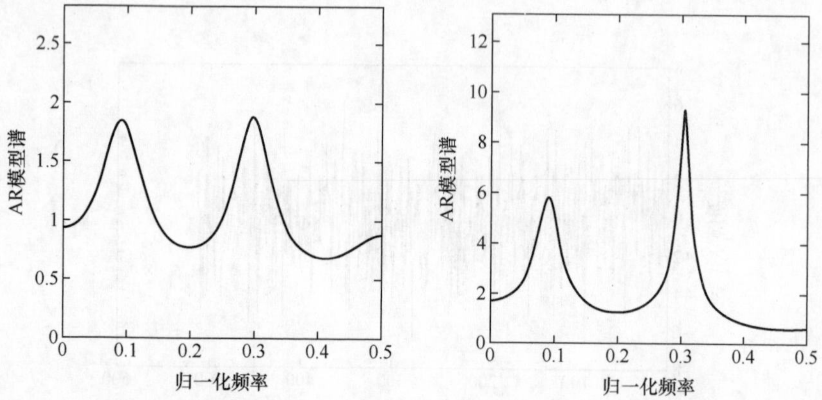

（a）莱文森-杜宾算法　　（b）伯格算法

图 2.14　参数模型法谱估计（$N=16$）

2.3.5　自相关法与尤勒-沃克法的等效性

前面介绍的伯格递推算法是用协方差法对数据开窗（对已知数据段之外的数据不做人为假定）。如果用自相关法对数据开窗（人为假定已知数据段前后的数据为 0），所得的结果将与使用有偏自相关函数估计的尤勒-沃克方程等效，所以尤勒-沃克法又叫自相关法。下面的讨论将说明这一点。

前已述及，AR 模型与预测误差滤波器互为逆滤波，预测系数就是 AR 模型的参数 $a(1),a(2),\cdots,a(p)$。这些参数可以通过求预测误差功率最小时的预测系数得到。相应的预测误差滤波器是长度为 $(p+1)$ 的 FIR 滤波器，其结构如图 2.15 所示。

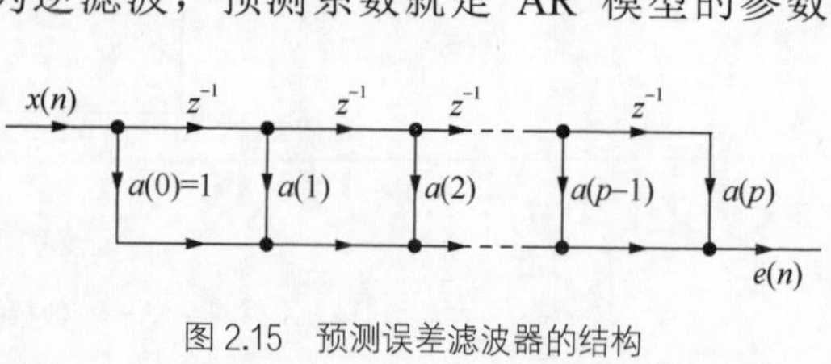

图 2.15　预测误差滤波器的结构

如果数据样点数为 N，数据开窗采用自相关法，则数据序列可以表示为$\{\cdots,0,x(0),x(1),\cdots,x(N-1),0,\cdots\}$。此时预测误差滤波器的输出（预测误差）是长度为$(N+p)$的序列，有

$$e(n)=x(n)*a(n)=x(n)+\sum_{i=1}^{p}a(i)x(n-i)\text{，}\quad n=0,1,\cdots,N+p-1$$

即

$$\begin{aligned}
e(0)&=x(0)+x(-1)a(1)+\cdots+x(-p)a(p)\\
e(1)&=x(1)+x(0)a(1)+\cdots+x(-p+1)a(p)\\
&\vdots\\
e(p)&=x(p)+x(p-1)a(1)+\cdots+x(0)a(p)\\
&\vdots\\
e(N+p-1)&=x(N+p-1)+x(N+p-2)a(1)+\cdots+x(N-1)a(p)
\end{aligned}$$

当$n<0$或$n>N+p-1$时，$e(n)=0$。上面各式中的$x(-1)$及其以前的各序列值、$x(N)$及其以后的各序列值都假定为0。

使预测误差功率最小，就是

$$\rho=\frac{1}{N}\sum_{n=-\infty}^{\infty}e^2(n)=\frac{1}{N}\sum_{n=-\infty}^{\infty}[x(n)+\sum_{i=1}^{p}a(i)x(n-i)]^2=\rho_{\min} \tag{2.3.43}$$

令$\dfrac{\partial\rho}{\partial a(k)}=0$，$k=1,2,\cdots,p$，得

$$\frac{1}{N}\sum_{n=-\infty}^{\infty}[x(n)+\sum_{i=1}^{p}a(i)x(n-i)]x(n-k)=0\text{，}\quad k=1,2,\cdots,p \tag{2.3.44}$$

即

$$\sum_{i=1}^{p}a(i)[\frac{1}{N}\sum_{n=-\infty}^{\infty}x(n-i)x(n-k)]=-\frac{1}{N}\sum_{n=-\infty}^{\infty}x(n)x(n-k)\text{，}\quad k=1,2,\cdots,p$$

将上式表示为

$$\sum_{i=1}^{p}a(i)\hat{R}_x(i-k)=-\hat{R}_x(k)\text{，}\quad k=1,2,\cdots,p \tag{2.3.45}$$

用矩阵表示，式（2.3.45）成为

$$\begin{bmatrix}\hat{R}_x(0) & \hat{R}_x(1) & \cdots & \hat{R}_x(p-1)\\ \hat{R}_x(1) & \hat{R}_x(0) & \cdots & \hat{R}_x(p-2)\\ \vdots & \vdots & \ddots & \vdots\\ \hat{R}_x(p-1) & \hat{R}_x(p-2) & \cdots & \hat{R}_x(0)\end{bmatrix}\begin{bmatrix}a(1)\\ a(2)\\ \vdots\\ a(p)\end{bmatrix}=-\begin{bmatrix}\hat{R}_x(1)\\ \hat{R}_x(2)\\ \vdots\\ \hat{R}_x(p)\end{bmatrix} \tag{2.3.46}$$

其中

$$\hat{R}_x(k)=\frac{1}{N}\sum_{n=-\infty}^{\infty}x(n)x(n-k)=\frac{1}{N}\sum_{n=-\infty}^{\infty}x(n)x(n+k)\text{，}\quad k=1,2,\cdots,p \tag{2.3.47}$$

由于在$n=0,1,\cdots,N-1$之外所有的$x(n)$都被假定为0，所以使式（2.3.47）中$x(n)$和$x(n+k)$同时不为0的n的取值为$n=0,1,\cdots,N-1-k$。因此式（2.3.47）可以写成

$$\hat{R}_x(k)=\frac{1}{N}\sum_{n=0}^{N-1-k}x(n)x(n+k) \tag{2.3.48}$$

式（2.3.48）就是式（1.3.10）表示的自相关函数的有偏估计。

接下来讨论最小预测误差功率（或白噪声方差σ_w^2）。由式（2.3.43）有

$$\begin{aligned}\sigma_w^2=\rho_{\min}&=\frac{1}{N}\sum_{n=-\infty}^{\infty}e^2(n)=\frac{1}{N}\sum_{n=-\infty}^{\infty}[x(n)+\sum_{i=1}^{p}a(i)x(n-i)][x(n)+\sum_{k=1}^{p}a(k)x(n-k)]\\&=\frac{1}{N}\sum_{n=-\infty}^{\infty}[x(n)+\sum_{i=1}^{p}a(i)x(n-i)]x(n)+\sum_{k=1}^{p}a(k)\{\frac{1}{N}\sum_{n=-\infty}^{\infty}[x(n)+\sum_{i=1}^{p}a(i)x(n-i)]x(n-k)\}\end{aligned}$$

由式（2.3.44）可知，上面求和项中的第二项为0，因此最小预测误差功率为

$$\rho_{\min}=\frac{1}{N}\sum_{n=-\infty}^{\infty}[x(n)+\sum_{i=1}^{p}a(i)x(n-i)]x(n)$$

由式（2.3.47），可以将上式表示为

$$\rho_{\min}=\hat{R}_x(0)+\sum_{i=1}^{p}a(i)\hat{R}_x(-i) \tag{2.3.49}$$

式（2.3.49）连同式（2.3.45）与尤勒-沃克方程式（2.3.11）等效，可以用莱文森-杜宾算法来解，所以自相关法也叫尤勒-沃克法。

从式（2.3.46）可以看出，自相关矩阵是对称矩阵和托普利兹矩阵，并且可以证明它也是正定的。需要说明的是，正因为预测误差$e(n)$的n是从0至$(N+p-1)$，自相关矩阵才具有托普利兹性，否则，自相关矩阵就不具有该性质。因此，自相关法是所有AR参数求解方法中最简单的一种。

2.3.6 改进协方差法

伯格算法不需要估算自相关函数，所以性能优于自相关法。但是伯格算法的递推运算仍然受到莱文森递推关系的约束，也就是说，在由前、后向预测误差求出反射系数k_m后，m阶AR模型的其他系数均由莱文森关系式

$$a_m(i)=a_{m-1}(i)+k_m a_{m-1}(m-i)\,,\qquad i=1,2,\cdots,m-1$$

递推求得。而莱文森关系式是在方程组的系数矩阵（自相关矩阵）为托普利兹矩阵的条件下推出的。实际上，只有无始无终的平稳随机序列所对应的自相关矩阵才具有这种性质。因此伯格算法不能完全克服莱文森算法的缺点，仍然存在某些谱线分裂（在估计谱中应该存在一个谱线的地方出现了两个紧挨着的谱峰）与谱峰偏移（估计的谱峰位置偏离了真实谱峰）现象。

为了克服伯格递推算法的上述缺点，克莱顿（Clayton），乌尔里克（Ulrych）和纳托尔（Nuttall）于1976年提出了改进算法。这种方法的主要思路是为了摆脱莱文森递推关系对确定模型系数的约束，让模型每一系数的确定都直接与前、后向预测误差功率最小联系起来。

现用ε表示p阶前、后向预测误差功率之和，即

$$\varepsilon = \varepsilon^{\mathrm{f}} + \varepsilon^{\mathrm{b}} = \sum_{n=p}^{N-1} [f_p^2(n) + b_p^2(n)]$$

将式（2.3.27）和式（2.3.28）代入上式，得

$$\begin{aligned}\varepsilon &= \sum_{n=p}^{N-1} [f_p^2(n) + b_p^2(n)] \\ &= \sum_{n=p}^{N-1} \{[x(n) + \sum_{k=1}^{p} a_p(k)x(n-k)]^2 + [x(n-p) + \sum_{k=1}^{p} a_p(k)x(n-p+k)]^2\}\end{aligned}$$

令$\dfrac{\partial \varepsilon}{\partial a_p(k)} = 0$，$k = 1,2,\cdots,p$ 且 $a_p(0) = 1$，推导可得正则方程

$$\begin{bmatrix} R_x(0,0) & R_x(0,1) & \cdots & R_x(0,p) \\ R_x(1,0) & R_x(1,1) & \cdots & R_x(1,p) \\ \vdots & \vdots & \ddots & \vdots \\ R_x(p,0) & R_x(p,1) & \cdots & R_x(p,p) \end{bmatrix} \begin{bmatrix} 1 \\ a_p(1) \\ \vdots \\ a_p(p) \end{bmatrix} = \begin{bmatrix} \varepsilon_{\min} \\ 0 \\ \vdots \\ 0 \end{bmatrix}$$

该方程组的系数矩阵常称为自协方差矩阵，它不具有托普利兹性。这种方法也适用于非平稳信号，它不要求信号$x(n)$是无始无终的平稳序列。

需要指出的是，这里的“自协方差”与第 2 章中从统计观点出发讨论的自协方差函数不是一回事。此名字是语音信号处理文献中的习惯叫法。

改进协方差法的正则方程（或称协方差方程）不能用莱文森-杜宾算法求解。解此方程有以下两种常用的方法。

（1）用矩阵的三角分解，即楚列斯基（Cholesky）分解法来求解。设有线性方程组

$$\boldsymbol{Ax} = \boldsymbol{b}$$

式中$\boldsymbol{A}$为正定方阵，$\boldsymbol{x}$、$\boldsymbol{b}$为列向量。为求得$\boldsymbol{x}$，可将$\boldsymbol{A}$分解成两个三角矩阵的积，即

$$\boldsymbol{A} = \boldsymbol{LU}$$

$\boldsymbol{L}$、$\boldsymbol{U}$分别为下三角矩阵和上三角矩阵。于是有

$$\boldsymbol{LUx} = \boldsymbol{b}$$

或

$$\boldsymbol{Ux} = \boldsymbol{L}^{-1}\boldsymbol{b}$$

令$\boldsymbol{Ux} = \boldsymbol{L}^{-1}\boldsymbol{b} = \boldsymbol{y}$，由$\boldsymbol{Ly} = \boldsymbol{b}$可以解出$\boldsymbol{y}$，再由$\boldsymbol{Ux} = \boldsymbol{y}$解出$\boldsymbol{x}$。

（2）1980 年，玛坡尔（Marple）对解协方差方程提出了一种新的递推算法，可以减少运算量，后称为玛坡尔快速算法。限于篇幅，这里不再详细讨论，有兴趣的读者可以查看有关参考文献。

实验表明，改进协方差法基本上克服了谱线分裂、谱峰偏移和出现伪峰等缺点，比自相关法和伯格算法优越，提高了谱分辨率。但是，此算法不能保证 AR 模型稳定，并且运算量也偏大。

至此，我们已经讨论了 4 种求 AR 参数的方法（包括前面提到的协方差法）。其中，自相

关法计算最简单，但谱估计的分辨率较低；伯格算法较为通用；协方差法因为存在稳定性方面的问题，所以应用较少；改进协方差法性能较好，但计算较复杂。一般来说，如果处理的数据来自 AR 过程，采用伯格算法就可以获得精确的 AR 谱估计。几种算法的比较如表 2.1 所示，其中自相关法（尤勒-沃克法）、伯格算法和改进协方差法是求 AR 模型参数的 3 种常用方法。

表 2.1　　求 AR 参数的方法比较

算法	最优准则	数据开窗	AR 参数	算法特点
自相关法	使前向预测误差功率相对 AR 参数 a_i 最小	自相关法	将反射系数代入莱文森关系式求	用到自相关函数序列
伯格算法	使前、后向预测误差平均功率相对各阶反射系数最小	协方差法	将反射系数代入莱文森关系式求	系统具有稳定性
协方差法	使前向预测误差功率相对 AR 参数 a_i 最小	协方差法	直接求 AR 参数，不经过莱文森关系式	系统会出现不稳定
改进协方差法	使前、后向预测误差平均功率相对 AR 参数 a_i 最小	协方差法	直接求 AR 参数，不经过莱文森关系式	参数求解较复杂

例 2.3.6　已知信号的 4 个样值为 $x(n)=\{2,4,1,3\}$，试用自相关法、协方差法估计 AR(1) 模型参数。

解： AR(1)的参数 $a(1)$ 就是一阶预测误差滤波器的预测系数。一阶预测误差滤波器的结构如图 2.16 所示。

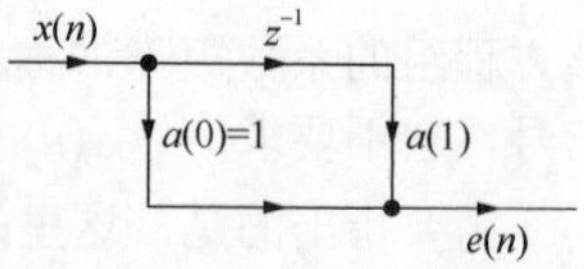

图 2.16　一阶预测误差滤波器的结构

滤波器的输出是预测误差 $e(n)=x(n)*a(n)$，其中 $x(n)$ 的长度 $N=4$，$a(n)$ 的长度是 2，所以 $e(n)$ 的长度是 $4+2-1=5$，$n=0,1,2,3,4$，有

$$
\begin{aligned}
e(n) &= x(n)*a(n)=\sum_{m=0}^{1}a(m)x(n-m)\\
&= a(0)x(n)+a(1)x(n-1)=x(n)+a(1)x(n-1)
\end{aligned}
$$

$$
\begin{aligned}
e(0) &= x(0)+x(-1)a(1)\\
e(1) &= x(1)+x(0)a(1)\\
e(2) &= x(2)+x(1)a(1)\\
e(3) &= x(3)+x(2)a(1)\\
e(4) &= x(4)+x(3)a(1)
\end{aligned}
$$

上面各式中，$\{x(0),x(1),x(2),x(3)\}=\{2,4,1,3\}$ 为已知数据，$x(-1)$ 和 $x(4)$ 是未知数据。$a(1)$ 的选择应使预测误差功率达最小。

（1）自相关法

自相关法人为假定已知数据段之外的数据为 0，预测误差功率为

$$
\begin{aligned}
\varepsilon(n) &= \sum_{n=0}^{4}e^2(n)=e^2(0)+e^2(1)+e^2(2)+e^2(3)+e^2(4)\\
&= 2^2+[4+2a(1)]^2+[1+4a(1)]^2+[3+a(1)]^2+[3a(1)]^2\\
&= 30+30a(1)+30a^2(1)
\end{aligned}
$$

令 $\dfrac{\partial \varepsilon(n)}{\partial a(1)} = 0$，得

$$30 + 60a(1) = 0$$

所以

$$a(1) = -0.5$$

（2）协方差法

协方差法不对已知数据段之外的数据做人为假设，预测误差功率为

$$\begin{aligned}\varepsilon(n) &= \sum_{n=1}^{3} e^2(n) = e^2(1) + e^2(2) + e^2(3) \\ &= [4 + 2a(1)]^2 + [1 + 4a(1)]^2 + [3 + a(1)]^2 \\ &= 26 + 30a(1) + 21a^2(1)\end{aligned}$$

令 $\dfrac{\partial \varepsilon(n)}{\partial a(1)} = 0$，得

$$30 + 42a(1) = 0$$

所以

$$a(1) = -0.714$$

2.4 MA 模型法谱估计

2.4.1 MA 模型的正则方程

可以直接由 MA 模型的时域表达式和自相关函数的定义建立 MA 模型的正则方程。

q 阶 MA 模型的系统函数为

$$H(z) = G(1 + \sum_{i=1}^{q} b_i z^{-i})$$

如前所述，如果用方差为 σ_w^2 的白噪声 $w(n)$ 激励该模型，则可以将上式中的 G 取为 1，于是 q 阶 MA 模型的系统函数可以表示为

$$H(z) = 1 + \sum_{i=1}^{q} b_i z^{-i} \tag{2.4.1}$$

相应的时域表达式为

$$x(n) = w(n) + \sum_{i=1}^{q} b_i w(n-i) \tag{2.4.2}$$

由式（2.4.2）和自相关函数的定义，有

$$\begin{aligned}R_x(m) &= \mathrm{E}[x(n)x(n+m)] \\ &= \mathrm{E}\{x(n)[w(n+m) + \sum_{i=1}^{q} b_i w(n+m-i)]\}\end{aligned}$$

$$= \mathrm{E}[x(n)w(n+m)] + \sum_{i=1}^{q} b_i \mathrm{E}[x(n)w(n+m-i)]$$

$$= R_{xw}(m) + \sum_{i=1}^{q} b_i R_{xw}(m-i)$$

即

$$R_x(m) = \sum_{i=0}^{q} b_i R_{xw}(m-i), \quad b_0 = 1 \tag{2.4.3}$$

其中

$$\begin{aligned} R_{xw}(m-i) &= \mathrm{E}[x(n)w(n+m-i)] \\ &= \mathrm{E}\{[\sum_{k=0}^{\infty} h(k)w(n-k)]w(n+m-i)\} \\ &= \sum_{k=0}^{\infty} h(k)R_w(m-i+k) \\ &= \sum_{k=0}^{\infty} h(k)\sigma_w^2 \delta(m-i+k) \\ &= \sigma_w^2 h(i-m) \end{aligned} \tag{2.4.4}$$

其中 $h(i)$ 为 q 阶 MA 模型的单位脉冲响应。将式（2.4.4）代入式（2.4.3），得

$$R_x(m) = \sum_{i=0}^{q} b(i)\sigma_w^2 h(i-m) \tag{2.4.5}$$

对因果系统，当 $i-m<0$ 时，恒有 $h(i-m)=0$，可以将式（2.4.5）写成

$$R_x(m) = \sum_{i=m}^{q} b(i)\sigma_w^2 h(i-m) \tag{2.4.6}$$

又

$$H(z) = \sum_{i=0}^{q} h(i)z^{-i}$$

根据式（2.4.1）可以看出，对 MA 模型有

$$h(i) = b(i)$$

于是式（2.4.6）成为

$$R_x(m) = \sum_{i=m}^{q} b(i)\sigma_w^2 b(i-m)$$

令 $i-m=k$，得

$$R_x(m) = \sigma_w^2 \sum_{k=0}^{q-m} b(k+m)b(k), \quad m=0,1,\cdots,q \tag{2.4.7}$$

当 $m>q$ 时，对 $i=0,1,\cdots,q$ 有 $i-m<0$，对因果系统有 $h(i-m)=0$，由式（2.4.5）可得

$$R_x(m) = 0, \qquad m>q \tag{2.4.8}$$

综合式（2.4.7）和式（2.4.8），可得 q 阶 MA 模型的正则方程

$$R_x(m)=\begin{cases}\sigma_w^2\sum_{k=0}^{q-m}b(k)b(k+m), & m=0,1,\cdots,q\\ 0, & m>q\end{cases}$$

可以看出，这是非线性方程组，自相关函数与模型系数的关系是非线性的，所以 MA 模型系数的求解要比 AR 模型困难得多。一种比较有效的求解方法是用高阶的 AR 模型近似 MA 模型。

2.4.2 用高阶 AR 模型近似 MA 模型

根据柯尔莫哥洛夫定理，一个有限阶的 MA 过程或 ARMA 过程，可以用一个无限阶的 AR 过程来表示。它们之间的这种关系，为求 MA 模型和 ARMA 模型的参数提供了一个有力的工具。本节以及 2.5.2 节将分别用高阶 AR 模型来近似 MA 模型和 ARMA 模型。

在推求不同模型的参数之间的关系时，关键是令它们的系统函数相同。下面介绍用高阶 AR 模型近似 q 阶 MA 模型的具体步骤。

（1）构造 M 阶 AR 模型

$$H_M(z)=\frac{1}{1+\sum_{i=1}^{M}c_i z^{-i}}=\frac{1}{C(z)} \tag{2.4.9}$$

M 的选取应远大于 q，至少应取为 q 的两倍，即 $M\geqslant 2q$。然后确定 M 阶 AR 模型的参数 $c_i, i=1,2,\cdots,M$。

（2）用 M 阶 AR 模型 $H_M(z)$ 近似 q 阶 MA 模型 $H(z)$，关键是令它们的系统函数相同，即

$$H_M(z)=H(z)=1+\sum_{i=1}^{q}b_i z^{-i}=B(z)$$

由式（2.4.9）可知，上式就是 $\frac{1}{C(z)}=B(z)$，即 $B(z)C(z)=1$。

由 Z 变换的性质（6）可知，Z 域的乘积对应于时域的卷积，于是有

$$b(n)*c(n)=\delta(n)$$

其中 $b(0)=1$，$c(0)=1$。由于存在近似误差，严格地说，上式应写为

$$b(n)*c(n)=e(n)$$

即

$$\sum_{k=0}^{q}b(k)c(n-k)=c(n)+\sum_{k=1}^{q}b(k)c(n-k)=e(n) \tag{2.4.10}$$

式（2.4.10）相当于 q 阶线性预测器，待求的 $b(k)$ 就是 q 阶线性预测器的系数，$b(k)$ 的选取应使预测误差功率最小。

（3）令误差功率 $\rho_{\mathrm{MA}}=\sum_{n=1}^{M}|e(n)|^2$ 相对 $b(1),b(2),\cdots,b(q)$ 为最小，由式（2.4.10）求出使 ρ_{MA} 最小的 MA 参数 $b(1),b(2),\cdots,b(q)$。

综上所述可以看出，MA 参数要通过二次求 AR 参数来确定。一次是求 M 阶 AR 模型 $H_M(z)$ 的参数 $c(1),c(2),\cdots,c(M)$。另一次是利用已求出的 $c(1),c(2),\cdots,c(M)$ 建立式（2.4.10）的线性预测，式（2.4.10）又等效于一个 q 阶的 AR 模型，再一次利用 AR 参数的求解方法，得到 $b(1),b(2),\cdots,b(q)$，而它们就是待求的 q 阶 MA 模型 $H(z)$ 的参数。

例 2.4.1 试证：对 MA(1)过程，一阶预测误差滤波器不能起到白化作用。

证明：用 $e(n)$ 表示一阶预测误差滤波器的输出序列，显然，只要证明 $e(n)$ 的功率谱 $S_e(\mathrm{e}^{\mathrm{j}\omega})$ 不是常数即可。

用 $S_x(\mathrm{e}^{\mathrm{j}\omega})$ 表示 MA(1)过程 $x(n)$ 的功率谱，用 $H(\mathrm{e}^{\mathrm{j}\omega})$ 表示一阶预测误差滤波器的频响，根据式（2.1.1），有

$$S_e(\mathrm{e}^{\mathrm{j}\omega})=S_x(\mathrm{e}^{\mathrm{j}\omega})|H(\mathrm{e}^{\mathrm{j}\omega})|^2=\sigma_w^2|H_{\mathrm{MA}}(\mathrm{e}^{\mathrm{j}\omega})|^2|H(\mathrm{e}^{\mathrm{j}\omega})|^2 \tag{2.4.11}$$

其中 σ_w^2 表示白噪声 $w(n)$ 的方差，$H_{\mathrm{MA}}(\mathrm{e}^{\mathrm{j}\omega})$ 表示 MA(1)模型的频响，如图 2.17 所示。

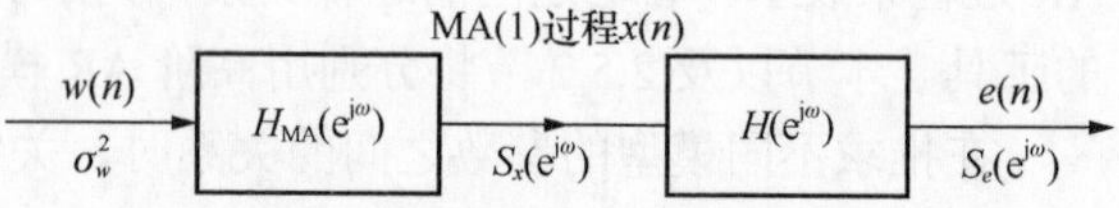

图 2.17 MA 过程通过预测误差滤波器

由式(2.4.11)可以看出，要求得 $S_e(\mathrm{e}^{\mathrm{j}\omega})$，必须先求得 $H_{\mathrm{MA}}(\mathrm{e}^{\mathrm{j}\omega})$ 和 $H(\mathrm{e}^{\mathrm{j}\omega})$。对 MA(1) 模型有

$$H_{\mathrm{MA}}(z)=1+b_1z^{-1}$$

所以

$$H_{\mathrm{MA}}(\mathrm{e}^{\mathrm{j}\omega})=1+b_1\mathrm{e}^{-\mathrm{j}\omega} \tag{2.4.12}$$

一阶预测误差滤波器的系数就是 AR(1)模型的系数 a_1，可以用 AR 模型的尤勒-沃克方程求得。由 $p=1$ 时的尤勒-沃克方程可以解得

$$a_1=-\frac{R_x(1)}{R_x(0)} \tag{2.4.13}$$

其中 $R_x(0)$ 和 $R_x(1)$ 是随机过程 $x(n)$ 的自相关函数。因为 $x(n)$ 是 MA(1)过程，故其自相关函数符合 MA 模型的正则方程。在一阶情况下，正则方程为

$$R_x(m)=\begin{cases}\sigma_w^2\sum_{k=0}^{1-m}b_kb_{k+m}, & m=0,1\\ 0, & m>1\end{cases}$$

可得

$$\begin{cases}R_x(0)=\sigma_w^2\sum_{k=0}^{1}b_k^2\\ R_x(1)=\sigma_w^2b_0b_1\end{cases}$$

将其代入式（2.4.13），得

$$a_1=-\frac{b_0b_1}{b_0^2+b_1^2}=-\frac{b_1}{1+b_1^2}$$

因为预测误差滤波器是 AR 模型的逆滤波，所以一阶预测误差滤波器的系统函数为

$$H(z) = 1 + a_1 z^{-1}$$

$$H(\mathrm{e}^{\mathrm{j}\omega}) = 1 + a_1 \mathrm{e}^{-\mathrm{j}\omega} = 1 - \frac{b_1}{1+b_1^2}\mathrm{e}^{-\mathrm{j}\omega} \tag{2.4.14}$$

将式（2.4.12）和式（2.4.14）代入式（2.4.11），得

$$S_e(\mathrm{e}^{\mathrm{j}\omega}) = \sigma_w^2 \left|1 + b_1 \mathrm{e}^{-\mathrm{j}\omega}\right|^2 \left|1 - \frac{b_1}{1+b_1^2}\mathrm{e}^{-\mathrm{j}\omega}\right|^2$$

可以看出，当且仅当 $b_1 = 0$，即随机过程 $x(n)$ 是白噪声过程时，预测误差序列 $e(n)$ 才是白噪声。也就是说，预测误差滤波器对 MA 过程不能起到白化作用。

2.5　ARMA 模型法谱估计

2.5.1　ARMA 模型的正则方程

考虑最一般的情况，用方差为 σ_w^2 的白噪声 $w(n)$ 激励传递函数 $H(z)$ 为

$$H(z) = G\frac{1+\sum_{i=1}^{q} b_i z^{-i}}{1+\sum_{i=1}^{p} a_i z^{-i}}$$

的 ARMA 模型（$G \neq 1$）。为便于分析，将此式改写为

$$H(z) = \frac{\sum_{i=0}^{q} b_i z^{-i}}{1+\sum_{i=1}^{p} a_i z^{-i}} \tag{2.5.1}$$

其中 $b(0) = G$。注意，上面两式中的 b_i（$i = 1,2,\cdots,q$）是不同的，它们之间相差一个常数 G。由式（2.5.1），可写出相应的时域方程

$$x(n) + \sum_{i=1}^{p} a_i x(n-i) = \sum_{i=0}^{q} b_i w(n-i)$$

即

$$x(n) = -\sum_{i=1}^{p} a_i x(n-i) + \sum_{i=0}^{q} b_i w(n-i) \tag{2.5.2}$$

根据实序列自相关函数的定义以及偶对称性质，可以写出

$$R_x(m) = R_x(-m) = \mathrm{E}[x(n)x(n-m)] \tag{2.5.3}$$

将式（2.5.2）代入式（2.5.3），得

$$\begin{aligned} R_x(m) &= \mathrm{E}\left[\left(-\sum_{i=1}^{p} a_i x(n-i) + \sum_{i=0}^{q} b_i w(n-i)\right)x(n-m)\right] \\ &= -\sum_{i=1}^{p} a_i \mathrm{E}[x(n-i)x(n-m)] + \sum_{i=0}^{q} b_i \mathrm{E}[w(n-i)x(n-m)] \end{aligned}$$

$$= -\sum_{i=1}^{p} a_i R_x(i-m) + \sum_{i=0}^{q} b_i \mathrm{E}[w(n-i)x(n-m)] \tag{2.5.4}$$

下面分两种情况讨论式（2.5.4）的结果。

（1）当 $m > q$ 时，对 $i = 0,1,\cdots,q$ 有 $n-i > n-m$，所以 $w(n-i)$ 是 $(n-m)$ 时刻之后的输入。对因果系统，$x(n-m)$ 取决于 $(n-m)$ 时刻及以前的输入，而与 $(n-m)$ 时刻之后的输入无关。故 $w(n-i)$ 与 $x(n-m)$ 无关，有

$$\mathrm{E}[w(n-i)x(n-m)] = \mathrm{E}[w(n-i)]\mathrm{E}[x(n-m)] = 0$$

将上式代入式（2.5.4），得

$$R_x(m) = -\sum_{i=1}^{p} a_i R_x(i-m) \tag{2.5.5}$$

（2）当 $m \leqslant q$ 时，有

$$\begin{aligned}\mathrm{E}[w(n-i)x(n-m)] &= \mathrm{E}\left\{w(n-i)\left[\sum_{\ell=0}^{\infty} h(\ell)w(n-m-\ell)\right]\right\} \\ &= \sum_{\ell=0}^{\infty} h(\ell)\mathrm{E}[w(n-i)w(n-m-\ell)] \\ &= \sum_{\ell=0}^{\infty} h(\ell)\sigma_w^2 \delta(i-m-\ell) = \sigma_w^2 h(i-m)\end{aligned}$$

所以有

$$\sum_{i=0}^{q} b_i \mathrm{E}[w(n-i)x(n-m)] = \sigma_w^2 \sum_{i=0}^{q} b_i h(i-m)$$

对因果系统，当 $i-m<0$ 时，恒有 $h(i-m)=0$，所以上式可以写为

$$\sum_{i=0}^{q} b_i \mathrm{E}[w(n-i)x(n-m)] = \sigma_w^2 \sum_{i=m}^{q} b_i h(i-m)$$

令 $i-m=k$，上式成为

$$\sum_{i=0}^{q} b_i \mathrm{E}[w(n-i)x(n-m)] = \sigma_w^2 \sum_{k=0}^{q-m} b_{k+m} h(k)$$

将上式代入式（2.5.4），得

$$R_x(m) = -\sum_{i=1}^{p} a_i R_x(i-m) + \sigma_w^2 \sum_{k=0}^{q-m} b_{k+m} h(k) \tag{2.5.6}$$

综合上面两种情况下得到的式（2.5.5）和式（2.5.6），得到 ARMA(p,q)的正则方程

$$R_x(m) = \begin{cases} -\sum_{i=1}^{p} a_i R_x(i-m), & m > q \quad (2.5.7\text{a}) \\ -\sum_{i=1}^{p} a_i R_x(i-m) + \sigma_w^2 \sum_{i=0}^{q-m} b_{i+m} h(i), & m = 0,1,\cdots,q \quad (2.5.7\text{b}) \end{cases}$$

从式（2.5.7）给出的 ARMA(p,q)的正则方程可以看出以下特点。

（1）当 $m > q$ 时，也就是自相关序列的指标高于 MA 的阶数时，有

$$R_x(m) = -\sum_{i=1}^{p} a_i R_x(i-m)$$

即自相关序列呈自回归关系，回归系数就是 AR 参数，回归阶数也是 AR 阶数。

（2）当 $q = 0$ 时，式（2.5.7b）中的 $m = 0,1,\cdots,q$ 就成为 $m = 0$，此时有

$$\sum_{i=o}^{q-m} b_{i+m} h(i) = b_0 h(0)$$

由 Z 变换的性质（4）（初值定理）有

$$h(0) = \lim_{z\to\infty} H(z) = \lim_{z\to\infty} \frac{\sum_{i=0}^{q} b_i z^{-i}}{1+\sum_{i=1}^{p} a_i z^{-i}} = b_0$$

其中 $b_0 = G$。此时式（2.5.7）的方程成为

$$R_x(m) = \begin{cases} -\sum_{i=1}^{p} a_i R_x(i-m), & m = 1,2,\cdots,p \\ -\sum_{i=1}^{p} a_i R_x(i) + \sigma_w^2 G^2, & m = 0 \end{cases}$$

如果在 σ_w^2 和 G 中将 σ_w^2 固定为 1，则上面的方程就成为 AR 模型的尤勒–沃克方程。

2.5.2　用高阶 AR 模型近似 ARMA 模型

由于平稳可逆的 ARMA(p,q)过程与平稳的 AR(∞)过程等价，所以可以用高阶的 AR 模型来近似 ARMA(p,q)模型，将 ARMA(p,q)模型的系统函数表示为

$$H(z) = \frac{1+\sum_{i=1}^{q} b_i z^{-i}}{1+\sum_{i=1}^{p} a_i z^{-i}} = \frac{B(z)}{A(z)}$$

下面介绍用高阶 AR 模型来确定参数 a_i（$i = 1,2,\cdots,p$）以及 b_i（$i = 1,2,\cdots,q$）的具体步骤。

（1）构造 M 阶 AR 模型

$$H_M(z) = \frac{1}{1+\sum_{i=1}^{M} c_i z^{-i}} = \frac{1}{C(z)}$$

取 $M \geqslant p+q$，确定 M 阶 AR 模型的参数 $c_i, i = 1,2,\cdots,M$。

（2）令 $H(z) = H_M(z)$，即

$$\frac{B(z)}{A(z)} = \frac{1}{C(z)}$$

将上式写为

$$B(z)C(z)=A(z)$$

因为Z域的乘积对应时域的卷积，于是有

$$\sum_{k=0}^{q}b(k)c(n-k)=\begin{cases}a(n), & n=0,1,\cdots,p \quad (2.5.8a)\\ 0, & n=p+1,p+2,\cdots,p+q \quad (2.5.8b)\end{cases}$$

先由式（2.5.8b）求参数 $b_i, i=1,2,\cdots,q$ 。将式（2.5.8b）写为

$$b(0)c(n)+\sum_{k=1}^{q}b(k)c(n-k)=0$$

其中 $b(0)=1$，有

$$\sum_{k=1}^{q}b(k)c(n-k)=-c(n)\text{，}\quad n=p+1,p+2,\cdots,p+q$$

分别令 $n=p+1,p+2,\cdots,p+q$，并写成矩阵形式

$$\begin{bmatrix} c(p) & c(p-1) & \cdots & c(p+1-q)\\ c(p+1) & c(p) & \cdots & c(p-q)\\ \vdots & \vdots & \ddots & \vdots\\ c(p+q-1) & c(p+q-2) & \cdots & c(p)\end{bmatrix}\begin{bmatrix} b(1)\\ b(2)\\ \vdots\\ b(q)\end{bmatrix}=-\begin{bmatrix} c(p+1)\\ c(p+2)\\ \vdots\\ c(p+q)\end{bmatrix}$$

这是 M 维线性方程组，利用步骤（1）中求出的 M 阶 AR 模型的参数 $c(1),c(2),\cdots,c(p+q)$，可求出 $b(1),b(2),\cdots,b(q)$。

（3）将已求得的 c_i 和 b_i 代入式（2.5.8a），可以解出 $a(1),a(2),\cdots,a(p)$ 。

例 2.5.1 用 AR(∞)表示 ARMA(1,1)。

解：将ARMA(1,1)的系统函数表示为

$$H(z)=\frac{1+b_1z^{-1}}{1+a_1z^{-1}}=\frac{B(z)}{A(z)}$$

（1）构造∞阶 AR 模型

$$H_\infty(z)=\frac{1}{1+\sum_{i=1}^{\infty}c_iz^{-i}}=\frac{1}{C(z)}$$

（2）令 $H(z)=H_\infty(z)$，即 $B(z)C(z)=A(z)$，有

$$\sum_{k=0}^{1}b(k)c(n-k)=\begin{cases}a(n), & n=0,1 \quad (2.5.9a)\\ 0, & n=2,3,\cdots \quad (2.5.9b)\end{cases}$$

其中 $a(0)=1$，$b(0)=1$，$c(0)=1$。

（3）将 $n=2$ 代入式（2.5.9b），有

$$b(0)c(2)+b(1)c(1)=0$$

可得

$$b(1) = -\frac{c(2)}{c(1)} \tag{2.5.10}$$

（4）将 $n=1$ 代入式（2.5.9a），有

$$b(0)c(1) + b(1)c(0) = a(1)$$

可得

$$a(1) = c(1) + b(1) = c(1) - \frac{c(2)}{c(1)} \tag{2.5.11}$$

所以，用 AR(∞)表示的 ARMA(1,1)的系统函数为

$$H(z) = \frac{1 - \frac{c_2}{c_1} z^{-1}}{1 + (c_1 - \frac{c_2}{c_1}) z^{-1}}$$

其中 c_1 和 c_2 为 AR(∞)的参数。

下面对例 2.5.1 做进一步讨论。

如果例 2.5.1 的要求改为“试求 AR(∞)模型参数与 ARMA(1,1)模型参数之间的关系式”，式（2.5.10）和式（2.5.11）表示的解就不够全面。因为 AR(∞)的参数 c_i ($i = 1,2,\cdots$)有无穷多个，最后得到的结果应能反映出 AR(∞)的所有参数与 ARMA(1,1)的参数 a_1、b_1 之间的关系。在这种要求下，可采用如下解法。

令 $H(z) = H_\infty(z)$，即

$$C(z) = \frac{A(z)}{B(z)} = \frac{1 + a_1 z^{-1}}{1 + b_1 z^{-1}}$$

应用长除法，将分子多项式与分母多项式直接相除，可得

$$\begin{aligned} C(z) &= 1 + (a_1 - b_1) z^{-1} - b_1 (a_1 - b_1) z^{-2} + b_1^2 (a_1 - b_1) z^{-3} - \cdots \\ &= 1 + \sum_{i=1}^{\infty} (a_1 - b_1)(-b_1)^{i-1} z^{-i} \end{aligned}$$

又 $C(z) = 1 + \sum_{i=1}^{\infty} c_i z^{-i}$，所以有

$$c_i = \begin{cases} 1, & i = 0 \\ (a_1 - b_1)(-b_1)^{i-1}, & i > 0 \end{cases} \tag{2.5.12}$$

式（2.5.12）给出的解全面反映了 AR(∞)的所有参数 c_i 与 ARMA(1,1)的参数 a_1、b_1 之间的关系，是本题的正确答案。式（2.5.10）和式（2.5.11）表示的关系也包含在式（2.5.12）中。将 $i=1$ 和 $i=2$ 分别代入式（2.5.12），可得

$$\begin{cases} c_1 = (a_1 - b_1) \\ c_2 = (a_1 - b_1)(-b_1) \end{cases}$$

由此方程组可以解出

$$\begin{cases} a_1 = c_1 - \dfrac{c_2}{c_1} \\ b_1 = -\dfrac{c_2}{c_1} \end{cases}$$

如果要求用 M 阶 AR 模型近似 ARMA(1,1)模型，则 M 的选择应该使 $c_{M+1} \approx 0$，或等效地使 $(b_1)^M \approx 0$（式（2.5.12））。对因果稳定的可逆模型，ARMA(1,1)的零、极点都在单位圆内，零点 b_1 的值小于 1。因此，只要 M 的值足够大，就可以使 $(b_1)^M \approx 0$。显然，当 ARMA(1,1)模型的零点接近单位圆时（对应有深谷的情况），$(b_1)^M$ 衰减较慢，此时需要一个很高阶的 AR 模型才能近似该 ARMA 模型。

用类似的方法，可以将 ARMA(1,1) 模型表示成一个无穷阶的 MA 模型。令

$$H_\infty(z) = 1 + \sum_{i=1}^{\infty} d_i z^{-i} = D(z)$$

容易证明

$$d_i = \begin{cases} 1, & i = 0 \\ (b_1 - a_1)(-a_1)^{i-1}, & i > 0 \end{cases} \tag{2.5.13}$$

式中的 d_i 是 MA(∞)模型的参数。

如果要求用 M 阶 MA 模型近似 ARMA(1,1)模型，则 M 的选择应该使 $d_{M+1} \approx 0$，或等效地使 $(a_1)^M \approx 0$（式（2.5.13））。同样，只要 M 的值足够大，就可以使 $(a_1)^M \approx 0$。当 ARMA(1,1)模型的极点接近单位圆时（对应有锐峰的情况），$(a_1)^M$ 衰减较慢，此时需要一个很高阶的 MA 模型才能近似该 ARMA 模型。

例 2.5.2 已知平稳可逆（最小相位）的 ARMA 模型

$$H(z) = \frac{B(z)}{A(z)} = \frac{1 - 0.4z^{-1}}{1 + 0.7z^{-1}}$$

试用计算结果说明，可用高阶 AR 模型近似此 ARMA 模型。

解：设与其等效的 AR 模型为 $H'(z) = \dfrac{1}{A'(z)}$，令 $H'(z) = H(z)$，即

$$A'(z) = \frac{A(z)}{B(z)} = \frac{1 + 0.7z^{-1}}{1 - 0.4z^{-1}}$$

将分子多项式与分母多项式直接相除，得

$$A'(z) = 1 + 1.1z^{-1} + 0.4z^{-2} + 0.176z^{-3} + 0.0704z^{-4} + \cdots$$

$A'(z)$ 为无限、收敛的幂级数形式，相应地，$H'(z)$ 为无穷阶 AR 模型，且模型的参数 a_i' 按下式递减：

$$|a_{i+1}'| = 0.4 \times |a_i'|, \qquad i \geqslant 1$$

对递减的阶数，可以在合适的有限阶处截断。所以，可以用截断后的高阶 AR 模型近似此 ARMA 模型。

对此题进一步讨论如下。

如果是平稳不可逆（非最小相位）的 ARMA 模型 $H(z)=\dfrac{B(z)}{A(z)}=\dfrac{1+1.5z^{-1}}{1+0.7z^{-1}}$，却依然用等效的 AR 模型来研究，那么该 AR 模型将具有无限、发散的幂级数形式。

设等效的 AR 模型为 $H'(z)=\dfrac{1}{A'(z)}$，令 $H'(z)=H(z)$，即

$$A'(z)=\frac{A(z)}{B(z)}=\frac{1+0.7z^{-1}}{1+1.5z^{-1}}$$

将分子多项式与分母多项式直接相除，得

$$A'(z)=1-0.8z^{-1}+1.2z^{-2}-1.8z^{-3}+2.7z^{-4}-4.05z^{-5}+\cdots$$

$A'(z)$ 为无限、发散的幂级数形式，此 AR 模型的参数 a_i' 按下式递增：

$$|a_{i+1}'|=1.5\times|a_i'|,\qquad i\geqslant 1$$

所以，此等效的 AR 模型是不可辨识的。

2.6　基于矩阵特征分解的谱估计

AR 模型谱对正弦信号的数据检测效果并不理想，主要体现在以下两个方面。

（1）谱线位置对正弦信号的初相位有很强的依赖性（改进协方差法优于伯格算法）。这种依赖性随着样本数据长度增加会有所下降。

（2）对于低信噪比情况，估计谱会出现谱线分裂、谱峰偏移、产生伪峰等问题。即使采用改进协方差法，AR 模型谱也很难准确估计出淹没在噪声中的正弦波的频率。

而白噪声中正弦组合是最常见的随机过程，估计淹没在噪声中的正弦波的频率是信号处理中最有实际应用价值的技术之一，也是测试所有谱估计性能的基础。

下面讨论用特征分解法对白噪声中的多正弦波频率进行估计。

特征分解技术的主要思想是，把数据自相关矩阵中的信息空间分成两个子空间，即信号子空间和噪声子空间，根据这两个子空间中的函数在正弦波频率上的特点来估计正弦波的频率。

2.6.1　相关矩阵的特征分解

设有 M 个复正弦信号

$$s_i(n)=A_i\mathrm{e}^{\mathrm{j}(\omega_i n+\varphi_i)},\qquad i=1,2,\cdots,M \tag{2.6.1}$$

它们与加性复白噪声 $w(n)$ 构成一个平稳随机过程。其一次实现的 N 个取样数据为

$$x(n)=\sum_{i=1}^{M}A_i\mathrm{e}^{\mathrm{j}(\omega_i n+\varphi_i)}+w(n),\quad n=0,1,\cdots,N-1 \tag{2.6.2}$$

式（2.6.2）中，正弦波振幅 A_i 和频率 ω_i 为常量，初相位 φ_i 是在 $[0,2\pi)$ 内均匀分布的独立随机变量；白噪声 $w(n)$ 的均值为 0，方差为 σ_w^2。根据式（1.2.25）和式（1.2.31），可知数据序列 $x(n)$

的自相关函数为

$$R_x(m)=R_s(m)+R_w(m)=\sum_{i=1}^{M}A_i^2\mathrm{e}^{\mathrm{j}\omega_i m}+\sigma_w^2\delta(m),\quad m=0,1,\cdots,N-1$$

用 $\boldsymbol{x}$ 表示 $x(n)$ 的 N 个数据构成的向量，即

$$\boldsymbol{x}=[x(0)\quad x(1)\quad\cdots\quad x(N-1)]^{\mathrm{T}}$$

用 $\boldsymbol{R}_x$ 表示数据自相关矩阵，则

$$\begin{aligned}\boldsymbol{R}_x=\mathrm{E}[\boldsymbol{x}\boldsymbol{x}^{\mathrm{H}}]&=\mathrm{E}\left\{\begin{bmatrix}x(0)\\x(1)\\\vdots\\x(N-1)\end{bmatrix}\begin{bmatrix}x^*(0) & x^*(1) & \cdots & x^*(N-1)\end{bmatrix}\right\}\\&=\mathrm{E}\begin{bmatrix}x(0)x^*(0) & x(0)x^*(1) & \cdots & x(0)x^*(N-1)\\x(1)x^*(0) & x(1)x^*(1) & \cdots & x(1)x^*(N-1)\\\vdots & \vdots & \ddots & \vdots\\x(N-1)x^*(0) & x(N-1)x^*(1) & \cdots & x(N-1)x^*(N-1)\end{bmatrix}\\&=\begin{bmatrix}R_x(0) & R_x^*(1) & \cdots & R_x^*(N-1)\\R_x(1) & R_x(0) & \cdots & R_x^*(N-2)\\\vdots & \vdots & \ddots & \vdots\\R_x(N-1) & R_x(N-2) & \cdots & R_x(0)\end{bmatrix}\end{aligned}$$

式中，上角标“H”表示共轭转置。前面我们曾接触到对称矩阵，是指与其转置矩阵相等的方阵。与其共轭转置矩阵相等的复矩阵则称为埃尔米特（Hermitian）矩阵，这种对称称为埃尔米特（Hermitian）对称。可以看出，上面的数据自相关矩阵 $\boldsymbol{R}_x$ 是埃尔米特对称的托普利兹矩阵。

用 $\boldsymbol{s}_i$ 表示第 i 个正弦波 $s_i(n)=A_i\mathrm{e}^{\mathrm{j}(\omega_i n+\varphi_i)}$ 的 N 个样值构成的向量，即

$$\boldsymbol{s}_i=[s_i(0)\quad s_i(1)\quad\cdots\quad s_i(N-1)]^{\mathrm{T}}$$

用 $\boldsymbol{w}$ 表示白噪声 $w(n)$ 的 N 个样值构成的向量，即

$$\boldsymbol{w}=[w(0)\quad w(1)\quad\cdots\quad w(N-1)]^{\mathrm{T}}$$

再定义信号向量

$$\boldsymbol{e}_i=[1\quad \mathrm{e}^{\mathrm{j}\omega_i}\quad\cdots\quad \mathrm{e}^{\mathrm{j}(N-1)\omega_i}]^{\mathrm{T}},\quad i=1,2,\cdots,M$$

它表示第 i 个正弦波的频率信息。

由式（2.6.1）和式（2.6.2），有

$$\boldsymbol{s}_i=A_i\mathrm{e}^{\mathrm{j}\varphi_i}\boldsymbol{e}_i$$

$$\boldsymbol{x}=\sum_{i=1}^{M}A_i\mathrm{e}^{\mathrm{j}\varphi_i}\boldsymbol{e}_i+\boldsymbol{w}$$

于是有

$$\boldsymbol{R}_x = \mathrm{E}[\boldsymbol{x}\boldsymbol{x}^{\mathrm{H}}] = \sum_{i=1}^{M} P_i \boldsymbol{e}_i \boldsymbol{e}_i^{\mathrm{H}} + \sigma_w^2 \boldsymbol{I}_{NN} \tag{2.6.3}$$

式（2.6.3）中的 P_i 是第 i 个正弦波的功率，即

$$P_i = A_i^2$$

$\sigma_w^2 \boldsymbol{I}_{NN}$ 是白噪声向量 $\boldsymbol{w}$ 的自相关矩阵，$\boldsymbol{I}_{NN}$ 是 $N \times N$ 维单位矩阵。

将式（2.6.3）表示为

$$\boldsymbol{R}_x = \boldsymbol{R}_s + \boldsymbol{R}_w \tag{2.6.4}$$

式中

$$\boldsymbol{R}_s = \sum_{i=1}^{M} P_i \boldsymbol{e}_i \boldsymbol{e}_i^{\mathrm{H}} \tag{2.6.5}$$

$$\boldsymbol{R}_w = \sigma_w^2 \boldsymbol{I}_{NN} \tag{2.6.6}$$

分别为信号自相关矩阵和噪声自相关矩阵，显然，信号自相关矩阵 $\boldsymbol{R}_s$ 也是埃尔米特对称的托普利兹矩阵。

信号自相关矩阵 $\boldsymbol{R}_s$ 和噪声自相关矩阵 $\boldsymbol{R}_w$ 都是 $N \times N$ 维方阵，秩分别为 M 和 N，即

$$\mathrm{rank}(\boldsymbol{R}_s) = M\ ,\quad \mathrm{rank}(\boldsymbol{R}_w) = N$$

下面对信号自相关矩阵 $\boldsymbol{R}_s$ 进行特征值分解。设 $N \times N$ 维矩阵 $\boldsymbol{R}_s$ 的 N 个特征值及相应的特征向量为 λ_i 和 $\boldsymbol{v}_i$，$i = 1,2,\cdots,N$。则应有

$$\boldsymbol{R}_s \boldsymbol{v}_i = \lambda_i \boldsymbol{v}_i\ ,\qquad i = 1,2,\cdots,N \tag{2.6.7}$$

因为 $\boldsymbol{R}_s$ 是埃尔米特矩阵，即 $\boldsymbol{R}_s^{\mathrm{H}} = \boldsymbol{R}_s$，所以它的不同特征值所对应的特征向量是正交的。假定特征向量 $\boldsymbol{v}_i$ 是已归一化的，即 $\boldsymbol{v}_i^{\mathrm{H}} \boldsymbol{v}_i = 1$，则有

$$\boldsymbol{v}_i^{\mathrm{H}} \boldsymbol{v}_j = \begin{cases} 1, & i = j \\ 0, & i \neq j \end{cases}$$

以 N 个特征向量 $\boldsymbol{v}_i$（$i = 1,2,\cdots,N$）作为列构成矩阵 $\boldsymbol{V}$，即

$$\boldsymbol{V} = [\boldsymbol{v}_1 \quad \boldsymbol{v}_2 \quad \cdots \quad \boldsymbol{v}_N]$$

则 $\boldsymbol{V}$ 是酉矩阵，有 $\boldsymbol{V}^{\mathrm{H}} = \boldsymbol{V}^{-1}$。对信号自相关矩阵 $\boldsymbol{R}_s$ 进行对角化，有

$$\boldsymbol{V}^{\mathrm{H}} \boldsymbol{R}_s \boldsymbol{V} = \boldsymbol{\Lambda} \tag{2.6.8}$$

式中，$\boldsymbol{\Lambda}$ 是以 $\boldsymbol{R}_s$ 的 N 个特征值作为主对角线元素的 $N \times N$ 维对角矩阵，即

$$\boldsymbol{\Lambda} = \mathrm{diag}[\lambda_1 \quad \lambda_2 \quad \cdots \quad \lambda_N]$$

利用 $\boldsymbol{V}^{\mathrm{H}} = \boldsymbol{V}^{-1}$，由式（2.6.8）可得

$$\boldsymbol{R}_s = \boldsymbol{V}\boldsymbol{\Lambda}\boldsymbol{V}^{\mathrm{H}} = \sum_{i=1}^{N} \lambda_i \boldsymbol{v}_i \boldsymbol{v}_i^{\mathrm{H}} \tag{2.6.9}$$

式（2.6.9）称为信号自相关矩阵 $\boldsymbol{R}_s$ 的特征值分解。

由于信号自相关矩阵 $\boldsymbol{R}_s$ 的秩 $M < N$，所以 $\boldsymbol{R}_s$ 的 N 个特征值中只有 M 个特征值非零，有

（$N-M$）个零特征值。于是可以将式（2.6.9）所示的特征值分解表示为

$$\boldsymbol{R}_s = \sum_{i=1}^{M} \lambda_i \boldsymbol{v}_i \boldsymbol{v}_i^{\mathrm{H}} \tag{2.6.10}$$

式（2.6.10）中对应于非零特征值的特征向量$\boldsymbol{v}_1, \boldsymbol{v}_2, \cdots, \boldsymbol{v}_M$称为主特征向量。

对$N \times N$维单位矩阵$\boldsymbol{I}_{NN}$，其N个特征值为$\lambda_i = 1$，$i = 1, 2, \cdots, N$。因为任何向量都可以作为单位矩阵对应于特征值 1 的特征向量，当然信号自相关矩阵$\boldsymbol{R}_s$的特征向量$\boldsymbol{v}_i$（$i = 1, 2, \cdots, N$）也可以作为单位矩阵对应于特征值 1 的特征向量，即

$$\boldsymbol{I}_{NN} \boldsymbol{v}_i = \lambda_i \boldsymbol{v}_i = \boldsymbol{v}_i$$

所以单位矩阵$\boldsymbol{I}_{NN}$的特征值分解为

$$\boldsymbol{I}_{NN} = \sum_{i=1}^{N} \boldsymbol{v}_i \boldsymbol{v}_i^{\mathrm{H}}$$

将上式代入式（2.6.6），可以得到噪声自相关矩阵$\boldsymbol{R}_w$的特征值分解为

$$\boldsymbol{R}_w = \sigma_w^2 \boldsymbol{I}_{NN} = \sigma_w^2 \sum_{i=1}^{N} \boldsymbol{v}_i \boldsymbol{v}_i^{\mathrm{H}} \tag{2.6.11}$$

将式（2.6.10）和式（2.6.11）代入式（2.6.4），可得

$$\begin{aligned} \boldsymbol{R}_x = \boldsymbol{R}_s + \boldsymbol{R}_w &= \sum_{i=1}^{M} \lambda_i \boldsymbol{v}_i \boldsymbol{v}_i^{\mathrm{H}} + \sigma_w^2 \sum_{i=1}^{N} \boldsymbol{v}_i \boldsymbol{v}_i^{\mathrm{H}} \\ &= \sum_{i=1}^{M} (\lambda_i + \sigma_w^2) \boldsymbol{v}_i \boldsymbol{v}_i^{\mathrm{H}} + \sum_{i=M+1}^{N} \sigma_w^2 \boldsymbol{v}_i \boldsymbol{v}_i^{\mathrm{H}} \end{aligned} \tag{2.6.12}$$

这就是说，特征向量$\boldsymbol{v}_{M+1}, \boldsymbol{v}_{M+2}, \cdots, \boldsymbol{v}_N$张成噪声子空间，这些特征向量有相同的特征值$\sigma_w^2$，也就是噪声功率。而主特征向量$\boldsymbol{v}_1, \boldsymbol{v}_2, \cdots, \boldsymbol{v}_M$张成的子空间与由信号向量$\boldsymbol{e}_1, \boldsymbol{e}_2, \cdots, \boldsymbol{e}_M$张成的子空间相同（后面将给出证明），所以说主特征向量$\boldsymbol{v}_1, \boldsymbol{v}_2, \cdots, \boldsymbol{v}_M$张成信号子空间，对应的特征值为$\lambda_1 + \sigma_w^2, \lambda_2 + \sigma_w^2, \cdots, \lambda_M + \sigma_w^2$，它们包含信号和噪声二者的功率，也就是说，白噪声的存在对于无噪声情况下信号子空间的特征值产生了影响。由于$\boldsymbol{R}_x$是埃尔米特矩阵，$\boldsymbol{R}_x$的各特征向量相互正交，所以信号子空间与噪声子空间相互正交。

接下来证明以主特征向量$\boldsymbol{v}_1, \boldsymbol{v}_2, \cdots, \boldsymbol{v}_M$为基向量张成的子空间$\{\boldsymbol{v}_1, \boldsymbol{v}_2, \cdots, \boldsymbol{v}_M\}$与以信号向量$\boldsymbol{e}_1, \boldsymbol{e}_2, \cdots, \boldsymbol{e}_M$为基向量张成的子空间$\{\boldsymbol{e}_1, \boldsymbol{e}_2, \cdots, \boldsymbol{e}_M\}$相同。该证明包含两部分，一是证明空间$\{\boldsymbol{v}_1, \boldsymbol{v}_2, \cdots, \boldsymbol{v}_M\}$中的任一向量可以表示为信号向量$\boldsymbol{e}_1, \boldsymbol{e}_2, \cdots, \boldsymbol{e}_M$的线性组合，二是证明空间$\{\boldsymbol{e}_1, \boldsymbol{e}_2, \cdots, \boldsymbol{e}_M\}$中的任一向量可以表示为主特征向量$\boldsymbol{v}_1, \boldsymbol{v}_2, \cdots, \boldsymbol{v}_M$的线性组合。

证明：设向量$\boldsymbol{x}$是主特征向量张成的子空间中的任一向量，即

$$\boldsymbol{x} \in \{\boldsymbol{v}_1, \boldsymbol{v}_2, \cdots, \boldsymbol{v}_M\}$$

所以向量$\boldsymbol{x}$可以表示为该空间中基向量的线性组合，即

$$\boldsymbol{x} = \sum_{i=1}^{M} a_i \boldsymbol{v}_i \tag{2.6.13}$$

将$\boldsymbol{R}_s = \sum_{j=1}^{M} P_j \boldsymbol{e}_j \boldsymbol{e}_j^{\mathrm{H}}$（式（2.6.5））代入$\boldsymbol{R}_s \boldsymbol{v}_i = \lambda_i \boldsymbol{v}_i$（式（2.6.7）），有

$$\sum_{j=1}^{M} P_j \boldsymbol{e}_j \boldsymbol{e}_j^{\mathrm{H}} \boldsymbol{v}_i = \lambda_i \boldsymbol{v}_i \text{，} \quad i = 1,2,\cdots,M$$

或

$$\boldsymbol{v}_i = \sum_{j=1}^{M} \frac{P_j}{\lambda_i} \boldsymbol{e}_j (\boldsymbol{e}_j^{\mathrm{H}} \boldsymbol{v}_i) \text{，} \quad i = 1,2,\cdots,M$$

上式可以写为

$$\boldsymbol{v}_i = \sum_{j=1}^{M} (\frac{P_j}{\lambda_i} \boldsymbol{e}_j^{\mathrm{H}} \boldsymbol{v}_i) \boldsymbol{e}_j \text{，} \quad i = 1,2,\cdots,M$$

将上式代入式（2.6.13），得

$$\boldsymbol{x} = \sum_{i=1}^{M} a_i \left[\sum_{j=1}^{M} (\frac{P_j}{\lambda_i} \boldsymbol{e}_j^{\mathrm{H}} \boldsymbol{v}_i) \boldsymbol{e}_j \right] = \sum_{j=1}^{M} \left[\sum_{i=1}^{M} (\frac{a_i P_j}{\lambda_i} \boldsymbol{e}_j^{\mathrm{H}} \boldsymbol{v}_i) \right] \boldsymbol{e}_j$$

即子空间$\{\boldsymbol{v}_1, \boldsymbol{v}_2, \cdots, \boldsymbol{v}_M\}$中的任一向量$\boldsymbol{x}$可以表示为信号向量$\boldsymbol{e}_j$（$j = 1,2,\cdots,M$）的线性组合。

与此类似，可以将子空间$\{\boldsymbol{e}_1, \boldsymbol{e}_2, \cdots, \boldsymbol{e}_M\}$中的任一向量表示为主特征向量$\boldsymbol{v}_j$（$j = 1,2,\cdots,M$）的线性组合。

所以，主特征向量张成的子空间与信号向量张成的子空间相同。

根据式（2.6.12）表示的自相关矩阵的特征分解，可以分别在信号子空间和噪声子空间完成谱估计或频率估计。下面介绍基于噪声子空间进行频率估计的两种主要方法。

2.6.2 皮萨伦科谐波分解法

考虑$N = M + 1$的特殊情况，其中N为自相关矩阵的维数，M为数据中的复正弦数。可以证明，$N \times N$维矩阵$\boldsymbol{R}_s$的秩是M，所以，$\boldsymbol{R}_s$的N个特征值中有M个非零特征值，有唯一的零特征值。

设$\boldsymbol{R}_s$的N个特征值为$\{\lambda_1, \lambda_2, \cdots, \lambda_i, \cdots, \lambda_M, 0\}$，相应的特征向量为$\boldsymbol{v}_i$，$\boldsymbol{v}_i$为$N$维向量，可以表示为

$$\boldsymbol{v}_i = [v_i(1) \quad v_i(2) \quad \cdots \quad v_i(N)]^{\mathrm{T}} \text{，} \quad i = 1,2,\cdots,N$$

因为

$$\boldsymbol{R}_x = \boldsymbol{R}_s + \boldsymbol{R}_w = \boldsymbol{R}_s + \sigma_w^2 \boldsymbol{I}_{NN}$$

所以$\boldsymbol{R}_x$的N个特征值为

$$\{\lambda_1 + \sigma_w^2, \lambda_2 + \sigma_w^2, \cdots, \lambda_i + \sigma_w^2, \cdots, \lambda_M + \sigma_w^2, \sigma_w^2\}$$

现考虑$\boldsymbol{R}_x$对应于最小特征值σ_w^2的特征向量$\boldsymbol{v}_{M+1}$，有

$$\boldsymbol{R}_x \boldsymbol{v}_{M+1} = \sigma_w^2 \boldsymbol{v}_{M+1}$$

$$\boldsymbol{R}_s \boldsymbol{v}_{M+1} = \boldsymbol{0} \tag{2.6.14}$$

令$\boldsymbol{E} = [\boldsymbol{e}_1 \quad \boldsymbol{e}_2 \quad \cdots \quad \boldsymbol{e}_i \quad \cdots \quad \boldsymbol{e}_M]$，其中的$\boldsymbol{e}_i$为$N$维信号向量

$$\boldsymbol{e}_i = [1 \quad \mathrm{e}^{\mathrm{j}\omega_i} \quad \cdots \quad \mathrm{e}^{\mathrm{j}(N-1)\omega_i}]^{\mathrm{T}} \text{，} \quad i = 1,2,\cdots,M$$

它表示第 i 个正弦波的频率信息，矩阵 $\boldsymbol{E}$ 为 $N\times M$ 维矩阵。

令 $\boldsymbol{P}=\text{diag}[P_1 \quad P_2 \quad \cdots \quad P_i \quad \cdots \quad P_M]$，其中 P_i 表示第 i 个正弦波的功率 A_i^2，矩阵 $\boldsymbol{P}$ 为 $M\times M$ 维对角矩阵。

根据 $\boldsymbol{R}_s=\sum_{i=1}^{M}P_i\boldsymbol{e}_i\boldsymbol{e}_i^{\mathrm{H}}$，有

$$\boldsymbol{R}_s=\boldsymbol{EPE}^{\mathrm{H}} \tag{2.6.15}$$

将式（2.6.15）代入式（2.6.14），有

$$\boldsymbol{EPE}^{\mathrm{H}}\boldsymbol{v}_{M+1}=\boldsymbol{0}$$

两边左乘 $\boldsymbol{v}_{M+1}^{\mathrm{H}}$，得到

$$\boldsymbol{v}_{M+1}^{\mathrm{H}}\boldsymbol{EPE}^{\mathrm{H}}\boldsymbol{v}_{M+1}=(\boldsymbol{E}^{\mathrm{H}}\boldsymbol{v}_{M+1})^{\mathrm{H}}\boldsymbol{P}(\boldsymbol{E}^{\mathrm{H}}\boldsymbol{v}_{M+1})=0$$

由于 $\boldsymbol{P}$ 是正定的，所以

$$\boldsymbol{E}^{\mathrm{H}}\boldsymbol{v}_{M+1}=\boldsymbol{0}$$

即

$$\boldsymbol{e}_i^{\mathrm{H}}\boldsymbol{v}_{M+1}=0,\quad i=1,2,\cdots,M$$

其中

$$\boldsymbol{e}_i^{\mathrm{H}}=[1 \quad \mathrm{e}^{-\mathrm{j}\omega_i} \quad \cdots \quad \mathrm{e}^{-\mathrm{j}M\omega_i}]$$

于是 $\boldsymbol{e}_i^{\mathrm{H}}\boldsymbol{v}_{M+1}=0$ 写成展开形式就是

$$\sum_{n=0}^{M}v_{M+1}(n+1)\mathrm{e}^{-\mathrm{j}n\omega_i}=0,\quad i=1,2,\cdots,M$$

也就是说，如果给定 $\boldsymbol{R}_x$ 对应于最小特征值的特征向量

$$\boldsymbol{v}_{M+1}=[v_{M+1}(1) \quad v_{M+1}(2) \quad \cdots \quad v_{M+1}(N)]^{\mathrm{T}}$$

就能够求出多项式

$$\sum_{n=0}^{M}v_{M+1}(n+1)z^{-n},\quad z=\mathrm{e}^{\mathrm{j}\omega_i},\quad i=1,2,\cdots,M \tag{2.6.16}$$

位于单位圆上的零点，这些零点的角度就是正弦波的频率。

实际中往往要用自相关矩阵的估计值 $\hat{\boldsymbol{R}}_x$ 代替理论上的自相关矩阵 $\boldsymbol{R}_x$，为了保证估计自相关矩阵 $\hat{\boldsymbol{R}}_x$ 具有理论自相关矩阵 $\boldsymbol{R}_x$ 的性质，特别是保证式（2.6.16）的零点在单位圆上，矩阵 $\hat{\boldsymbol{R}}_x$ 的元素应是用 1.3.4 节中第二种方法估计的自相关函数，即自相关函数 R_x 的有偏估计。

具体应用皮萨伦科谐波分解法时有两个关键问题需要解决：一是确定数据自相关矩阵 $\hat{\boldsymbol{R}}_x$ 的合适维数 N；二是求 $\hat{\boldsymbol{R}}_x$ 对应于最小特征值的特征向量。接下来对这两个问题做简要说明。

（1）确定数据自相关矩阵 $\hat{\boldsymbol{R}}_x$ 的合适维数

在处理实际问题时，通常不知道正弦波的个数 M，即使在测量数据中正弦波的数目不到 M 个，皮萨伦科谐波分解法也会在单位圆上产生 $M=N-1$ 个零点，因此需要确定数据自相关

矩阵 $\hat{\boldsymbol{R}}_x$ 的维数 N。为解决该问题，可以逐步增加 $\hat{\boldsymbol{R}}_x$ 的维数计算最小特征值，如果维数增加前后计算出的最小特征值相等，则增加前的维数就是合适的维数。

（2）求 $\hat{\boldsymbol{R}}_x$ 对应于最小特征值的特征向量

求最小特征值对应的特征向量的经典方法是升幂法，该方法利用理论自相关矩阵 $\boldsymbol{R}_x$ 的托普利兹性，采用升幂法迭代公式求特征向量。记第 k 次迭代值为 $\boldsymbol{v}(k)$，迭代公式为

$$\boldsymbol{v}(k+1)=\boldsymbol{R}_x^{-1}\boldsymbol{v}(k)$$

上面的公式将收敛到 $\boldsymbol{R}_x$ 的最小特征值对应的特征向量。

$\boldsymbol{v}(k)$ 的理想初值是

$$\boldsymbol{v}(0)=[1\quad 1\quad \cdots\quad 1]^{\mathrm{T}}$$

通常只需迭代几次就能求得所需的稳定特征向量 $\boldsymbol{v}$。

综上所述，可以将皮萨伦科谐波分解法的计算步骤总结如下。

（1）由观测数据 $x(n)$ 估计 N 个自相关函数 $\hat{R}_x(m)$，$m=0,1,\cdots,M$。

（2）求 $\hat{\boldsymbol{R}}_x$ 的最小特征值和特征向量。

（3）进行最小特征值判断：如果增加 $\hat{\boldsymbol{R}}_x$ 维数后求得的最小特征值与增加维数前相同，则认为增加维数前的 N 即合适；否则继续增加维数计算最小特征值。

（4）求 $\sum_{n=0}^{M}\boldsymbol{v}_{M+1}(n+1)z^{-n}$ 在单位圆上的零点，确定正弦波频率 ω_i，$i=1,2,\cdots,M$（共 $M=N-1$ 个）。

2.6.3　多信号分类法

因为信号子空间与噪声子空间相互正交，所以信号向量 $\boldsymbol{e}_i$（$i=1,2,\cdots,M$）与噪声子空间的向量 $\boldsymbol{v}_{M+1},\boldsymbol{v}_{M+2},\cdots,\boldsymbol{v}_N$ 都正交，与它们的线性组合也正交，有

$$\boldsymbol{e}_i^{\mathrm{H}}\left(\sum_{j=M+1}^{N}a_j\boldsymbol{v}_j\right)=0,\quad i=1,2,\cdots,M$$

式中 $\boldsymbol{e}_i=[1\quad \mathrm{e}^{\mathrm{j}\omega_i}\quad \cdots\quad \mathrm{e}^{\mathrm{j}(N-1)\omega_i}]^{\mathrm{T}}$，$\omega_i$（$i=1,2,\cdots,M$）为 M 个正弦信号的频率。令

$$\boldsymbol{e}(\omega)=[1\quad \mathrm{e}^{\mathrm{j}\omega}\quad \cdots\quad \mathrm{e}^{\mathrm{j}(N-1)\omega}]^{\mathrm{T}}$$

当 $\boldsymbol{e}(\omega)=\boldsymbol{e}(\omega_i)=[1\quad \mathrm{e}^{\mathrm{j}\omega_i}\quad \cdots\quad \mathrm{e}^{\mathrm{j}(N-1)\omega_i}]^{\mathrm{T}}=\boldsymbol{e}_i$ 时，应有

$$\boldsymbol{e}^{\mathrm{H}}(\omega)\left[\sum_{j=M+1}^{N}a_j\boldsymbol{v}_j\boldsymbol{v}_j^{\mathrm{H}}\right]\boldsymbol{e}(\omega)=0$$

即

$$\sum_{j=M+1}^{N}a_j\left|\boldsymbol{e}^{\mathrm{H}}(\omega)\boldsymbol{v}_j\right|^2=0$$

因此，可以定义一种类似于功率谱的函数：

$$\hat{P}_x(\omega)=\frac{1}{\sum_{j=M+1}^{N}a_j\left|\boldsymbol{e}^{\mathrm{H}}(\omega)\boldsymbol{v}_j\right|^2}$$

若令 $a_j = 1$（$j = M+1, M+2, \cdots, N$），则

$$\hat{P}_x(\omega) = \frac{1}{\sum_{j=M+1}^{N} \left| \boldsymbol{e}^{\mathrm{H}}(\omega)\boldsymbol{v}_j \right|^2} = \frac{1}{\boldsymbol{e}^{\mathrm{H}}(\omega)(\sum_{j=M+1}^{N} \boldsymbol{v}_j \boldsymbol{v}_j^{\mathrm{H}})\boldsymbol{e}(\omega)} \tag{2.6.17}$$

式（2.6.17）取峰值的 M 个 ω 就是 M 个正弦信号频率的估计。理论上，这 M 个 ω 应使式（2.6.17）的函数值为无限大。但由于存在估计误差（特征向量 $\boldsymbol{v}_j$ 是由相关矩阵分解出的，而相关矩阵是由估计得到的），所以 $\hat{P}_x(\omega)$ 为有限值，但呈现尖峰值。也就是说，$\hat{P}_x(\omega)$ 的 M 个最大值所对应的频率就是正弦信号频率的估计。

由于式（2.6.17）定义的函数 $\hat{P}_x(\omega)$ 能够对多个空间信号进行识别（分类），故这种方法称为多信号分类法，简称 MUSIC 法，所得的频率估计称为 MUSIC 估计。

在实际应用中，通常将 ω 划分为数百个等间距的 ω_i，将每个 ω_i 分别代入式（2.6.17）计算 $\hat{P}_x(\omega_i)$，求出所有尖峰值所对应的 ω_i。也就是说，MUSIC 法需要在频率轴上进行全域搜索，所以它的计算量比较大。

2.7 高阶谱及其估计

前面讨论的参数模型法谱估计，是将待分析的随机信号看成由零均值高斯白噪声激励一有理分式模型得到的输出，如图 2.18 所示。分析中涉及以下 3 个假设。

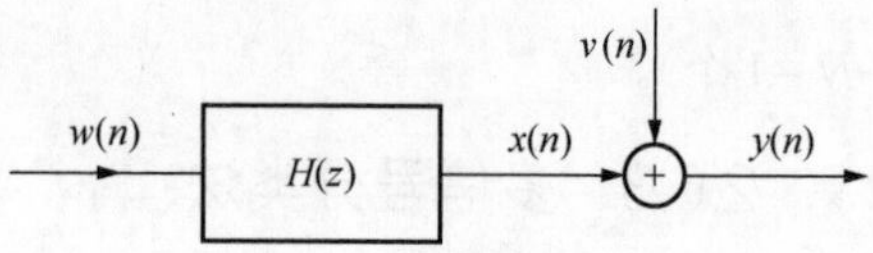

图 2.18 随机信号模型

（1）激励源是高斯白噪声。

（2）模型是最小相位的。

（3）加性测量噪声是高斯白噪声。

在上述假设下，存在以下关系：

$$\begin{cases} S_x(\mathrm{e}^{\mathrm{j}\omega}) = \sigma_w^2 \,|\, H(\mathrm{e}^{\mathrm{j}\omega}) \,|^2 \\ S_y(\mathrm{e}^{\mathrm{j}\omega}) = S_x(\mathrm{e}^{\mathrm{j}\omega}) + \sigma_v^2 \end{cases}$$

其中，σ_v^2 是加性测量噪声的方差。因为 σ_v^2 是常数，不影响信号的谱形状，所以前面的参数模型法谱估计没有考虑加性测量噪声。如果测量噪声是有色噪声，则会影响 $x(n)$ 的谱形状。

但在实际中，经常会出现以下情况。

（1）模型的激励信号是非高斯的。

（2）模型是非最小相位的（有时甚至非线性）。

（3）加性测量噪声是非白的。

这与前面的 3 个假设是不相符合的。

例如，地震数据是 MA 模型信号，可表示为

$$x(n) = \sum_{i=0}^{q} h(i)u(n-i)$$

其中，$h(n)$ 表示有限长的地震子波，它是非最小相位的，且相位信息很重要；$u(n)$ 表示地层的反射系数，它是非高斯白噪声序列。若假设 $h(n)$ 是最小相位的，假设 $u(n)$ 是高斯的，用自

相关函数进行分析，就与实际情况不符合。

再如，水下信号、空间信号等的测量噪声都是有色的高斯噪声。另外，功率谱是盲相的，不含信号的相位信息，对相位信息很重要的应用来说存在局限性。

在以上几种情况下，就需要用高阶谱来分析信号，以便从观测数据中获得相位信息，使上述三个问题得到有效解决。本节主要讨论高阶谱的有关概念，并对其估计方法进行简单介绍。

2.7.1　特征函数与高阶矩

特征函数是研究随机变量分布规律的一个重要工具。设随机变量 x 的概率密度函数为 $f(x)$，则 x 的特征函数定义为

$$\varphi(v)=\mathrm{E}[\exp(\mathrm{j}vx)]=\int_{-\infty}^{\infty}f(x)\mathrm{e}^{\mathrm{j}vx}\mathrm{d}x$$

将特征函数 $\varphi(v)$ 对 v 求 k 阶导数：

$$\varphi^{(k)}(v)=\frac{\mathrm{d}^k\varphi(v)}{\mathrm{d}v^k}=\int_{-\infty}^{+\infty}(\mathrm{j}x)^k f(x)\mathrm{e}^{\mathrm{j}vx}\mathrm{d}x=\mathrm{E}[(\mathrm{j}x)^k\mathrm{e}^{\mathrm{j}vx}]=\mathrm{j}^k\mathrm{E}[x^k\mathrm{e}^{\mathrm{j}vx}]$$

则 x 的 k 阶矩定义为

$$m_{x^k}=\mathrm{E}[x^k]=\mathrm{E}[x^k\mathrm{e}^{\mathrm{j}vx}]|_{v=0}=\frac{\varphi^{(k)}(v)}{\mathrm{j}^k}|_{v=0}$$

即 x 的 k 阶矩为其特征函数 $\varphi(v)$ 的 k 阶导数在 $v=0$ 时的值。

例 2.7.1　考察高斯随机变量 $x(m,\sigma^2)$ 的 k 阶矩。

解： x 的概率密度函数 $f(x)$ 为

$$f(x)=\frac{1}{\sigma\sqrt{2\pi}}\exp[-\frac{(x-m)^2}{2\sigma^2}]$$

其特征函数为

$$\varphi(v)=\exp(\mathrm{j}mv-\frac{1}{2}\sigma^2v^2)$$

所以 x 的 k 阶矩为

$$m_x=\frac{1}{\mathrm{j}}\frac{\mathrm{d}\varphi(v)}{\mathrm{d}v}|_{v=0}=m$$

$$m_{x^2}=\frac{1}{\mathrm{j}^2}\frac{\mathrm{d}^2\varphi(v)}{\mathrm{d}v^2}|_{v=0}=m^2+\sigma^2$$

$$m_{x^3}=\frac{1}{\mathrm{j}^3}\frac{\mathrm{d}^3\varphi(v)}{\mathrm{d}v^3}|_{v=0}=m(m^2+3\sigma^2)$$

高斯随机变量用一阶矩、二阶矩就可完全描述，实际上，零均值高斯随机变量的 k 阶矩 m_{x^k}（或非零均值高斯随机变量的 k 阶中心矩）为

$$m_{x^k}=\mathrm{E}[x^k]=\begin{cases}[1,3,5,\cdots,(k-1)]\sigma^2, & k\text{为偶数}\\ 0, & k\text{为奇数}\end{cases}$$

其高阶矩取决于二阶矩 σ^2。

2.7.2 累量生成函数与高阶累量

将特征函数取对数定义为累量生成函数，即累量生成函数为

$$\psi(v)=\ln\varphi(v)=\ln[\mathrm{E}(\mathrm{e}^{\mathrm{j}vx})]$$

将累量生成函数 $\psi(v)$ 的 k 阶导数在 $v=0$ 时的值称为 x 的 k 阶累量（Cumulant），表示为 C_k，即

$$C_k=\frac{\psi^{(k)}(v)}{\mathrm{j}^k}\bigg|_{v=0}=\frac{\mathrm{d}^k\psi(v)}{\mathrm{j}^k\mathrm{d}v^k}\bigg|_{v=0}=\frac{1}{\mathrm{j}^k}\frac{\mathrm{d}^k}{\mathrm{d}v^k}[\ln\varphi(v)]\bigg|_{v=0}$$

为 x 的 k 阶累量。

例 2.7.2 考察高斯随机变量 $x(m,\sigma^2)$ 的 k 阶累量。

解： x 的概率密度函数 $f(x)$ 为

$$f(x)=\frac{1}{\sigma\sqrt{2\pi}}\exp[-\frac{(x-m)^2}{2\sigma^2}]$$

其特征函数为

$$\varphi(v)=\exp(\mathrm{j}mv-\frac{1}{2}\sigma^2v^2)$$

累量生成函数为

$$\psi(v)=\ln\varphi(v)=\mathrm{j}mv-\frac{1}{2}\sigma^2v^2$$

所以 x 的 k 阶累量为

$$C_1=\frac{\mathrm{d}\psi(v)}{\mathrm{j}\mathrm{d}v}\bigg|_{v=0}=m$$

$$C_2=\frac{\mathrm{d}^2\psi(v)}{\mathrm{j}^2\mathrm{d}v^2}\bigg|_{v=0}=\sigma^2$$

因为高斯随机变量的累量生成函数是 v 的二次函数，所以有

$$C_3=0$$

$$\vdots$$

$$C_k=0\quad(k\geqslant 3)$$

上述结果表明，高斯随机变量二阶以上的累量为 0，即 $C_k=0$（$k\geqslant 3$）。这说明了累量的合理性，因为高斯随机变量二阶以上的矩不提供新的信息。同时也说明，任一随机变量如果与高斯随机变量有相同的二阶矩（一般它们的同阶高阶矩不同），则累量就是它们高阶矩的差值，也就是说，高阶累量可以衡量任一随机变量偏离高斯分布的程度。

2.7.3 高阶累量与高阶矩

1. 随机变量的高阶累量与高阶矩

为了得到随机变量的累量与矩的关系，将 $\mathrm{e}^{\mathrm{j}vx}$ 按幂级数展开：

$$e^{jvx} = 1 + jvx + \frac{(jvx)^2}{2!} + \cdots + \frac{(jvx)^k}{k!} + \cdots$$

将上式代入 $\varphi(v) = E[e^{jvx}] = \int_{-\infty}^{\infty} f(x) e^{jvx} dx$，得特征函数

$$\begin{aligned}\varphi(v) &= \int_{-\infty}^{\infty} f(x)[1 + jvx + \frac{(jvx)^2}{2!} + \cdots + \frac{(jvx)^k}{k!} + \cdots] dx \\ &= 1 + jvE[x] + \frac{(jv)^2}{2!}E[x^2] + \cdots + \frac{(jv)^k}{k!}E[x^k] + \cdots \\ &= 1 + jvm_x + \frac{(jv)^2}{2!} m_{x^2} + \cdots + \frac{(jv)^k}{k!} m_{x^k} + \cdots \end{aligned} \tag{2.7.1}$$

再将累量生成函数 $\psi(v)$ 在 $v=0$ 附近展开成泰勒级数，得

$$\psi(v) = \psi(0) + \sum_{k=1}^{\infty} \frac{\psi^{(k)}(0)}{k!} v^k = 0 + \sum_{k=1}^{\infty} \frac{1}{k!} \cdot \frac{\psi^{(k)}(0)}{j^k} (jv)^k = \sum_{k=1}^{\infty} \frac{C_k}{k!} (jv)^k$$

所以

$$\varphi(v) = e^{\psi(v)} = e^{\sum_{k=1}^{\infty} \frac{C_k}{k!}(jv)^k} \tag{2.7.2}$$

再将式（2.7.2）按幂级数展开，有

$$\varphi(v) = 1 + \sum_{k=1}^{\infty} \frac{C_k}{k!}(jv)^k + \frac{1}{2!}\left[\sum_{k=1}^{\infty} \frac{C_k}{k!}(jv)^k\right]^2 + \cdots + \frac{1}{n!}\left[\sum_{k=1}^{\infty} \frac{C_k}{k!}(jv)^k\right]^n + \cdots \tag{2.7.3}$$

比较两式中 $(jv)^k$ 的同幂次项，可见 k 阶矩 m_{x^k} 与 k 阶累量 C_k 有关，具体为

$$C_1 = m_x = E[x]$$

$$C_2 = m_{x^2} - m_x^2 = E[(x - m_x)^2]$$

$$C_3 = m_{x^3} - 3m_x m_{x^2} + 2m_x^3 = E[(x - m_x)^3]$$

以上关系对 $k \leqslant 3$ 成立，此时 k 阶累量就是 k 阶中心矩，但四阶及更高阶累量与相应的中心矩不存在以上关系。

2．随机过程的高阶累量与高阶矩

随机过程的高阶累量与高阶矩跟前面随机变量的讨论类似，只是用向量代替标量，所用的运算方法和结论都是类似的。

将随机序列 $\{x_1, x_2, \cdots, x_k\}$ 表示为 k 维向量

$$\boldsymbol{x} = [x_1 \ x_2 \ \cdots \ x_k]^T$$

其中 x_i 是随机变量；定义 k 维向量

$$\boldsymbol{v} = [v_1 \ v_2 \ \cdots \ v_k]^T$$

其中的 v_i 是 x_i 的特征函数的自变量。$\boldsymbol{x}$ 的特征函数和累量生成函数分别定义为

$$\varphi(\boldsymbol{v}) = E[\exp(j\boldsymbol{v}^T \boldsymbol{x})]$$

$$\psi(\boldsymbol{v}) = \ln\varphi(\boldsymbol{v}) = \ln\{\mathrm{E}[\exp(\mathrm{j}\boldsymbol{v}^{\mathrm{T}}\boldsymbol{x})]\}$$

$\boldsymbol{x}$ 的 k 阶矩 $m_{x_1,x_2,\cdots,x_k}$ （联合矩）定义为

$$m_{x_1,x_2,\cdots,x_k} = \mathrm{E}[x_1x_2\cdots x_k] = (-\mathrm{j})^k\left[\frac{\partial^k\varphi(v_1,v_2,\cdots,v_k)}{\partial v_1,\partial v_2,\cdots,\partial v_k}\right]_{\boldsymbol{v}=0}$$

$\boldsymbol{x}$ 的 k 阶累量 $C_{x_1,x_2,\cdots,x_k}$ 定义为

$$C_{x_1,x_2,\cdots,x_k} = (-\mathrm{j})^k\left[\frac{\partial^k\psi(v_1,v_2,\cdots,v_k)}{\partial v_1,\partial v_2,\cdots,\partial v_k}\right]_{\boldsymbol{v}=0}$$

采用与前面随机变量类似的阶数展开方法，考虑零均值的情形，可以得到累量与联合矩 $\mathrm{E}[x_1x_2\cdots x_k]$ 的关系如下：

$$C_{x_1} = \mathrm{E}[x_1]$$

$$C_{x_1,x_2} = \mathrm{E}[x_1x_2]$$

$$C_{x_1,x_2,x3} = \mathrm{E}[x_1x_2x_3]$$

同样，从四阶开始，高阶累量与联合矩之间不再存在以上关系。

2.7.4 高阶累量与高阶谱（多谱）

1．平稳随机过程的高阶累量与高阶谱

对于平稳随机过程 $\{x(n)\}$，k 阶累量只与 $(k-1)$ 个时间间隔 m_i（$i=1,2,\cdots,k-1$）有关，记为 $C_{k,x}(m_1,m_2,\cdots,m_{k-1})$。

高阶谱是高阶累量谱的简称，定义为高阶累量的傅里叶变换。设 $\{x(n)\}$ 为平稳随机过程，其 k 阶累量 $C_{k,x}(m_1,m_2,\cdots,m_{k-1})$ 是绝对可和的，则 $\{x(n)\}$ 的 k 阶谱 $S_{k,x}(\omega_1,\omega_2,\cdots,\omega_{k-1})$ 定义为 k 阶累量的 $(k-1)$ 重傅里叶变换，即

$$S_{k,x}(\omega_1,\omega_2,\cdots,\omega_{k\text{-}1}) = \sum_{m_1=-\infty}^{\infty}\sum_{m_2=-\infty}^{\infty}\cdots\sum_{m_{k-1}=-\infty}^{\infty}C_{k,x}(m_1,m_2,\cdots,m_{k-1})\mathrm{e}^{-\mathrm{j}\sum_{i=1}^{k-1}\omega_i m_i}$$

通常将 $k\geqslant 3$ 的 $S_{k,x}(\omega_1,\omega_2,\cdots,\omega_{k-1})$ 称为高阶谱或多谱。

特别地，将三阶谱（$k=3$）$S_{3,x}(\omega_1,\omega_2)$ 称为双谱，将四阶谱（$k=4$）$S_{4,x}(\omega_1,\omega_2,\omega_3)$ 称为三谱。

需要说明以下两点。

（1）因为高斯过程的高阶累量 $(k\geqslant 3)$ 都为 0，所以高阶谱无法用于分析高斯过程，因此，用多谱来分析信号模型时，必须假设激励源为非高斯的。

（2）高阶谱不同于高阶矩谱，高阶矩谱定义为 k 阶（$k\geqslant 3$）矩的 $(k-1)$ 维傅里叶变换。

2．确定性序列的高阶累量与高阶谱

因为模型的单位脉冲响应序列是确定性序列，所以高阶谱分析必然涉及确定性序列的高

阶累量和高阶谱。确定性序列 $\{h(1),h(2),\cdots,h(k)\}$ 的 k 阶累量定义为

$$C_{k,h}(m_1,m_2,\cdots,m_{k-1})=\sum_{n=-\infty}^{\infty}h(n)h(n+m_1)\cdots h(n+m_{k-1})$$

其 k 阶谱为 k 阶累量的 $(k-1)$ 重傅里叶变换，可整理为

$$S_{k,h}(\omega_1,\omega_2,\cdots,\omega_{k-1})=H(\omega_1)H(\omega_2)\cdots H(\omega_{k-1})H(-\sum_{i=1}^{k-1}\omega_i) \tag{2.7.4}$$

下面通过一个 $k=3$ 的例子来说明式（2.7.4）。

例 2.7.3　设信号模型的 $h(n)$ 是能量有限的确定性序列，其傅里叶变换为

$$H(\omega)=\sum_{n=-\infty}^{\infty}h(n)\mathrm{e}^{-\mathrm{j}\omega n}=|H(\omega)|\,\mathrm{e}^{\mathrm{j}\varphi(\omega)}$$

求 $h(n)$ 的双谱（三阶谱）$B_h(\omega_1,\omega_2)$。

解：$h(n)$ 的三阶累量为

$$C_{3,h}(m_1,m_2)=\sum_{n=-\infty}^{\infty}h(n)h(n+m_1)h(n+m_2)$$

其双谱为

$$\begin{aligned}B_h(\omega_1,\omega_2)&=\sum_{m_1=-\infty}^{\infty}\sum_{m_2=-\infty}^{\infty}C_{3,h}(m_1,m_2)\mathrm{e}^{-\mathrm{j}(m_1\omega_1+m_2\omega_2)}\\&=\sum_{m_1=-\infty}^{\infty}\sum_{m_2=-\infty}^{\infty}\sum_{n=-\infty}^{\infty}h(n)h(n+m_1)h(n+m_2)\mathrm{e}^{-\mathrm{j}(m_1\omega_1+m_2\omega_2)}\\&=\left[\sum_{m_1=-\infty}^{\infty}h(n+m_1)\mathrm{e}^{-\mathrm{j}\omega_1(n+m_1)}\right]\left[\sum_{m_2=-\infty}^{\infty}h(n+m_2)\mathrm{e}^{-\mathrm{j}\omega_2(n+m_2)}\right]\left[\sum_{n=-\infty}^{\infty}h(n)\mathrm{e}^{\mathrm{j}(\omega_1+\omega_2)n}\right]\end{aligned}$$

即

$$B_h(\omega_1,\omega_2)=H(\omega_1)H(\omega_2)H(-\omega_1-\omega_2) \tag{2.7.5}$$

或

$$B_h(\omega_1,\omega_2)=H(\omega_1)H(\omega_2)H^*(\omega_1+\omega_2) \tag{2.7.6}$$

式（2.7.4）就是式（2.7.5）的推广。

我们知道，$h(n)$ 的二阶相关函数的傅里叶变换（确定性能量信号的能量谱）可表示为

$$|H(\omega)|^2=H(\omega)H^*(\omega)$$

即表示成频率相同的两个傅里叶分量的乘积，不含相位信息。而双谱是表示成三个傅里叶分量的乘积，其中一个频率等于其他两个频率之和，这使得双谱含有相位信息。

设双谱 $B_h(\omega_1,\omega_2)=|B_h(\omega_1,\omega_2)|\,\mathrm{e}^{\mathrm{j}\psi(\omega_1,\omega_2)}$，根据

$$B_h(\omega_1,\omega_2)=H(\omega_1)H(\omega_2)H^*(\omega_1+\omega_2)$$

和

$$H(\omega)=|H(\omega)|\,\mathrm{e}^{\mathrm{j}\varphi(\omega)}$$

有

$$|B_h(\omega_1,\omega_2)|=|H(\omega_1)|\cdot|H(\omega_2)|\cdot|H(\omega_1,\omega_2)| \tag{2.7.7}$$

$$\psi(\omega_1,\omega_2)=\varphi(\omega_1)+\varphi(\omega_2)-\varphi(\omega_1+\omega_2) \tag{2.7.8}$$

式（2.7.8）表明，双谱包含信号模型的相位信息 $\varphi(\omega)$，但可能与真实相位相差一个线性相移。因为如果 $h'(n)=h(n+M)$（M 为常数），则有

$$B_{h'}(\omega_1,\omega_2)=B_h(\omega_1,\omega_2)$$

但

$$H'(\omega)=H(\omega)\mathrm{e}^{\mathrm{j}\omega M}=|H(\omega)|\mathrm{e}^{\mathrm{j}\varphi(\omega)}\mathrm{e}^{\mathrm{j}\omega M}$$

二者相差线性相移 ωM 。

例 2.7.4 已知两确定性序列 $x_1(n)$ 、$x_2(n)$ 的频谱分别为

$$X_1(\omega)=\frac{1}{2}[\delta(\omega+\omega_0)+\delta(\omega-\omega_0)]$$

$$X_2(\omega)=A\delta(\omega)+\frac{1}{2}[\delta(\omega+\omega_0)+\delta(\omega-\omega_0)]$$

求它们的双谱 $B_{x_1}(\omega_1,\omega_2)$ 和 $B_{x_2}(\omega_1,\omega_2)$ 。

解：根据式（2.7.6），有

$$B_{x_1}(\omega_1,\omega_2)=X_1(\omega_1)X_1(\omega_2)X_1^*(\omega_1+\omega_2)$$

因为只有当 $\omega=\pm\omega_0$ 时 $X_1(\omega)$ 才非零，可见 $x_1(n)$ 的双谱 $B_{x_1}(\omega_1,\omega_2)$ 只在 $\omega_1=\pm\omega_0$、$\omega_2=\pm\omega_0$、$\omega_1+\omega_2=\pm\omega_0$ 的公共交点上才有非零值。但这三组直线没有公共交点，如图 2.19 所示。所以 $x_1(n)$ 的双谱为

$$B_{x_1}(\omega_1,\omega_2)=0$$

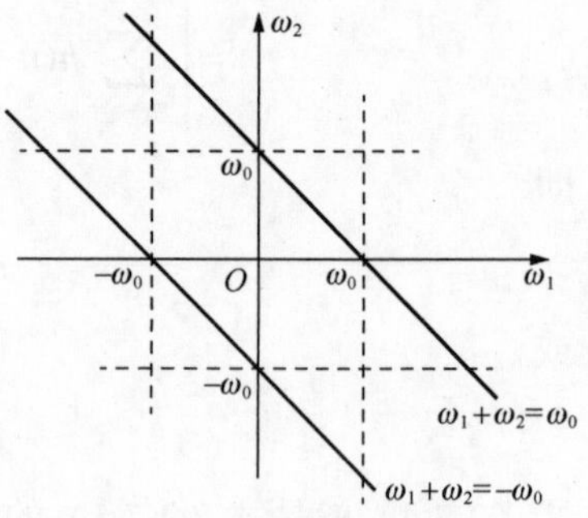

图 2.19 双谱的(ω_1,ω_2)平面（1）

同理

$$B_{x_2}(\omega_1,\omega_2)=X_2(\omega_1)X_2(\omega_2)X_2^*(\omega_1+\omega_2)$$

因为当 $\omega=0$ 或 $\omega=\pm\omega_0$ 时 $X_2(\omega)$ 非零，这时每组直线变成 3 根，三组直线共有 7 个公共交点，如图 2.20 所示。所以 $x_2(n)$ 的双谱为

$$B_{x_2}(\omega_1,\omega_2)=\begin{cases}A^3, & (\omega_1,\omega_2)=(0,0)\\ \dfrac{A}{4}, & (\omega_1,\omega_2)=(\pm\omega_0,0),(0,\pm\omega_0),(-\omega_0,\omega_0),(\omega_0,-\omega_0)\\ 0, & 其他\end{cases}$$

比较 $X_1(\omega)$ 和 $X_2(\omega)$ 可以看出，$x_2(n)$ 中含有直流成分（ $\omega=0$ ）。此例说明，通过分析数据的双谱，可以了解一个系统输出中有无直流成分。

实际上，双谱还可以显示系统是不是非线性的。若系统具有非线性，输出将含有高次谐波，如 $\cos 2\omega_0 t$ 等。若 $X(\omega)$ 含有 $\delta(\omega\pm\omega_0)$ 和 $\delta(\omega\pm2\omega_0)$ ，则每组直线将有 4 根，它们有 6 个

公共交点，如图2.21所示。利用这个特点可监测机械系统是否发生损坏而产生了高次谐波振动。

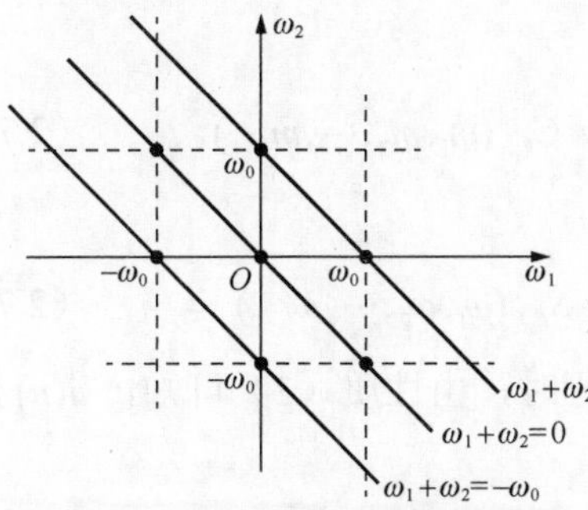

图2.20 双谱的(ω_1, ω_2)平面（2）

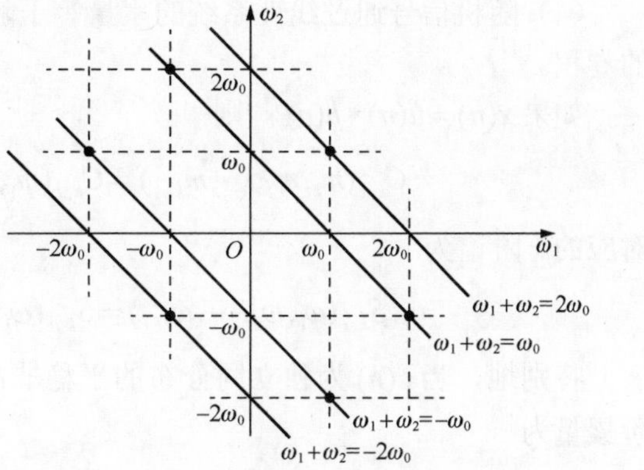

图2.21 双谱的(ω_1, ω_2)平面（3）

2.7.5 高阶累量和多谱的性质

高阶累量和多谱的性质分析如下。

（1）累量具有对称性。

随机变量序列$\{x_1, x_2, \cdots, x_k\}$的元素任意排列后，其累量不变。高阶谱具有与之相似的对称性。

（2）相互独立的两随机序列的组合序列其累量为0。

因此，对于一个由具有相同分布的、相互独立的随机变量构成的随机序列（即独立同分布过程）$\{u(n), u(n+m_1), u(n+m_2), \cdots, u(n+m_{k-1})\}$来说，其累量为$\delta$函数，即

$$C_{k,u}(m_1, m_2, \cdots, m_{k-1}) = \gamma_{k,u}\delta_{m_1, m_2, \cdots, m_{k-1}} \tag{2.7.9}$$

式（2.7.9）中，$\gamma_{k,u}$是随机变量$u(n)$的k阶累量，δ函数定义为

$$\delta_{m_1, m_2, \cdots, m_{k-1}} = \begin{cases} 1, & m_1 = m_2 = \cdots = m_{k-1} = 0 \\ 0, & 其他 \end{cases}$$

需要注意的是，式（2.7.9）的性质对高阶矩不成立，这是用累量取代矩的重要原因之一。

（3）高阶谱分析具有抗有色高斯噪声的能力。

考虑图2.22所示的平稳随机信号模型，假设激励输入$u(n)$为独立同分布的平稳非高斯随机过程；系统$h(n)$是稳定的线性系统，但可以非最小相位；加性测量噪声$v(n)$是高斯过程，但可以是有色的，与信号不相关。

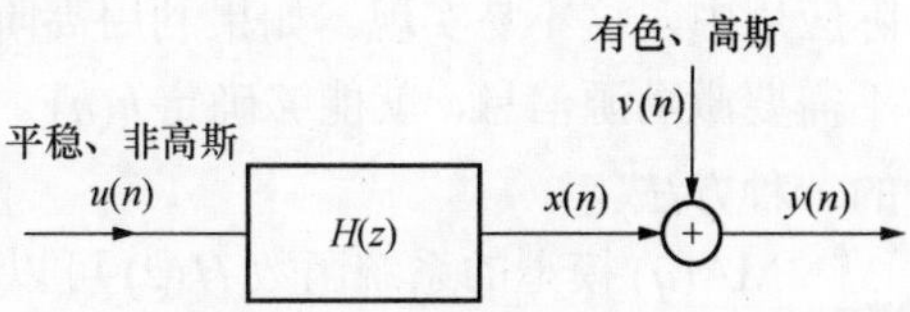

图2.22 平稳随机信号模型

因为高斯过程$v(n)$的高阶累量$C_{k,v}$ $(k \geqslant 3)$为0，所以测量到的平稳随机信号$y(n)$的累量及其多谱分别为

$$C_{k,y}(m_1, m_2, \cdots, m_{k-1}) = C_{k,x}(m_1, m_2, \cdots, m_{k-1})$$

$$S_{k,y}(\omega_1, \omega_2, \cdots, \omega_{k-1}) = S_{k,x}(\omega_1, \omega_2, \cdots, \omega_{k-1})$$

可见，高阶谱分析具有很好的抗有色高斯噪声的能力。该性质是用累量取代矩的又一个重要原因。

（4）随机信号通过线性系统的累量等于随机信号的累量与线性系统单位脉冲响应的累量的卷积。

如果 $x(n)=u(n)*h(n)$，则

$$C_{k,x}(m_1,m_2,\cdots,m_{k-1})=C_{k,u}(m_1,m_2,\cdots,m_{k-1})*C_{k,h}(m_1,m_2,\cdots,m_{k-1}) \tag{2.7.10}$$

对应的 k 阶谱为

$$S_{k,x}(\omega_1,\omega_2,\cdots,\omega_{k-1})=S_{k,u}(\omega_1,\omega_2,\cdots,\omega_{k-1})\cdot S_{k,h}(\omega_1,\omega_2,\cdots,\omega_{k-1}) \tag{2.7.11}$$

特别地，当 $u(n)$ 为独立同分布的平稳非高斯随机过程时，由性质（2）可知，$u(n)$ 的 k 阶累量为

$$C_{k,u}(m_1,m_2,\cdots,m_{k-1})=\gamma_{k,u}\delta_{m_1,m_2,\cdots,m_{k-1}} \tag{2.7.12}$$

将式(2.7.12)代入式(2.7.10)，再用确定性序列 k 阶累量的表达式代替式中的 $C_{k,h}(m_1,m_2,\cdots,m_{k-1})$，可得信号 $x(n)$ 的 k 阶累量为

$$C_{k,x}(m_1,m_2,\cdots,m_{k-1})=\gamma_{k,u}\sum_{n=-\infty}^{\infty}h(n)h(n+m_1)\cdots h(n+m_{k-1}) \tag{2.7.13}$$

其 k 阶谱为

$$S_{k,x}(\omega_1,\omega_2,\cdots,\omega_{k-1})=\gamma_{k,u}H(\omega_1)H(\omega_2)\cdots H(\omega_{k-1})H(-\sum_{i=1}^{k-1}\omega_i) \tag{2.7.14}$$

（5）信号的高阶累量能够确定信号模型的单位脉冲响应。

如果利用高阶累量，仅用模型的输出信号 $x(n)$，就能够确定模型的单位脉冲响应。

前面已经介绍，由输入输出互相关定理，利用输入激励 $u(n)$ 与输出信号 $x(n)$ 的互相关，可以得到信号模型的单位脉冲响应 $h(n)$。也就是说，用方差为 1 的白噪声序列作为激励源 $u(n)$ 输入待测系统，得到一个输出序列 $x(n)$，则有

$$R_{ux}(m)=R_u(m)*h(m)=\delta(m)*h(m)=h(m)$$

显然，基于相关函数确定信号模型的单位脉冲响应 $h(n)$ 需要用到激励源信息。在许多实际应用中，这不易实现。如果利用高阶累量，仅用模型的输出信号 $x(n)$（即观测到的信号），不需要激励源信息，就能够确定 $h(n)$。下面介绍用信号 $x(n)$ 的三阶累量确定 MA(q) 模型参数的一种方法。

MA(q) 模型的系统函数 $H(z)$ 可以表示为

$$H(z)=\sum_{i=0}^{q}b_iz^{-i},\quad b_0=1$$

可以看出，$b_i=h(i)$，MA 模型的参数就是模型的单位脉冲响应。

设输入激励为 $u(n)$，模型的单位脉冲响应为 $h(n)$，输出信号为 $x(n)$，则差分方程为

$$x(n)=\sum_{i=0}^{q}h(i)u(n-i),\quad h(0)=1$$

输出信号 $x(n)$ 的三阶累量为

$$C_{3,x}(m_1,m_2)=\gamma_{3,u}\sum_{i=0}^{\infty}h(i)h(i+m_1)h(i+m_2) \tag{2.7.15}$$

式（2.7.15）成立的条件是，激励输入 $u(n)$ 为独立同分布的平稳非高斯随机过程。将 $m_1=q$、$m_2=k$ 代入式（2.7.15），有

$$C_{3,x}(q,k)=\gamma_{3,u}\sum_{i=0}^{\infty}h(i)h(i+q)h(i+k) \tag{2.7.16}$$

对 q 阶 MA 模型，当 $i>q$ 时，$h(i)=0$，所以 $\sum\limits_{i=0}^{\infty}h(i+q)$ 只有一项非零，即 $i=0$ 项。于是式(2.7.16)成为

$$C_{3,x}(q,k)=\gamma_{3,u}h(0)h(q)h(k) \tag{2.7.17}$$

又 $h(0)=1$，所以

$$C_{3,x}(q,k)=\gamma_{3,u}h(q)h(k) \tag{2.7.18}$$

将 $k=0$ 代入式（2.7.18），有

$$C_{3,x}(q,0)=\gamma_{3,u}h(q)h(0)=\gamma_{3,u}h(q) \tag{2.7.19}$$

将式（2.7.19）代入式（2.7.18），有

$$h(k)=\frac{C_{3,x}(q,k)}{\gamma_{3,u}h(q)}=\frac{C_{3,x}(q,k)}{C_{3,x}(q,0)}$$

上式表明，由输出信号 $x(n)$ 的三阶累量可以确定 MA(q) 模型的单位脉冲响应 $h(n)$，即 MA 模型的参数。

以上分析的是高阶累量及高阶谱的性质和作用，实际中常常需要用合适的估计方法去获得它们的估值，接下来讨论高阶累量及高阶谱的估计方法。

2.7.6　高阶累量和多谱估计

如果信号 $x(n)$ 是由 $u(n)$ 激励信号模型 $h(n)$ 产生的，当 $u(n)$ 为独立同分布的平稳非高斯随机过程时，根据前面的介绍，信号 $x(n)$ 的 k 阶累量为

$$C_{k,x}(m_1,m_2,\cdots,m_{k-1})=\gamma_{k,u}\sum_{n=-\infty}^{\infty}h(n)h(n+m_1)\cdots h(n+m_{k-1})$$

即信号 $x(n)$ 的 k 阶累量可由信号模型的单位脉冲响应 $h(n)$ 来计算。

但在许多实际应用中，信号的累量只能由测量到的有限长数据序列 $\{x_1,x_2,\cdots,x_N\}$ 来估计。

与自相关函数的估计式

$$\hat{R}_x(m)=\frac{1}{N}\sum_{n=0}^{N-1-m}x(n)x(n+m)$$

相类似，也可以用时间平均代替统计平均求得累量 $C_{k,x}$ 的估计 $\hat{C}_{k,x}$，这样获得的累量称为取样累量。例如，均值为 0 的信号 $x(n)$ 的三阶取样累量为

$$\hat{C}_{3,x}(m_1,m_2)=\frac{1}{N_R}\sum_{n\in R}x(n)x(n+m_1)x(n+m_2)$$

N_R 是在区间 R 内的取样数。而二阶累量的估计 $\hat{C}_{2,x}$ 就是式（1.3.10）所示的自相关函数的估计，自相关函数的估计也叫取样自相关。从四阶开始，累量与联合矩的关系复杂。

累量估计的运算量比自相关函数估计大得多，而且估计方差也大，通常采用分段、加窗等平均、平滑技术来减小估计的方差。

对累量的估计 $\hat{C}_{k,x}$ 求傅里叶变换，便得到多谱的估计 $\hat{S}_{k,x}$，这种多谱估计方法称为间接法。

也可以不估计累量，直接利用 FFT 将有限长数据段 $\{x(n)\}$ 变换至频域，得到 $X(\omega)$，然后利用

$$\hat{S}_{k,x}(\omega_1,\omega_2,\cdots,\omega_{k-1})=X(\omega_1)X(\omega_2)\cdots X(\omega_{k-1})X(-\sum_{i=1}^{k-1}\omega_i)$$

得到多谱的估计 $\hat{S}_{k,x}$，这种多谱估计方法称为直接法。

多谱估计的方差较大，仅对较长的观测数据段适用。若采用平均和平滑等方法减小估计方差，其副作用是使分辨率下降，这与功率谱估计中的古典谱估计相类似。

2.7.7　基于高阶累量的模型参数估计

模型参数估计就是根据获得的有限长数据序列，估计随机信号模型的参数。模型可以是 AR 模型、MA 模型和 ARMA 模型，估计它们的参数时，要依据一定的准则。例如，前面讨论的基于自相关函数的模型参数估计问题，就是以 MMSE 准则为最优准则的，估计得到的模型参数仅与信号的自相关函数或功率谱包络匹配，只适合高斯随机信号，因为高斯过程仅用二阶统计量就能够完全描述。上述基于自相关函数的模型参数估计存在着以下几个问题。

（1）若要估计非高斯信号的模型参数，那么仅考虑与自相关函数相匹配，就不可能充分获取隐含在数据中的信息。

（2）基于自相关函数的模型参数估计方法得到的只能是最小相位的模型，反映不出非最小相位信号的特点。

（3）当测量噪声是有色噪声时，基于自相关函数的模型参数估计方法得到的模型参数有较大的误差。

基于高阶累量的模型参数估计方法能够有效地解决上述非高斯、非最小相位、非白三个问题。

就 AR 过程来说，与其功率谱估计相类似，AR 过程的多谱估计也可以用线性预测误差的多谱（不是功率谱）来度量。

如果用前 p 个 $x(n)$ 值做线性预测，即

$$\hat{x}(n)=-\sum_{k=1}^{p}a_k x(n-k)$$

则预测误差为

$$e(n)=x(n)-\hat{x}(n)=\sum_{k=0}^{p}a_k x(n-k)\,,\qquad a_0=1$$

在累量和多谱的性质中介绍过，如果 $x(n)=u(n)*h(n)$，则 $x(n)$ 的 k 阶累量为

$$C_{k,x}(m_1,m_2,\cdots,m_{k-1})=C_{k,u}(m_1,m_2,\cdots,m_{k-1})*C_{k,h}(m_1,m_2,\cdots,m_{k-1})$$

对应的 k 阶谱为

$$S_{k,x}(\omega_1,\omega_2,\cdots,\omega_{k-1}) = S_{k,u}(\omega_1,\omega_2,\cdots,\omega_{k-1}) \cdot S_{k,h}(\omega_1,\omega_2,\cdots,\omega_{k-1})$$

所以，对预测误差滤波器 $A(z)$ 来说，预测误差 $e(n)$ 的多谱为

$$S_{k,e}(\omega_1,\omega_2,\cdots,\omega_{k\text{-}1}) = S_{k,x}(\omega_1,\omega_2,\cdots,\omega_{k\text{-}1})A(\omega_1)A(\omega_2)\cdots A(\omega_{k-1})A(-\sum_{i=1}^{k-1}\omega_i)$$

如果线性预测系数 a_k 能使

$$S_{k,e}(\omega_1,\omega_2,\cdots,\omega_{k-1}) = \gamma_{k,u}$$

则有

$$S_{k,x}(\omega_1,\omega_2,\cdots,\omega_{k-1}) = \frac{\gamma_{k,u}}{A(\omega_1)A(\omega_2)\cdots A(\omega_{k-1})A(-\sum_{i=1}^{k-1}\omega_i)}$$

即 $x(n)$ 是由 $\mathrm{E}[e^k(n)] = \gamma_{k,u}$ 的非正态白噪声激励一个参数为 $\{a_k\}$（$k=1,2,\cdots,p$）的 AR 过程所产生。因此，预测误差的多谱的平坦程度可以作为 AR 过程多谱与实际的多谱接近程度的参量。

至于 MA 模型参数估计，前面高阶累量和多谱的性质（5）介绍的“信号的高阶累量能够确定信号模型的单位脉冲响应”就是方法之一，叫闭合解方法。闭合解方法抗噪声能力差，而且不提供任何关于估计误差和修正方差的信息，因此难以实际使用，但它有理论分析价值。另外还有“线性代数方法”和“非线性优化方法”两类方法，其中前者较为实用，后者因为涉及非线性问题，实现起来比较困难。具体内容不做讨论。

基于累量的 ARMA 模型参数估计方法也有不少，有兴趣的读者可以参阅相关文献。

另外，由于累量含有相位信息，且具有抗有色高斯噪声（测量噪声）的能力，所以基于高阶谱确定模型的阶比基于功率谱要可信。

2.7.8 多谱的应用

多谱已广泛应用于海洋学、地球物理学、生物医学等学科领域，用于声纳信号、天文信号、图像信号、语音信号、雷达信号的处理。

应用多谱的动机大致有如下几点。

（1）从非高斯信号中提取信息

这是基于高阶累量描述了信号与高斯分布的偏离程度。

（2）检测和分析一个系统的非线性特性

这是基于多谱可以显示系统是不是非线性的。事实上，根据多谱的相位与谐波的关系，可检测和分析机械系统、电子系统及一些检测系统，如水下传感器、空间传感器、心电信号传感器、脑电信号传感器等所具有的非线性特性。

（3）从有色高斯测量噪声中提取信号

这是基于多谱对高斯噪声是零响应的，可以较好地从噪声中分离出信号。实际上，水下信号、空间信号等的测量噪声都是有色的高斯噪声，适合使用多谱。

（4）提取非高斯信号的相位信息

这是基于多谱含有信号的相位信息，这对于非最小相位系统的识别和解逆滤波问题十分有效。

第3章 最优滤波

3.1 维纳滤波

3.1.1 概述

设 $s(n)$ 是某平稳随机过程的一个取样序列，该随机过程的自相关函数或功率谱是已知的或能够由 $s(n)$ 估计得到。在传输或测量 $s(n)$ 时，由于存在信道噪声或测量噪声 $v(n)$，使接收或测量到的数据 $x(n)$ 与 $s(n)$ 不同，如果噪声 $v(n)$ 是加性的，则 $x(n)=s(n)+v(n)$。为了从 $x(n)$ 中提取或恢复原始信号 $s(n)$，需要设计一个滤波器对 $x(n)$ 进行滤波，使滤波器的输出 $y(n)$ 尽可能逼近 $s(n)$，成为 $s(n)$ 的最佳估计 $\hat{s}(n)$，即 $y(n)=\hat{s}(n)$。这种滤波器称为最优滤波器。

如果 $s(n)$ 和 $v(n)$ 的谱在频域是分离的，那么设计一个具有恰当频率特性的线性滤波器就能有效地抑制噪声。但实际中的 $v(n)$ 一般都具有近似白噪声的性质，它的功率谱很宽，与信号 $s(n)$ 的谱相互有重叠，这就需要人们去寻求新的滤波方法。维纳滤波器就是解决这一问题的最佳线性滤波器，它根据混有噪声的观测数据 $x(n)$，在最小均方误差准则下，得到对信号 $s(n)$ 的最佳估计 $\hat{s}(n)$。

维纳滤波器是最优滤波器，其最优准则是最小均方误差准则，适用于二阶统计特性不随时间变化的平稳随机过程。

维纳滤波器根据当前和过去的一组观测值 $x(n),x(n-1),\cdots$ 对信号值进行估计，这是一个估计问题。估计问题按照不同情况可以分为以下三类。

（1）滤波（或过滤）

根据当前和过去的观测值 $x(n),x(n-1),\cdots$ 对当前的信号值 $s(n)$ 进行估计，使 $y(n)=\hat{s}(n)$。

（2）预测（或外推）

根据过去的观测值估计当前或未来的信号值，使 $y(n)=\hat{s}(n+N)$，其中 $N\geqslant 0$。

（3）内插（或平滑）

根据过去的观测值估计过去的信号值，使 $y(n)=\hat{s}(n-N)$，其中 $N\geqslant 1$。例如，修补损坏了的数据点。

3.1.2 FIR 维纳滤波器

维纳滤波器是线性移不变系统，设其单位脉冲响应为 $h(n)$，如图 3.1 所示，系统的输入 $x(n)=s(n)+v(n)$ 是混有噪声 $v(n)$ 的观测数据，输出 $y(n)=\hat{s}(n)$ 是对信号 $s(n)$ 的最佳估计，用

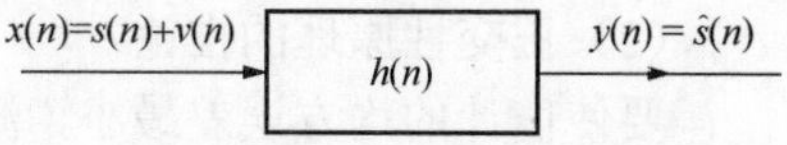

图 3.1 维纳滤波器的输入—输出关系

$e(n)$ 表示估计误差，则 $e(n)=s(n)-\hat{s}(n)$。

$e(n)$ 可能为正，也可能为负，可以看成均值为 0 的随机变量，其方差 $\mathrm{E}[e^2(n)]$ 就是估计的均方误差。设计维纳滤波器的过程就是寻求使

$$\mathrm{E}[e^2(n)]=\mathrm{E}\{[s(n)-\hat{s}(n)]^2\} \tag{3.1.1}$$

最小的滤波器的单位脉冲响应 $h(n)$ 或系统函数 $H(z)$ 的表达式。根据图 3.1，FIR 维纳滤波器的输出为

$$y(n)=\hat{s}(n)=x(n)*h(n)=\sum_{m=0}^{N-1}h(m)x(n-m) \tag{3.1.2}$$

式（3.1.2）中取 $m\geqslant 0$，这是因为一个物理可实现的 $h(n)$ 必须是因果序列，即当 $n<0$ 时，有

$$h(n)=0$$

由式（3.1.2）可以看出，信号 $s(n)$ 的估计值 $\hat{s}(n)$ 是 N 个观测数据的线性组合，组合系数 $h(n)$ 就是待求的维纳滤波器的单位脉冲响应。

为讨论方便，令 $h_i=h(m)$、$x_i=x(n-m)$，于是式（3.1.2）成为

$$\hat{s}(n)=\sum_{i=0}^{N-1}h_i x_i$$

将上式代入式（3.1.1），并用 e 表示 $e(n)$、s 表示 $s(n)$、$\hat{s}$ 表示 $\hat{s}(n)$，有

$$e=\sum_{i=0}^{N-1}h_i x_i-s$$

$$\mathrm{E}[e^2]=\mathrm{E}[(\hat{s}-s)^2]=\mathrm{E}[(\sum_{i=0}^{N-1}h_i x_i-s)^2] \tag{3.1.3}$$

式（3.1.3）为均方误差性能函数表达式。为求出使 $\mathrm{E}[e^2]$ 最小的 { h_i }，$i=0,1,\cdots,N-1$，将上式对各 h_i 求偏导数，并令其等于 0，得

$$\frac{\partial \mathrm{E}[e^2]}{\partial h_i}=\mathrm{E}\left[\frac{\partial (e^2)}{\partial h_i}\right]=2\mathrm{E}\left[e\frac{\partial e}{\partial h_i}\right]=2\mathrm{E}[ex_i]=0\text{，}\quad i=0,1,\cdots,N-1$$

于是可以写出两个等价的方程组：

$$\mathrm{E}[ex_i]=0\text{，}\quad i=0,1,\cdots,N-1 \tag{3.1.4}$$

和

$$\mathrm{E}[(\sum_{j=0}^{N-1}h_j x_j-s)x_i]=0\text{，}\quad i=0,1,\cdots,N-1 \tag{3.1.5}$$

式（3.1.4）或式（3.1.5）称为正交方程。由正交方程可以得到正交性原理及其推论如下。

（1）正交性原理

要使估计的均方误差最小，滤波系数 { h_i } 的选择应使估计误差 e 与所有的观测值 x_i 正交，其中 $i=0,1,\cdots,N-1$。

（2）正交性原理的推论

要使估计的均方误差最小，滤波系数｛h_i｝的选择应使估计误差 e 与估计值 $\hat{s}$（观测值的线性组合）正交，其中 $i=0,1,\cdots,N-1$。

正交性原理也可以用几何图形表示，图 3.2 所示是 $N=2$ 的情况，其他情况可以由此推广。

图 3.2 中的 x_0 和 x_1 表示观测数据，用 x_0 和 x_1 的线性组合 $\hat{s}=h_0x_0+h_1x_1$ 作为 s 的估计，当且仅当 $e=s-\hat{s}$ 垂直于 x_0 和 x_1 时，e 的长度最短。当然，e 垂直于 x_0 和 x_1 时必然垂直于它们的线性组合 $\hat{s}$，因为 $\hat{s}$ 在 x_0 和 x_1 共有的平面中。

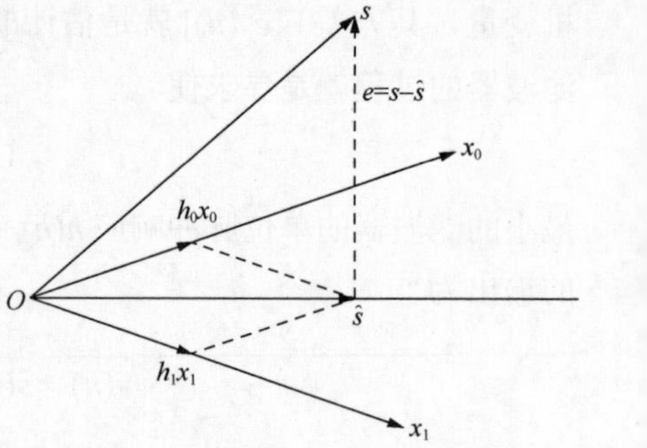

图 3.2　正交性原理的几何表示

由上面的讨论可以看出，满足正交性原理与满足最小均方误差的条件是等价的，图 3.2 中满足正交性原理的 $\hat{s}$ 就是满足最小均方误差的估计值。因此，可以从式（3.1.5）解出最佳单位脉冲响应。

令 $\mathrm{E}[x_ix_j]=R_{ij}$，$\mathrm{E}[sx_i]=R_{sx_i}$，则式（3.1.5）可以写为

$$\sum_{j=0}^{N-1}h_j\mathrm{E}[x_jx_i]-\mathrm{E}[sx_i]=0\,,\qquad i=0,1,\cdots,N-1$$

即

$$\sum_{j=0}^{N-1}h_jR_{ij}=R_{sx_i}\,,\qquad i=0,1,\cdots,N-1$$

此式称为维纳-霍普夫（Wiener-Hopf）方程，它反映了相关函数与最佳单位脉冲响应之间的关系。

将 $i=0,1,\cdots,N-1$ 分别代入上式，可得 N 个方程组成的线性方程组：

$$\begin{aligned}
i&=0\,, & h_0R_{0,0}+h_1R_{0,1}+h_2R_{0,2}+\cdots+h_{N-1}R_{0,N-1}&=R_{sx_0}\\
i&=1\,, & h_0R_{1,0}+h_1R_{1,1}+h_2R_{1,2}+\cdots+h_{N-1}R_{1,N-1}&=R_{sx_1}\\
&\vdots & &\vdots\\
i&=N-1\,, & h_0R_{N-1,0}+h_1R_{N-1,1}+h_2R_{N-1,2}+\cdots+h_{N-1}R_{N-1,N-1}&=R_{sx_{N-1}}
\end{aligned}$$

如果将方程组的系数矩阵用 $\boldsymbol{R}$ 表示，即

$$\boldsymbol{R}=\begin{bmatrix}R_{0,0} & R_{0,1} & \cdots & R_{0,N-1}\\ R_{1,0} & R_{1,1} & \cdots & R_{1,N-1}\\ \vdots & \vdots & \ddots & \vdots\\ R_{N-1,0} & R_{N-1,1} & \cdots & R_{N-1,N-1}\end{bmatrix}$$

再分别令

$$\boldsymbol{h}=[h_0\quad h_1\quad\cdots\quad h_{N-1}]^{\mathrm{T}}$$

$$\boldsymbol{p}=[R_{sx_0}\quad R_{sx_1}\quad\cdots\quad R_{sx_{N-1}}]^{\mathrm{T}}$$

式中的上标“T”表示转置。则可将维纳-霍普夫方程用矩阵形式表示为

$$\boldsymbol{Rh}=\boldsymbol{p} \tag{3.1.6}$$

其中 $\boldsymbol{R}$ 称为 $x(n)$ 的自相关矩阵，$\boldsymbol{p}$ 称为 $s(n)$ 与 $x(n)$ 的互相关向量。由式（3.1.6）可以解出最佳单位脉冲响应为

$$\boldsymbol{h}_{\text{opt}}=\boldsymbol{R}^{-1}\boldsymbol{p} \tag{3.1.7}$$

如果对方程中用到的相关函数先验已知，就可以解出最佳单位脉冲响应，从而完成维纳滤波器的设计。

例 3.1.1 信号 $x(n)$ 的自相关序列为 $R_x(m)=0.8^{|m|}$，另一方差为 0.45 的零均值白噪声 $w(n)$ 与其叠加在一起，已知 $x(n)$ 与 $w(n)$ 统计独立。试设计一长度为 3 的 FIR 滤波器 $\{h(0),h(1),h(2)\}$ 来处理这一混合信号，使其输出 $y(n)$ 满足 $\mathrm{E}\{[y(n)-x(n)]^2\}$ 为最小。

解： 根据题意，$y(n)$ 应是最小均方误差准则下对信号 $x(n)$ 的最优估计。将信号 $x(n)$ 与白噪声 $w(n)$ 的混合信号表示为

$$x'(n)=x(n)+w(n)$$

根据维纳-霍普夫方程，有

$$\begin{bmatrix} R_{x'}(0) & R_{x'}(1) & R_{x'}(2) \\ R_{x'}(1) & R_{x'}(0) & R_{x'}(1) \\ R_{x'}(2) & R_{x'}(1) & R_{x'}(0) \end{bmatrix}\begin{bmatrix} h(0) \\ h(1) \\ h(2) \end{bmatrix}=\begin{bmatrix} R_{xx'}(0) \\ R_{xx'}(1) \\ R_{xx'}(2) \end{bmatrix}$$

考虑到 $x(n)$ 与 $w(n)$ 统计独立，于是有

$$\begin{bmatrix} R_x(0)+R_w(0) & R_x(1) & R_x(2) \\ R_x(1) & R_x(0)+R_w(0) & R_x(1) \\ R_x(2) & R_x(1) & R_x(0)+R_w(0) \end{bmatrix}\begin{bmatrix} h(0) \\ h(1) \\ h(2) \end{bmatrix}=\begin{bmatrix} 1 \\ 0.8 \\ 0.64 \end{bmatrix}$$

即

$$\begin{bmatrix} 1.45 & 0.8 & 0.64 \\ 0.8 & 1.45 & 0.8 \\ 0.64 & 0.8 & 1.45 \end{bmatrix}\begin{bmatrix} h(0) \\ h(1) \\ h(2) \end{bmatrix}=\begin{bmatrix} 1 \\ 0.8 \\ 0.64 \end{bmatrix}$$

解得

$$h(0)=0.5358$$

$$h(1)=0.2057$$

$$h(2)=0.0914$$

例 3.1.2 离散时间信号 $s(n)$ 是一个一阶 AR 过程，其相关函数 $R_s(m)=a^{|m|}$，且 $0<a<1$。已知观测数据为 $x(n)=s(n)+v(n)$，其中 $s(n)$ 和 $v(n)$ 不相关，且 $v(n)$ 是一个均值为 0、方差为 σ_v^2 的平稳白噪声，试设计维纳滤波器 $H(z)$。

解： 因为 $x(n)=s(n)+v(n)$，且 $s(n)$ 和 $v(n)$ 不相关，故有

$$R_x(m)=R_s(m)+R_v(m)=a^{|m|}+\sigma_v^2\delta(m)$$

$$R_{sx}(m)=\mathrm{E}[s(n)x(n+m)]=\mathrm{E}\{s(n)[s(n+m)+v(n+m)]\}$$

$$= \mathrm{E}[s(n)s(n+m)] + \mathrm{E}[s(n)v(n+m)] = R_s(m) = a^{|m|}$$

将上述结果代入维纳-霍普夫方程

$$\begin{bmatrix} R_x(0) & R_x(1) \\ R_x(1) & R_x(0) \end{bmatrix} \begin{bmatrix} w(0) \\ w(1) \end{bmatrix} = \begin{bmatrix} R_{sx}(0) \\ R_{sx}(1) \end{bmatrix}$$

得

$$\begin{bmatrix} 1+\sigma_v^2 & a \\ a & 1+\sigma_v^2 \end{bmatrix} \begin{bmatrix} w(0) \\ w(1) \end{bmatrix} = \begin{bmatrix} 1 \\ a \end{bmatrix}$$

解之，得

$$w(0) = \frac{1+\sigma_v^2 - a^2}{(1+\sigma_v^2)^2 - a^2} \tag{3.1.8}$$

$$w(1) = \frac{a\sigma_v^2}{(1+\sigma_v^2)^2 - a^2} \tag{3.1.9}$$

于是维纳滤波器的传递函数为

$$H(z) = w(0) + w(1)z^{-1}$$

其中 $w(0)$ 和 $w(1)$ 如式（3.1.8）和式（3.1.9）所示。

3.1.3 联合过程估计

FIR 维纳滤波器也可以用格型结构实现。前面介绍过格型预测误差滤波器，它具有模块化的结构特点。一个 M 阶预测误差滤波器由 M 个独立的阶组成，且每一阶输出的后向预测误差 $b_m(n)$（$m = 0,1,\cdots,M$）相互正交。

如果给定输入序列 $\{x(n), x(n-1), \cdots, x(n-M)\}$，则可以唯一地确定后向预测误差序列 $\{b_0(n), b_1(n), \cdots, b_M(n)\}$，反之亦然。

因此，后向预测误差序列 $\{b_0(n), b_1(n), \cdots, b_M(n)\}$ 可代替输入序列 $\{x(n), x(n-1), \cdots, x(n-M)\}$ 用于估计期望响应序列 $d(n)$（一般将希望得到的输出称作期望响应）。这样的估计过程称为联合过程估计，如图 3.3 所示。

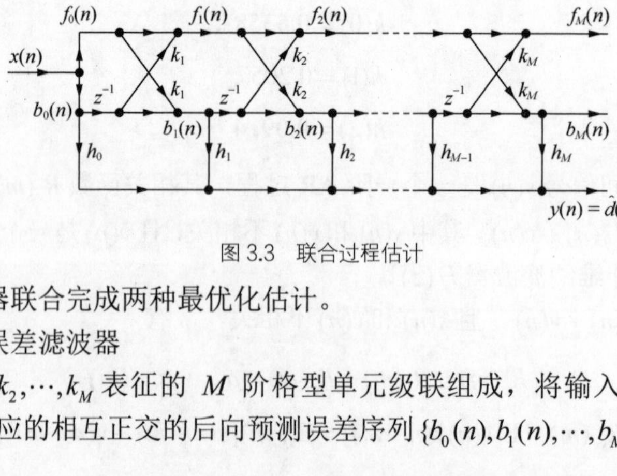

图 3.3 联合过程估计

联合过程估计器联合完成两种最优化估计。

（1）格型预测误差滤波器

由反射系数 $k_1, k_2, \cdots, k_M$ 表征的 M 阶格型单元级联组成，将输入序列 $\{x(n), x(n-1), \cdots, x(n-M)\}$ 转换成相应的相互正交的后向预测误差序列 $\{b_0(n), b_1(n), \cdots, b_M(n)\}$。

（2）横向滤波器

它由一组权值$\{h_0,h_1,\cdots,h_M\}$表征，对作为输入的后向预测误差序列$\{b_0(n),b_1(n),\cdots,b_M(n)\}$进行运算，产生对期望响应序列$d(n)$的估计$\hat{d}(n)$。

当然，可以直接应用原输入序列$\{x(n),x(n-1),\cdots,x(n-M)\}$产生期望响应的估计，但是联合过程估计可以利用后向预测误差相互正交的特点使运算变得简单。

平稳条件下，令$\boldsymbol{D}$表示后向预测误差$\{b_0(n),b_1(n),\cdots,b_M(n)\}$的$(M+1)\times(M+1)$维相关矩阵，$\boldsymbol{z}$表示后向预测误差与期望响应序列$d(n)$的$(M+1)\times 1$维互相关向量，根据维纳-霍普夫方程，有

$$\boldsymbol{D}\boldsymbol{h}_{\text{opt}}=\boldsymbol{z}$$

其中，$\boldsymbol{h}_{\text{opt}}$表示$\boldsymbol{h}=[h_0\ h_1\ \cdots\ h_M]^{\text{T}}$的最优解，有

$$\boldsymbol{h}_{\text{opt}}=\boldsymbol{D}^{-1}\boldsymbol{z}$$

由于后向预测误差相互正交，故相关矩阵$\boldsymbol{D}$为对角矩阵，可以表示为

$$\boldsymbol{D}=\text{diag}(P_0,P_1,\cdots,P_M)$$

其中P_i就是后向预测误差$b_i(n)$的平均功率，即

$$P_i=\text{E}[b_i^2(n)]\text{，}\ i=0,1,\cdots,M$$

$\boldsymbol{D}$的逆矩阵也是一个对角矩阵，即

$$\boldsymbol{D}^{-1}=\text{diag}(P_0^{-1},P_1^{-1},\cdots,P_M^{-1})$$

可以看出，与维纳滤波通常的横向实现不同，联合过程估计器中的$\boldsymbol{h}_{\text{opt}}$的计算相对简单。

3.1.4 IIR 维纳滤波器

维纳滤波器$h(n)$根据观测数据$x(n)$，得到对信号$s(n)$的最佳估计$\hat{s}(n)$，在理想情况下，即希望由$x(n)$获得$s(n)$。

根据输入输出互相关定理（式（1.2.37）），有

$$R_{xs}(m)=R_x(m)*h(m)=\sum_{i=-\infty}^{\infty}h(i)R_x(m-i)\text{，}\ -\infty\leqslant m\leqslant\infty$$

两边求Z变换，可得维纳滤波器的系统函数

$$H(z)=\frac{S_{xs}(z)}{S_x(z)}\tag{3.1.10}$$

假设信号与噪声不相关，则由式（3.1.10）有

$$H(z)=\frac{S_{(s+v)s}(z)}{S_{(s+v)}(z)}=\frac{S_s(z)}{S_s(z)+S_v(z)}\tag{3.1.11}$$

式（3.1.11）表明，当噪声功率$S_v(z)$为0时，$H(z)=1$，此时信号可以全部通过；当信号功率$S_s(z)$为0时，$H(z)=0$，此时噪声全部被抑制。可见维纳滤波器$H(z)$具有滤除噪声的能力。

需要指出的是，式（3.1.11）表示的维纳滤波器是非因果维纳滤波器的最佳解，其单位脉

冲响应 $h(n)$ 和系统函数 $H(z)$ 对应一个非因果的 IIR 维纳滤波器，是物理不可实现的。如果是因果维纳滤波器，$h(n)$ 应为因果序列，即

$$R_{xs}(m)=\sum_{i=0}^{\infty}h(i)R_x(m-i) \tag{3.1.12}$$

式（3.1.12）中的 $h(i)$ （$i\geqslant 0$）为所求。

然而，直接求式（3.1.12）中的 $h(i)$ 是困难的。但是，如果输入是白噪声，那么问题将变得较为简单。接下来对输入是白噪声的情况进行分析。

设 $\varepsilon(n)$ 是方差为 σ_ε^2 的白噪声，则有

$$R_\varepsilon(m-i)=\sigma_\varepsilon^2\delta(m-i)$$

$$R_{\varepsilon s}(m)=\sum_{i=0}^{\infty}h(i)R_\varepsilon(m-i)=\sum_{i=0}^{\infty}h(i)\sigma_\varepsilon^2\delta(m-i)=\sigma_\varepsilon^2 h(m)\text{，}\quad m\geqslant 0$$

于是有

$$h(m)=\frac{1}{\sigma_\varepsilon^2}R_{\varepsilon s}(m)\text{，}\quad m\geqslant 0 \tag{3.1.13}$$

式（3.1.13）中只取 $R_{\varepsilon s}(m)$ 的因果部分，使 $h(m)$ 为一个因果序列。如果用 $G_+(z)$ 表示与因果序列 $h(m)$ 对应的系统函数，则有

$$G_+(z)=\frac{1}{\sigma_\varepsilon^2}\left[S_{\varepsilon s}(z)\right]_+ \tag{3.1.14}$$

式中的下角标“+”表示只取 $R_{\varepsilon s}(m)$ 的因果部分或只取 $S_{\varepsilon s}(z)$ 在单位圆内的极点。

因为当输入是白噪声时因果 IIR 维纳滤波器的传递函数较易获取，所以在实际设计维纳滤波器时，先对输入数据 $x(n)$ 进行白化预处理得到白噪声 $\varepsilon(n)$，如图 3.4 所示，再用因果 IIR 维纳滤波器对 $\varepsilon(n)$ 进行滤波，得到 $s(n)$ 的最佳估计 $\hat{s}(n)$。

为获得白化滤波器的系统函数，需先求 $x(n)$ 的信号模型，信号模型的逆滤波器就是所需的白化滤波器。为此，将信号 $x(n)$ 看成由白噪声 $\varepsilon(n)$ 激励有理分式模型 $B(z)$ 产生的输出，如图 3.5 所示。其中，$B(z)$ 是 $x(n)$ 的信号模型，$B(z)$ 的逆系统 $\dfrac{1}{B(z)}$ 就是白化滤波器。

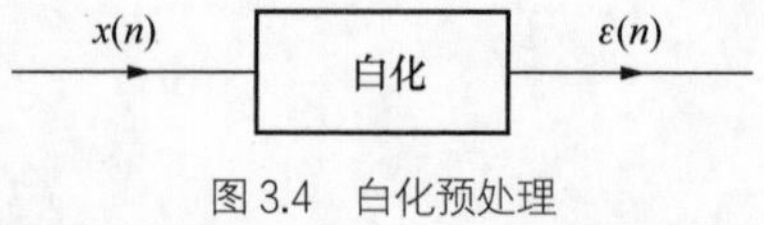

图 3.4　白化预处理

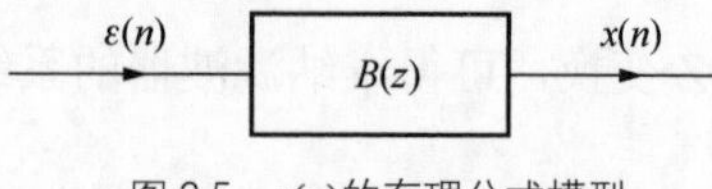

图 3.5　$x(n)$的有理分式模型

因为信号 $x(n)$ 被看成由白噪声 $\varepsilon(n)$ 激励有理分式模型 $B(z)$ 产生的输出，所以若将 $x(n)$ 作用于 $B(z)$ 的逆系统 $\dfrac{1}{B(z)}$，则必将产生输出 $\varepsilon(n)$，这样就完成了对 $x(n)$ 的白化预处理。

综上所述，可以将因果 IIR 维纳滤波器看成由两部分级联构成，如图 3.6 所示，其滤波过程如下。

（1）用 $\dfrac{1}{B(z)}$ 对 $x(n)$ 进行白化预处理，得到白噪声 $\varepsilon(n)$。

（2）用因果 IIR 滤波器 $G_+(z)$ 对 $\varepsilon(n)$ 进行滤波得到最佳估计 $\hat{s}(n)$。

待求的因果 IIR 维纳滤波器的传递函数为

$$H_{\text{opt}}(z)=\frac{1}{B(z)}G_+(z) \tag{3.1.15}$$

这样就将 $H_{\text{opt}}(z)$ 的求取问题转化为求取 $B(z)$ 和 $G_+(z)$，其中 $G_+(z)$ 就是式（3.1.14）所示的 $\frac{1}{\sigma_\varepsilon^2}[S_{\varepsilon s}(z)]_+$。将其代入式（3.1.15）有

$$H_{\text{opt}}(z)=\frac{1}{\sigma_\varepsilon^2 B(z)}[S_{\varepsilon s}(z)]_+ \tag{3.1.16}$$

式（3.1.16）中的 $B(z)$ 是 $x(n)$ 的信号模型，σ_ε^2 是模型的激励参数，它们可以通过对 $x(n)$ 的自功率谱进行谱分解得到。接下来分析式（3.1.16）中 $[S_{\varepsilon s}(z)]_+$ 的计算方法。

设 $x(n)$ 的有理分式模型 $B(z)$ 所对应的单位脉冲响应为 $h'(n)$，如图 3.7 所示，则

$$x(n)=\varepsilon(n)*h'(n) \tag{3.1.17}$$

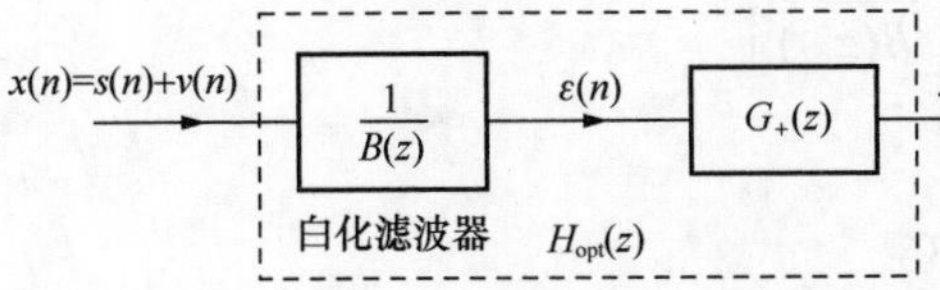

图 3.6　因果 IIR 维纳滤波器

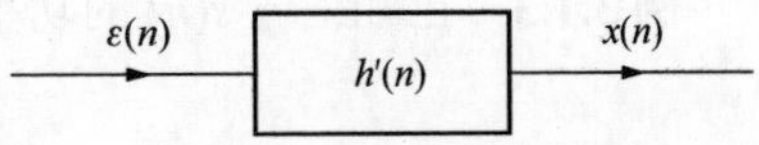

图 3.7　x(n)的有理分式模型

又

$$s(n)=s(n)*\delta(n) \tag{3.1.18}$$

根据相关—卷积定理有

$$\begin{cases} e(n)=a(n)*b(n) \\ f(n)=c(n)*d(n) \end{cases} \Rightarrow R_{ef}(m)=R_{ac}(m)*R_{bd}(m)$$

由式（3.1.17）和式（3.1.18）有

$$R_{xs}(m)=R_{\varepsilon s}(m)*R_{h'\delta}(m) \tag{3.1.19}$$

根据确定性序列的相关卷积定理（式（1.2.9）），有

$$R_{h'\delta}(m)=h'(-m)*\delta(m)=h'(-m) \tag{3.1.20}$$

将式（3.1.20）代入式（3.1.19），得

$$R_{xs}(m)=R_{\varepsilon s}(m)*h'(-m) \tag{3.1.21}$$

对式（3.1.21）两边取 Z 变换，得

$$S_{xs}(z)=S_{\varepsilon s}(z)B(z^{-1})$$

则有

$$S_{\varepsilon s}(z)=\frac{S_{xs}(z)}{B(z^{-1})} \tag{3.1.22}$$

将式（3.1.22）代入式（3.1.16），得到待求的因果 IIR 维纳滤波器的系统函数

$$H_{\text{opt}}(z)=\frac{1}{\sigma_{\varepsilon}^{2}B(z)}\left[S_{\varepsilon s}(z)\right]_{+}=\frac{1}{\sigma_{\varepsilon}^{2}B(z)}\left[\frac{S_{xs}(z)}{B(z^{-1})}\right]_{+} \tag{3.1.23}$$

式中的下角标“+”表示只取单位圆内的极点构成系统函数，也就是取因果部分。式（3.1.23）的计算步骤如下。

（1）对 $S_x(z)$ 进行谱分解：

$$S_x(z)=\sigma_{\varepsilon}^{2}B(z)B(z^{-1})$$

（2）对 $\frac{S_{xs}(z)}{B(z^{-1})}$ 进行因果和逆因果分解（和分解）：

$$\frac{S_{xs}(z)}{B(z^{-1})}=\left[\frac{S_{xs}(z)}{B(z^{-1})}\right]_{+}+\left[\frac{S_{xs}(z)}{B(z^{-1})}\right]_{-}$$

（3）计算因果 IIR 维纳滤波器的系统函数：

$$H_{\text{opt}}(z)=\frac{1}{\sigma_{\varepsilon}^{2}B(z)}\left[\frac{S_{xs}(z)}{B(z^{-1})}\right]_{+}$$

例 3.1.3 已知信号 $s(n)$ 的功率谱为

$$S_s(z)=\frac{0.36}{(1-0.8z^{-1})(1-0.8z)}$$

测量该信号时混入了加性噪声 $v(n)$，测量数据为

$$x(n)=s(n)+v(n)$$

$v(n)$ 是均值为 0、方差为 1 的白噪声，且 $v(n)$ 与 $s(n)$ 不相关。试设计一因果 IIR 维纳滤波器，由它对 $x(n)$ 进行处理，以得到对 $s(n)$ 的线性最佳估计。

解：（1）求测量数据序列的功率谱并进行谱分解，得到 σ_{ε}^{2} 和 $B(z)$ 。

因为 $v(n)$ 与 $s(n)$ 不相关，有

$$S_x(z)=S_{(s+v)}(z)=S_s(z)+S_v(z)$$

所以

$$S_x(z)=\frac{0.36}{(1-0.8z^{-1})(1-0.8z)}+1=\frac{2-0.8z^{-1}-0.8z}{(1-0.8z^{-1})(1-0.8z)}$$

设 $x(n)$ 是白噪声 $\varepsilon(n)$ 激励有理分式模型 $B(z)$ 产生的输出，则

$$S_x(z)=\sigma_{\varepsilon}^{2}B(z)B(z^{-1})=\frac{2-0.8z^{-1}-0.8z}{(1-0.8z^{-1})(1-0.8z)} \tag{3.1.24}$$

设 $B(z)=\frac{1-bz^{-1}}{1-0.8z^{-1}}$，其中 b 为待求量，极点 0.8 在单位圆内，由式（3.1.24）有

$$\sigma_{\varepsilon}^{2}\cdot\frac{1-bz^{-1}}{1-0.8z^{-1}}\cdot\frac{1-bz}{1-0.8z}=\frac{2-0.8z^{-1}-0.8z}{(1-0.8z^{-1})(1-0.8z)}$$

$$\sigma_\varepsilon^2 \cdot (1-bz^{-1})(1-bz) = 2-0.8z^{-1}-0.8z = 2(1-0.4z^{-1}-0.4z) \tag{3.1.25}$$

$$上式左边=\sigma_\varepsilon^2 \cdot (1+b^2-bz^{-1}-bz) = \sigma_\varepsilon^2 \cdot (1+b^2)\cdot\left(1-\frac{b}{1+b^2}z^{-1}-\frac{b}{1+b^2}z\right)$$

对照式（3.1.25）的右边，得到

$$\begin{cases}\sigma_\varepsilon^2 \cdot (1+b^2) = 2 \\ \dfrac{b}{1+b^2} = 0.4\end{cases} \Rightarrow \begin{cases}\sigma_\varepsilon^2 = \dfrac{2}{1+b^2} \\ 0.4b^2 - b + 0.4 = 0\end{cases}$$

解得

$$b = 2 \text{ 或 } b = 0.5$$

取 $b=0.5$ 的模型对应可逆系统，从而使其逆滤波器（白化滤波器）稳定。于是有

$$\sigma_\varepsilon^2 = \frac{2}{1+b^2} = 1.6$$

$$B(z) = \frac{1-bz^{-1}}{1-0.8z^{-1}} = \frac{1-0.5z^{-1}}{1-0.8z^{-1}}$$

（2）对 $\dfrac{S_{xs}(z)}{B(z^{-1})}$ 进行因果和逆因果分解。

$$B(z^{-1}) = \frac{1-0.5z}{1-0.8z}$$

$$S_{xs}(z) = S_{(s+v)s}(z) = S_s(z) + S_{vs}(z) = S_s(z)$$

$$\frac{S_{xs}(z)}{B(z^{-1})} = \frac{S_s(z)}{B(z^{-1})} = \frac{0.36}{(1-0.8z^{-1})(1-0.8z)}\cdot\frac{1-0.8z}{1-0.5z}$$

$$= \frac{0.36}{(1-0.8z^{-1})(1-0.5z)} = \frac{0.6}{1-0.8z^{-1}} + \frac{0.3z}{1-0.5z}$$

因果部分为

$$\left[\frac{S_{xs}(z)}{B(z^{-1})}\right]_+ = \frac{0.6}{1-0.8z^{-1}}$$

（3）因果 IIR 维纳滤波器的系统函数和单位脉冲响应

$$H_{\text{opt}}(z) = \frac{1}{\sigma_\varepsilon^2 B(z)}\left[\frac{S_{xs}(z)}{B(z^{-1})}\right]_+ = \frac{1}{1.6\times\dfrac{1-0.5z^{-1}}{1-0.8z^{-1}}}\cdot\frac{0.6}{1-0.8z^{-1}} = \frac{0.375}{1-0.5z^{-1}}$$

$$h(n) = 0.375\times 0.5^n u(n)$$

事实上，对一阶 AR 过程 $s(n)$，利用随机过程 $s(n)$ 的状态方程和信号的测量方程，根据前面的两个步骤（对数据 $x(n)$ 的功率谱进行谱分解，对 $\dfrac{S_{xs}(z)}{B(z^{-1})}$ 进行因果和逆因果分解），通过引入一些中间参量，可以方便地得到因果 IIR 维纳滤波器的系统函数 $H_{\text{opt}}(z)$，具体分析如下。

假定随机信号 $s(n)$ 是一阶 AR 过程，即由白噪声 $w(n)$ 激励一阶 AR 模型得到。如果一阶 AR 模型的系统函数为

$$H_{\mathrm{AR}}(z)=\frac{1}{1-az^{-1}}，\ |a|<1$$

如图 3.8 所示，则随机过程 $s(n)$ 的过程方程（或状态方程）为

$$s(n)=as(n-1)+w(n) \tag{3.1.26}$$

其中，$s(n)$ 为状态变量（是不可观测的），$w(n)$ 为激励源白噪声。

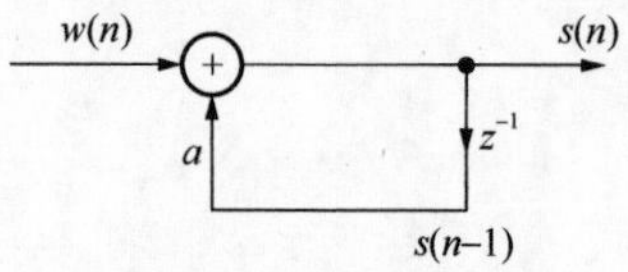

图 3.8　一阶 AR 过程的信号模型

信号的测量方程为

$$x(n)=cs(n)+v(n) \tag{3.1.27}$$

其中，$x(n)$ 为测量数据（是可观测的），$|c|\leqslant 1$ 为常数，$v(n)$ 为信号传输或测量过程中引入的加性白噪声。

现在利用状态方程和测量方程中给出的量，设计一个因果 IIR 维纳滤波器对 $x(n)$ 进行处理，以得到对状态变量 $s(n)$ 的最佳估计 $\hat{s}(n)$。

为便于分析，假定激励源 $w(n)$ 是方差等于 σ_w^2 的白噪声，测量噪声 $v(n)$ 是方差等于 σ_v^2 的白噪声，$v(n)$ 与 $s(n)$ 不相关，也与 $w(n)$ 不相关。根据信号模型，可知

$$S_s(\mathrm{e}^{\mathrm{j}\omega})=\sigma_w^2\,|H_{\mathrm{AR}}(\mathrm{e}^{\mathrm{j}\omega})|^2$$

或

$$S_s(z)=\sigma_w^2 H_{\mathrm{AR}}(z)H_{\mathrm{AR}}(z^{-1})=\frac{\sigma_w^2}{(1-az^{-1})(1-az)} \tag{3.1.28}$$

由测量方程式（3.1.27），可得

$$\begin{aligned}\mathrm{E}[x(n)s(i)]&=\mathrm{E}\{[cs(n)+v(n)]s(i)\}\\&=c\cdot\mathrm{E}[s(n)s(i)]+\mathrm{E}[v(n)s(i)]\\&=c\cdot\mathrm{E}[s(n)s(i)]\end{aligned}$$

及

$$\begin{aligned}\mathrm{E}[x(n)x(i)]&=\mathrm{E}\{x(n)[cs(i)+v(i)]\}\\&=c\cdot\mathrm{E}[x(n)s(i)]+\mathrm{E}[x(n)v(i)]\\&=c\cdot\mathrm{E}[x(n)s(i)]+\mathrm{E}\{[cs(n)+v(n)]v(i)\}\\&=c\cdot\mathrm{E}[x(n)s(i)]+c\cdot\mathrm{E}[s(n)v(i)]+\mathrm{E}[v(n)v(i)]\\&=c\cdot\mathrm{E}[x(n)s(i)]+\mathrm{E}[v(n)v(i)]\end{aligned}$$

对上面两式取 Z 变换，可得

$$S_{xs}(z)=cS_s(z) \tag{3.1.29}$$

和

$$S_x(z)=cS_{xs}(z)+\sigma_v^2 \tag{3.1.30}$$

将式（3.1.29）和式（3.1.28）代入式（3.1.30），有

$$S_x(z)=c^2S_s(z)+\sigma_v^2=\frac{c^2\sigma_w^2}{(1-az^{-1})(1-az)}+\sigma_v^2$$

$$=\frac{c^2\sigma_w^2+(1+a^2)\sigma_v^2-a\sigma_v^2z^{-1}-a\sigma_v^2z}{(1-az^{-1})(1-az)} \tag{3.1.31}$$

根据前面的分析，将 $x(n)$ 看成由方差为 σ_ε^2 的白噪声 $\varepsilon(n)$ 激励有理分式模型 $B(z)$ 产生的输出，则

$$S_x(z)=\sigma_\varepsilon^2B(z)B(z^{-1})$$

需要先求出式中的 σ_ε^2 和 $B(z)$。对照式（3.1.31），可将上式表示为

$$S_x(z)=\sigma_\varepsilon^2\frac{1-bz^{-1}}{1-az^{-1}}\cdot\frac{1-bz}{1-az} \tag{3.1.32}$$

可见，合适的有理分式模型为 $B(z)=\dfrac{1-bz^{-1}}{1-az^{-1}}$，式（3.1.32）中的参数 σ_ε^2 和 b 由已知数据 a、c、σ_w^2 和 σ_v^2 计算，且 $|b|<1$。由式（3.1.31）和式（3.1.32），可得

$$\sigma_\varepsilon^2(1-bz^{-1})(1-bz)=c^2\sigma_w^2+(1+a^2)\sigma_v^2-a\sigma_v^2z^{-1}-a\sigma_v^2z$$

上式左边=$\sigma_\varepsilon^2(1+b^2-bz^{-1}-bz)=\sigma_\varepsilon^2(1+b^2)\left(1-\dfrac{b}{1+b^2}z^{-1}-\dfrac{b}{1+b^2}z\right)$

上式右边=$[c^2\sigma_w^2+(1+a^2)\sigma_v^2]\left[1-\dfrac{a\sigma_v^2}{c^2\sigma_w^2+(1+a^2)\sigma_v^2}z^{-1}-\dfrac{a\sigma_v^2}{c^2\sigma_w^2+(1+a^2)\sigma_v^2}z\right]$

于是有

$$\sigma_\varepsilon^2(1+b^2)=c^2\sigma_w^2+(1+a^2)\sigma_v^2 \tag{3.1.33}$$

$$\frac{b}{1+b^2}=\frac{a\sigma_v^2}{c^2\sigma_w^2+(1+a^2)\sigma_v^2} \tag{3.1.34}$$

将式（3.1.33）代入式（3.1.34），得

$$\frac{b}{1+b^2}=\frac{a\sigma_v^2}{\sigma_\varepsilon^2(1+b^2)}$$

即

$$b\sigma_\varepsilon^2=a\sigma_v^2 \tag{3.1.35}$$

联立求解式（3.1.33）和式（3.1.35），可解出 b 和 σ_ε^2 为

$$b=\frac{a\sigma_v^2}{\sigma_v^2+c^2P} \tag{3.1.36}$$

$$\sigma_\varepsilon^2=\sigma_v^2+c^2P \tag{3.1.37}$$

其中，P 是里卡蒂（Riccati）方程

$$\sigma_w^2=P-\frac{Pa^2\sigma_v^2}{\sigma_v^2+c^2P} \tag{3.1.38}$$

的正解。有了b和σ_ε^2，相当于完成了对$S_x(z)$的谱分解，因为

$$S_x(z)=\sigma_\varepsilon^2 B(z)B(z^{-1})$$

其中

$$B(z)=\frac{1-bz^{-1}}{1-az^{-1}}$$

接下来计算$\dfrac{S_{xs}(z)}{B(z^{-1})}$的因果部分。将式（3.1.28）代入式（3.1.29），有

$$S_{xs}(z)=cS_s(z)=\frac{c\sigma_w^2}{(1-az^{-1})(1-az)}$$

又

$$B(z^{-1})=\frac{1-bz}{1-az}$$

于是

$$\left[\frac{S_{xs}(z)}{B(z^{-1})}\right]_+=\left[\frac{c\sigma_w^2}{(1-az^{-1})(1-bz)}\right]_+$$

令

$$\frac{c\sigma_w^2}{(1-az^{-1})(1-bz)}=\frac{A}{1-az^{-1}}+\frac{Bz}{1-bz}$$

则

$$\begin{cases}A-aB=c\sigma_w^2\\ -Ab+B=0\end{cases}\Rightarrow\begin{cases}A=\dfrac{c\sigma_w^2}{1-ab}\\ B=\dfrac{c\sigma_w^2 b}{1-ab}\end{cases}$$

有

$$\left[\frac{S_{xs}(z)}{B(z^{-1})}\right]_+=\left[\frac{\frac{c\sigma_w^2}{1-ab}}{1-az^{-1}}+\frac{\frac{c\sigma_w^2 b}{1-ab}z}{1-bz}\right]_+=\frac{\frac{c\sigma_w^2}{1-ab}}{1-az^{-1}}$$

令

$$G=\frac{c\sigma_w^2}{\sigma_\varepsilon^2(1-ab)} \tag{3.1.39}$$

则

$$\left[\frac{S_{xs}(z)}{B(z^{-1})}\right]_+=\frac{\sigma_\varepsilon^2 G}{1-az^{-1}}$$

于是待求因果IIR维纳滤波器的系统函数为

$$H_{\text{opt}}(z)=\frac{1}{\sigma_\varepsilon^2 B(z)}\left[\frac{S_{xs}(z)}{B(z^{-1})}\right]_+=\frac{1-az^{-1}}{\sigma_\varepsilon^2(1-bz^{-1})}\cdot\frac{\sigma_\varepsilon^2 G}{1-az^{-1}}=\frac{G}{1-bz^{-1}} \tag{3.1.40}$$

其中，G 称为维纳增益。G 也可以像 b 和 σ_ε^2 一样，用里卡蒂方程的正解 P 表示。将式（3.1.36）和式（3.1.38）代入式（3.1.39），有

$$G=\frac{c\left(P-\dfrac{Pa^2\sigma_v^2}{\sigma_v^2+c^2P}\right)}{\sigma_\varepsilon^2\left(1-\dfrac{a^2\sigma_v^2}{\sigma_v^2+c^2P}\right)}=\frac{cP}{\sigma_\varepsilon^2}$$

将式（3.1.37）代入上式，得

$$G=\frac{cP}{\sigma_v^2+c^2P} \tag{3.1.41}$$

综上所述，利用状态方程和测量方程，可以得到因果 IIR 维纳滤波器的设计步骤如下。

（1）根据已知参数 a、c、σ_w^2、σ_v^2，解里卡蒂方程

$$\sigma_w^2=P-\frac{Pa^2\sigma_v^2}{\sigma_v^2+c^2P}$$

得到正解 P。

（2）将 P 代入 $G=\dfrac{cP}{\sigma_v^2+c^2P}$，计算维纳增益 G。

（3）由 $b=\dfrac{a\sigma_v^2}{\sigma_v^2+c^2P}$ 计算滤波器系数 b。

（4）将 b 和 G 代入 $H_{\text{opt}}(z)=\dfrac{G}{1-bz^{-1}}$，得到系统函数 $H_{\text{opt}}(z)$。

按上述步骤设计 $H_{\text{opt}}(z)$，可省去谱分解和因果、逆因果分解的中间过程，相当于直接应用分解的结果。

下面应用上述设计步骤解前面的例题。

例 3.1.4 已知信号 $s(n)$ 的功率谱为

$$S_s(z)=\frac{0.36}{(1-0.8z^{-1})(1-0.8z)}$$

测量该信号时混入了加性噪声 $v(n)$，测量数据为

$$x(n)=s(n)+v(n)$$

$v(n)$ 是均值为 0、方差为 1 的白噪声，且 $v(n)$ 与 $s(n)$ 不相关。试设计一因果 IIR 维纳滤波器，由它对 $x(n)$ 进行处理，以得到对 $s(n)$ 的线性最佳估计。

解： 从信号 $s(n)$ 的功率谱可以看出，$s(n)$ 为一阶 AR 过程，且 $H_{\text{AR}}(z)=\dfrac{1}{1-0.8z^{-1}}$，于是可以写出状态方程

$$s(n)=0.8s(n-1)+w(n)$$

可以看出 $a=0.8$，$c=1$，$\sigma_w^2=0.36$，$\sigma_v^2=1$。

（1）解里卡蒂方程，得到正解 P。

$$\sigma_w^2 = P - \frac{Pa^2\sigma_v^2}{\sigma_v^2 + c^2P}$$

$$0.36 = P - \frac{0.64P}{1+P}$$

解得

$$P=\pm 0.6\text{，取 } P=0.6\text{（正解）}$$

（2）计算维纳增益 G。

$$G=\frac{cP}{\sigma_v^2+c^2P}=\frac{P}{1+P}=\frac{0.6}{1.6}=0.375$$

（3）计算滤波器系数 b。

$$b=\frac{a\sigma_v^2}{\sigma_v^2+c^2P}=\frac{0.8}{1+0.6}=0.5$$

（4）得到维纳滤波器的系统函数

$$H_{\text{opt}}(z)=\frac{G}{1-bz^{-1}}=\frac{0.375}{1-0.5z^{-1}}$$

此解法中所用的每一个公式，都是基于前面的思路推出的。由于直接利用推导结果，省去了谱分解和因果、逆因果分解的中间过程，设计变得较为简单。

例 3.1.5 已知信号模型为 $s(n)=s(n+1)+w(n)$，测量模型为 $x(n)=s(n)+v(n)$，这里的 $w(n)$ 和 $v(n)$ 都是均值为 0 的白噪声，其方差分别为 0 和 1，$v(n)$ 与 $s(n)$、$w(n)$ 都不相关。要求设计一因果 IIR 维纳滤波器处理 $x(n)$，以得到对 $s(n)$ 的最佳估计。求该滤波器的传递函数和差分方程。

解：根据状态方程和测量方程，可知 $a=1$，$c=1$，$\sigma_w^2=0.5$，$\sigma_v^2=1$。

（1）解里卡蒂方程得到正解 P。

$$\sigma_w^2 = P - \frac{Pa^2\sigma_v^2}{\sigma_v^2 + c^2P}$$

$$0.5 = P - \frac{P}{1+P}$$

解得

$$P=1\text{ 或 }P=-0.5\text{，取 } P=1\text{（正解）}$$

（2）计算维纳增益 G。

$$G=\frac{cP}{\sigma_v^2+c^2P}=\frac{1}{1+1}=0.5$$

（3）计算滤波器系数 b。

$$b = \frac{a\sigma_v^2}{\sigma_v^2 + c^2 P} = \frac{1}{1+1} = 0.5$$

（4）得到维纳滤波器系统函数

$$H_{\text{opt}}(z) = \frac{G}{1 - bz^{-1}} = \frac{0.5}{1 - 0.5z^{-1}}$$

差分方程为

$$\hat{s}(n) - 0.5\hat{s}(n-1) = 0.5x(n)$$

值得注意的是，以上讨论涉及两个随机信号模型，如图 3.9 和图 3.10 所示。

（1）$s(n)$ 的信号模型：由方差为 σ_w^2 的白噪声 $w(n)$ 激励 $H_{\text{AR}}(z) = \frac{1}{1 - az^{-1}}$ 产生 $s(n)$。

（2）$x(n)$ 的信号模型：由方差为 σ_ε^2 的白噪声 $\varepsilon(n)$ 激励 $B(z) = \frac{1 - bz^{-1}}{1 - az^{-1}}$ 产生 $x(n)$。

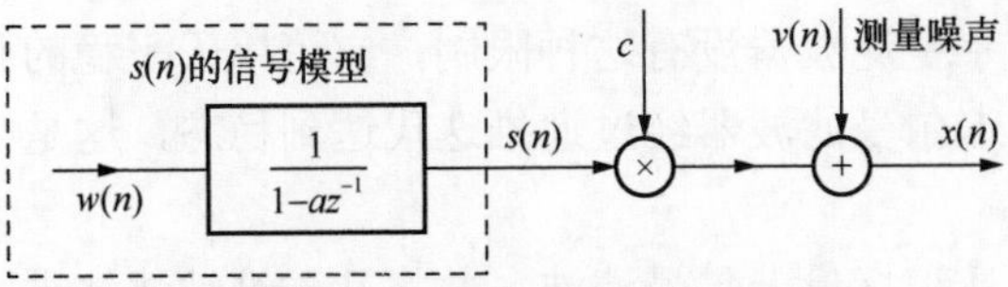

图 3.9 $s(n)$的信号模型与测量模型级联

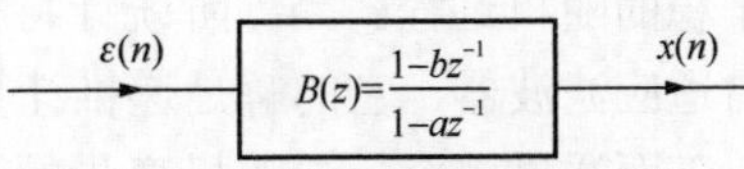

图 3.10 $x(n)$的信号模型

可以看出，测量模型中噪声 $v(n)$ 的引入，使得 σ_ε^2 不同于 σ_w^2，$B(z)$ 多出了一个零点 $z_0 = b$。这就是说，加性噪声 $v(n)$ 的存在改变了激励源 $w(n)$ 的功率，同时还使系统增加了一个零点，且

$$\frac{\sigma_v^2}{\sigma_\varepsilon^2} = \frac{b}{a}$$

3.2 卡尔曼滤波

3.2.1 概述

因为维纳滤波器 $H_{\text{opt}}(z) = \frac{G}{1 - bz^{-1}}$ 是由观测数据 $x(n)$ 得到对信号的估计 $\hat{s}(n)$，故可以写出滤波器的差分方程

$$\hat{s}(n) - b\hat{s}(n-1) = Gx(n) \tag{3.2.1}$$

式（3.2.1）中 $b = \frac{a\sigma_v^2}{\sigma_v^2 + c^2 P}$，$b$ 还可以进一步表示为

$$b = a - \frac{ac^2 P}{\sigma_v^2 + c^2 P} \tag{3.2.2}$$

将 $G = \frac{cP}{\sigma_v^2 + c^2 P}$ 代入式（3.2.2），可得

$$b = a - acG$$

将上式代入式（3.2.1），可得

$$\hat{s}(n)=a\hat{s}(n-1)+G[x(n)-ac\hat{s}(n-1)] \tag{3.2.3}$$

式（3.2.3）中的a、c分别来自状态方程和测量方程，G为维纳增益。

式（3.2.3）是因果 IIR 维纳滤波器的递推计算公式。从该式可以看出，如果已知前一个估计值$\hat{s}(n-1)$和当前的测量值$x(n)$，就可以求得当前的估计值$\hat{s}(n)$，这正是卡尔曼滤波器的标准形式。也就是说，卡尔曼滤波器实际上是维纳滤波器的一种递推计算方法。

卡尔曼滤波与维纳滤波一样，都能解决线性滤波和预测问题，并且都以均方误差最小为最优准则。因此，在平稳条件下，它们所得到的稳态结果是一致的。但是，它们解决问题的方法不同，主要体现在：维纳滤波是根据过去的和当前的观测数据$x(n),x(n-1),x(n-2),\cdots$来估计信号的当前值$\hat{s}(n)$，它的解是以均方误差最小条件下所得的系统的传递函数或单位脉冲响应的形式给出的；卡尔曼滤波则用前一个估计值$\hat{s}(n-1)$和最近一个观测数据$x(n)$（不需要过去全部的观测数据）来估计信号的当前值$\hat{s}(n)$，它是用状态方程和递推的方法进行估计的，它的解是以状态变量$s(n)$的估计值$\hat{s}(n)$的形式给出的。

维纳滤波器只适用于平稳随机过程，而卡尔曼滤波器没有这种限制，它可用于平稳的和非平稳的随机过程。当二阶统计特征变化时，卡尔曼滤波器经过递推迭代达到稳态，这是一种自适应滤波器，它的解是递推计算的。

下面通过一个标量随机变量的滤波问题来认识标量卡尔曼滤波，并将其与维纳滤波进行比较。

假设从时刻 1 开始一直观测到$n-1$（含$n-1$）时刻，观测到的一组随机变量为$x(1)$，$x(2),\cdots,x(n-1)$，而与它们相关的某零均值随机变量$s(n-1)$的最小均方估计为$\hat{s}(n-1)$。

为使卡尔曼滤波过程的物理意义明确，采用$\hat{s}(n-1|n-1)$代替$\hat{s}(n-1)$，表示用$(n-1)$时刻及其以前的所有数据$\{x(i);-\infty<i\leqslant n-1\}$对$s(n-1)$所做的最佳线性估计；用$\hat{s}(n|n)$代替$\hat{s}(n)$，表示用$n$时刻及以前的所有数据$\{x(i);-\infty<i\leqslant n\}$对$s(n)$所做的最佳线性估计（注：假设$n=0$及之前各时刻的观测数据为 0）。

在n时刻数据$x(n)$到来之前已经得到了估计值$\hat{s}(n-1|n-1)$，假设现在又获得了n时刻的观测值$x(n)$，要求计算随机变量的更新估计值$\hat{s}(n|n)$。

当然，可以通过存储过去的观测值$x(1),x(2),\cdots,x(n-1)$，然后用包括新观测值在内的所有观测数据$x(1),x(2),\cdots,x(n-1),x(n)$来重新求解估计问题，也就是用维纳滤波方法。但是，如果采用递推估计过程，只存储前一个估计值，并利用它以及新观测值$x(n)$来计算更新的估计值，则计算效率要高得多，这是维纳滤波器的一种递推计算方法。

将前面的因果 IIR 维纳滤波器的递推计算公式（3.2.3）表示成

$$\hat{s}(n|n)=a\hat{s}(n-1|n-1)+G[x(n)-ac\hat{s}(n-1|n-1)] \tag{3.2.4}$$

式（3.2.4）中$G=\dfrac{cP}{\sigma_v^2+c^2P}$是维纳增益，$P$是里卡蒂方程$\sigma_w^2=P-\dfrac{Pa^2\sigma_v^2}{\sigma_v^2+c^2P}$的正解。

式（3.2.4）有明确的物理意义，分析如下。

（1）假设在n时刻数据$x(n)$到来之前已经得到了估计值$\hat{s}(n-1|n-1)$，那么就有条件根据状态方程$s(n)=as(n-1)+w(n)$对$s(n)$进行预测，最佳预测值为

$$\hat{s}(n|n-1)=a\hat{s}(n-1|n-1) \tag{3.2.5}$$

白噪声 $w(n)$ 不能用于对 $s(n)$ 做预测。

（2）可以根据测量方程 $x(n)=cs(n)+v(n)$ 由 $\hat{s}(n|n-1)$ 对测量值 $x(n)$ 进行预测，最佳预测值为

$$\hat{x}(n|n-1)=c\hat{s}(n|n-1)=ac\hat{s}(n-1|n-1) \tag{3.2.6}$$

同样白噪声 $v(n)$ 未参加预测。

（3）$x(n)$ 到来后，将预测值 $\hat{x}(n|n-1)$ 与 $x(n)$ 进行比较，得到预测误差

$$\alpha(n)=x(n)-\hat{x}(n/n-1)=x(n)-ac\hat{s}(n-1/n-1) \tag{3.2.7}$$

$\alpha(n)$ 代表 $x(n)$ 所含的无法预测的信息，称为新息（Innovation）。n 时刻的新息 $\alpha(n)$ 是一个与 n 时刻之前的观测数据不相关，并具有白噪声性质的随机过程。

（4）选择适当的系数 G_n 对新息进行加权，作为对预测值 $\hat{s}(n/n-1)$ 的修正。修正后得到对信号的最佳估计

$$\hat{s}(n|n)=\hat{s}(n|n-1)+G_n\alpha(n) \tag{3.2.8}$$

式（3.2.8）中的 $G_n\alpha(n)$ 是修正部分。用数据估计误差的加权值修正状态变量的估计值，这正是卡尔曼滤波的基本思想。将式（3.2.5）和式（3.2.7）代入式（3.2.8），就是式（3.2.4）。

3.2.2 卡尔曼滤波的递推算法

卡尔曼滤波用数据估计误差的加权值修正状态变量的估计值，其最佳加权系数在不同时间的取值是不同的，故用带下标 n 的符号 G_n 来表示。为了完成卡尔曼滤波算法，需要推导 G_n 的计算公式。

因为最终的目的是得到对 $s(n)$ 的最佳估计，所以加权系数 G_n 的选择应使相应的均方误差最小，即

$$\varepsilon(n)=\mathrm{E}[e^2(n)]=\mathrm{E}[(s(n)-\hat{s}(n|n))^2]=\min$$

下面根据上式所示的最小均方误差准则来求取最佳加权系数 G_n。

求 $\varepsilon(n)$ 对 G_n 的偏导数并令其等于 0，得

$$\frac{\partial\varepsilon(n)}{\partial G_n}=\frac{\partial\mathrm{E}[e^2(n)]}{\partial G_n}=2\mathrm{E}[e(n)\frac{\partial e(n)}{\partial G_n}]=0 \tag{3.2.9}$$

其中

$$e(n)=s(n)-\hat{s}(n|n)=s(n)-\hat{s}(n|n-1)-G_n\alpha(n) \tag{3.2.10}$$

$$\frac{\partial e(n)}{\partial G_n}=-\alpha(n)=-[x(n)-\hat{x}(n|n-1)]=-[x(n)-c\hat{s}(n|n-1)] \tag{3.2.11}$$

式（3.2.10）和式（3.2.11）中分别用到了式（3.2.8）和式（3.2.7）。将式（3.2.11）代入式（3.2.9），有

$$\mathrm{E}\{e(n)[x(n)-c\hat{s}(n|n-1)]\}=0 \tag{3.2.12}$$

由式（3.2.12）可求得 G_n 的表达式。下面对 $e(n)$ 和 $x(n)-c\hat{s}(n|n-1)$ 进行适当的关系式代换。

$$\begin{aligned}e(n)&=s(n)-\hat{s}(n|n)\\&=s(n)-\hat{s}(n|n-1)-G_n\alpha(n)\\&=s(n)-\hat{s}(n|n-1)-G_n[x(n)-c\hat{s}(n|n-1)]\end{aligned}$$

令

$$e_1(n) = s(n) - \hat{s}(n \mid n-1)$$

表示信号的一步预测误差。又令

$$P(n) = \mathrm{E}[e_1^{\ 2}(n)]$$

表示一步预测的预测误差功率。于是有

$$\begin{aligned} e(n) &= e_1(n) - G_n[c \cdot s(n) + v(n) - c \cdot \hat{s}(n \mid n-1)] \\ &= e_1(n) - G_n\{c[s(n) - \hat{s}(n \mid n-1)] + v(n)\} \\ &= e_1(n) - G_n c \cdot e_1(n) - G_n v(n) \end{aligned}$$

即

$$e(n) = (1 - cG_n)e_1(n) - G_n v(n) \tag{3.2.13}$$

又

$$\begin{aligned} x(n) - c\hat{s}(n \mid n-1) &= cs(n) + v(n) - c\hat{s}(n \mid n-1) \\ &= c[s(n) - \hat{s}(n \mid n-1)] + v(n) \end{aligned}$$

即

$$x(n) - c\hat{s}(n \mid n-1) = ce_1(n) + v(n) \tag{3.2.14}$$

将式（3.2.13）和式（3.2.14）代入式（3.2.12），考虑到 $v(n)$ 与 $e_1(n)$ 不相关，则式（3.2.12）成为

$$\begin{aligned} &\mathrm{E}\{e(n)[x(n) - c\hat{s}(n \mid n-1)]\} \\ &= \mathrm{E}\{[(1 - cG_n)e_1(n) - G_n v(n)][ce_1(n) + v(n)]\} \\ &= \mathrm{E}\{(1 - cG_n)e_1(n)[ce_1(n) + v(n)] - G_n v(n)[ce_1(n) + v(n)]\} \\ &= \mathrm{E}[c(1 - cG_n)e_1^2(n)] - \mathrm{E}[G_n v^2(n)] \\ &= c(1 - cG_n)P(n) - G_n\sigma_v^2 = 0 \end{aligned}$$

于是得到

$$G_n\sigma_v^2 = c(1 - cG_n)P(n) \tag{3.2.15}$$

和

$$G_n = \frac{cP(n)}{\sigma_v^2 + c^2P(n)} = \frac{c}{\dfrac{\sigma_v^2}{P(n)} + c^2} \tag{3.2.16}$$

从式（3.2.16）可以看出，一步预测的预测误差功率 $P(n)$ 越大，最佳加权系数 G_n 就越大。这很容易理解，因为预测越不准确，利用新息进行的修正就应该越多。

G_n 的计算公式涉及 $P(n)$，因而要得到 $P(n)$ 的更新计算公式。由

$$P(n) = \mathrm{E}[e_1^{\ 2}(n)]$$

有

$$\begin{aligned}P(n) &= \mathrm{E}\{[s(n)-\hat{s}(n|n-1)]^2\} = \mathrm{E}\{[s(n)-a\hat{s}(n-1|n-1)]^2\}\\ &= \mathrm{E}\{[as(n-1)+w(n)-a\hat{s}(n-1|n-1)]^2\}\\ &= \mathrm{E}\{[as(n-1)-a\hat{s}(n-1|n-1)]^2+2w(n)[as(n-1)-a\hat{s}(n-1|n-1)]+w^2(n)\}\\ &= a^2\mathrm{E}[e^2(n-1)]+\mathrm{E}[w^2(n)]\\ &= a^2\varepsilon(n-1)+\sigma_w^2\end{aligned}$$

上式中用到 $\varepsilon(n-1)$，接下来求 $\varepsilon(n)$ 的更新计算公式。因为

$$\varepsilon(n)=\mathrm{E}[e^2(n)]=\mathrm{E}\{e(n)[s(n)-\hat{s}(n|n)]\}$$

即

$$\varepsilon(n)=\mathrm{E}[e(n)s(n)]-\mathrm{E}[e(n)\hat{s}(n|n)] \tag{3.2.17}$$

由正交性原理可知

$$\mathrm{E}[e(n)x(n)]=0 \tag{3.2.18}$$

$$\mathrm{E}[e(n)\hat{s}(n|n)]=0 \tag{3.2.19}$$

由式（3.2.18）和测量方程式（3.1.27），有

$$\mathrm{E}[e(n)(cs(n)+v(n))]=0$$

$$\mathrm{E}[e(n)s(n)]=-\frac{1}{c}\mathrm{E}[e(n)v(n)] \tag{3.2.20}$$

将式（3.2.20）和式（3.2.19）代入式（3.2.17），有

$$\varepsilon(n)=-\frac{1}{c}\mathrm{E}[e(n)v(n)]$$

将式（3.2.13）代入上式，并注意到 $v(n)$ 与 $e_1(n)$ 不相关，得到

$$\varepsilon(n)=\frac{1}{c}G_n\mathrm{E}[v^2(n)]=\frac{1}{c}G_n\sigma_v^2 \tag{3.2.21}$$

将式（3.2.15）代入式（3.2.21），得

$$\varepsilon(n)=(1-cG_n)P(n)=P(n)-cG_nP(n) \tag{3.2.22}$$

式（3.2.22）表明，由于利用新息对信号的预测值进行了修正，故最小均方误差降低一个数值 $cG_nP(n)$。

综上推导，可以将公式汇总如下：

$$\hat{s}(n|n)=a\hat{s}(n-1|n-1)+G_n[x(n)-ac\hat{s}(n-1|n-1)] \tag{3.2.23a}$$

$$P(n)=a^2\varepsilon(n-1)+\sigma_w^2 \tag{3.2.23b}$$

$$G_n=\frac{cP(n)}{\sigma_v^2+c^2P(n)} \tag{3.2.23c}$$

$$\varepsilon(n)=\frac{1}{c}G_n\sigma_v^2=(1-cG_n)P(n) \tag{3.2.23d}$$

假设已经有了初始值 $\hat{s}(0|0)$ 和 $\varepsilon(0)$，便可由式（3.2.23b）计算 $P(1)$，由式（3.2.23c）计

算 G_1，由式（3.2.23a）计算 $\hat{s}(1|1)$，最后由式（3.2.23d）计算 $\varepsilon(1)$，进入下一轮迭代。此时 $\varepsilon(1)$ 和 $\hat{s}(1|1)$ 便成为下一轮迭代运算的已知数据。

在递推运算过程中，随着迭代次数 n 的增加，$\varepsilon(n)$ 将逐渐降低直到最终趋于某个稳定值 ε_0，这时

$$\varepsilon(n) = \varepsilon(n-1) = \varepsilon_0$$

将式（3.2.23b）和式（3.2.23c）代入式（3.2.23d），可解出 ε_0。

例 3.2.1 已知信号模型为 $s(n) = 0.8s(n-1) + w(n)$，测量模型为 $x(n) = s(n) + v(n)$，$\mathrm{E}[w(n)w(i)] = 0.36\delta(n-i)$，$\mathrm{E}[v(n)v(i)] = \delta(n-i)$，$\mathrm{E}[v(n)s(i)] = 0$，$\mathrm{E}[v(n)w(i)] = 0$，初始条件为 $\hat{s}(-1|-1) = 0$，$\varepsilon(0) = 1$。计算标量卡尔曼滤波器和参量值。

解：根据给定的条件，可知 $a = 0.8$，$c = 1$，$\sigma_w^2 = 0.36$，$\sigma_v^2 = 1$，从初始条件 $\hat{s}(-1|-1) = 0$ 和 $\varepsilon(0) = 1$ 开始，利用下列公式依次计算。

$$\hat{s}(n|n) = 0.8\hat{s}(n-1|n-1) + G_n[x(n) - 0.8\hat{s}(n-1|n-1)] \tag{3.2.24a}$$

$$P(n) = 0.8^2\varepsilon(n-1) + \sigma_w^2 \tag{3.2.24b}$$

$$G_n = \frac{P(n)}{1+P(n)} \tag{3.2.24c}$$

$$\varepsilon(n) = [1 - G_n]P(n) \tag{3.2.24d}$$

最初的修正加权系数 G_0 取为 1，不断迭代，运算结果如表 3.1 所示。

表 3.1　　卡尔曼滤波算法的迭代运算结果

n	$P(n)$	G_n	$\varepsilon(n)$	$\hat{s}(n\|n)$
−1				0
0		1	1	$x(0)$
1	$P(1)=1$	0.5	0.5	$0.4x(0)+0.5x(1)$
2	$P(2)=0.68$	0.40476	0.40476	$0.1905x(0)+0.2381x(1)+0.40476x(2)$
⋮				
∞	0.600	0.375	0.375	$\frac{3}{8}\left[x(n)+\frac{x(n-1)}{2}+\frac{x(n-2)}{2^2}+\cdots\right]$

根据稳态解

$$\hat{s}(n|n) = \frac{3}{8}\left[x(n) + \frac{x(n-1)}{2} + \frac{x(n-2)}{2^2} + \frac{x(n-3)}{2^3} + \cdots\right]$$

可以写出稳态时滤波器输入与输出的关系

$$y(n) = \frac{3}{8}\sum_{i=0}^{\infty}\left(\frac{1}{2}\right)^i x(n-i) = h(n) * x(n)$$

可见

$$h(n) = \frac{3}{8}\left(\frac{1}{2}\right)^n u(n) = 0.375 \times 0.5^n u(n)$$

$$H(z)=\frac{0.375}{1-0.5z^{-1}}$$

与例 3.1.3 和例 3.1.4 的结果一致。

卡尔曼滤波过程实际上是获取维纳解的递推运算过程，这一过程从某一个初始状态启动，经过迭代运算，最终到达稳定状态，即维纳滤波状态。也可以不经过迭代，直接求稳态解。将式（3.2.24c）代入式（3.2.24d），题中 $c=1$，于是得

$$\varepsilon(n)=[1-G_n]P(n)=\left[1-\frac{P(n)}{1+P(n)}\right]P(n)$$

$$=P(n)-\frac{P^2(n)}{1+P(n)}=\frac{P(n)}{1+P(n)}=G_n$$

将 $G_n=\varepsilon(n)$ 代入式（3.2.24c），并将 $P(n)$ 用式（3.2.24b）代入，有

$$\frac{1}{\varepsilon(n)}=\frac{1+P(n)}{P(n)}=\frac{1}{P(n)}+1=\frac{1+[0.64\varepsilon(n-1)+0.36]}{0.64\varepsilon(n-1)+0.36}=\frac{0.64\varepsilon(n-1)+1.36}{0.64\varepsilon(n-1)+0.36}$$

所以

$$\varepsilon(n)=\frac{0.64\varepsilon(n-1)+0.36}{0.64\varepsilon(n-1)+1.36}$$

求稳态解，令 $\varepsilon(n)=\varepsilon(n-1)=\varepsilon_0$，并代入上式，化简可得

$$\varepsilon_0=\frac{0.64\varepsilon_0+0.36}{0.64\varepsilon_0+1.36}$$

取其正解

$$\varepsilon_0=\frac{3}{8}$$

稳态 ε_0 代入式（3.2.24b），得

$$P(n)=0.64\varepsilon_0+0.36=0.6$$

于是有

$$G_n=\varepsilon(n)=\frac{3}{8}$$

代入式（3.2.24a），得

$$\hat{s}(n\,|\,n)=0.8\hat{s}(n-1\,|\,n-1)+\frac{3}{8}[x(n)-0.8\hat{s}(n-1\,|\,n-1)] \tag{3.2.25}$$

式（3.2.25）就是维纳滤波器 $H(z)=\dfrac{0.375}{1-0.5z^{-1}}$ 对应的差分方程。

为了对维纳滤波和卡尔曼滤波的结果进行比较，将式（3.2.25）整理为

$$\hat{s}(n\,|\,n)=0.5\hat{s}(n-1\,|\,n-1)+\frac{3}{8}x(n) \tag{3.2.26}$$

按已知条件 $\hat{s}(-1\,|\,-1)=0$，从式（3.2.26）递推计算各 $\hat{s}(n\,|\,n)$ 的值如下：

$$\hat{s}(0\,|\,0)=0+\frac{3}{8}x(0)=\frac{3}{8}x(0)$$

$$\hat{s}(1\,|\,1)=0.5\hat{s}(0\,|\,0)+\frac{3}{8}x(1)=0.5\times\frac{3}{8}x(0)+\frac{3}{8}x(1)=\frac{3}{8}\left[\frac{1}{2}x(0)+x(1)\right]$$

$$\begin{aligned}\hat{s}(2\,|\,2)&=0.5\hat{s}(1\,|\,1)+\frac{3}{8}x(2)=\frac{0.75}{8}x(0)+\frac{1.5}{8}x(1)+\frac{3}{8}x(2)\\&=\frac{3}{8}\left[\frac{1}{2^2}x(0)+\frac{1}{2}x(1)+x(2)\right]\end{aligned}$$

$$\vdots$$

$$\hat{s}(n\,|\,n)=\frac{3}{8}\left[\frac{x(0)}{2^n}+\frac{x(1)}{2^{n-1}}+\cdots+x(n)\right]$$

上面的计算是在 $G_n=\varepsilon(n)=\frac{3}{8}$ 的条件下进行的，所以每一结果都是维纳滤波的结果，这与例 3.2.1 的递推计算结果有所不同。例 3.2.1 的递推计算只有到达稳态后才是维纳滤波的结果。

综合前面的分析，对卡尔曼滤波与维纳滤波比较如下。

（1）卡尔曼滤波有一个过渡过程，只有到达稳态后才有与维纳滤波相同的结果。本例中，稳态时的 $G_n=\frac{3}{8}=0.375$ 就是维纳增益，由该 G_n 可得到与维纳滤波相同的结果。因为式（3.2.26）是将稳态时的 G_n 代入得出的，所以由式（3.2.26）递推求出的所有 $\hat{s}(n)$ 值都是维纳滤波的结果。

（2）如果不用稳态的 G_n 代入，而是实际按卡尔曼滤波的递推公式算出来的 G_n 计算 $\hat{s}(n)$（参见例 3.2.1 的迭代结果），则所得到的 $\hat{s}(n)$ 与维纳滤波的结果不完全一致。

3.2.3 向量卡尔曼滤波

实际应用中，常常需要根据观测数据同时估计若干个信号，或者估计一个高阶 AR 过程，这就需要用到向量卡尔曼滤波。下面就这两种情况分别进行讨论。

（1）假定需要同时估计相互独立的 N 个一阶 AR 过程，它们在 n 时刻的样本值分别为 $s_1(n), s_2(n), \cdots, s_N(n)$。每个信号的状态方程是

$$s_i(n)=a_i\,s_i(n-1)+w_i(n)\,,\quad i=1,2,\cdots,N \tag{3.2.27}$$

式（3.2.27）中，各 $w_i(n)$ 是零均值白噪声序列，它们之间可以是相关的。

如果用 N 个信号 $s_i(n)$ 构成一个 N 维向量：

$$\boldsymbol{s}(n)=[\,s_1(n)\quad s_2(n)\quad\cdots\quad s_N(n)]^{\mathrm{T}}$$

则式（3.2.27）的方程（N 个方程）可简化成一个向量方程

$$\boldsymbol{s}(n)=\boldsymbol{A}\,\boldsymbol{s}(n-1)+\boldsymbol{w}(n) \tag{3.2.28}$$

式（3.2.28）中，$\boldsymbol{w}(n)$ 是由 $w_i(n)$ 构成的 N 维向量，即

$$\boldsymbol{w}(n)=[w_1(n)\quad w_2(n)\quad\cdots\quad w_N(n)]^{\mathrm{T}}$$

$\boldsymbol{A}$ 是由系数 a_i 构成的 $N\times N$ 维对角矩阵，即

$$\boldsymbol{A}=\begin{bmatrix} a_1 & 0 & \cdots & 0 \\ 0 & a_2 & \cdots & 0 \\ \vdots & \vdots & \ddots & \vdots \\ 0 & 0 & \cdots & a_N \end{bmatrix}$$

设在 n 时刻同时测得 k 个数据 $x_1(n), x_2(n), \cdots, x_k(n)$，它们与信号 $s_i(n)$ 的关系为

$$x_i(n)=c_i s_i(n)+v_i(n)，\quad i=1,2,\cdots,k，\quad k\leqslant N \tag{3.2.29}$$

式（3.2.29）就是测量方程。定义数据向量和噪声向量分别为

$$\boldsymbol{x}(n)=[x_1(n) \quad x_2(n) \quad \cdots \quad x_k(n)]^{\mathrm{T}}$$

$$\boldsymbol{v}(n)=[v_1(n) \quad v_2(n) \quad \cdots \quad v_k(n)]^{\mathrm{T}}$$

则式（3.2.29）表示的 k 个测量方程可简化成一个向量方程

$$\boldsymbol{x}(n)=\boldsymbol{C}\boldsymbol{s}(n)+\boldsymbol{v}(n) \tag{3.2.30}$$

式（3.2.30）中的系数矩阵 $\boldsymbol{C}$ 是一个 $k\times N$ 维矩阵，即

$$\boldsymbol{C}=\begin{bmatrix} c_1 & 0 & \cdots & 0 & \cdots & 0 \\ 0 & c_2 & \cdots & 0 & \cdots & 0 \\ \vdots & \vdots & \ddots & \vdots & \vdots & \vdots \\ 0 & 0 & \cdots & c_k & \cdots & 0 \end{bmatrix}$$

式（3.2.29）右边也可能不止两项，可能有两个以上的一次项，这种情况下，矩阵 $\boldsymbol{C}$ 中的非零元素则不止 k 个。

从式（3.2.28）的状态方程

$$\boldsymbol{s}(n)=\boldsymbol{A}\,\boldsymbol{s}(n-1)+\boldsymbol{w}(n)$$

和式（3.2.30）的测量方程

$$\boldsymbol{x}(n)=\boldsymbol{C}\boldsymbol{s}(n)+\boldsymbol{v}(n)$$

可以看出，上述情况与标量卡尔曼滤波中的状态方程

$$s(n)=a\,s(n-1)+w(n)$$

和测量方程

$$x(n)=cs(n)+v(n)$$

很相似，因此，只要将标量卡尔曼滤波的递推计算公式予以推广，就可以导出向量卡尔曼滤波的相应公式。

（2）另一种可能的情况是需要估计一个高阶 AR 过程，设 $s(n)$ 是 AR(p) 过程，则状态方程为

$$s(n)=\sum_{i=1}^{p}a(i)\,s(n-i)+w(n)$$

又设 $s(n)$ 在加性噪声中被观测，则测量方程为

$$x(n)=cs(n)+v(n)$$

p 维状态向量用 $\boldsymbol{s}(n)$ 表示为

$$\boldsymbol{s}(n)=[\,s(n)\quad s(n-1)\quad \cdots \quad s(n-p+1)]^{\mathrm{T}}$$

则相应的状态方程和测量方程可以表示为

$$\boldsymbol{s}(n)=\begin{bmatrix} a(1) & a(2) & \cdots & a(p-1) & a(p) \\ 1 & 0 & \cdots & 0 & 0 \\ 0 & 1 & \cdots & 0 & 0 \\ \vdots & \vdots & & \vdots & \vdots \\ 0 & 0 & \cdots & 1 & 0 \end{bmatrix}\boldsymbol{s}(n-1)+\begin{bmatrix} 1 \\ 0 \\ 0 \\ \vdots \\ 0 \end{bmatrix}w(n)$$

$$x(n)=[c\quad 0\quad 0\quad \cdots\quad 0]\boldsymbol{s}(n)+v(n)$$

其中

$$\boldsymbol{s}(n-1)=[\,s(n-1)\quad s(n-2)\quad \cdots \quad s(n-p)]^{\mathrm{T}}$$

令

$$\boldsymbol{A}=\begin{bmatrix} a(1) & a(2) & \cdots & a(p-1) & a(p) \\ 1 & 0 & \cdots & 0 & 0 \\ 0 & 1 & \cdots & 0 & 0 \\ \vdots & \vdots & \ddots & \vdots & \vdots \\ 0 & 0 & \cdots & 1 & 0 \end{bmatrix}$$

$$\boldsymbol{w}(n)=[w(n)\quad 0\quad 0\quad \cdots\quad 0]^{\mathrm{T}}$$

$$\boldsymbol{c}=[c\quad 0\quad 0\quad \cdots\quad 0]^{\mathrm{T}}$$

则状态方程和测量方程可以简化为

$$\boldsymbol{s}(n)=\boldsymbol{A}\,\boldsymbol{s}(n-1)+\boldsymbol{w}(n)$$

$$x(n)=\boldsymbol{c}^{\mathrm{T}}\boldsymbol{s}(n)+v(n)$$

同样，只要将标量卡尔曼滤波的递推计算公式予以推广，就可以导出向量卡尔曼滤波的相应公式。

标量卡尔曼滤波的递推计算公式为

$$\hat{s}(n\,|\,n)=a\hat{s}(n-1\,|\,n-1)+G_n[x(n)-ac\hat{s}(n-1\,|\,n-1)]$$

$$P(n)=a^2\varepsilon(n-1)+\sigma_w^2$$

$$G_n=\frac{cP(n)}{\sigma_v^2+c^2P(n)}$$

$$\varepsilon(n)=(1-cG_n)P(n)$$

根据向量运算与标量运算之间存在的对应关系，可以直接写出向量卡尔曼滤波器的计算公式如下：

$$\hat{\boldsymbol{s}}(n|n)=\boldsymbol{A}(n)\hat{\boldsymbol{s}}(n-1|n-1)+\boldsymbol{G}_n[\boldsymbol{x}(n)-\boldsymbol{A}(n)\boldsymbol{C}(n)\hat{\boldsymbol{s}}(n-1|n-1)] \tag{3.2.31a}$$

$$\boldsymbol{P}(n)=\boldsymbol{A}(n)\boldsymbol{\varepsilon}(n-1)\boldsymbol{A}^{\mathrm{T}}(n)+\boldsymbol{Q}_w(n) \tag{3.2.31b}$$

$$\boldsymbol{G}_n=\boldsymbol{P}(n)\boldsymbol{C}^{\mathrm{T}}(n)[\boldsymbol{C}(n)\boldsymbol{P}(n)\boldsymbol{C}^{\mathrm{T}}(n)+\boldsymbol{Q}_v(n)]^{-1} \tag{3.2.31c}$$

$$\boldsymbol{\varepsilon}(n)=[\boldsymbol{I}-\boldsymbol{C}(n)\boldsymbol{G}_n]\boldsymbol{P}(n) \tag{3.2.31d}$$

上式中$\boldsymbol{\varepsilon}(n)=\mathrm{E}[\boldsymbol{e}(n)\boldsymbol{e}^{\mathrm{T}}(n)]$，是误差信号协方差矩阵；$\boldsymbol{P}(n)=\mathrm{E}[\boldsymbol{e}_1(n)\boldsymbol{e}_1^{\mathrm{T}}(n)]$，是一步预测误差协方差矩阵；$\boldsymbol{Q}_w(n)$和$\boldsymbol{Q}_v(n)$分别是$w(n)$和$v(n)$的协方差矩阵。

从理论上讲，卡尔曼滤波的递推算法可以一直继续下去，直到估计误差的均方值最小。然而在实际问题中的某些条件下，可能产生发散现象，也就是说，实际应用中发现估计误差大大地超过了理论误差的预测值，而且误差不但不减小，反而越来越大，即不收敛。

导致发散的主要原因如下。

（1）舍入误差的影响以及递推算法使舍入误差被积累，相当于在状态方程和测量方程中又加入了噪声。

（2）所建立的模型不能精确反映待估计的过程，这样滤波器将连续地试着用错误曲线去拟合观测数据，导致发散。

（3）现有的观测数据不能提供足够的信息来估计所有的状态变量。

第 4 章 自适应滤波

4.1 概述

自适应滤波就是利用前一时刻已获得的滤波器参数等结果，自动地调节现时刻的滤波器参数，以适应信号和噪声未知的或随时间变化的统计特性，从而实现最优滤波。

“最优”是以一定的准则来衡量的，最常用的两种准则是最小均方误差（Minimum Mean Square Error，MMSE）准则和最小二乘（Least Square，LS）准则。最小均方误差准则是使误差的均方值最小，它包含了输入数据的统计特性，该准则我们在第 3 章已经接触到；最小二乘准则是使误差的平方和最小，在后面的内容中将会用到。

对信号处理而言，信号滤波是常规操作，目的是从观测信号中提取需要的信息。自适应滤波器有调整自己的能力，它的最大特点是时变和自调整性。调整是为了达到最优，或保持接近最优，也就是使滤波器输出的噪声在某种准则下达到最小。

实际中广泛应用的是线性自适应滤波器。需要注意的是，自适应的调整过程是时变的和非线性的，但是，当调整过程结束、自动调整不再进行时，如果自适应滤波器为线性系统，就称它为线性自适应滤波器。

自适应滤波器由自适应处理器和自适应算法两部分组成，如图 4.1 和图 4.2 所示。自适应处理器就是参数可变的数字滤波器（可以是 FIR 数字滤波器或 IIR 数字滤波器），自适应算法则用来控制数字滤波器参数的变化。自适应算法的主要指标是收敛速率、失调、计算复杂度等。

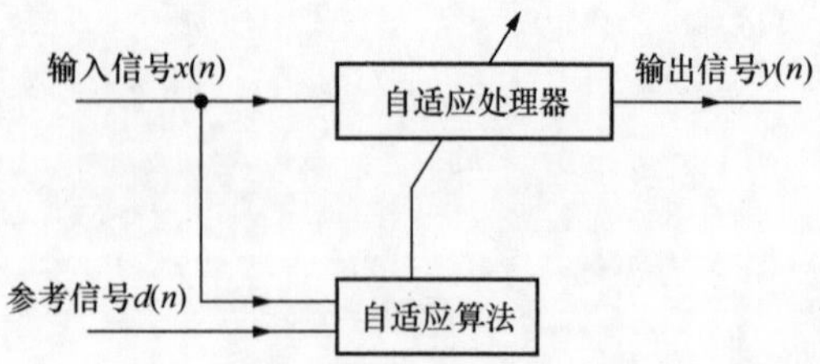

图 4.1　开环自适应滤波器

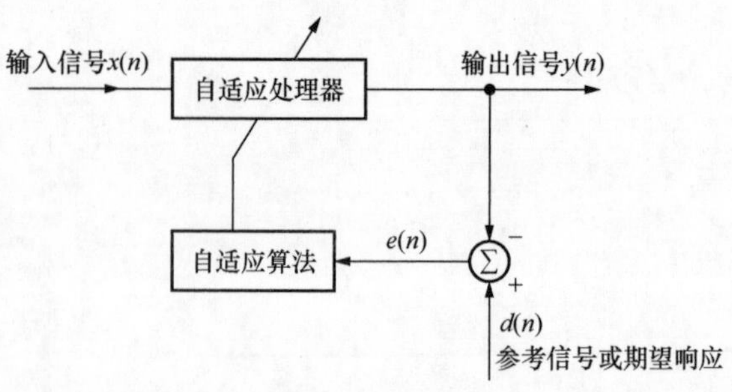

图 4.2　闭环自适应滤波器

图 4.1 所示结构叫作开环自适应滤波器，其中，参考信号 $d(n)$ 含有自适应系统所处的环

境信息，系统对输入信号或环境特性进行测量，用测量得到的信息对数字滤波器的参数进行调整。

图 4.2 所示结构叫作闭环自适应滤波器，它是将滤波器的输出信号与参考信号（或期望响应）进行比较以产生误差信号，自适应算法则根据此误差信号控制数字滤波器参数的变化，使它的输出接近参考信号（或期望响应）。实际中用得较多的是闭环自适应滤波器，后面的讨论多数针对这种结构。

自适应滤波器按其自适应处理器（参数可变的数字滤波器）可分为非递归自适应滤波器和递归自适应滤波器。

在非递归自适应滤波器中，自适应处理器没有反馈回路，是 FIR 数字滤波器。这种自适应滤波器的分析和实现比较简单，在大多数自适应信号处理系统中得到广泛应用。假定用 $\boldsymbol{x}_N(n)$ 表示非递归自适应滤波器的输入信号向量，那么，根据向量 $\boldsymbol{x}_N(n)$ 的组成，又可以区分多输入和单输入两种情况。

多输入情况下，滤波器的输入序列是一个空间序列，相当于并行输入，如图 4.3 所示，向量 $\boldsymbol{x}_N(n)$ 的元素由同一时刻的一组取样值构成，表示为

$$\boldsymbol{x}_N(n)=[x_0(n) \quad x_1(n) \quad \cdots \quad x_{N-1}(n)]^{\mathrm{T}}$$

例如，某时刻天线阵列收到的来自不同信号源的信号。

单输入情况下，滤波器的输入序列是一个时间序列，相当于串行输入，如图 4.4 所示，向量 $\boldsymbol{x}_N(n)$ 的元素由同一信号在不同时刻的取样值构成，表示为

$$\boldsymbol{x}_N(n)=[x(n) \quad x(n-1) \quad \cdots \quad x(n-N+1)]^{\mathrm{T}}$$

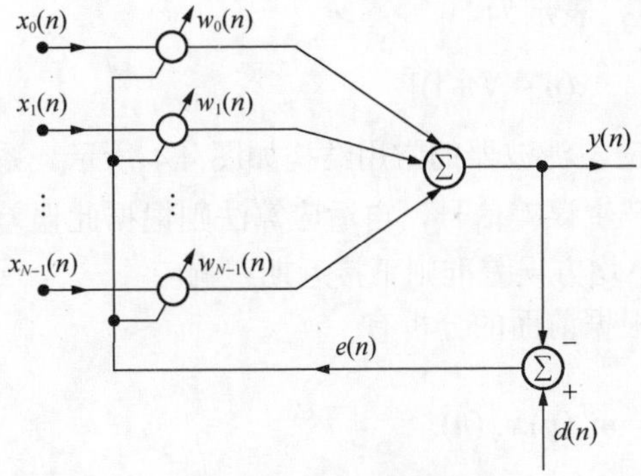

图 4.3　多输入自适应滤波器

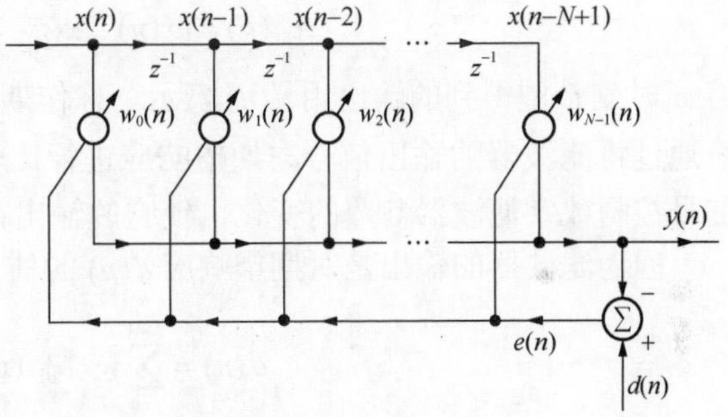

图 4.4　单输入自适应滤波器（自适应横向滤波器）

例如，自适应线性预测器是用信号序列中的过去值预测信号的现在或未来值。图 4.4 所示的结构叫作自适应横向滤波器，实际中应用较为广泛。

如果自适应系统中用的是 IIR 数字滤波器，那么，这种自适应滤波器就是递归自适应滤波器。递归自适应滤波器虽然有其优越的地方，比如具有锐截止特性等。但是，在自适应过程中，如果反馈系数的调整使极点移出单位圆，滤波器将变得不稳定。顺便提一句，非递归自适应滤波器也存在稳定性问题，因为自适应系统能否稳定还涉及算法本身能否收敛，这一点在介绍算法时再做讨论。

本章将对 FIR 自适应滤波器、IIR 自适应滤波器及介于这两种滤波器之间的拉盖尔（Laguerre）

自适应滤波器分别进行介绍，并讨论所涉及的自适应算法。

4.2 FIR自适应滤波器

维纳-霍普夫方程的解就是 FIR 维纳滤波器的系数，也就是 FIR 数字滤波器的单位脉冲响应 $h(n)$，此时维纳滤波器的输出是信号的最优估计。相应地，将最佳单位脉冲响应叫作维纳解。设计维纳滤波器可以归结为求维纳解，也就是解维纳-霍普夫方程。

前面已经推出，维纳-霍普夫方程的解可以表示为

$$\boldsymbol{h}_{\text{opt}} = \boldsymbol{R}^{-1}\boldsymbol{p} \tag{4.2.1}$$

可以看出，如果用式（4.2.1）求维纳解，不仅要对二阶统计特性 $\boldsymbol{R}$ 和 $\boldsymbol{p}$ 先验已知，而且涉及矩阵求逆，运算量很大，所以这种方法并不合适。

对于相关特性时变的非平稳过程，自适应滤波器为了适应信号和噪声未知的或随时间变化的统计特性，通过自动调节滤波器的参数，实现最优滤波。自适应滤波器在完成系数调整达到稳定状态时就是一个维纳滤波器，其系数的调整过程，就是寻求维纳解的过程。

4.2.1 均方误差性能曲面

将 FIR 滤波器的单位脉冲响应序列表示成权系数 $w_0, w_1, \cdots, w_{N-1}$，由权系数组成的向量叫权向量。自适应滤波器的权系数是可调整的，所以是时刻 n 的函数。n 时刻的权向量表示为

$$\boldsymbol{w}(n) = [w_0(n) \quad w_1(n) \quad \cdots \quad w_{N-1}(n)]^{\mathrm{T}}$$

n 时刻及 n 时刻之前的数据组成的向量叫作数据向量，表示为

$$\boldsymbol{x}_N(n) = [x(n) \quad x(n-1) \quad \cdots \quad x(n-N+1)]^{\mathrm{T}}$$

将 n 时刻希望得到的输出用 $d(n)$ 表示，称作期望响应。滤波器的常用结构如图 4.4 所示。系统通过将滤波器的输出信号与期望响应进行比较以产生误差信号，自适应算法则根据此误差信号控制数字滤波器参数的变化，使它的输出在最小均方误差准则下接近期望响应。

因为滤波器的输出是对期望响应 $d(n)$ 的估计，根据前面的分析有

$$\hat{d}(n) = \sum_{i=0}^{N-1} w_i(n)x(n-i) = \boldsymbol{w}^{\mathrm{T}}(n)\boldsymbol{x}_N(n)$$

定义均方误差性能函数为 $\varepsilon(n) = \mathrm{E}[e^2(n)]$，则有

$$\begin{aligned}\varepsilon(n) &= \mathrm{E}[e^2(n)] = \mathrm{E}\{[d(n) - \hat{d}(n)]^2\} \\ &= \mathrm{E}\{[d(n) - \boldsymbol{w}^{\mathrm{T}}(n)\boldsymbol{x}_N(n)]^2\} \\ &= \mathrm{E}\{[d(n) - \boldsymbol{w}^{\mathrm{T}}(n)\boldsymbol{x}_N(n)][d(n) - \boldsymbol{x}_N^{\mathrm{T}}(n)\boldsymbol{w}(n)]\} \\ &= \mathrm{E}[d^2(n) - 2d(n)\boldsymbol{w}^{\mathrm{T}}(n)\boldsymbol{x}_N(n) + \boldsymbol{w}^{\mathrm{T}}(n)\boldsymbol{x}_N(n)\boldsymbol{x}_N^{\mathrm{T}}(n)\boldsymbol{w}(n)] \\ &= \mathrm{E}[d^2(n)] - 2\boldsymbol{w}^{\mathrm{T}}(n)\mathrm{E}[d(n)\boldsymbol{x}_N(n)] + \boldsymbol{w}^{\mathrm{T}}(n)\mathrm{E}[\boldsymbol{x}_N(n)\boldsymbol{x}_N^{\mathrm{T}}(n)]\boldsymbol{w}(n)\end{aligned} \tag{4.2.2}$$

可见均方误差性能函数 $\varepsilon(n)$ 是权向量 $\boldsymbol{w}(n)$ 中各分量的二次函数，$\boldsymbol{w}(n)$ 的任一分量发生变化，$\varepsilon(n)$ 都跟着变化，所以，$\varepsilon(n)$ 也可写为 $\varepsilon(\boldsymbol{w})$。式（4.2.2）中

$$\mathrm{E}[d(n)\boldsymbol{x}_N(n)]=\begin{bmatrix}\mathrm{E}[d(n)x(n)]\\ \mathrm{E}[d(n)x(n-1)]\\ \vdots\\ \mathrm{E}[d(n)x(n-N+1)]\end{bmatrix}=\begin{bmatrix}R_{xd}(0)\\ R_{xd}(1)\\ \vdots\\ R_{xd}(N-1)\end{bmatrix} \tag{4.2.3}$$

是互相关函数组成的 N 维列向量，记为 $\boldsymbol{p}$ 。

$$\mathrm{E}[\boldsymbol{x}_N(n)\boldsymbol{x}_N^{\mathrm{T}}(n)]=\begin{bmatrix}\mathrm{E}[x(n)x(n)] & \mathrm{E}[x(n)x(n-1)] & \cdots & \mathrm{E}[x(n)x(n-N+1)]\\ \mathrm{E}[x(n-1)x(n)] & \mathrm{E}[x(n-1)x(n-1)] & \cdots & \mathrm{E}[x(n-1)x(n-N+1)]\\ \vdots & \vdots & \ddots & \vdots\\ \mathrm{E}[x(n-N+1)x(n)] & \mathrm{E}[x(n-N+1)x(n-1)] & \cdots & \mathrm{E}[x(n-N+1)x(n-N+1)]\end{bmatrix}$$

$$=\begin{bmatrix}R_x(0) & R_x(1) & \cdots & R_x(N-1)\\ R_x(1) & R_x(0) & \cdots & R_x(N-2)\\ \vdots & \vdots & \ddots & \vdots\\ R_x(N-1) & R_x(N-2) & \cdots & R_x(0)\end{bmatrix} \tag{4.2.4}$$

是数据的自相关函数组成的 $N\times N$ 维矩阵，记为 $\boldsymbol{R}$ 。将式（4.2.3）和式（4.2.4）代入式（4.2.2），可得均方误差性能函数

$$\varepsilon(\boldsymbol{w})=\sigma_d^2-2\boldsymbol{w}^{\mathrm{T}}\boldsymbol{p}+\boldsymbol{w}^{\mathrm{T}}\boldsymbol{R}\boldsymbol{w} \tag{4.2.5}$$

其中 $\sigma_d^2=\mathrm{E}[d^2(n)]$，是期望响应的平均功率。

如果权向量 $\boldsymbol{w}$ 是二维的，即 $N=2$，则待定的权系数有 w_0 和 w_1，此时的 $\varepsilon(\boldsymbol{w})$ 是 w_0 和 w_1 的二元二次函数。如果以 w_0 和 w_1 为平面坐标，以相应的 $\varepsilon(\boldsymbol{w})$ 为高度，可在三维空间画出一系列的点 $(\boldsymbol{w},\varepsilon)$，各点组成的 ε 面称为均方误差性能曲面。

在二维情况下，ε 面为碗状的椭圆抛物面，横截面是椭圆，纵剖面是抛物线，如图 4.5 所示。如果是多元情况，则均方误差性能函数是 $w_0,w_1,\cdots,w_{N-1}$ 的多元二次函数，ε 面是在以 $w_0,w_1,\cdots,w_{N-1}$ 为相应坐标轴的 $(N+1)$ 维空间的超椭圆抛物面，横截面是超椭圆，纵剖面是超抛物面。

按照最小均方误差准则，最优解应该是使 $\varepsilon(\boldsymbol{w})$ 取最小值的权向量，也就是 ε 面的最低点（碗底）所对应的坐标。将碗底所对应的权向量表示为

$$\boldsymbol{w}^*=[w_0^*\quad w_1^*\quad\cdots\quad w_{N-1}^*]^{\mathrm{T}}$$

这就是要搜索的目标，即实现最优滤波时的权。

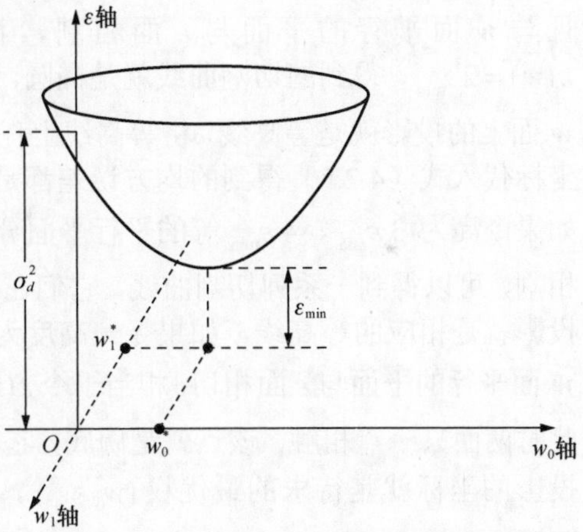

图 4.5　二维情况下的均方误差性能曲面

为了求出使性能函数 $\varepsilon(\boldsymbol{w})$ 取最小值 $\varepsilon_{\min}$ 的权向量 $\boldsymbol{w}^*$，令 $\varepsilon(\boldsymbol{w})$ 对权向量 $\boldsymbol{w}$ 求导，得性能曲面的梯度向量

$$\begin{aligned}\nabla=\frac{\partial\varepsilon(\boldsymbol{w})}{\partial\boldsymbol{w}}&=\left[\frac{\partial\varepsilon(\boldsymbol{w})}{\partial w_0}\quad\frac{\partial\varepsilon(\boldsymbol{w})}{\partial w_1}\quad\cdots\quad\frac{\partial\varepsilon(\boldsymbol{w})}{\partial w_{N-1}}\right]^{\mathrm{T}}\\&=2\boldsymbol{R}\boldsymbol{w}-2\boldsymbol{p}\end{aligned}$$

因为使梯度向量$\nabla = \mathbf{0}$的点对应碗底，所以使上式等于零的权向量就是最优权向量$\boldsymbol{w}^*$，有

$$\boldsymbol{R}\boldsymbol{w}^* = \boldsymbol{p} \tag{4.2.6}$$

最优解为

$$\boldsymbol{w}^* = \boldsymbol{R}^{-1}\boldsymbol{p} \tag{4.2.7}$$

式（4.2.7）就是式（4.2.1）所示的维纳解。由此可以看出，通过使性能曲面的梯度向量$\nabla = 0$，同样可以得到维纳解。所以，可以通过寻找碗底来求维纳解。这正是后面将要介绍的梯度法所依据的基础。

将式（4.2.7）所示的最优权向量$\boldsymbol{w}^*$代入式（4.2.5），可得最小均方误差

$$\varepsilon_{\min} = \varepsilon(\boldsymbol{w}_N^*) = \sigma_d^2 - 2(\boldsymbol{R}^{-1}\boldsymbol{p})^{\mathrm{T}}\boldsymbol{p} + (\boldsymbol{R}^{-1}\boldsymbol{p})^{\mathrm{T}}\boldsymbol{R}\boldsymbol{R}^{-1}\boldsymbol{p} \tag{4.2.8}$$

式（4.2.8）中，$\boldsymbol{R}$是对称矩阵，所以其逆矩阵$\boldsymbol{R}^{-1}$也是对称矩阵，有

$$(\boldsymbol{R}^{-1})^{\mathrm{T}} = \boldsymbol{R}^{-1}$$

将上式代入式（4.2.8），得

$$\varepsilon_{\min} = \sigma_d^2 - \boldsymbol{p}^{\mathrm{T}}\boldsymbol{R}^{-1}\boldsymbol{p} = \sigma_d^2 - \boldsymbol{p}^{\mathrm{T}}\boldsymbol{w}^* \tag{4.2.9}$$

接下来借助二维情况下ε面的几何性质来研究均方误差性能函数$\varepsilon(\boldsymbol{w})$的有关性质。将均方误差性能函数的表达式（4.2.5）改写为

$$\boldsymbol{w}^{\mathrm{T}}\boldsymbol{R}\boldsymbol{w} - 2\boldsymbol{p}^{\mathrm{T}}\boldsymbol{w} - [\varepsilon(\boldsymbol{w}) - \sigma_d^2] = 0 \tag{4.2.10}$$

如果令$\varepsilon(\boldsymbol{w})$为某固定值，在二维情况下式（4.2.10）就是椭圆方程，该椭圆方程也叫等高线方程，因为椭圆上各点对应的权系数求得的均方误差（高度）都相等。例如，令一高度为$2\varepsilon_{\min}$且与$\boldsymbol{w}$面平行的平面与ε面相割，相当于令$\varepsilon(\boldsymbol{w}) = 2\varepsilon_{\min}$，得到的切割曲线就是椭圆，该椭圆在$\boldsymbol{w}$面上的投影就是等高线，将等高线上任意一点的坐标代入式（4.2.5）得到的均方误差都是$2\varepsilon_{\min}$。如果令高为$3\varepsilon_{\min}$、$4\varepsilon_{\min}$等的平行平面分别与ε面相割，可以得到一系列切割曲线，它们在$\boldsymbol{w}$面上的投影就是相应的等高线。如果令一高度为$\varepsilon_{\min}$且与$\boldsymbol{w}$面平行的平面与ε面相切，相当于令$\varepsilon(\boldsymbol{w}) = \varepsilon_{\min}$，此时两面只一点相触，该点就是碗底，它在$\boldsymbol{w}$面上投影的坐标就是待求的最优权$(w_0^*, w_1^*)$，如图 4.6 所示。

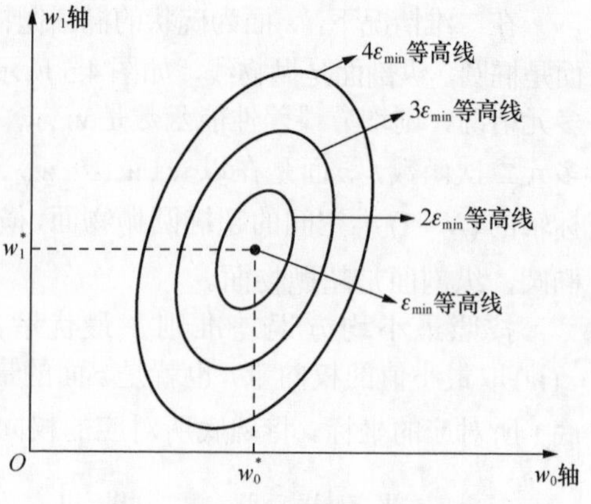

图 4.6　$\boldsymbol{w}$面上的等高线

下面先就$\varepsilon(\boldsymbol{w}) = 2\varepsilon_{\min}$的情况分析等高线的性质，再推广到$\varepsilon(\boldsymbol{w})$为任意值的情况。将$\varepsilon(\boldsymbol{w}) = 2\varepsilon_{\min}$代入式（4.2.10），可得相应的等高线方程

$$\boldsymbol{w}^{\mathrm{T}}\boldsymbol{R}\boldsymbol{w} - 2\boldsymbol{p}^{\mathrm{T}}\boldsymbol{w} - (2\varepsilon_{\min} - \sigma_d^2) = 0 \tag{4.2.11}$$

为了便于分析，需要将等高线标准化，即通过坐标系的平移、旋转使等高线方程成为椭圆的标准方程。

（1）坐标系平移——$\boldsymbol{v}$ 坐标

通过坐标系平移，将原来 $\boldsymbol{w}$ 坐标系的坐标原点移至碗底位置成为 $\boldsymbol{v}$ 坐标系，有

$$\boldsymbol{v} = \boldsymbol{w} - \boldsymbol{w}^*$$

则

$$\boldsymbol{w} = \boldsymbol{v} + \boldsymbol{w}^*$$

将 $\boldsymbol{w}^* = \boldsymbol{R}^{-1}\boldsymbol{p}$ 代入上式，得

$$\boldsymbol{w} = \boldsymbol{v} + \boldsymbol{R}^{-1}\boldsymbol{p}$$

将上式代入式（4.2.11），整理可得

$$\boldsymbol{v}^{\mathrm{T}}\boldsymbol{R}\boldsymbol{v} - 2\varepsilon_{\min} + \sigma_d^2 - \boldsymbol{p}^{\mathrm{T}}\boldsymbol{w}^* = 0 \tag{4.2.12}$$

将式（4.2.9）代入式（4.2.12）有

$$\boldsymbol{v}^{\mathrm{T}}\boldsymbol{R}\boldsymbol{v} = \varepsilon_{\min} \tag{4.2.13}$$

式（4.2.13）与式（4.2.11）实质相同，但式（4.2.13）简单紧凑，便于分析。在二维情况下，式（4.2.13）就是

$$[v_0 \quad v_1]\begin{bmatrix} R_x(0) & R_x(1) \\ R_x(1) & R_x(0) \end{bmatrix}\begin{bmatrix} v_0 \\ v_1 \end{bmatrix} = \varepsilon_{\min} \tag{4.2.14}$$

式（4.2.14）是在平移坐标系 $\boldsymbol{v}$ 中的椭圆方程。

标准化椭圆方程为

$$\frac{x^2}{a^2} + \frac{y^2}{b^2} = 1 \tag{4.2.15}$$

其中的 a、b 分别为半长轴、半短轴。式（4.2.15）表示的椭圆方程也可写成

$$[x \quad y]\begin{bmatrix} \dfrac{1}{a^2} & 0 \\ 0 & \dfrac{1}{b^2} \end{bmatrix}\begin{bmatrix} x \\ y \end{bmatrix} = 1$$

式中，矩阵$\begin{bmatrix} \dfrac{1}{a^2} & 0 \\ 0 & \dfrac{1}{b^2} \end{bmatrix}$为对角矩阵，这说明相应的椭圆方程中没有 x、y 的交叉项，也就是椭圆的主轴与坐标轴平行（式（4.2.15）表示的是椭圆的主轴与坐标轴重合）。可以设想，如果将式（4.2.14）中的对称矩阵 $\boldsymbol{R} = \begin{bmatrix} R_x(0) & R_x(1) \\ R_x(1) & R_x(0) \end{bmatrix}$ 对角化，则椭圆方程中交叉项将消失，将会得到式（4.2.15）所示的标准化椭圆方程。这种转换要通过坐标系旋转来实现。

（2）坐标系旋转——$\boldsymbol{v}'$ 坐标

根据代数知识，实对称矩阵一定可以相似对角化。对于 N 阶实对称矩阵 $\boldsymbol{R}$，则必然存在正交矩阵 $\boldsymbol{Q}$，使

$$\boldsymbol{Q}^{\mathrm{T}}\boldsymbol{R}\boldsymbol{Q}=\boldsymbol{\Lambda}=\operatorname{diag}(\lambda_1,\lambda_2,\cdots,\lambda_N)$$

因为对角矩阵的特征值就是对角线元素，所以 $\lambda_1,\lambda_2,\cdots,\lambda_N$ 是 $\boldsymbol{\Lambda}$ 的特征值。又因为相似变换不改变特征值，所以 $\lambda_1,\lambda_2,\cdots,\lambda_N$ 也是 $\boldsymbol{R}$ 的特征值。在上式两边同时前乘 $\boldsymbol{Q}$，有

$$\boldsymbol{Q}\boldsymbol{Q}^{\mathrm{T}}\boldsymbol{R}\boldsymbol{Q}=\boldsymbol{Q}\boldsymbol{\Lambda}$$

因为 $\boldsymbol{Q}$ 是正交矩阵，所以 $\boldsymbol{Q}\boldsymbol{Q}^{\mathrm{T}}=\boldsymbol{Q}\boldsymbol{Q}^{-1}=\boldsymbol{I}$，于是上式成为

$$\boldsymbol{R}\boldsymbol{Q}=\boldsymbol{Q}\boldsymbol{\Lambda} \tag{4.2.16}$$

记 $\boldsymbol{Q}=[\boldsymbol{\varphi}_1\quad\boldsymbol{\varphi}_2\quad\cdots\quad\boldsymbol{\varphi}_N]$，可以将上式写为

$$\boldsymbol{R}[\boldsymbol{\varphi}_1\quad\boldsymbol{\varphi}_2\quad\cdots\quad\boldsymbol{\varphi}_N]=[\boldsymbol{\varphi}_1\quad\boldsymbol{\varphi}_2\quad\cdots\quad\boldsymbol{\varphi}_N]\begin{bmatrix}\lambda_1 & 0 & \cdots & 0\\ 0 & \lambda_2 & \cdots & 0\\ \vdots & \vdots & \ddots & \vdots\\ 0 & 0 & \cdots & \lambda_N\end{bmatrix}$$

即

$$\boldsymbol{R}\boldsymbol{\varphi}_i=\lambda_i\boldsymbol{\varphi}_i,\qquad i=1,2,\cdots,N$$

所以正交矩阵 $\boldsymbol{Q}$ 的各列是 $\boldsymbol{R}$ 的特征向量，分别对应于 $\boldsymbol{\Lambda}$ 的对角线元素。

将式（4.2.16）两边同时后乘 $\boldsymbol{Q}^{\mathrm{T}}=\boldsymbol{Q}^{-1}$，有

$$\boldsymbol{R}=\boldsymbol{Q}\boldsymbol{\Lambda}\boldsymbol{Q}^{\mathrm{T}}$$

将上式代入式（4.2.13），有

$$\boldsymbol{v}^{\mathrm{T}}\boldsymbol{Q}\boldsymbol{\Lambda}\boldsymbol{Q}^{\mathrm{T}}\boldsymbol{v}=\varepsilon_{\min} \tag{4.2.17}$$

令 $\boldsymbol{Q}^{\mathrm{T}}\boldsymbol{v}=\boldsymbol{v}'$，则 $\boldsymbol{v}'^{\mathrm{T}}=\boldsymbol{v}^{\mathrm{T}}\boldsymbol{Q}$，代入式（4.2.17），得

$$\boldsymbol{v}'^{\mathrm{T}}\boldsymbol{\Lambda}\boldsymbol{v}'=\varepsilon_{\min} \tag{4.2.18}$$

因为 $\boldsymbol{\Lambda}$ 是对角矩阵，所以在 $\boldsymbol{v}'$ 坐标系中无交叉项，即 $\boldsymbol{v}'$ 坐标系的坐标轴与椭圆的主轴重合。因此，经过平移旋转之后的坐标系也叫主轴坐标系。二维情况下式（4.2.18）可以写成

$$[v_0'\quad v_1']\begin{bmatrix}\lambda_1 & 0\\ 0 & \lambda_2\end{bmatrix}\begin{bmatrix}v_0'\\ v_1'\end{bmatrix}=\varepsilon_{\min}$$

即

$$v_0'^2\lambda_1+v_1'^2\lambda_2=\varepsilon_{\min} \tag{4.2.19}$$

令 $a=\left(\dfrac{\varepsilon_{\min}}{\lambda_1}\right)^{\frac{1}{2}}$，$b=\left(\dfrac{\varepsilon_{\min}}{\lambda_2}\right)^{\frac{1}{2}}$，则式（4.2.19）成为

$$\left(\frac{v_0'}{a}\right)^2+\left(\frac{v_1'}{b}\right)^2=1$$

上式就是二维情况下，$\varepsilon(\boldsymbol{w})=2\varepsilon_{\min}$ 所对应的等高线在主轴坐标系中的等高线方程。由该方程很容易看出，等高线为一椭圆，椭圆的主轴与坐标轴重合，椭圆各主轴的长度与相应的

特征值有关。具体地说，它的两个半主轴的长度 a、b 分别与相应的特征值成反比，即较大的特征值对应较短的轴，则此轴方向上碗的坡度应该较陡。所谓坡度较陡是指权系数的较小变化会引起 ε 的较大变化。所以，ε 面的坡度越陡，图 4.6 中的等高线彼此越靠近。

前面就 $\varepsilon(\boldsymbol{w})=2\varepsilon_{\min}$ 的情况，推出了在平移、旋转坐标系中的等高线方程，并且得出了二维情况下椭圆的标准方程，从而找到了椭圆的主轴长度与相应特征值的关系。利用前面的分析，很容易推出 N 维情况下均方误差性能函数在平移坐标系（$\boldsymbol{v}$ 坐标系）、主轴坐标系（$\boldsymbol{v}'$ 坐标系）中的表示。下面给出单纯的数学推导，不再重复每次代换的目的和物理意义。

为便于分析，将式（4.2.5）、式（4.2.6）和式（4.2.9）重新列出：

$$\varepsilon(\boldsymbol{w})=\sigma_d^2-2\boldsymbol{w}^{\mathrm{T}}\boldsymbol{p}+\boldsymbol{w}^{\mathrm{T}}\boldsymbol{R}\boldsymbol{w} \tag{4.2.20}$$

$$\boldsymbol{p}=\boldsymbol{R}\boldsymbol{w}^* \tag{4.2.21}$$

$$\varepsilon_{\min}=\varepsilon(\boldsymbol{w}^*)=\sigma_d^2-\boldsymbol{p}^{\mathrm{T}}\boldsymbol{w}^* \tag{4.2.22}$$

式（4.2.20）与式（4.2.22）相减，得

$$\begin{aligned}\varepsilon(\boldsymbol{w})-\varepsilon_{\min}&=\boldsymbol{w}^{\mathrm{T}}\boldsymbol{R}\boldsymbol{w}-2\boldsymbol{w}^{\mathrm{T}}\boldsymbol{p}+\boldsymbol{p}^{\mathrm{T}}\boldsymbol{w}^*\\&=\boldsymbol{w}^{\mathrm{T}}\boldsymbol{R}\boldsymbol{w}-2\boldsymbol{p}^{\mathrm{T}}\boldsymbol{w}+\boldsymbol{p}^{\mathrm{T}}\boldsymbol{w}^*\end{aligned}$$

将式（4.2.21）代入上式，得

$$\begin{aligned}\varepsilon(\boldsymbol{w})-\varepsilon_{\min}&=\boldsymbol{w}^{\mathrm{T}}\boldsymbol{R}\boldsymbol{w}-2\boldsymbol{w}^{*\mathrm{T}}\boldsymbol{R}\boldsymbol{w}+\boldsymbol{w}^{*\mathrm{T}}\boldsymbol{R}\boldsymbol{w}^*\\&=\boldsymbol{w}^{\mathrm{T}}\boldsymbol{R}\boldsymbol{w}-\boldsymbol{w}^{*\mathrm{T}}\boldsymbol{R}\boldsymbol{w}-\boldsymbol{w}^{*\mathrm{T}}\boldsymbol{R}\boldsymbol{w}+\boldsymbol{w}^{*\mathrm{T}}\boldsymbol{R}\boldsymbol{w}^*\\&=(\boldsymbol{w}-\boldsymbol{w}^*)^{\mathrm{T}}\boldsymbol{R}\boldsymbol{w}-\boldsymbol{w}^{*\mathrm{T}}\boldsymbol{R}(\boldsymbol{w}-\boldsymbol{w}^*)\end{aligned}$$

令 $\boldsymbol{w}-\boldsymbol{w}^*=\boldsymbol{v}$，则

$$\varepsilon(\boldsymbol{w})-\varepsilon_{\min}=\boldsymbol{v}^{\mathrm{T}}\boldsymbol{R}\boldsymbol{w}-\boldsymbol{w}^{*\mathrm{T}}\boldsymbol{R}\boldsymbol{v} \tag{4.2.23}$$

因为 $\boldsymbol{R}$ 为对称矩阵，且 $\boldsymbol{w}^*$ 和 $\boldsymbol{v}$ 中的各项均为标量，所以相乘无次序，有

$$\boldsymbol{w}^{*\mathrm{T}}\boldsymbol{R}\boldsymbol{v}=\boldsymbol{v}^{\mathrm{T}}\boldsymbol{R}\boldsymbol{w}^*$$

将上式代入式（4.2.23），得

$$\begin{aligned}\varepsilon(\boldsymbol{w})-\varepsilon_{\min}&=\boldsymbol{v}^{\mathrm{T}}\boldsymbol{R}\boldsymbol{w}-\boldsymbol{v}^{\mathrm{T}}\boldsymbol{R}\boldsymbol{w}^*\\&=\boldsymbol{v}^{\mathrm{T}}\boldsymbol{R}\boldsymbol{v} &(4.2.24)\\&=\boldsymbol{v}^{\mathrm{T}}\boldsymbol{Q}\boldsymbol{\Lambda}\boldsymbol{Q}^{\mathrm{T}}\boldsymbol{v} &(4.2.25)\end{aligned}$$

式（4.2.25）中，$\boldsymbol{Q}$ 为实对称矩阵 $\boldsymbol{R}$ 的特征向量矩阵，$\boldsymbol{\Lambda}$ 是以 $\boldsymbol{R}$ 的 N 个特征值为主对角线元素的对角矩阵。令 $\boldsymbol{Q}^{\mathrm{T}}\boldsymbol{v}=\boldsymbol{v}'$，则 $\boldsymbol{v}'^{\mathrm{T}}=\boldsymbol{v}^{\mathrm{T}}\boldsymbol{Q}$，代入式（4.2.25）得

$$\varepsilon(\boldsymbol{w})-\varepsilon_{\min}=\boldsymbol{v}'^{\mathrm{T}}\boldsymbol{\Lambda}\boldsymbol{v}'$$

于是可得均方误差性能函数在主轴坐标系中的表达式

$$\varepsilon(\boldsymbol{v}')=\varepsilon_{\min}+\boldsymbol{v}'^{\mathrm{T}}\boldsymbol{\Lambda}\boldsymbol{v}' \tag{4.2.26}$$

如果在式（4.2.26）中令 $\varepsilon(\boldsymbol{v}')=2\varepsilon_{\min}$，则可得式（4.2.18）。而式（4.2.24）是均方误差性能函数在平移坐标系中的表达式，如果令 $\varepsilon(\boldsymbol{w})=2\varepsilon_{\min}$，则式（4.2.24）就是式（4.2.13）。

均方误差性能函数对权向量$\boldsymbol{v}'$求导，由式（4.2.26）可得性能曲面的梯度向量

$$\begin{aligned}\nabla &= \frac{\partial \varepsilon(\boldsymbol{v}')}{\partial \boldsymbol{v}'} = 2\boldsymbol{\Lambda}\boldsymbol{v}' \\ &= 2\begin{bmatrix}\lambda_1 & 0 & \cdots & 0 \\ 0 & \lambda_2 & \cdots & 0 \\ \vdots & \vdots & \ddots & \vdots \\ 0 & 0 & \cdots & \lambda_N\end{bmatrix}\begin{bmatrix}v_1' \\ v_2' \\ \vdots \\ v_N'\end{bmatrix} = \begin{bmatrix}2\lambda_1 v_1' \\ 2\lambda_2 v_2' \\ \vdots \\ 2\lambda_N v_N'\end{bmatrix}\end{aligned} \tag{4.2.27}$$

由式（4.2.27）可以得出如下结论。

（1）当搜索点位于某一主轴v_i'上时，由于其他主轴上的分量等于零，此时梯度向量就处在这条轴上，大小为

$$\frac{\partial \varepsilon}{\partial v_i'} = 2\lambda_i v_i', \quad i = 1, 2, \cdots, N$$

（2）均方误差沿着任何一条主轴的二阶导数是相应特征值的两倍，即

$$\frac{\partial^2 \varepsilon}{\partial v_i'^2} = 2\lambda_i, \quad i = 1, 2, \cdots, N$$

因为自相关矩阵为非负定矩阵，所以均方误差沿着任何一条主轴的二阶导数非负。

需要说明的是，用$x(n)$序列对期望响应$d(n)$进行估计，估计的质量取决于$d(n)$与$x(n)$序列之间的关联程度。为加深理解，下面来讨论两种极端情况。

（1）如果期望响应$d(n)$与$x(n)$序列不相关，则有

$$\boldsymbol{p} = \mathrm{E}[d(n)\boldsymbol{x}_N(n)] = 0$$

由式（4.2.7）可得最优解

$$\boldsymbol{w}^* = \boldsymbol{R}^{-1}\boldsymbol{p} = \boldsymbol{R}^{-1} \cdot 0 = 0$$

由式（4.2.9）可得估计的最小均方误差为

$$\varepsilon_{\min} = \varepsilon(\boldsymbol{w}^*) = \sigma_d^2 - \boldsymbol{p}^{\mathrm{T}}\boldsymbol{w}^* = \sigma_d^2$$

由于无任何根据做估计，$\boldsymbol{w}^*$的选择成为 0，使得$\varepsilon_{\min}$很大，与信号功率的大小相同。此时估计$\hat{d}(n)$完全无效。例如，在预测的情况下，期望响应$d(n)$就是$x(n)$，如果$x(n)$序列本身前后不相关，就不可以用此刻之前的$x(n-1), x(n-2), \cdots$来预测此刻的$x(n)$。

（2）如果期望响应$d(n)$与信号序列$x(n)$完全相关（有完全确定的关系），此时可以选择$\boldsymbol{w}^*$使$\varepsilon_{\min} = 0$，$\hat{d}(n)$成为$d(n)$完全有效的估计。例如，$d(n)$与信号序列$x(n)$之间有确定的关系：

$$d(n) = a \cdot x(n-2)$$

则

$$\sigma_d^2 = a^2\sigma_x^2 \tag{4.2.28}$$

$$\begin{aligned}R_{xd}(2) &= \mathrm{E}[x(n-2)d(n)] \\ &= \mathrm{E}[x(n-2) \cdot a \cdot x(n-2)] \\ &= \mathrm{E}[a \cdot x^2(n-2)] = a\sigma_x^2\end{aligned}$$

$$\boldsymbol{p}=[R_{xd}(0)\quad R_{xd}(1)\quad R_{xd}(2)\quad \cdots \quad R_{xd}(N-1)]^{\mathrm{T}}$$
$$=[0\quad 0\quad a\sigma_x^2\quad \cdots\quad 0]^{\mathrm{T}} \tag{4.2.29}$$

假定 $x(n)$ 序列本身前后不相关，则

$$\boldsymbol{R}=\mathrm{E}[\boldsymbol{x}_N(n)\boldsymbol{x}_N^{\mathrm{T}}(n)]=\sigma_x^2\boldsymbol{I}$$

其中 $\boldsymbol{I}$ 是 $N\times N$ 维单位矩阵，有

$$\boldsymbol{R}^{-1}=\frac{1}{\sigma_x^2}\boldsymbol{I}$$

由式（4.2.7）可得最优解

$$\boldsymbol{w}^*=\boldsymbol{R}^{-1}\boldsymbol{p}=[0\quad 0\quad a\quad 0\quad \cdots\quad 0]^{\mathrm{T}} \tag{4.2.30}$$

将式（4.2.28）、式（4.2.29）和式（4.2.30）代入式（4.2.9），可得估计的最小均方误差

$$\varepsilon(\boldsymbol{w}^*)=\sigma_d^2-\boldsymbol{p}^{\mathrm{T}}\boldsymbol{w}^*=a^2\sigma_x^2-a^2\sigma_x^2=0$$

例 4.2.1 自适应滤波器如图 4.7 所示。设 $\mathrm{E}[x^2(n)]=1$，$\mathrm{E}[x(n)x(n-1)]=0.5$，$\mathrm{E}[d^2(n)]=4$，$\mathrm{E}[d(n)x(n)]=-1$，$\mathrm{E}[d(n)x(n-1)]=1$。在开关 S 打开和闭合的情况下，求：（1）均方误差性能函数；（2）最佳权值 w_1^*；（3）最小均方误差。

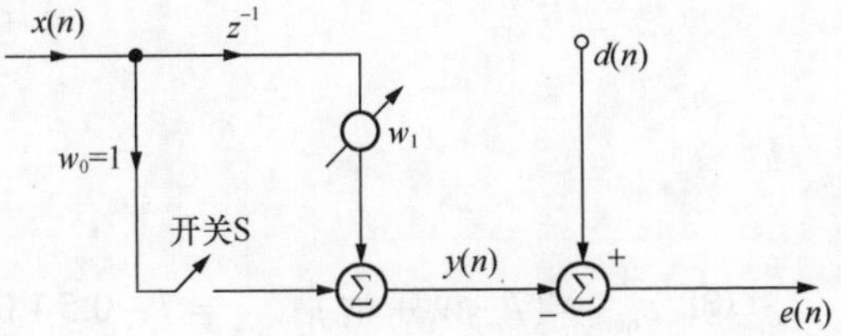

图 4.7 自适应滤波器

解：根据已知条件，有

$$\boldsymbol{R}=\begin{bmatrix}1 & 0.5\\ 0.5 & 1\end{bmatrix}$$

$$\boldsymbol{p}=\begin{bmatrix}\mathrm{E}[d(n)x(n)]\\ \mathrm{E}[d(n)x(n-1)]\end{bmatrix}=\begin{bmatrix}-1\\ 1\end{bmatrix}$$

（1）开关 S 打开时：

$$\boldsymbol{w}=\begin{bmatrix}w_0\\ w_1\end{bmatrix}=\begin{bmatrix}0\\ w_1\end{bmatrix}$$

① $\varepsilon(\boldsymbol{w})=\sigma_d^2-2\boldsymbol{w}^{\mathrm{T}}\boldsymbol{p}+\boldsymbol{w}^{\mathrm{T}}\boldsymbol{R}\boldsymbol{w}$

$$=\mathrm{E}[d^2(n)]-2\begin{bmatrix}0 & w_1\end{bmatrix}\begin{bmatrix}-1\\ 1\end{bmatrix}+\begin{bmatrix}0 & w_1\end{bmatrix}\begin{bmatrix}1 & 0.5\\ 0.5 & 1\end{bmatrix}\begin{bmatrix}0\\ w_1\end{bmatrix}$$

$$=4-2w_1+w_1^2$$

② 令 $\dfrac{\partial\varepsilon}{\partial w_1}=0$，得

$$-2+2w_1^*=0$$

$$w_1^*=1$$

③ $\varepsilon_{\min} = (4 - 2w_1 + w_1^2)\big|_{w_1=1} = 4 - 2 + 1 = 3$

（2）开关 S 闭合时：

$$\boldsymbol{w} = \begin{bmatrix} w_0 \\ w_1 \end{bmatrix} = \begin{bmatrix} 1 \\ w_1 \end{bmatrix}$$

①
$$\begin{aligned}
\varepsilon(\boldsymbol{w}) &= \sigma_d^2 - 2\boldsymbol{w}^{\mathrm{T}}\boldsymbol{p} + \boldsymbol{w}^{\mathrm{T}}\boldsymbol{R}\boldsymbol{w} \\
&= 4 - 2\begin{bmatrix} 1 & w_1 \end{bmatrix}\begin{bmatrix} -1 \\ 1 \end{bmatrix} + \begin{bmatrix} 1 & w_1 \end{bmatrix}\begin{bmatrix} 1 & 0.5 \\ 0.5 & 1 \end{bmatrix}\begin{bmatrix} 1 \\ w_1 \end{bmatrix} \\
&= 4 - 2(w_1 - 1) + \begin{bmatrix} 1 + 0.5w_1 & 0.5 + w_1 \end{bmatrix}\begin{bmatrix} 1 \\ w_1 \end{bmatrix} \\
&= 4 - 2w_1 + 2 + 1 + 0.5w_1 + 0.5w_1 + w_1^2 \\
&= 7 - w_1 + w_1^2
\end{aligned}$$

② 令 $\dfrac{\partial \varepsilon}{\partial w_1} = 0$，得

$$-1 + 2w_1^* = 0$$

$$w_1^* = \frac{1}{2}$$

③ $\varepsilon_{\min} = (7 - w_1 + w_1^2)\big|_{w_1=0.5} = 7 - 0.5 + 0.25 = 6.75$

请读者思考：是否可以将 $\boldsymbol{w} = \begin{bmatrix} 1 \\ w_1 \end{bmatrix} = \begin{bmatrix} 1 \\ 0.5 \end{bmatrix}$ 代入 $\varepsilon_{\min} = \varepsilon(\boldsymbol{w}^*) = \sigma_d^2 - \boldsymbol{p}^{\mathrm{T}}\boldsymbol{w}^*$（式（4.2.22））求最小均方误差？回答应是否定的。因为式（4.2.22）是将维纳解代入式（4.2.20）推导得出的。所谓维纳解是指滤波器所有的权系数都达到最优。而这里是先固定一个权系数求另一个权系数的最优解，并不是使两个权系数同时达到最优，所以不可以代入适用于维纳解的公式（4.2.22）。开关闭合时的维纳解可以通过以下方法求取。

均方误差性能函数为

$$\begin{aligned}
\varepsilon(\boldsymbol{w}) &= \sigma_d^2 - 2\boldsymbol{w}^{\mathrm{T}}\boldsymbol{p} + \boldsymbol{w}^{\mathrm{T}}\boldsymbol{R}\boldsymbol{w} \\
&= 4 - 2\begin{bmatrix} w_0 & w_1 \end{bmatrix}\begin{bmatrix} -1 \\ 1 \end{bmatrix} + \begin{bmatrix} w_0 & w_1 \end{bmatrix}\begin{bmatrix} 1 & 0.5 \\ 0.5 & 1 \end{bmatrix}\begin{bmatrix} w_0 \\ w_1 \end{bmatrix} \\
&= 4 + 2w_0 - 2w_1 + w_0 w_1 + w_0^2 + w_1^2
\end{aligned}$$

令 $\dfrac{\partial \varepsilon}{\partial w_0} = 0$，得

$$2w_0^* + w_1^* = -2$$

令 $\dfrac{\partial \varepsilon}{\partial w_1} = 0$，得

$$w_0^* + 2w_1^* = 2$$

解二元一次方程组，可得维纳解

$$\boldsymbol{w}^* = \begin{bmatrix} w_0^* \\ w_1^* \end{bmatrix} = \begin{bmatrix} -2 \\ 2 \end{bmatrix}$$

4.2.2　梯度下降法

我们通过前面的分析知道，维纳解就是ε面的最低点（碗底）所对应的权值，也就是ε面上梯度$\nabla = 0$的点所对应的权值。所以，搜索维纳解就是寻找ε面的最低点。在平稳信号处理中，因为相关矩阵$\boldsymbol{R}$和$\boldsymbol{p}$等不随时间变化，所以性能函数

$$\varepsilon(\boldsymbol{w}) = \sigma_d^2 - 2\boldsymbol{w}^{\mathrm{T}}\boldsymbol{p} + \boldsymbol{w}^{\mathrm{T}}\boldsymbol{R}\boldsymbol{w}$$

是确定的，性能曲面的形状保持不变。搜索从性能曲面某点出发，运动至最低点附近，最后停止在最低点，该点对应的权值就是维纳解$\boldsymbol{w}^*$。

在非平稳信号处理中，如果信号有慢变化的统计特性，$\boldsymbol{R}$和$\boldsymbol{p}$时变，性能曲面的形状会发生变化，维纳解$\boldsymbol{w}^* = \boldsymbol{R}^{-1}\boldsymbol{p}$也随着改变。当$\boldsymbol{R}$和$\boldsymbol{p}$变化时，原来的最优权$\boldsymbol{w}^*$所对应的$\varepsilon$已不再是$\varepsilon_{\min}$，只是$\varepsilon$面上的某一点。自适应滤波器能够自动跟踪环境的变化，当性能曲面移动时，搜索过程能够跟踪它的最低点，也就是找到当前条件下的维纳解$\boldsymbol{w}^*$。

假定搜索点处于ε面上某一初始位置，该点在$\boldsymbol{w}$面上投影的坐标就是滤波器系数的初值。显然，只要在ε面上向碗底方向移动搜索点，就可以到达碗底。问题是，怎样保证搜索点的移动方向是朝着碗底的？怎样尽可能快地到达碗底？

因为ε面上某点的梯度总是指向ε增加的一方，这也是ε函数变化率最大的方向，所以负梯度的方向就是ε下降最快的方向。因此，合理的方案应该是沿着负梯度的方向移动搜索点。这种方法称为最速（陡）下降法，也叫最速（陡）梯度法或梯度下降法。

1. 权系数的迭代解

为便于分析，先看一维的情况。此时待定的权系数只有w_0，均方误差性能函数$\varepsilon(w_0)$是w_0的一元二次函数，如图 4.8 所示，是碗口向上的抛物线。图 4.8 中w_0^*表示w_0的最优解。

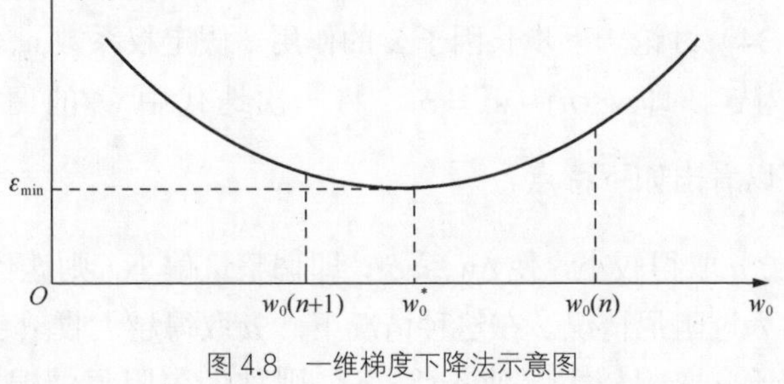

图 4.8　一维梯度下降法示意图

用$w_0(n+1)$和$w_0(n)$分别表示经过$(n+1)$次迭代和n次迭代后w_0的值。则一次迭代中w_0的调整量Δw_0为

$$\Delta w_0 = w_0(n+1) - w_0(n)$$

有

$$w_0(n+1) = w_0(n) + \Delta w_0 \tag{4.2.31}$$

为表示方便，暂不考虑 n，用 w_0 表示 $w_0(n)$，用 $w_0+\Delta w_0$ 表示 $w_0(n+1)$。根据梯度下降法的思路，应有

$$\varepsilon(w_0+\Delta w_0)<\varepsilon(w_0) \tag{4.2.32}$$

一直迭代下去，可使 $\varepsilon(w_0+\Delta w_0)=\varepsilon_{\min}$。

当调整量 Δw_0 足够小时，将 $\varepsilon(w_0+\Delta w_0)$ 在 w_0 附近展开成泰勒级数，取至一次项有

$$\varepsilon(w_0+\Delta w_0)=\varepsilon(w_0)+\frac{\partial\varepsilon(w_0)}{\partial w_0}\Delta w_0 \tag{4.2.33}$$

将式（4.2.33）代入式（4.2.32），可得

$$\varepsilon(w_0)+\frac{\partial\varepsilon(w_0)}{\partial w_0}\Delta w_0<\varepsilon(w_0)$$

可见，Δw_0 必须取与 $\frac{\partial\varepsilon(w_0)}{\partial w_0}$ 相反的方向，才能使 $\frac{\partial\varepsilon(w_0)}{\partial w_0}\Delta w_0<0$，从而使上式成立。也就是说，$\Delta w_0$ 必须取负导数的方向。令

$$\Delta w_0=-\mu\frac{\partial\varepsilon(w_0)}{\partial w_0}$$

其中 $\mu>0$，称为步长因子或收敛因子，它影响在最陡方向上行进的长度。将上式分别代入式（4.2.31）和式（4.2.33），可得

$$w_0(n+1)=w_0(n)-\mu\frac{\partial\varepsilon(w_0)}{\partial w_0} \tag{4.2.34}$$

和

$$\varepsilon(w_0+\Delta w_0)=\varepsilon(w_0)-\mu\left[\frac{\partial\varepsilon(w_0)}{\partial w_0}\right]^2<\varepsilon(w_0)$$

式（4.2.34）是权系数 w_0 的迭代公式。由上式可以看出，权系数的调整使均方误差减小。

下面借助式（4.2.34）讨论一下步长因子 μ 的作用。假定权系数 w_0 的当前值为 $w_0(n)$，它与最优解 w_0^* 的距离为 δ，即 $w_0(n)-w_0^*=\delta$。将一次迭代中 w_0 的调整量用 Δw_0 表示，且 $\Delta w_0=-\mu\frac{\partial\varepsilon(w_0)}{\partial w_0}$，可以看出如下特点。

（1）如果步长因子 μ 取得较小，使 $\Delta w_0<\delta$，即调整量偏小，则迭代的结果必然收敛于最优解 w_0^*。这种情况称为过阻尼情况。在这种情况下，μ 取得越大收敛越快。

（2）如果步长因子 μ 取得较大，使 $\Delta w_0>\delta$，则称为欠阻尼情况。欠阻尼情况又分为三种。

① 当 $\delta<\Delta w_0<2\delta$ 时，收敛，如图 4.9（a）所示。

② 当 $\Delta w_0=2\delta$ 时，发散，如图 4.9（b）所示。

③ 当 $\Delta w_0>2\delta$ 时，发散，如图 4.9（c）所示。

以上分析表明，步长因子 μ 是一个控制收敛性能的参量，所以步长因子也叫收敛因子。

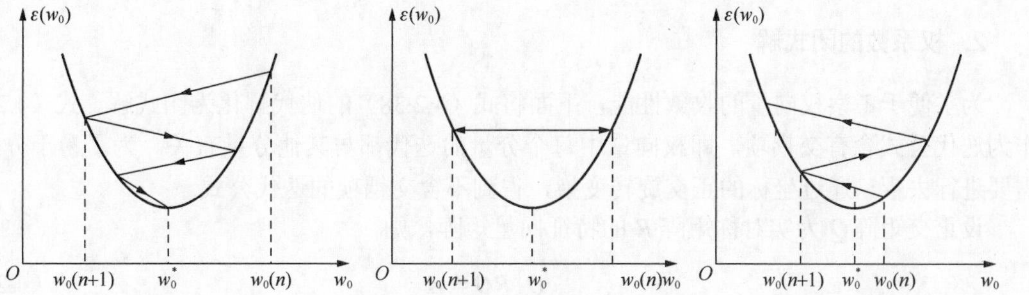

（a）$\delta<\Delta w_0<2\delta$　　（b）$\Delta w_0=2\delta$　　（c）$\Delta w_0>2\delta$

图 4.9　步长因子 μ 对收敛的影响

推广至多维情况，根据式（4.2.34）可以写出多维情况下通用的迭代公式

$$\boldsymbol{w}(n+1)=\boldsymbol{w}(n)-\mu\nabla_w[\varepsilon(n)] \tag{4.2.35}$$

其中，$\nabla_w[\varepsilon(n)]$ 是 ε 面上任一点 $[\boldsymbol{w}(n),\varepsilon(n)]$ 的梯度，是由该点处 ε 面的方向微分所组成的向量。方向微分是函数 $\varepsilon(\boldsymbol{w})$ 在某方向上的变化率，它等于梯度在该方向上的投影。二维情况下的梯度向量可以表示为

$$\nabla_w[\varepsilon(n)]=\left[\frac{\partial\varepsilon}{\partial\boldsymbol{w}}\right]_{\varepsilon=\varepsilon(n)}=\begin{bmatrix}\dfrac{\partial\varepsilon}{\partial w_0}\\[2mm]\dfrac{\partial\varepsilon}{\partial w_1}\end{bmatrix}_{\varepsilon=\varepsilon(n)}$$

负梯度向量如图 4.10 所示。

可以看出，如果想由式（4.2.35）通过逐次迭代得到维纳解 $\boldsymbol{w}^*$，必须已知 ε 面上相应点的梯度 $\nabla_w[\varepsilon(n)]$。将式（4.2.20）表示的均方误差性能函数重新列出：

$$\varepsilon(\boldsymbol{w})=\sigma_d^2-2\boldsymbol{w}^{\mathrm{T}}\boldsymbol{p}+\boldsymbol{w}^{\mathrm{T}}\boldsymbol{R}\boldsymbol{w}$$

因为 $\boldsymbol{w}$ 随迭代次数 n 改变，故写为 $\boldsymbol{w}(n)$，相应地，将 $\varepsilon(\boldsymbol{w})$ 表示为 $\varepsilon(n)$，于是上式可以写为

$$\varepsilon(n)=\sigma_d^2-2\boldsymbol{w}^{\mathrm{T}}(n)\boldsymbol{p}+\boldsymbol{w}^{\mathrm{T}}(n)\boldsymbol{R}\boldsymbol{w}(n) \tag{4.2.36}$$

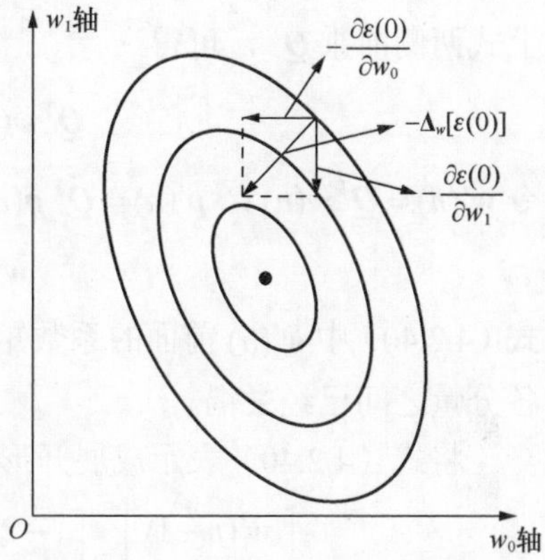

图 4.10　ε 面上某点的负梯度向量

由此求得梯度向量

$$\nabla_w[\varepsilon(n)]=-2\boldsymbol{p}+2\boldsymbol{R}\boldsymbol{w}(n) \tag{4.2.37}$$

将式（4.2.37）代入迭代公式（4.2.35），得

$$\begin{aligned}\boldsymbol{w}(n+1)&=\boldsymbol{w}(n)+2\mu[\boldsymbol{p}-\boldsymbol{R}\boldsymbol{w}(n)]\\&=\boldsymbol{w}(n)-2\mu\boldsymbol{R}\boldsymbol{w}(n)+2\mu\boldsymbol{p}\end{aligned}$$

上式可以写为

$$\boldsymbol{w}(n+1)=[\boldsymbol{I}-2\mu\boldsymbol{R}]\boldsymbol{w}(n)+2\mu\boldsymbol{p} \tag{4.2.38}$$

式（4.2.38）作为迭代公式将相关函数 $\boldsymbol{R}$ 和 $\boldsymbol{p}$ 作为已知条件，所以很少直接应用。但它具有很重要的理论指导意义，以它为基础可以得出其他一些实用的算法（如 LMS 算法）。

2. 权系数的闭式解

为了便于考察权向量的收敛性能，下面将式（4.2.38）的迭代解化为闭式解。式（4.2.38）作为迭代公式含有交耦项，即权向量中每个分量的迭代都与其他分量有关。为了易于分析，需要进行去耦，通过坐标的正交旋转变换，得到不含交耦项的迭代公式。

设正交矩阵 $\boldsymbol{Q}$ 为实对称矩阵 $\boldsymbol{R}$ 的特征向量矩阵，则

$$\boldsymbol{Q}^{\mathrm{T}}\boldsymbol{R}\boldsymbol{Q}=\boldsymbol{\Lambda} \tag{4.2.39}$$

其中，$\boldsymbol{\Lambda}$ 是以 $\boldsymbol{R}$ 的 N 个特征值为主对角线元素的对角矩阵，即

$$\boldsymbol{\Lambda}=\begin{bmatrix}\lambda_1 & 0 & \cdots & 0\\ 0 & \lambda_2 & \cdots & 0\\ \vdots & \vdots & \ddots & \vdots\\ 0 & 0 & \cdots & \lambda_N\end{bmatrix}$$

因为 $\boldsymbol{Q}$ 是正交矩阵，有 $\boldsymbol{Q}\boldsymbol{Q}^{\mathrm{T}}=\boldsymbol{Q}\boldsymbol{Q}^{-1}=\boldsymbol{I}$，所以由式（4.2.39）可得

$$\boldsymbol{R}=\boldsymbol{Q}\boldsymbol{\Lambda}\boldsymbol{Q}^{\mathrm{T}}$$

由式（4.2.38），有

$$\begin{aligned}\boldsymbol{w}(n+1)&=[\boldsymbol{Q}\boldsymbol{Q}^{\mathrm{T}}-2\mu\boldsymbol{Q}\boldsymbol{\Lambda}\boldsymbol{Q}^{\mathrm{T}}]\boldsymbol{w}(n)+2\mu\boldsymbol{p}\\ &=\boldsymbol{Q}[\boldsymbol{I}-2\mu\boldsymbol{\Lambda}]\boldsymbol{Q}^{\mathrm{T}}\boldsymbol{w}(n)+2\mu\boldsymbol{p}\end{aligned}$$

上式两侧前乘 $\boldsymbol{Q}^{\mathrm{T}}$，可得

$$\boldsymbol{Q}^{\mathrm{T}}\boldsymbol{w}(n+1)=[\boldsymbol{I}-2\mu\boldsymbol{\Lambda}]\boldsymbol{Q}^{\mathrm{T}}\boldsymbol{w}(n)+2\mu\boldsymbol{Q}^{\mathrm{T}}\boldsymbol{p}$$

令 $\boldsymbol{w}'(n)=\boldsymbol{Q}^{\mathrm{T}}\boldsymbol{w}(n)$，$\boldsymbol{p}'(n)=\boldsymbol{Q}^{\mathrm{T}}\boldsymbol{p}(n)$，则上式可以写为

$$\boldsymbol{w}'(n+1)=[\boldsymbol{I}-2\mu\boldsymbol{\Lambda}]\boldsymbol{w}'(n)+2\mu\boldsymbol{p}' \tag{4.2.40}$$

式（4.2.40）中 $\boldsymbol{w}'(n)$ 前面的系数矩阵 $[\boldsymbol{I}-2\mu\boldsymbol{\Lambda}]$ 是对角矩阵，说明旋转变换之后的权向量 $\boldsymbol{w}'(n)$ 各分量之间已经去耦。

将式（4.2.40）表示成展开形式为

$$\begin{bmatrix}w_1'(n+1)\\ w_2'(n+1)\\ \vdots\\ w_N'(n+1)\end{bmatrix}=\begin{bmatrix}1-2\mu\lambda_1 & 0 & \cdots & 0\\ 0 & 1-2\mu\lambda_2 & \cdots & 0\\ \vdots & \vdots & \ddots & \vdots\\ 0 & 0 & \cdots & 1-2\mu\lambda_N\end{bmatrix}\begin{bmatrix}w_1'(n)\\ w_2'(n)\\ \vdots\\ w_N'(n)\end{bmatrix}+\begin{bmatrix}2\mu p_1'\\ 2\mu p_2'\\ \vdots\\ 2\mu p_N'\end{bmatrix}$$

可得

$$w_i'(n+1)=(1-2\mu\lambda_i)w_i'(n)+2\mu p_i', \qquad i=1,2,\cdots,N \tag{4.2.41}$$

由此式可以看出，$w_i'(n+1)$ 只与 $w_i'(n)$ 有关，而与 $w_j'(n)$ 无关（$j\neq i$）。也就是说，式（4.2.41）是不含交耦项的迭代公式。下面，即由式（4.2.41）递推导出权系数的闭式解。

令 $n=0$，则

$$w_i'(1)=(1-2\mu\lambda_i)w_i'(0)+2\mu p_i'$$

令 $n=1$，则

$$\begin{aligned} w_i'(2) &= (1-2\mu\lambda_i)w_i'(1)+2\mu p_i' \\ &= (1-2\mu\lambda_i)[(1-2\mu\lambda_i)w_i'(0)+2\mu p_i']+2\mu p_i' \\ &= (1-2\mu\lambda_i)^2 w_i'(0)+2\mu p_i'\left[\sum_{j=0}^{1}(1-2\mu\lambda_i)^j\right] \\ &\vdots \end{aligned}$$

容易看出

$$w_i'(n) = (1-2\mu\lambda_i)^n\ w_i'(0)+2\mu p_i'\left[\sum_{j=0}^{n-1}(1-2\mu\lambda_i)^j\right]$$

令 $\gamma_i = 1-2\mu\lambda_i$，则上式可以写为

$$\begin{aligned} w_i'(n) &= \gamma_i^n\ w_i'(0)+2\mu p_i'\left[\sum_{j=0}^{n-1}\gamma_i^j\right] \\ &= \gamma_i^n\ w_i'(0)+2\mu p_i'\left[\frac{1-\gamma_i^n}{1-\gamma_i}\right] \end{aligned} \tag{4.2.42}$$

式（4.2.42）就是权系数的闭式解表达式。

3．梯度下降法的收敛条件

我们通过前面的分析已得到求维纳解的迭代公式

$$\boldsymbol{w}(n+1) = [\boldsymbol{I}-2\mu\boldsymbol{R}]\boldsymbol{w}(n)+2\mu\boldsymbol{p}$$

现在的问题是，用此式能否从任意的 $\boldsymbol{w}(0)$ 收敛到符合方程 $\boldsymbol{R}\boldsymbol{w}^*=\boldsymbol{p}$ 的解 $\boldsymbol{w}^*$？也就是说应该证明

$$\lim_{n\to\infty}\boldsymbol{w}(n)=\boldsymbol{w}^*$$

正如前面指出的，式（4.2.38）含有交耦项，使得 $\boldsymbol{w}(n)$ 与 $\boldsymbol{w}^*$ 的关系不明显，所以难于从中考察收敛性能。考虑到 $\boldsymbol{w}'(n)=\boldsymbol{Q}^{\mathrm{T}}\boldsymbol{w}(n)$ 属于线性变换，$\boldsymbol{w}'(n)$ 与 $\boldsymbol{w}(n)$ 的收敛可能性是一致的，所以选择不含交耦项的式（4.2.41）进行分析。主要考察两点，首先是能否收敛，其次是是否收敛于最优解。

在旋转坐标系中的最优解为

$$\begin{aligned} \boldsymbol{w}'^* &= \boldsymbol{Q}^{\mathrm{T}}\boldsymbol{w}^* = \boldsymbol{Q}^{\mathrm{T}}\boldsymbol{R}^{-1}\boldsymbol{p} \\ &= \boldsymbol{Q}^{\mathrm{T}}[\boldsymbol{Q}\boldsymbol{\Lambda}\boldsymbol{Q}^{\mathrm{T}}]^{-1}\boldsymbol{p} \\ &= \boldsymbol{Q}^{\mathrm{T}}\boldsymbol{Q}\boldsymbol{\Lambda}^{-1}\boldsymbol{Q}^{-1}\boldsymbol{p} \\ &= \boldsymbol{\Lambda}^{-1}\boldsymbol{Q}^{\mathrm{T}}\boldsymbol{p} \\ &= \boldsymbol{\Lambda}^{-1}\boldsymbol{p}' \end{aligned} \tag{4.2.43}$$

因为 $\boldsymbol{\Lambda}$ 是对角矩阵，所以其逆矩阵 $\boldsymbol{\Lambda}^{-1}$ 依然是对角矩阵，对角线元素为 $\dfrac{1}{\lambda_i}$，$i=1,2,\cdots,N$。

将 $\boldsymbol{w}'^{*}=\boldsymbol{\Lambda}^{-1}\boldsymbol{p}'$ 与 $\boldsymbol{w}^{*}=\boldsymbol{R}^{-1}\boldsymbol{p}$ 相比较，可以发现它们很相似，但是前者的各分量已换为去耦变换后的量。

将式（4.2.43）表示成展开形式为

$$\begin{bmatrix} w_1'^{*} \\ w_2'^{*} \\ \vdots \\ w_N'^{*} \end{bmatrix}=\begin{bmatrix} \frac{1}{\lambda_1} & 0 & \cdots & 0 \\ 0 & \frac{1}{\lambda_2} & \cdots & 0 \\ \vdots & \vdots & \ddots & \vdots \\ 0 & 0 & \cdots & \frac{1}{\lambda_N} \end{bmatrix}\begin{bmatrix} p_1' \\ p_2' \\ \vdots \\ p_N' \end{bmatrix}$$

可得

$$w_i'^{*}=\frac{p_i'}{\lambda_i},\quad i=1,2,\cdots,N \tag{4.2.44}$$

这是在旋转坐标系中最优权的表达式。也就是说应该证明

$$\lim_{n\to\infty} w_i'(n)=w_i'^{*}=\frac{p_i'}{\lambda_i},\quad i=1,2,\cdots,N$$

从式（4.2.42）可以看出，当 $n\to\infty$ 时，要使 $w_i'(n)$ 收敛，必须满足 $|\gamma_i|<1$，所以 γ_i 被称为衰减因子。$|\gamma_i|<1$ 就是

$$|1-2\mu\lambda_i|<1$$

即

$$-1<1-2\mu\lambda_i<1$$

于是可得收敛条件为

$$0<\mu<\frac{1}{\lambda_i},\quad i=1,2,\cdots,N$$

要使上式对 $i=1,2,\cdots,N$ 都成立，必须使

$$0<\mu<\frac{1}{\lambda_{\max}} \tag{4.2.45}$$

选择符合此条件的步长因子 μ 可以使 $|\gamma_i|<1$，从而使式（4.2.42）收敛，并且有

$$\lim_{n\to\infty} w_i'(n)=\lim_{n\to\infty}\left\{\gamma_i^n w_i'(0)+2\mu p_i'\left[\frac{1-\gamma_i^n}{1-\gamma_i}\right]\right\}$$
$$=\frac{2\mu p_i'}{1-\gamma_i}=\frac{2\mu p_i'}{1-(1-2\mu\lambda_i)}=\frac{p_i'}{\lambda_i}=w_i'^{*}$$

于是可以得出结论：当 $0<\mu<\frac{1}{\lambda_{\max}}$ 时，梯度下降法收敛于最优解。也就是说，影响收敛的主要因素是步长因子 μ 的确定，而步长因子 μ 的确定取决于最大特征值 $\lambda_{\max}$，即**收敛条件**

取决于最大特征值。

为避免计算样本数据自相关矩阵的特征值，实际中常采用经验公式确定步长因子 μ。因为对正定矩阵必然有

$$\lambda_{\max} < \sum_{i=1}^{N} \lambda_i = \mathrm{tr}[\boldsymbol{R}]$$

式中 $\mathrm{tr}[\boldsymbol{R}]$ 表示矩阵 $\boldsymbol{R}$ 的迹。上式表明

$$\frac{1}{\mathrm{tr}[\boldsymbol{R}]} < \frac{1}{\lambda_{\max}}$$

因而根据 $0 < \mu < \dfrac{1}{\mathrm{tr}[\boldsymbol{R}]}$ 确定步长因子 μ 可以满足收敛条件式（4.2.45）。而矩阵的迹等于矩阵主对角线元素之和，即

$$\mathrm{tr}[\boldsymbol{R}] = N \cdot R_x(0)$$

式中 $R_x(0) = m_{x^2}$，该数据可以由样本数据估计得到，这样就避免了计算自相关矩阵的特征值。

4．权系数的收敛规律

前面在旋转坐标系中讨论了梯度下降法的收敛条件，下面将在主轴坐标系中讨论权系数的收敛规律。之所以选择主轴坐标系进行讨论，是因为 $v_i'(n)$ 的性质较为简单，并且 $v_i'(n)$ 与 $w_i(n)$ 经适当的线性变换可相互转换。

如前所述，在平移坐标系和主轴坐标系中的权向量可以分别表示为

$$\begin{aligned}\boldsymbol{v}(n) &= \boldsymbol{w}(n) - \boldsymbol{w}^* \\ \boldsymbol{v}'(n) &= \boldsymbol{Q}^{\mathrm{T}}\boldsymbol{v}(n) \\ &= \boldsymbol{Q}^{\mathrm{T}}[\boldsymbol{w}(n) - \boldsymbol{w}^*] \\ &= \boldsymbol{w}'(n) - \boldsymbol{w}'^*\end{aligned}$$

权向量中任一权系数可以表示为

$$v_i'(n) = w_i'(n) - w_i'^*, \quad i = 1, 2, \cdots, N \tag{4.2.46}$$

将 $w_i'(n) = \gamma_i^n\ w_i'(0) + 2\mu p_i' \left[\dfrac{1-\gamma_i^n}{1-\gamma_i}\right]$（式（4.2.42））和 $w_i^* = \dfrac{p_i'}{\lambda_i}$（式（4.2.44））代入式（4.2.46），得

$$v_i'(n) = \gamma_i^n\ w_i'(0) + 2\mu p_i' \left[\frac{1-\gamma_i^n}{1-\gamma_i}\right] - \frac{p_i'}{\lambda_i}$$

将 $\gamma_i = 1 - 2\mu\lambda_i$ 代入上式，得

$$\begin{aligned}v_i'(n) &= (1-2\mu\lambda_i)^n\ w_i'(0) + 2\mu p_i' \left[\frac{1-(1-2\mu\lambda_i)^n}{2\mu\lambda_i}\right] - \frac{p_i'}{\lambda_i} \\ &= \left[w_i'(0) - \frac{p_i'}{\lambda_i}\right](1-2\mu\lambda_i)^n\end{aligned}$$

$$= v_i'(0)(1-2\mu\lambda_i)^n \tag{4.2.47}$$

当满足收敛条件时，有$|1-2\mu\lambda_i|<1$，于是从式（4.2.47）可以得到

$$\lim_{n\to\infty} v_i'(n)=0\,, \qquad i=1,2,\cdots,N$$

这正是主轴坐标系中的最优解，因为主轴坐标系的坐标原点在碗底位置，坐标原点所对应的全零坐标就是最优解。

从上面的分析可以得出如下结论。

（1）当符合收敛条件时，$v_i'(n)$的收敛可能性与$v_i'(0)$无关。（注意，是指能否收敛，不是指收敛速度。）

（2）当符合收敛条件时，$v_i'(n)$随着n的增长按指数规律衰减到0。

上述结论同时也说明，无论$\boldsymbol{w}(0)$取何值，只要迭代次数n足够大，$\boldsymbol{w}(n)$均可收敛到$\boldsymbol{w}^*$。

接下来需要考虑的问题是：$\boldsymbol{w}(n)$收敛于$\boldsymbol{w}^*$的速度如何？也就是说，经过多少次迭代，可以使$\boldsymbol{w}(n)$收敛于$\boldsymbol{w}^*$。为便于分析，依然在主轴坐标系中进行讨论。

由式（4.2.47）可以看出，$v_i'(n)$的取值与两个因素有关：初始点位置$v_i'(0)$和衰减因子$\gamma_i=1-2\mu\lambda_i$。下面分别讨论它们对收敛性能的影响。

先看初始点位置$v_i'(0)$。前面对误差性能曲面几何特性的分析中已经得出，在主轴坐标系中，均方误差对权的梯度（式（4.2.27））为

$$\nabla=\frac{\partial\varepsilon(\boldsymbol{v}')}{\partial\boldsymbol{v}'}=2\boldsymbol{\Lambda}\boldsymbol{v}'=\begin{bmatrix}2\lambda_1 v_1'\\ 2\lambda_2 v_2'\\ \vdots\\ 2\lambda_N v_N'\end{bmatrix}$$

由上式可以看出，如果初始点位于某一主轴v_i'上，那么权向量$\boldsymbol{v}'(0)$中只有一个权系数$v_i'(0)$非零，此时梯度向量就处在这条轴上，权向量在性能曲面负梯度方向上变化，就是在该主轴上变化，此时负梯度方向指向最小点。每一次迭代产生的搜索点权值$v_i'(n)$随n按指数规律衰减至0。并且，由于其他主轴上的权系数为0，所以只要该权系数收敛到0，权向量$\boldsymbol{v}'$就达最优。

如果初始点位于一般位置，那么梯度向量由该点处ε面的方向微分共同组成（参见图4.10）。此时搜索点所在位置的负梯度方向不一定指向碗底，滤波系数以多个近似指数衰减序列的线性组合方式收敛到最优点。

再看衰减因子$\gamma_i=1-2\mu\lambda_i$。为使权系数$v_i'(n)$尽快收敛到0，从式（4.2.47）中可以看出，应使$|\gamma_i|=|1-2\mu\lambda_i|$尽量小些。最小是$\gamma_i=0$，此时有

$$v_i'(n)=v_i'(0)\gamma_i^n=0$$

只需一次迭代就收敛于最优值，收敛速度达到最大。如果$|\gamma_i|$增大，则收敛速度减慢。当$|\gamma_i|$大到$|\gamma_i|\geqslant 1$时，权系数将不收敛，自适应过程失去稳定性。在符合收敛条件（$|\gamma_i|<1$）的情况下，如果$\gamma_i<0$，则γ_i^n在迭代过程中正负交替，权系数$v_i'(n)$在最优解（即零值）两边振荡，这种情况对应欠阻尼的情况。γ_i取不同值时权系数与迭代次数的关系曲线如图4.11所示。

表4.1总结了γ_i取不同值时权系数的收敛情况。根据表中的总结可以看出，不同特征值与同一步长因子μ的关系可能属于不同的情况，所以，各个权系数的收敛速度是不一样的。

考虑到只有当所有的权系数都收敛时滤波器才工作在最优状态，接下来通过引入权系数衰减时间常数τ，来讨论不同权系数的收敛情况。

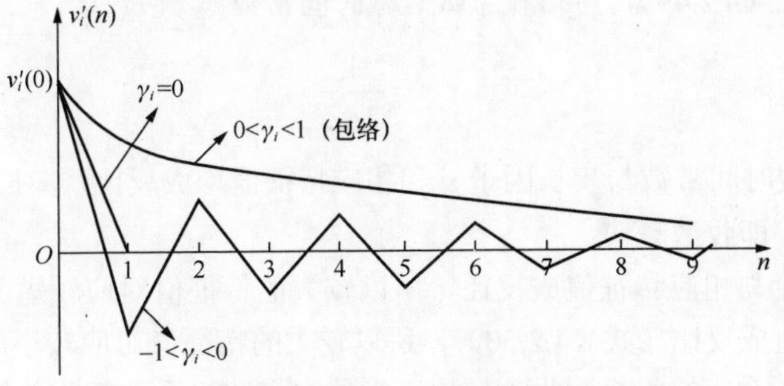

图 4.11 γ_i取不同值时权系数与迭代次数的关系曲线

表 4.1 γ_i取不同值时权系数的收敛情况

稳定 $0<\mu<\frac{1}{\lambda_i}$ （$\|\gamma_i\|<1$）	$0<\mu<\frac{1}{2\lambda_i}$	$0<\gamma_i<1$	过阻尼
	$\mu=\frac{1}{2\lambda_i}$	$\gamma_i=0$	临界阻尼
	$\frac{1}{2\lambda_i}<\mu<\frac{1}{\lambda_i}$	$-1<\gamma_i<0$	欠阻尼
不稳定	$\mu\geqslant\frac{1}{\lambda_i}$	$\|\gamma_i\|\geqslant 1$	不收敛

定义$v'(n)$衰减为$v'(0)$的$\frac{1}{\mathrm{e}}$倍时所经历的迭代次数n为权系数衰减时间常数，用τ表示。又由式（4.2.47）可知

$$\frac{v'(n)}{v'(0)}=\gamma^n$$

所以

$$\frac{v'(n)}{v'(0)}=\frac{1}{\mathrm{e}}=\gamma^\tau$$

上式可以写为

$$\gamma=\mathrm{e}^{-\frac{1}{\tau}} \tag{4.2.48}$$

将$\mathrm{e}^{-\frac{1}{\tau}}$展开成幂级数形式，因为通常有$\tau>10$，所以高幂次项可忽略。如果取至一次项，则有

$$\mathrm{e}^{-\frac{1}{\tau}}=1-\frac{1}{\tau}$$

将其代入式（4.2.48），得

$$\gamma=1-\frac{1}{\tau}$$

即
$$\tau=\frac{1}{1-\gamma} \tag{4.2.49}$$
将$\gamma=1-2\mu\lambda$代入式（4.2.49），可得权系数衰减时间常数
$$\tau=\frac{1}{2\mu\lambda} \tag{4.2.50}$$

可以看出，收敛时间常数与步长因子μ和相应特征值均成反比，步长因子和特征值越大，收敛时间常数越小，即收敛越快。

因为主轴的长度与相应特征值成反比，所以较大的特征值对应较短的轴。又因为收敛时间常数与相应特征值成反比（式（4.2.50）），所以较大的特征值对应较小的收敛时间常数。从而可以推知，短轴所对应的权系数收敛较快。当绝大多数权系数都收敛于最优解，只剩下最后一个权系数未收敛时，搜索点必然在长度最长的主轴上（因为该轴所对应的权系数收敛最慢），然后就在该主轴方向上趋于最优解，因为此时梯度向量的方向就在这条轴上，负梯度方向指向碗底。二维权向量$\boldsymbol{w}$在误差性能曲面等高剖面上的收敛轨迹如图4.12所示。

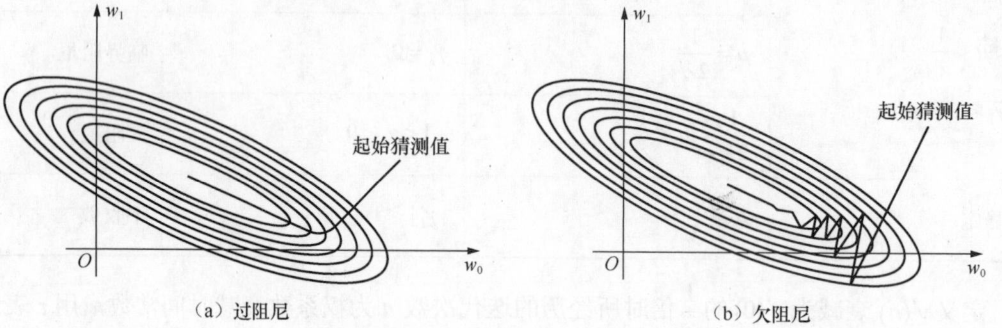

图4.12　二维权向量$\boldsymbol{w}$的收敛轨迹

假定两个特征值的关系为$\lambda_1>\lambda_2$，且$\lambda_1\geqslant 2\lambda_2$，步长因子$\mu$的选择满足$\frac{1}{2\lambda_1}<\mu<\frac{1}{\lambda_1}$，则相应地有$\mu<\frac{1}{2\lambda_2}$。根据表4.1中总结的情况，$\lambda_1$对应欠阻尼情况，$\lambda_2$对应过阻尼情况。因为$\lambda_1$对应较短的轴，所以对短轴而言是欠阻尼，而对长轴则是过阻尼。此时短轴对应的权系数在最优解两边振荡然后收敛于最优解（落在长轴上），而长轴对应的权系数则逐步趋于最优解。这就是图4.12（b）所示的情况。也就是说，如果发生欠阻尼情况，必然先发生在最短的主轴上。

由式（4.2.50）可知收敛最慢的权系数的收敛时间常数为
$$\tau_{\max}=\frac{1}{2\mu\lambda_{\min}} \tag{4.2.51}$$
也就是说，**收敛速度受限于最小特征值**。

为满足收敛条件，收敛因子μ的选择应满足
$$0<\mu<\frac{1}{\lambda_{\max}} \tag{4.2.52}$$

由式（4.2.51）可得

$$\mu=\frac{1}{2\tau_{\max}\lambda_{\min}}$$

将上式代入式（4.2.52），得

$$\frac{1}{2\tau_{\max}\lambda_{\min}}<\frac{1}{\lambda_{\max}}$$

因为自相关矩阵为非负定矩阵，特征值非负，所以有

$$\tau_{\max}>\frac{\lambda_{\max}}{2\lambda_{\min}}$$

由此可见，$\frac{\lambda_{\max}}{\lambda_{\min}}$越大，收敛到最优权需要的时间越长，当$\frac{\lambda_{\max}}{\lambda_{\min}}$接近 1 时，收敛较快。也就是说，特征值的分散对梯度下降法自适应滤波不利。

5．均方误差的收敛规律

前面讨论了权向量 $\boldsymbol{w}$ 随 n 的变化情况，下面分析 ε 面的高度（即均方误差）随 n 的变化情况。根据式（4.2.26），可以将主轴坐标系中均方误差性能函数的表达式写为

$$\varepsilon(n)=\varepsilon_{\min}+\boldsymbol{v}'^{\mathrm{T}}\boldsymbol{\Lambda}\boldsymbol{v}' \tag{4.2.53}$$

其中

$$\boldsymbol{v}'^{\mathrm{T}}\boldsymbol{\Lambda}\boldsymbol{v}'=\begin{bmatrix}v_1' & v_2' & \cdots & v_N'\end{bmatrix}\begin{bmatrix}\lambda_1 & 0 & \cdots & 0\\ 0 & \lambda_2 & \cdots & 0\\ \vdots & \vdots & \ddots & \vdots\\ 0 & 0 & \cdots & \lambda_N\end{bmatrix}\begin{bmatrix}v_1'\\ v_2'\\ \vdots\\ v_N'\end{bmatrix}$$

$$=\begin{bmatrix}\lambda_1 v_1' & \lambda_2 v_2' & \cdots & \lambda_N v_N'\end{bmatrix}\begin{bmatrix}v_1'\\ v_2'\\ \vdots\\ v_N'\end{bmatrix}=\sum_{i=1}^{N}\lambda_i v_i'^2 \tag{4.2.54}$$

式（4.2.54）中 v_i' 在迭代过程中时变，可以表示为$v_i'(n)$，将式（4.2.47），即

$$v_i'(n)=v_i'(0)(1-2\mu\lambda_i)^n$$

和式（4.2.54）代入式（4.2.53），有

$$\begin{aligned}\varepsilon(n)&=\varepsilon_{\min}+\sum_{i=1}^{N}\lambda_i v_i'^2\\ &=\varepsilon_{\min}+\sum_{i=1}^{N}\lambda_i v_i'^2(0)(1-2\mu\lambda_i)^{2n}\end{aligned} \tag{4.2.55}$$

当$|1-2\mu\lambda_i|<1$时，有

$$\lim_{n\to\infty}(1-2\mu\lambda_i)^{2n}=0\text{，}\qquad i=1,2,\cdots,N \tag{4.2.56}$$

由式（4.2.55）和式（4.2.56）有

$$\lim_{n\to\infty}\varepsilon(n)=\varepsilon_{\min}$$

一般将均方误差与迭代次数 n 的关系曲线称为学习曲线，并将 $\varepsilon(n)-\varepsilon_{\min}$ 衰减为 $\varepsilon(0)-\varepsilon_{\min}$ 的 $\frac{1}{\mathrm{e}}$ 倍时所经历的迭代次数定义为学习曲线时间常数，用 τ_{mse} 表示。由式（4.2.55）可以看出如下特点。

（1）学习曲线是 N 条指数曲线之和，对主轴坐标系的某一坐标轴有

$$\begin{aligned}\varepsilon(n)&=\varepsilon_{\min}+\lambda_i v_i'^2(0)(1-2\mu\lambda_i)^{2n}\\&=\varepsilon_{\min}+\lambda_i v_i'^2(0)\gamma_i^{2n}\end{aligned}$$

即每条指数曲线均方误差的衰减因子为 $(1-2\mu\lambda_i)^2=\gamma_i^2$。

（2）学习曲线的时间常数有 N 个，各取决于相应的衰减因子 $(1-2\mu\lambda_i)^2=\gamma_i^2$。由于学习曲线的衰减因子是权系数衰减因子的二次方，所以学习曲线的衰减时间常数是权系数衰减时间常数的 $\frac{1}{2}$，根据式（4.2.50），有

$$\tau_{\mathrm{mse}}^{(i)}=\frac{\tau_i}{2}=\frac{1}{4\mu\lambda_i}\tag{4.2.57}$$

式（4.2.57）中的 τ_i 是第 i 个权系数的衰减时间常数。

（3）因为学习曲线的衰减因子 $(1-2\mu\lambda_i)^2=\gamma_i^2$ 非负，所以在迭代过程中学习曲线不会出现振荡。

如果输入信号分量互不相关，且各分量都具有相同的功率 σ^2，则自相关矩阵 $\boldsymbol{R}$ 是主对角线元素为 σ^2 的对角矩阵，有 $\boldsymbol{R}=\sigma^2\boldsymbol{I}$，即

$$\boldsymbol{R}-\sigma^2\boldsymbol{I}=0\tag{4.2.58}$$

而方程

$$|\boldsymbol{R}-\lambda\boldsymbol{I}|=0$$

的 N 个根 λ_i 就是矩阵 $\boldsymbol{R}$ 的 N 个特征值，所以式（4.2.58）说明自相关矩阵 $\boldsymbol{R}$ 有 N 个相等的特征值 $\lambda=\sigma^2$。这时，N 个权系数的衰减时间常数相同，为 $\tau=\frac{1}{2\mu\lambda}$。相应地，$N$ 个振动模式下均方误差的衰减时间常数也相同，为 $\tau_{\mathrm{mse}}=\frac{\tau}{2}=\frac{1}{4\mu\lambda}$。此时的学习曲线具有时间常数为 τ_{mse} 的纯指数形式。否则，学习曲线呈现指数和特性（一维情况呈现指数特性）。

4.2.3 最小均方算法

前面介绍了梯度下降法并讨论了其收敛条件和收敛规律，这里将讨论基于这一方法的实用算法。为此，将前面推出的迭代公式（式（4.2.35））重新列出：

$$\boldsymbol{w}(n+1)=\boldsymbol{w}(n)-\mu\nabla_w[\varepsilon(n)]\tag{4.2.59}$$

如式（4.2.37）所示，式（4.2.59）中的梯度向量 $\nabla_w[\varepsilon(n)]$ 可以用二阶统计特性 $\boldsymbol{p}$ 和 $\boldsymbol{R}$ 表示为

$$\nabla_w[\varepsilon(n)] = -2\boldsymbol{p} + 2\boldsymbol{R}\boldsymbol{w}(n)$$

将上式代入式（4.2.59），可得

$$\boldsymbol{w}(n+1) = \boldsymbol{w}(n) + 2\mu[\boldsymbol{p} - \boldsymbol{R}\boldsymbol{w}(n)] \tag{4.2.60}$$

实际中，二阶统计特性 $\boldsymbol{p}$ 和 $\boldsymbol{R}$ 常常是未知的，如果是各态历经的平稳随机信号，可以根据观测数据得到它们的估计。但对于非平稳的情况，由于统计特性时变，所以需要不断地重新估算 $\boldsymbol{p}$ 和 $\boldsymbol{R}$，而自适应过程是跟踪调整的过程，很大的运算量显然是不允许的，所以实际上很少这样做。解决问题的关键就是简单合理地估计梯度而不是用 $\boldsymbol{p}$ 和 $\boldsymbol{R}$ 来计算它。

1959 年，威得罗（Widrow）和霍夫（Hoff）二人提出了一种粗略估计梯度的简单方法，这种方法不需要求相关矩阵，更不涉及矩阵求逆，其基本思路与梯度下降法是一致的，不同之处仅在于计算中用梯度向量的估计 $\hat{\nabla}_w[\varepsilon(n)]$ 来代替真实的梯度 $\nabla_w[\varepsilon(n)]$。这就是应用非常广泛的最小均方（Least Mean Square，LMS）算法。也就是说，LMS 算法是由梯度下降法导出的，是对梯度下降法的近似简化，更适合实际应用。

1. 权系数的迭代解

前面的式（4.2.60）是用均方误差性能函数

$$\varepsilon(n) = \sigma_d^2 - 2\boldsymbol{w}^{\mathrm{T}}(n)\boldsymbol{p} + \boldsymbol{w}^{\mathrm{T}}(n)\boldsymbol{R}\boldsymbol{w}(n)$$

求出梯度向量 $\nabla_w[\varepsilon(n)] = -2\boldsymbol{p} + 2\boldsymbol{R}\boldsymbol{w}(n)$ 代入式（4.2.59）得到的。当然，也可以通过其他途径求得梯度。因为

$$\varepsilon(n) = \mathrm{E}[e^2(n)]$$

所以有

$$\nabla_w[\varepsilon(n)] = \frac{\partial}{\partial \boldsymbol{w}}\mathrm{E}\left[e^2(n)\right] = 2\mathrm{E}\left[e(n)\frac{\partial}{\partial \boldsymbol{w}}e(n)\right] \tag{4.2.61}$$

其中

$$e(n) = d(n) - \boldsymbol{w}^{\mathrm{T}}(n)\boldsymbol{x}_N(n)$$

所以

$$\frac{\partial}{\partial \boldsymbol{w}}e(n) = -\boldsymbol{x}_N(n) \tag{4.2.62}$$

将式（4.2.62）代入式（4.2.61），可得梯度向量的表达式

$$\nabla_w[\varepsilon(n)] = -2\mathrm{E}[e(n)\boldsymbol{x}_N(n)]$$

如果用平方误差 $e^2(n)$ 代替均方误差 $\mathrm{E}[e^2(n)]$，则可得梯度向量的近似表达式

$$\hat{\nabla}_w[\varepsilon(n)] = \frac{\partial e^2(n)}{\partial \boldsymbol{w}} = 2e(n)\frac{\partial e(n)}{\partial \boldsymbol{w}} = -2e(n)\boldsymbol{x}_N(n) \tag{4.2.63}$$

式中 $\hat{\nabla}_w[\varepsilon(n)]$ 表示梯度向量的估计，实际上它是单个平方误差序列的梯度，现用它代替多个平方误差序列统计平均的梯度 $\nabla_w[\varepsilon(n)]$，这就是 LMS 算法的核心思想。可以看出，$\hat{\nabla}_w[\varepsilon(n)]$

是$\nabla_w[\varepsilon(n)]$的无偏估计，因为$\hat{\nabla}_w[\varepsilon(n)]$的均值等于真值$\nabla_w[\varepsilon(n)]$。

将梯度向量的估计式（4.2.63）代入式（4.2.59）可得

$$\boldsymbol{w}(n+1)=\boldsymbol{w}(n)+2\mu e(n)\boldsymbol{x}_N(n) \tag{4.2.64}$$

式（4.2.64）就是LMS算法的迭代公式。也就是说，LMS算法实际上是在每次迭代中使用很粗略的梯度估计值来代替精确梯度$\nabla_w[\varepsilon(n)]$。不难想象，权系数的调整路径不可能是理想的最速下降路径，因而权系数的调整过程是有噪声的，或者说权向量$\boldsymbol{w}(n)$不再是确定性函数而变成了随机变量，在迭代过程中存在随机波动。所以，LMS算法也称为随机梯度法或噪声梯度法。

LMS算法在调整权系数时不需要进行统计平均运算，因而运算量小，便于实现。这种算法被提出以后很快得到广泛应用。

将迭代公式（4.2.64）写为

$$\begin{bmatrix} w_0(n+1) \\ w_1(n+1) \\ \vdots \\ w_{N-1}(n+1) \end{bmatrix}=\begin{bmatrix} w_0(n) \\ w_1(n) \\ \vdots \\ w_{N-1}(n) \end{bmatrix}+2\mu e(n)\begin{bmatrix} x(n) \\ x(n-1) \\ \vdots \\ x(n-N+1) \end{bmatrix}$$

有

$$w_i(n+1)=w_i(n)+2\mu e(n)x(n-i)\text{，}\quad i=0,1,\cdots,N-1 \tag{4.2.65}$$

当迭代收敛（即达到稳态）时应有

$$w_i(n+1)=w_i(n)=w_i^*$$

所以，要使式（4.2.65）收敛于w_i^*，需要有

$$e(n)x(n-i)=0\text{，}\quad i=0,1,\cdots,N-1$$

在最小均方误差准则下，上式在统计平均的意义上等于零，但这对于某一次具体的实现很难满足。也就是说，根据式（4.2.65）进行的迭代过程很难有$w_i(n+1)=w_i(n)=w_i^*$成立，因此，LMS算法的稳态解存在随机波动。由此可见LMS算法的次优性。

2．LMS权系数的收敛性分析

这里要解决的问题是：根据LMS算法的迭代公式（4.2.64），能否由任意的起始位置$\boldsymbol{w}(0)$经过迭代最终收敛到最优权$\boldsymbol{w}^*$？它与梯度下降法权向量的收敛性能有何异同？

LMS算法的迭代公式为

$$\boldsymbol{w}(n+1)=\boldsymbol{w}(n)+2\mu e(n)\boldsymbol{x}_N(n)$$

其中

$$\begin{aligned} e(n)&=d(n)-\boldsymbol{w}^{\mathrm{T}}(n)\boldsymbol{x}_N(n) \\ &=d(n)-\boldsymbol{x}_N^{\mathrm{T}}(n)\boldsymbol{w}(n) \end{aligned}$$

所以有

$$\begin{aligned}\boldsymbol{w}(n+1) &= \boldsymbol{w}(n) + 2\mu[d(n) - \boldsymbol{x}_N^{\mathrm{T}}(n)\boldsymbol{w}(n)]\boldsymbol{x}_N(n) \\ &= \boldsymbol{w}(n) + 2\mu d(n)\boldsymbol{x}_N(n) - 2\mu\boldsymbol{x}_N^{\mathrm{T}}(n)\boldsymbol{w}(n)\boldsymbol{x}_N(n) \\ &= \boldsymbol{w}(n) + 2\mu d(n)\boldsymbol{x}_N(n) - 2\mu\boldsymbol{x}_N(n)\boldsymbol{x}_N^{\mathrm{T}}(n)\boldsymbol{w}(n) \\ &= [\boldsymbol{I} - 2\mu\boldsymbol{x}_N(n)\boldsymbol{x}_N^{\mathrm{T}}(n)]\boldsymbol{w}(n) + 2\mu d(n)\boldsymbol{x}_N(n)\end{aligned} \tag{4.2.66}$$

如果将式（4.2.66）中的$\boldsymbol{x}_N(n)\boldsymbol{x}_N^{\mathrm{T}}(n)$和$d(n)\boldsymbol{x}_N(n)$分别用其期望值$\mathrm{E}[\boldsymbol{x}_N(n)\boldsymbol{x}_N^{\mathrm{T}}(n)]$和$\mathrm{E}[d(n)\boldsymbol{x}_N(n)]$代替，因为

$$\mathrm{E}[\boldsymbol{x}_N(n)\boldsymbol{x}_N^{\mathrm{T}}(n)] = \boldsymbol{R}$$

$$\mathrm{E}[d(n)\boldsymbol{x}_N(n)] = \boldsymbol{p}$$

于是式（4.2.66）就成为

$$\boldsymbol{w}(n+1) = [\boldsymbol{I} - 2\mu\boldsymbol{R}]\boldsymbol{w}(n) + 2\mu\boldsymbol{p} \tag{4.2.67}$$

式（4.2.67）正是梯度下降法的迭代公式。由此可见，LMS 算法可视为将期望值近似为瞬时值的梯度下降法。

如果对式（4.2.66）两边取数学期望，可得

$$\begin{aligned}\mathrm{E}[\boldsymbol{w}(n+1)] &= \mathrm{E}\{[\boldsymbol{I} - 2\mu\boldsymbol{x}_N(n)\boldsymbol{x}_N^{\mathrm{T}}(n)]\boldsymbol{w}(n) + 2\mu d(n)\boldsymbol{x}_N(n)\} \\ &= \mathrm{E}[\boldsymbol{w}(n)] - 2\mu\mathrm{E}[\boldsymbol{x}_N(n)\boldsymbol{x}_N^{\mathrm{T}}(n)\boldsymbol{w}(n)] + 2\mu\mathrm{E}[d(n)\boldsymbol{x}_N(n)]\end{aligned} \tag{4.2.68}$$

假定信号数据$x(n)$与 LMS 的权$w_i(n)$无关，则有

$$\begin{aligned}\mathrm{E}[\boldsymbol{x}_N(n)\boldsymbol{x}_N^{\mathrm{T}}(n)\boldsymbol{w}(n)] &= \mathrm{E}[\boldsymbol{x}_N(n)\boldsymbol{x}_N^{\mathrm{T}}(n)]\cdot\mathrm{E}[\boldsymbol{w}(n)] \\ &= \boldsymbol{R}\cdot\mathrm{E}[\boldsymbol{w}(n)]\end{aligned} \tag{4.2.69}$$

将式（4.2.69）代入式（4.2.68），并用$\boldsymbol{p}$表示$\mathrm{E}[d(n)\boldsymbol{x}_N(n)]$，可将式（4.2.68）写为

$$\begin{aligned}\mathrm{E}[\boldsymbol{w}(n+1)] &= \mathrm{E}[\boldsymbol{w}(n)] - 2\mu\boldsymbol{R}\cdot\mathrm{E}[\boldsymbol{w}(n)] + 2\mu\boldsymbol{p} \\ &= [\boldsymbol{I} - 2\mu\boldsymbol{R}]\mathrm{E}[\boldsymbol{w}(n)] + 2\mu\boldsymbol{p}\end{aligned} \tag{4.2.70}$$

将式（4.2.70）与梯度下降法的迭代公式（4.2.38）相比较可以发现，LMS 算法迭代过程中权向量的平均特性与梯度下降法迭代过程中权向量的特性相同。

对于 LMS 算法，虽然其平均的 LMS 权与梯度下降法类似，但过程的特性会出现波动，即使迭代到最优点也不停止，权向量解围绕最优点随机变化，在碗底附近徘徊。这时均方误差（MSE）的稳态值大于最小均方误差，产生了额外均方误差（excess MSE），也叫超量均方误差。

3．均方误差的收敛性分析及失调量

梯度估计噪声的存在，使得收敛后的稳态权向量在最佳权向量附近随机起伏，从而引起稳态均方误差随机地偏离最小值$\varepsilon_{\min}$，产生了额外均方误差，如图 4.13 所示。将稳态情况下均方误差与最小均方误差随机偏移量的期望值定义为额外均方误差（excess MSE），即

$$\text{excess MSE} = \mathrm{E}[\varepsilon(n) - \varepsilon_{\min}]$$

将额外均方误差对最小均方误差 $\varepsilon_{\min}$ 的归一化定义为失调量，用 M 表示，即

$$M = \frac{\text{excess MSE}}{\varepsilon_{\min}}$$

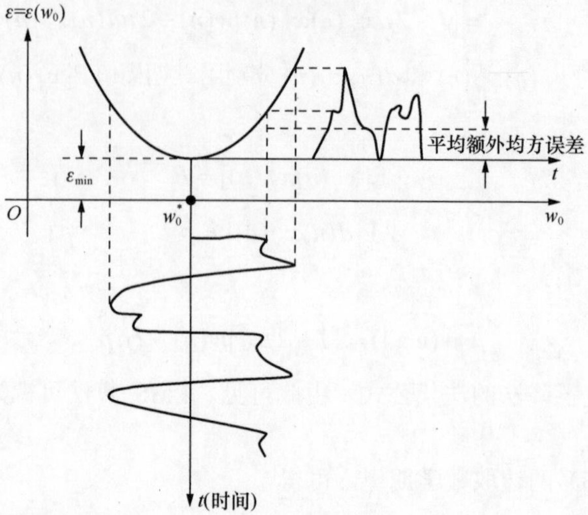

图 4.13　梯度估计噪声造成的额外均方误差

因为额外均方误差可以近似地表示为

$$\begin{aligned}\text{excess MSE} &= \mathrm{E}[\varepsilon(n) - \varepsilon_{\min}] \\ &\approx \mu\varepsilon_{\min}\sum_{i=1}^{N}\lambda_i \\ &= \mu\varepsilon_{\min}\cdot \mathrm{tr}[\boldsymbol{R}]\end{aligned}$$

所以失调量可以近似表示为

$$M = \mu\cdot \mathrm{tr}[\boldsymbol{R}] \tag{4.2.71}$$

在 $M < 25\%$ 的情况下，该近似式可以与实际情况很好地贴合。式中 $\mathrm{tr}[\boldsymbol{R}]$ 表示矩阵 $\boldsymbol{R}$ 的迹，它等于矩阵 $\boldsymbol{R}$ 的 N 个特征值之和，也等于矩阵 $\boldsymbol{R}$ 的主对角线元素之和，即 $NR_x(0)$。其中 $R_x(0) = m_{x^2}$ 是信号的平均功率，所以矩阵 $\boldsymbol{R}$ 的迹是 N 个信号分量的总功率。式（4.2.71）说明，步长因子 μ 和信号功率都对失调有影响。

前面已经得出，权系数的收敛时间常数与步长因子 μ 成反比（式（4.2.50）），所以，为使收敛速度较快，希望取较大的步长因子 μ。而由式（4.2.71）可以看出，要控制失调量，需要取较小的步长因子 μ。综上所述可以得出结论：控制失调量与加快收敛速度矛盾。一种改进的算法是采用可变的步长因子 μ，也就是变步长算法。这种算法在迭代开始的时候取较大的步长因子 μ，使失调量较大，以加快收敛速度；而在靠近最优解时，取较小的步长因子 μ，使得在稳态时失调量较小。

另外，信号功率对失调量也有影响，当输入数据较大时，失调较严重。为了解决这个问题，可以使用归一化 LMS 算法：

$$\boldsymbol{w}(n+1) = \boldsymbol{w}(n) + \frac{\tilde{\mu}}{\|\boldsymbol{x}_N(n)\|^2} e(n)\boldsymbol{x}_N(n)$$

归一化 LMS 算法可以看成时变步长参数的 LMS 算法，它比标准 LMS 算法呈现更快的收敛速度。

接下来，进一步找出 LMS 算法的失调量与收敛时间常数的关系。由式（4.2.50）可得

$$\lambda_i = \frac{1}{2\mu\tau_i}$$

将其代入式（4.2.71），得

$$\begin{aligned} M &= \mu \cdot \mathrm{tr}[\boldsymbol{R}] = \mu\sum_{i=1}^{N}\lambda_i = \mu\sum_{i=1}^{N}\frac{1}{2\mu\tau_i} = \frac{1}{2}\sum_{i=1}^{N}\frac{1}{\tau_i} \\ &= \frac{N}{2}\left(\frac{1}{\tau}\right)_{\text{ave}} = \frac{N}{4}\left(\frac{1}{\tau_{\text{mse}}}\right)_{\text{ave}} \end{aligned}$$

式中的下标“ave”表示平均收敛时间常数。如果 $\boldsymbol{R}$ 的 N 个特征值相等，则有

$$M = \frac{N}{4} \cdot \frac{1}{\tau_{\text{mse}}} \tag{4.2.72}$$

N 是权系数的数目。由式（4.2.72）可以得出以下结论。

（1）如果选择足够大的时间常数（足够多的迭代次数），失调量 M 可以控制到任意小。

（2）当时间常数一定时，失调量随着权系数的数目 N 正比增长。需要注意的是，虽然 N 越大，失调量就越大，但由于可调节的权系数较多，可以更好地逼近所希望的脉冲响应和频响特性。

实际设计 LMS 算法自适应滤波器时，应预先给定允许的失调量和滤波器阶数 N，估算平均收敛时间或需要的迭代次数，然后在计算机上仿真，观察其性能。

例 4.2.2 设 $M=10\%$（$M=10\%$ 可以满足大多数工程设计要求），并设 $N=10$，问应取多少次迭代？

解： 由 $M = \frac{N}{4} \cdot \frac{1}{\tau_{\text{mse}}}$ 可得

$$\tau_{\text{mse}} = \frac{N}{4M} = \frac{10}{4 \times 0.1} = 25$$

$M = \frac{N}{4} \cdot \frac{1}{\tau_{\text{mse}}}$ 是在 N 个特征值相等的假设下得出的，而实际情况并非如此，可能存在的特征值分散需要在此基础上考虑适当的余量。按经验，实际的迭代次数应取 τ_{mse} 的 3～5 倍，或取权系数数目 N 的 10 倍。所以，这里应取的迭代次数为 $10N=100$ 次，或取为 $4\tau_{\text{mse}}=100$ 次。

图 4.14 所示为 LMS 算法性能曲线。序列 $x(n)$ 是由零均值、单位方差的白噪声通过一个二阶自回归模型产生的 AR 过程。AR 模型的系统函数为

$$H(z) = \frac{1}{1 - 1.6z^{-1} + 0.8z^{-2}}$$

图 4.14 中给出了模型系数的收敛过程及平均的学习曲线。

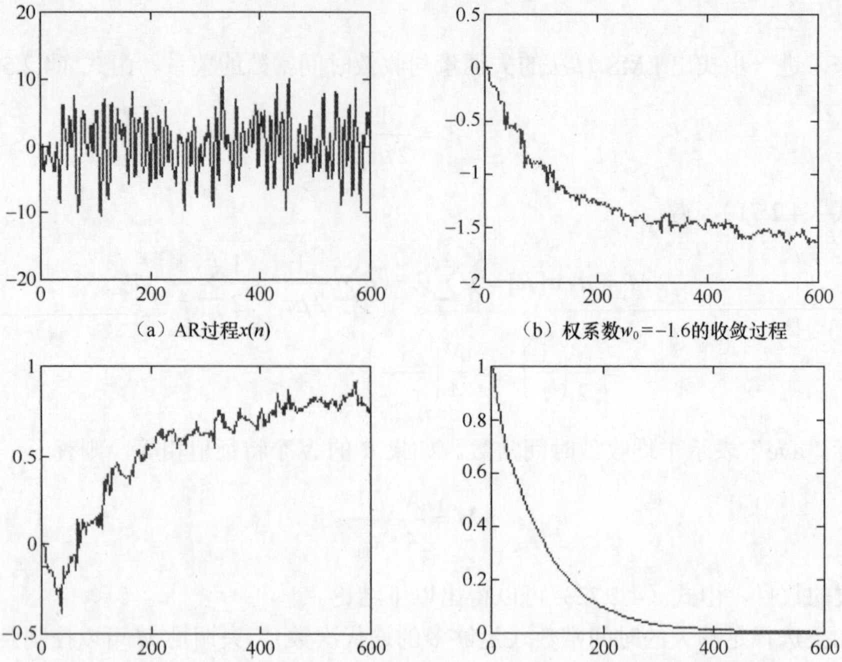

（a）AR过程$x(n)$　（b）权系数$w_0=-1.6$的收敛过程

（c）权系数$w_1=0.8$的收敛过程　（d）50条学习曲线的集合平均

图 4.14　LMS 算法性能曲线

4.2.4　梯度类算法的改进算法

前面讨论的梯度下降法避免了矩阵求逆运算，运算量小，概念简单明确，易于分析处理，特别是可以利用其原理推导其他方法，如应用非常广泛的 LMS 算法，它不涉及二阶统计特性的先验知识，易于实现。

但梯度下降法在自适应过程中只利用了梯度信息，收敛过程较慢，另外，LMS 算法中的失调量也偏大。

下面简单介绍梯度类算法的两种改进算法。

1. 牛顿法

梯度下降法的缺点是有可能使搜索过程收敛很慢，因此，在某些情况下，它并非是有效的迭代方法。

牛顿法又称为二次函数法或二阶梯度法，它不仅利用了均方误差性能函数在搜索点的梯度，而且还利用了它的二次导数，就是说利用了搜索点所能提供的更多信息，使搜索方向能更好地指向最优点。

将$\varepsilon[\boldsymbol{w}(n+1)]$在$\boldsymbol{w}(n)$附近展开成泰勒级数，取至二次项，有

$$\begin{aligned}\varepsilon[\boldsymbol{w}(n+1)] \approx\ & \varepsilon[\boldsymbol{w}(n)] + \nabla_w^{\mathrm{T}} \cdot [\boldsymbol{w}(n+1)-\boldsymbol{w}(n)] \\ & + \frac{1}{2}[\boldsymbol{w}(n+1)-\boldsymbol{w}(n)]^{\mathrm{T}} \cdot \boldsymbol{D} \cdot [\boldsymbol{w}(n+1)-\boldsymbol{w}(n)]\end{aligned} \tag{4.2.73}$$

其中 ∇_w 表示梯度向量，为

$$\nabla_w = \left[\frac{\partial \varepsilon}{\partial w_1} \quad \frac{\partial \varepsilon}{\partial w_2} \quad \cdots \quad \frac{\partial \varepsilon}{\partial w_N}\right]^{\mathrm{T}}$$

$\boldsymbol{D}$ 表示二阶偏导数矩阵，为

$$\begin{aligned}\boldsymbol{D} &= \nabla_w \cdot \nabla_w^{\mathrm{T}} \\ &= \begin{bmatrix} \dfrac{\partial \varepsilon}{\partial w_1} \\ \dfrac{\partial \varepsilon}{\partial w_2} \\ \vdots \\ \dfrac{\partial \varepsilon}{\partial w_N} \end{bmatrix} \left[\frac{\partial \varepsilon}{\partial w_1} \quad \frac{\partial \varepsilon}{\partial w_2} \quad \cdots \quad \frac{\partial \varepsilon}{\partial w_N}\right] \\ &= \begin{bmatrix} \dfrac{\partial^2 \varepsilon}{\partial w_1^2} & \dfrac{\partial^2 \varepsilon}{\partial w_1 \partial w_2} & \cdots & \dfrac{\partial^2 \varepsilon}{\partial w_1 \partial w_N} \\ \dfrac{\partial^2 \varepsilon}{\partial w_2 \partial w_1} & \dfrac{\partial^2 \varepsilon}{\partial w_2^2} & \cdots & \dfrac{\partial^2 \varepsilon}{\partial w_2 \partial w_N} \\ \vdots & \vdots & \ddots & \vdots \\ \dfrac{\partial^2 \varepsilon}{\partial w_N \partial w_1} & \dfrac{\partial^2 \varepsilon}{\partial w_N \partial w_2} & \cdots & \dfrac{\partial^2 \varepsilon}{\partial w_N^2} \end{bmatrix}\end{aligned}$$

牛顿法的基本思想是希望一步达到最优点，即一步达到碗底，使 $\varepsilon(\boldsymbol{w}) = \varepsilon_{\min}$。所以，算法的目的是求当 $\boldsymbol{w}(n+1)$ 为何值时，可使 $\varepsilon(\boldsymbol{w})$ 取最小值。为此，将式（4.2.73）对 $\boldsymbol{w}(n+1)$ 求导，并令其导数等于零，有

$$\frac{\partial \varepsilon[\boldsymbol{w}(n+1)]}{\partial \boldsymbol{w}(n+1)} = \nabla_w + \boldsymbol{D} \cdot [\boldsymbol{w}(n+1) - \boldsymbol{w}(n)]$$

且

$$\nabla_w + \boldsymbol{D} \cdot [\boldsymbol{w}(n+1) - \boldsymbol{w}(n)] = 0 \tag{4.2.74}$$

式（4.2.74）两边同时前乘 $\boldsymbol{D}^{-1}$，得

$$\boldsymbol{D}^{-1}\nabla_w + \boldsymbol{w}(n+1) - \boldsymbol{w}(n) = 0$$

也就是

$$\boldsymbol{w}(n+1) = \boldsymbol{w}(n) - \boldsymbol{D}^{-1}\nabla_w \tag{4.2.75}$$

式（4.2.75）就是牛顿法的迭代公式。

如果均方误差性能函数 $\varepsilon(\boldsymbol{w})$ 是 $\boldsymbol{w}$ 的二次函数，那么 $\varepsilon(\boldsymbol{w})$ 是 $\boldsymbol{w}$ 的三阶导数及更高阶导数均为 0，取至二次项的泰勒展开式就是 $\varepsilon(\boldsymbol{w})$ 的准确展开式。这时，利用牛顿法迭代公式可以一步达到最优点。如果均方误差性能函数 $\varepsilon(\boldsymbol{w})$ 不是二次函数，二阶泰勒展开式就存在逼近误差，这时搜索不能一步达到最优点。$\varepsilon(\boldsymbol{w})$ 的次数越高，需要的迭代次数越多。

一般来说，由于牛顿法利用了$\varepsilon(\boldsymbol{w})$的二次导数信息来修正搜索方向，因此它的收敛速度较快。但是$\varepsilon(\boldsymbol{w})$的二阶偏导数矩阵$\boldsymbol{D}$的计算量大，尤其是需要计算$\boldsymbol{D}$的逆矩阵$\boldsymbol{D}^{-1}$，这不仅增加了计算量，而且如果$\boldsymbol{D}$是奇异的，就无法使用牛顿法。

2．共轭梯度法

根据前面的分析，梯度法迭代公式为

$$\boldsymbol{w}(n+1)=\boldsymbol{w}(n)-\mu\nabla_w$$

它以$\boldsymbol{w}$点的负梯度方向作为搜索方向，因此常常不能指向最优点。牛顿法迭代公式为

$$\boldsymbol{w}(n+1)=\boldsymbol{w}(n)-\boldsymbol{D}^{-1}\nabla_w$$

它的搜索方向是$\boldsymbol{D}^{-1}\nabla_w$的负梯度方向。可见牛顿法是从梯度的变化趋势来改进搜索方向的，所以它能更好地趋向最优点。但在牛顿法中计算$\boldsymbol{D}^{-1}$的工作量很大，而且要求$\boldsymbol{D}$是非奇异的，因此需要找到这样一种算法，既不用计算逆矩阵$\boldsymbol{D}^{-1}$，又能改善梯度下降法的收敛性能。共轭梯度法正是符合这一要求的算法。

共轭梯度法也是一种改进搜索方向的方法，它是把前一点的搜索方向乘以适当的系数，加到该点的梯度上，得到新的搜索方向。也就是说，共轭梯度法综合利用过去的搜索方向和现在某点的梯度信息，用其线性组合来构造更好的搜索方向。构造的准则是使每一次迭代的搜索方向成为一组共轭向量。

所谓共轭，是指N维欧氏空间E^N中一组线性无关的向量$\boldsymbol{s}_N^{(1)},\boldsymbol{s}_N^{(2)},\cdots,\boldsymbol{s}_N^{(N)}\in E^N$，对于某个$N\times N$维正定矩阵$\boldsymbol{C}$满足

$$[\boldsymbol{s}_N^{(i)}]^{\mathrm{T}}\cdot\boldsymbol{C}\cdot\boldsymbol{s}_N^{(j)}=0\text{，}\quad i\neq j,j=1,2,\cdots,N \tag{4.2.76}$$

和

$$[\boldsymbol{s}_N^{(i)}]^{\mathrm{T}}\cdot\boldsymbol{C}\cdot\boldsymbol{s}_N^{(i)}\neq 0\text{，}\quad i=1,2,\cdots,N$$

其中正定矩阵$\boldsymbol{C}$可以是$\varepsilon(\boldsymbol{w})$的二阶偏导数矩阵$\boldsymbol{D}$。在$\boldsymbol{C}=\boldsymbol{I}$的特殊情况下，式（4.2.76）成为

$$[\boldsymbol{s}_N^{(i)}]^{\mathrm{T}}\cdot\boldsymbol{s}_N^{(j)}=0\text{，}\quad i\neq j,j=1,2,\cdots,N$$

表示两个搜索方向是正交的。也就是说，共轭是正交的推广，正交是共轭的特例。

共轭梯度法的迭代算法为

$$\boldsymbol{w}(n+1)=\boldsymbol{w}(n)+\rho_n^*\hat{\boldsymbol{s}}_N(n)$$

其中，ρ_n^*表示最佳步长，搜索方向$\hat{\boldsymbol{s}}_N(n)$是一组共轭向量，且

$$\boldsymbol{s}_N(n)=-\nabla_w[\varepsilon(n)]+v_{n-1}\boldsymbol{s}_N(n-1)$$

$$v_{n-1}=\frac{\nabla_w^{\mathrm{T}}[\varepsilon(n)]\cdot\nabla_w[\varepsilon(n)]}{\nabla_w^{\mathrm{T}}[\varepsilon(n-1)]\cdot\nabla_w[\varepsilon(n-1)]}=\frac{\left\|\nabla_w[\varepsilon(n)]\right\|^2}{\left\|\nabla_w[\varepsilon(n-1)]\right\|^2}$$

共轭梯度法的收敛速度介于梯度下降法和牛顿法之间。如果均方误差性能函数$\varepsilon(\boldsymbol{w})$是$N$维二次函数，利用共轭梯度法只要$N$次迭代就能得到最优解。但实际计算时由于有限字长的影响，常常需要进行N次以上的计算。

4.2.5 递归最小二乘算法

基于最小均方误差（Minimum Mean Square Error，MMSE）准则的自适应算法一般都有收敛速度较慢、对非平稳信号的适应性差的缺点。为克服上述缺点，可以采用最小二乘（Least Square，LS）准则，在每一时刻，对所有已输入信号重估其误差，并使各误差的平方和最小。这是个在现有约束条件下利用了最多可利用信息的准则，是在一定意义上最有效、对非平稳信号的适应性最好的准则。理论和实验都表明，最小二乘估计的性能优于基于MMSE准则的算法。

最小二乘滤波的基本算法是递归最小二乘（Recursive Least Square，RLS）算法，这种算法实际上是FIR维纳滤波器的一种时间递归实现，它是严格以LS准则为依据的算法。它的主要优点是收敛速度快，所以在快速信道均衡、实时系统辨识和时间序列分析中得到了广泛应用。其主要缺点是每次迭代的运算量很大，对于N阶横向滤波器，其计算量在N^2数量级。下面对LS准则下的RLS算法进行介绍。

与前面一样，目的是寻找n时刻的最优权：

$$\boldsymbol{w}(n)=[w_1(n) \quad w_2(n) \quad \cdots \quad w_N(n)]^{\mathrm{T}}$$

与前面不一样的是，这里用n时刻的最优权$\boldsymbol{w}(n)$对以往各时刻的数据块进行重新估计，求出估计误差：

$$e(i\,|\,n)=d(i)-\hat{d}(i)=d(i)-\boldsymbol{x}_N^{\mathrm{T}}(i)\boldsymbol{w}(n)\,,\quad i=1,2,\cdots,n \tag{4.2.77}$$

其中，$d(i)$是i时刻的期望响应，$\boldsymbol{x}_N(i)=[x(i) \quad x(i-1) \quad \cdots \quad x(i-N+1)]^{\mathrm{T}}$是由$i$时刻及其以前共$N$个数据构成的数据向量，$e(i\,|\,n)$表示用$n$时刻的权$\boldsymbol{w}(n)$对$i$时刻的数据块进行估计所得的估计误差。

根据LS准则，应使各时刻误差的平方和最小，也就是使

$$\varepsilon(n)=\sum_{i=1}^{n}e^2(i\,|\,n) \tag{4.2.78}$$

最小。实际中，一般在式（4.2.78）中添加λ^{n-i}因子（λ是略小于1的值），使

$$\varepsilon(n)=\sum_{i=1}^{n}\lambda^{n-i}e^2(i\,|\,n) \tag{4.2.79}$$

最小。加入该因子的物理意义在于，在所用到的输入信号中，对时间较近的数据加以较大的权来考虑，时间较远的数据其权按指数减小。这样可使算法更能反映当前情况，从而加强对非平稳信号的适应性。λ常称为遗忘因子，一般取值在0.95到0.9995之间。

下面按照式（4.2.79）的最小化准则来确定最佳权向量。令$\dfrac{\partial\varepsilon(n)}{\partial\boldsymbol{w}(n)}=0$，利用式（4.2.77）得

$$\sum_{i=1}^{n}\lambda^{n-i}[d(i)-\boldsymbol{x}_N^{\mathrm{T}}(i)\boldsymbol{w}(n)]\boldsymbol{x}_N(i)=0$$

即

$$\left[\sum_{i=1}^{n}\lambda^{n-i}\boldsymbol{x}_N(i)\boldsymbol{x}_N^{\mathrm{T}}(i)\right]\boldsymbol{w}(n)=\sum_{i=1}^{n}\lambda^{n-i}d(i)\boldsymbol{x}_N(i) \tag{4.2.80}$$

定义

$$\boldsymbol{R}(n)=\sum_{i=1}^{n}\lambda^{n-i}\boldsymbol{x}_N(i)\boldsymbol{x}_N^{\mathrm{T}}(i) \tag{4.2.81}$$

$$\boldsymbol{p}(n)=\sum_{i=1}^{n}\lambda^{n-i}d(i)\boldsymbol{x}_N(i) \tag{4.2.82}$$

式（4.2.81）中的 $\boldsymbol{R}(n)$ 称为样值的自相关矩阵，因为当 $\lambda=1$ 且 $x(n)$ 为各态历经的平稳信号时，$\lim\limits_{n\to\infty}\frac{1}{n}\boldsymbol{R}(n)$ 就是信号真正的自相关矩阵 $\boldsymbol{R}$。需要注意的是，$\boldsymbol{R}$ 是统计平均，为定值，而 $\boldsymbol{R}(n)$ 是随 n 变化的。将式（4.2.81）和式（4.2.82）代入式（4.2.80）可得

$$\boldsymbol{R}(n)\boldsymbol{w}(n)=\boldsymbol{p}(n)$$

该方程的解为

$$\boldsymbol{w}(n)=\boldsymbol{R}^{-1}(n)\boldsymbol{p}(n) \tag{4.2.83}$$

式（4.2.83）是按 LS 准则得到的维纳解，式中的 $\boldsymbol{R}(n)$ 和 $\boldsymbol{p}(n)$ 分别起着式（4.2.7）中 $\boldsymbol{R}$ 和 $\boldsymbol{p}$ 的作用。

但是，在实际中很少使用式（4.2.83）求维纳解，因为在每个时刻都需要做矩阵求逆运算，计算量很大，难于实时实现。下面推导与之等效但计算量较小的迭代解法。

将式（4.2.81）展开得

$$\begin{aligned}\boldsymbol{R}(n)&=\sum_{i=1}^{n-1}\lambda^{n-i}\boldsymbol{x}_N(i)\boldsymbol{x}_N^{\mathrm{T}}(i)+\boldsymbol{x}_N(n)\boldsymbol{x}_N^{\mathrm{T}}(n)\\&=\lambda\sum_{i=1}^{n-1}\lambda^{n-1-i}\boldsymbol{x}_N(i)\boldsymbol{x}_N^{\mathrm{T}}(i)+\boldsymbol{x}_N(n)\boldsymbol{x}_N^{\mathrm{T}}(n)\end{aligned}$$

即

$$\boldsymbol{R}(n)=\lambda\boldsymbol{R}(n-1)+\boldsymbol{x}_N(n)\boldsymbol{x}_N^{\mathrm{T}}(n) \tag{4.2.84}$$

式（4.2.84）是由 $\boldsymbol{R}(n-1)$ 求 $\boldsymbol{R}(n)$ 的迭代式，现在需要由此求出其逆矩阵的迭代式。根据矩阵求逆引理，如果某方阵 $\boldsymbol{H}$ 形式为

$$\boldsymbol{H}=\boldsymbol{A}+\boldsymbol{BC} \tag{4.2.85}$$

则必有

$$\boldsymbol{H}^{-1}=\boldsymbol{A}^{-1}-\boldsymbol{A}^{-1}\boldsymbol{B}(1+\boldsymbol{CA}^{-1}\boldsymbol{B})^{-1}\boldsymbol{CA}^{-1} \tag{4.2.86}$$

令

$$\boldsymbol{H}=\boldsymbol{R}(n)$$

$$\boldsymbol{A}=\lambda\boldsymbol{R}(n-1)$$

$$\boldsymbol{B}=\boldsymbol{x}_N(n)$$

$$\boldsymbol{C}=\boldsymbol{x}_N^{\mathrm{T}}(n)$$

则式（4.2.85）就是式（4.2.84），于是可以根据式（4.2.86）写出

$$\boldsymbol{R}^{-1}(n)=\frac{1}{\lambda}\left[\boldsymbol{R}^{-1}(n-1)-\frac{\boldsymbol{R}^{-1}(n-1)\boldsymbol{x}_N(n)\boldsymbol{x}_N^{\mathrm{T}}(n)\boldsymbol{R}^{-1}(n-1)}{\lambda+\boldsymbol{x}_N^{\mathrm{T}}(n)\boldsymbol{R}^{-1}(n-1)\boldsymbol{x}_N(n)}\right] \tag{4.2.87}$$

为使公式简明，令

$$\boldsymbol{T}(n)=\boldsymbol{R}^{-1}(n) \tag{4.2.88}$$

$$\boldsymbol{g}(n)=\frac{\boldsymbol{R}^{-1}(n-1)\boldsymbol{x}_N(n)}{\lambda+\boldsymbol{x}_N^{\mathrm{T}}(n)\boldsymbol{R}^{-1}(n-1)\boldsymbol{x}_N(n)} \tag{4.2.89}$$

则式（4.2.87）可以写为

$$\boldsymbol{T}(n)=\frac{1}{\lambda}[\boldsymbol{T}(n-1)-\boldsymbol{g}(n)\boldsymbol{x}_N^{\mathrm{T}}(n)\boldsymbol{T}(n-1)] \tag{4.2.90}$$

将式（4.2.82）展开得

$$\boldsymbol{p}(n)=\lambda\boldsymbol{p}(n-1)+d(n)\boldsymbol{x}_N(n) \tag{4.2.91}$$

由式（4.2.83）可得

$$\boldsymbol{w}(n-1)=\boldsymbol{R}^{-1}(n-1)\boldsymbol{p}(n-1)=\boldsymbol{T}(n-1)\boldsymbol{p}(n-1) \tag{4.2.92}$$

将式（4.2.90）和式（4.2.91）代入式（4.2.83），并利用式（4.2.92）可得

$$\begin{aligned}\boldsymbol{w}(n)&=\frac{1}{\lambda}[\boldsymbol{T}(n-1)-\boldsymbol{g}(n)\boldsymbol{x}_N^{\mathrm{T}}(n)\boldsymbol{T}(n-1)][\lambda\boldsymbol{p}(n-1)+d(n)\boldsymbol{x}_N(n)]\\&=\boldsymbol{T}(n-1)\boldsymbol{p}(n-1)-\boldsymbol{g}(n)\boldsymbol{x}_N^{\mathrm{T}}(n)\boldsymbol{T}(n-1)\boldsymbol{p}(n-1)\\&\quad+\frac{1}{\lambda}[\boldsymbol{T}(n-1)\boldsymbol{x}_N(n)-\boldsymbol{g}(n)\boldsymbol{x}_N^{\mathrm{T}}(n)\boldsymbol{T}(n-1)\boldsymbol{x}_N(n)]d(n)\end{aligned}$$

即

$$\begin{aligned}\boldsymbol{w}(n)&=\boldsymbol{w}(n-1)-\boldsymbol{g}(n)\boldsymbol{x}_N^{\mathrm{T}}(n)\boldsymbol{w}(n-1)\\&\quad+\frac{1}{\lambda}[\boldsymbol{T}(n-1)\boldsymbol{x}_N(n)-\boldsymbol{g}(n)\boldsymbol{x}_N^{\mathrm{T}}(n)\boldsymbol{T}(n-1)\boldsymbol{x}_N(n)]d(n)\end{aligned} \tag{4.2.93}$$

由式（4.2.88）和式（4.2.89）可得

$$\boldsymbol{T}(n-1)\boldsymbol{x}_N(n)=\boldsymbol{g}(n)[\lambda+\boldsymbol{x}_N^{\mathrm{T}}(n)\boldsymbol{T}(n-1)\boldsymbol{x}_N(n)] \tag{4.2.94}$$

将上式代入式（4.2.93），有

$$\begin{aligned}\boldsymbol{w}(n)&=\boldsymbol{w}(n-1)-\boldsymbol{g}(n)\boldsymbol{x}_N^{\mathrm{T}}(n)\boldsymbol{w}(n-1)\\&\quad+\frac{1}{\lambda}\boldsymbol{g}(n)[\lambda+\boldsymbol{x}_N^{\mathrm{T}}(n)\boldsymbol{T}(n-1)\boldsymbol{x}_N(n)-\boldsymbol{x}_N^{\mathrm{T}}(n)\boldsymbol{T}(n-1)\boldsymbol{x}_N(n)]d(n)\end{aligned}$$

即

$$\begin{aligned}\boldsymbol{w}(n)&=\boldsymbol{w}(n-1)-\boldsymbol{g}(n)\boldsymbol{x}_N^{\mathrm{T}}(n)\boldsymbol{w}(n-1)+\boldsymbol{g}(n)d(n)\\&=\boldsymbol{w}(n-1)+\boldsymbol{g}(n)[d(n)-\boldsymbol{x}_N^{\mathrm{T}}(n)\boldsymbol{w}(n-1)]\end{aligned}$$

根据式（4.2.77）可以将上式写为

$$\boldsymbol{w}(n)=\boldsymbol{w}(n-1)+\boldsymbol{g}(n)e(n|n-1) \tag{4.2.95}$$

式（4.2.95）中的 $\boldsymbol{w}(n-1)$ 是根据 $(n-1)$ 及其以前时刻所有数据得到的最佳滤波器，$e(n|n-1)$ 是用 $\boldsymbol{w}(n-1)$ 对 n 时刻的数据块进行估计所得的估计误差，$\boldsymbol{g}(n)$ 称为增益向量。

对以上推导中的各式予以整理，可以得到 RLS 算法的计算步骤如下。

（1）初始化

$$\boldsymbol{w}(0)=\boldsymbol{x}_N(0)=0$$

$$\boldsymbol{T}(0)=\delta\boldsymbol{I} \quad (\delta>>1)$$

（2）循环迭代

① 取输入的 $d(n)$、$\boldsymbol{x}_N(n)$。

② 由式（4.2.77）计算估计误差。

$$e(n|n-1)=d(n)-\boldsymbol{x}_N^{\mathrm{T}}(n)\boldsymbol{w}(n-1)$$

③ 由式（4.2.89）计算增益向量。

$$\boldsymbol{g}(n)=\frac{\boldsymbol{T}(n-1)\boldsymbol{x}_N(n)}{\lambda+\boldsymbol{x}_N^{\mathrm{T}}(n)\boldsymbol{T}(n-1)\boldsymbol{x}_N(n)}$$

④ 由式（4.2.95）计算权向量。

$$\boldsymbol{w}(n)=\boldsymbol{w}(n-1)+\boldsymbol{g}(n)e(n|n-1)$$

⑤ 由式（4.2.90）计算下一时刻样值的自相关逆矩阵。

$$\boldsymbol{T}(n)=\frac{1}{\lambda}[\boldsymbol{T}(n-1)-\boldsymbol{g}(n)\boldsymbol{x}_N^{\mathrm{T}}(n)\boldsymbol{T}(n-1)]$$

⑥ 一个循环结束，将 n 加 1，开始新一轮循环。

图 4.15 所示为用 RLS 算法和 LMS 算法估计信号模型参数的性能比较。信号序列是由零均值、单位方差的白噪声通过一个二阶自回归模型产生的 AR 过程。模型参数为 $a_1=-1.6$、$a_2=0.8$。图 4.15 中给出了两个参数在 RLS 算法和 LMS 算法下的收敛过程。显然，RLS 算法的收敛速度比 LMS 算法快。为了便于与 LMS 算法进行比较，下面将 RLS 算法中的增益向量 $\boldsymbol{g}(n)$ 表示为一种较为简洁的形式，这种形式在进行运算和 $\boldsymbol{g}(n)$ 参量的分析和变换时会用到。

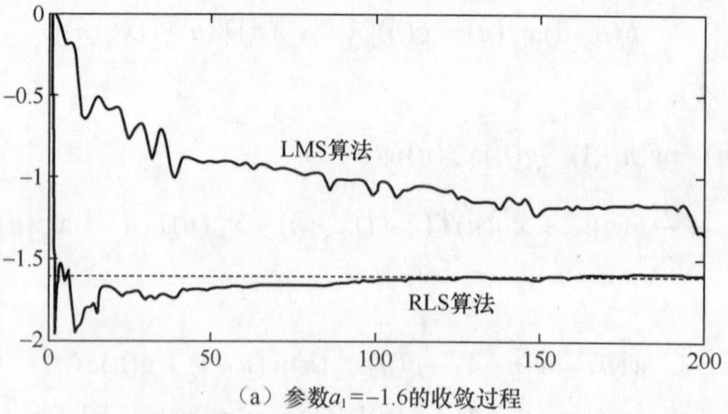

（a）参数 $a_1=-1.6$ 的收敛过程

图 4.15 RLS 算法和 LMS 算法估计信号模型参数的性能比较

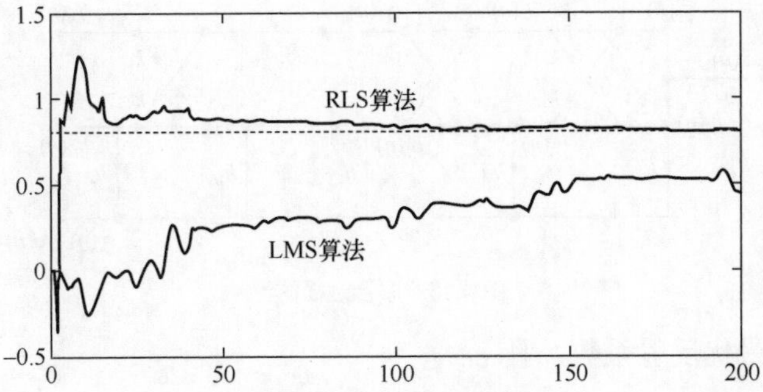

（b）参数a_2=0.8的收敛过程

图 4.15 RLS 算法和 LMS 算法估计信号模型参数的性能比较（续）

将式（4.2.90）两边都后乘$\lambda \boldsymbol{x}_N(n)$，得

$$\lambda \boldsymbol{T}(n)\boldsymbol{x}_N(n) = \boldsymbol{T}(n-1)\boldsymbol{x}_N(n) - \boldsymbol{g}(n)\boldsymbol{x}_N^{\mathrm{T}}(n)\boldsymbol{T}(n-1)\boldsymbol{x}_N(n)$$

将式（4.2.94）代入上式，得

$$\lambda \boldsymbol{T}(n)\boldsymbol{x}_N(n) = \lambda \boldsymbol{g}(n)$$

即

$$\boldsymbol{g}(n) = \boldsymbol{T}(n)\boldsymbol{x}_N(n) = \boldsymbol{R}^{-1}(n)\boldsymbol{x}_N(n) \tag{4.2.96}$$

将式（4.2.96）代入式（4.2.95）可得

$$\boldsymbol{w}(n) = \boldsymbol{w}(n-1) + \boldsymbol{R}^{-1}(n)\boldsymbol{x}_N(n)e(n|n-1) \tag{4.2.97}$$

将式（4.2.97）与 LMS 算法的迭代式（4.2.64），即

$$\boldsymbol{w}(n+1) = \boldsymbol{w}(n) + 2\mu e(n)\boldsymbol{x}_N(n)$$

相对照可以看出，RLS 算法与 LMS 算法的差异在于，前者权向量校正项中出现了因子$\boldsymbol{R}^{-1}(n)$。$\boldsymbol{R}(n)$是自相关矩阵$\mathrm{E}[\boldsymbol{x}_N(n)\boldsymbol{x}_N^{\mathrm{T}}(n)]$的一种参量，并且是随$n$变化的方阵，这表明在不同时刻，$\boldsymbol{w}(n)$每个元素均随新进的数据以不同的步长因子做调整，而不是象 LMS 算法那样统一地用因子μ来调整，这体现了调整的精细性及新数据利用的充分性。也就是说，因子$\boldsymbol{R}^{-1}(n)$的出现使 RLS 算法具有快速收敛的性质。付出的代价是，矩阵更新公式（4.2.90）的运算量在N^2数量级，这是 RLS 算法的主要计算负担。而 LMS 算法的运算量在N数量级。

4.3 梯度自适应格型算法

梯度自适应格型（Gradient Adaptive Lattice，GAL）算法由联合过程估计和随机梯度法（LMS 算法）两部分组成。联合过程估计联合完成两种最优估计，即最优参数$k_1,k_2,\cdots,k_M$和$h_0,h_1,\cdots,h_M$的求解，如图 4.16 所示。

我们在介绍格型预测误差滤波器时已经指出，第m阶前向预测误差滤波器和后向预测误差滤波器的输出分别为

$$f_m(n) = f_{m-1}(n) + k_m b_{m-1}(n-1)$$
$$b_m(n) = b_{m-1}(n-1) + k_m f_{m-1}(n)$$

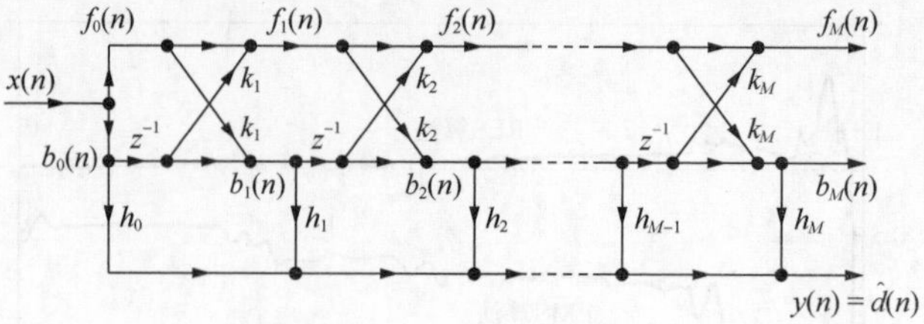

图 4.16　联合过程估计

式中，k_m 为第 m 阶最优反射系数，且

$$k_m = -\frac{2\mathrm{E}[f_{m-1}(n)b_{m-1}(n-1)]}{\mathrm{E}[f_{m-1}^2(n)+b_{m-1}^2(n-1)]}$$

当输入信号 $x(n)$ 是平稳过程时，可用时间平均代替集合平均，并且最优反射系数 k_m 不随时间改变，递推公式用于阶更新。

对于非平稳过程，滤波器的系数随时间自适应地调整。例如，前面介绍的横向结构的自适应滤波器，其递推公式用于时更新。

对 GAL 滤波器来说，其自适应是基于阶更新和时更新的递推算法。与前面横向结构的自适应滤波器相比，它的不同之处在于格型结构的阶更新。GAL 滤波器可将前面 $(m-1)$ 阶计算得到的信息传递到更新后的 m 阶滤波器。

GAL 滤波器是从 LMS 算法得出的自适应递推算法，其设计简单（格型滤波器的每一阶只有一个反射系数），但在特性上是近似最优的。

要使 GAL 滤波器成为期望响应估计器，应使后向预测误差序列与权值 $h_0,h_1,\cdots,h_M$ 线性组合的结果成为期望响应 $d(n)$ 的最优估计 $\hat{d}(n)$。

当用 LMS 算法设计 $\boldsymbol{h}=[h_0\ \ h_1\ \cdots\ h_M]^{\mathrm{T}}$ 时，迭代公式涉及估计误差 $e(n)=d(n)-\hat{d}(n)$ 及输入数据序列（后向预测误差序列）$\{b_m(n)\}$，而后向预测误差的更新涉及反射系数的更新。

对格型结构中的反射系数，同样采用 LMS 算法来计算。用平方误差代替均方误差，有

$$k_m(n)=k_m(n-1)-\mu\hat{\nabla}_m[f_m^2(n)+b_m^2(n)] \tag{4.3.1}$$

将

$$\begin{aligned}\hat{\nabla}_m[f_m^2(n)+b_m^2(n)] &= \frac{\partial}{\partial k_m(n)}[f_m^2(n)+b_m^2(n)] \\ &= 2[f_m(n)b_{m-1}(n-1)+b_m(n)f_{m-1}(n)]\end{aligned}$$

代入式（4.3.1），得

$$k_m(n)=k_m(n-1)-2\mu[f_m(n)b_{m-1}(n-1)+b_m(n)f_{m-1}(n)]$$

在实际中，考虑到对非平稳情况的适应性等因素，常对算法做修正。修正后的表达式为

$$k_m(n)=k_m(n-1)-\frac{\tilde{\mu}}{\varepsilon_{m-1}(n)}[f_m(n)b_{m-1}(n-1)+b_m(n)f_{m-1}(n)] \tag{4.3.2}$$

其中

$$\varepsilon_{m-1}(n)=\sum_{i=1}^{n}[f_{m-1}^2(i)+b_{m-1}^2(i-1)] \tag{4.3.3}$$

为当前时刻$(m-1)$阶预测误差总能量。式(4.3.2)相当于使用了时变步长参数$\mu_m(n)=\dfrac{\tilde{\mu}}{\varepsilon_{m-1}(n)}$，这与前面介绍过的归一化 LMS 算法类似。将式（4.3.3）拆分为

$$\varepsilon_{m-1}(n)=\sum_{i=1}^{n-1}[f_{m-1}^2(i)+b_{m-1}^2(i-1)]+[f_{m-1}^2(n)+b_{m-1}^2(n-1)]$$

并对式中的两项赋以不同的权值，表示为

$$\varepsilon_{m-1}(n)=\beta\varepsilon_{m-1}(n-1)+(1-\beta)[f_{m-1}^2(n)+b_{m-1}^2(n-1)],\quad 0<\beta<1 \tag{4.3.4}$$

将式（4.3.4）表示的$\varepsilon_{m-1}(n)$代入式（4.3.2），就是迭代计算反射系数$k_m(n)$的修正公式。修正的目的是使算法具有记忆功能，并借助预测误差总能量的现在值$\varepsilon_{m-1}(n)$及最接近的过去值$\varepsilon_{m-1}(n-1)$来计算反射系数的现在值$k_m(n)$。

接下来讨论对期望响应的估计$\hat{d}(n)$。如图 4.17 所示，期望响应的估计$\hat{d}(n)$可以表示为

$$\hat{d}_m(n)=\sum_{i=0}^{m}h_i(n)b_i(n) \tag{4.3.5}$$

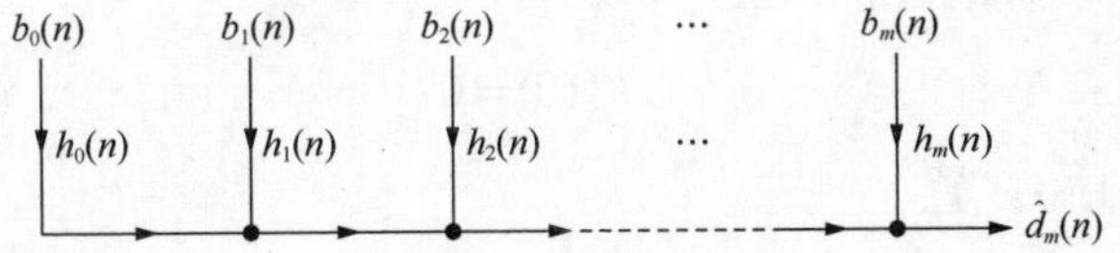

图 4.17 期望响应估计器

采用归一化 LMS 算法对 $\boldsymbol{h}$ 进行估计，其时间更新表示为

$$h_m(n+1)=h_m(n)+\frac{\tilde{\mu}}{\|\boldsymbol{b}_m(n)\|^2}b_m(n)e_m(n)$$

其中

$$\|\boldsymbol{b}_m(n)\|^2=\sum_{i=0}^{m}b_i^2(n)=\sum_{i=0}^{m-1}b_i^2(n)+b_m^2(n)=\|\boldsymbol{b}_{m-1}(n)\|^2+b_m^2(n)$$

$$e_m(n)=d(n)-\hat{d}_m(n)$$

由式（4.3.5）可得到$\hat{d}_m(n)$的迭代计算公式

$$\begin{aligned}\hat{d}_m(n)&=\sum_{i=0}^{m-1}h_i(n)b_i(n)+h_m(n)b_m(n)\\&=\hat{d}_{m-1}(n)+h_m(n)b_m(n)\end{aligned}$$

汇总多阶格型滤波器的阶更新和时更新及期望响应估计器的阶更新和时更新，可将 GAL 算法总结如下。

参数：$M=$最终预测阶数；$\beta=\tilde{\mu}<0.1$；δ、a分别置为小的正常数

多阶格型预测器：

对预测阶数$m=1,2,\cdots,M$，置

$$f_m(0)=b_m(0)=0$$

$$\varepsilon_{m-1}(0)=a$$

$$k_m(0)=0$$

对时间 $n=1,2,\cdots$，置

$$f_0(n)=b_0(n)=x(n)$$

对阶数 $m=1,2,\cdots,M$ 和时间 $n=1,2,\cdots$，计算

$$\varepsilon_{m-1}(n)=\beta\varepsilon_{m-1}(n-1)+(1-\beta)[f_{m-1}^2(n)+b_{m-1}^2(n-1)]$$

$$f_m(n)=f_{m-1}(n)+k_m(n-1)b_{m-1}(n-1)$$

$$b_m(n)=b_{m-1}(n-1)+k_m(n-1)f_{m-1}(n)$$

$$k_m(n)=k_m(n-1)-\frac{\tilde{\mu}}{\varepsilon_{m-1}(n)}[f_m(n)b_{m-1}(n-1)+b_m(n)f_{m-1}(n)]$$

期望响应估计器：

对预测阶数 $m=0,1,\cdots,M$，置

$$h_m(0)=0$$

对时间 $n=0,1,\cdots$，置

$$\hat{d}_{-1}(n)=0$$

$$\|\boldsymbol{b}_{-1}(n)\|^2=\delta$$

对阶数 $m=0,1,\cdots,M$ 和时间 $n=0,1,\cdots$，计算

$$\hat{d}_m(n)=\hat{d}_{m-1}(n)+h_m(n)b_m(n)$$

$$e_m(n)=d(n)-\hat{d}_m(n)$$

$$\|\boldsymbol{b}_m(n)\|^2=\|\boldsymbol{b}_{m-1}(n)\|^2+b_m^2(n)$$

$$h_m(n+1)=h_m(n)+\frac{\tilde{\mu}}{\|\boldsymbol{b}_m(n)\|^2}b_m(n)e_m(n)$$

反射系数 $k_m(n)$ 更新公式中使用了时变步长参数 $\mu_m(n)=\dfrac{\tilde{\mu}}{\varepsilon_{m-1}(n)}$，这与归一化 LMS 算法类似。如果输入数据 $x(n)$ 含噪过多，则由自适应格型预测器产生的预测误差响应就大。这种情况下，参数 $\varepsilon_{m-1}(n)$ 取较大值，相应地，步长参数 $\mu_m(n)$ 取较小值。这时，GAL 算法中的反射系数更新公式并不像所希望的那样，能对外界环境的变化做出快速响应。

4.4 IIR 自适应滤波器

前面讨论的 FIR 自适应滤波器有着结构简单和实现容易的优点，但有计算量大的缺点。为满足实际应用的性能要求，常常需要采用阶数很高的 FIR 滤波器。这时，若能改用 IIR 递

归结构，滤波器的阶数则可以显著降低。

另外，还有一些应用必须使用 IIR 滤波器。例如，将通信信道等效为一个 FIR 滤波器，其传递函数设为 $H(z)$ 。在接收端为了补偿信道中由多路效应引起的信号失真，常设计一个传递函数为 $H^{-1}(z)$ 的自适应滤波器作为均衡器。显然，该均衡器是一个 IIR 自适应滤波器。因此，有必要将对 FIR 自适应滤波器的研究推广到 IIR 自适应滤波器。

IIR 自适应滤波器的优点主要表现在以下方面。

（1）IIR 滤波器可以大幅度减少计算量。有些系统模型，用 FIR 滤波器必须有很高的阶数，而用 IIR 滤波器通常只需要低阶就可以达到要求。

（2）IIR 滤波器具有谐振和锐截止特性。IIR 滤波器有极点，因此容易实现谐振和锐截止特性。

它的缺点主要表现在以下方面。

（1）IIR 滤波器在自适应过程中有可能使极点移到单位圆外，从而使滤波器失去稳定性。因此必须采取措施限制滤波器参数的取值范围。

（2）IIR 滤波器的性能曲面一般是高于二次的曲面，有可能存在一些局部极小点，从而使搜索全局最低点的工作变得复杂和困难。可以通过寻求好的自适应算法，在复杂的性能曲面上正确搜索全局最低点，或通过增加权系数的个数，移去性能曲面的局部极小点。已经有学者证明，具有足够多零点和极点的 IIR 自适应滤波器，其性能曲面可以是单模的，而不是多模的。

设计 IIR 自适应滤波器通常有输出误差法和方程误差法两种方法。

4.4.1 输出误差法

IIR 滤波器的差分方程为

$$y(n)=\sum_{i=0}^{N}a_i(n)x(n-i)+\sum_{i=1}^{N}b_i(n)y(n-i) \quad (4.4.1)$$

其中，$a_i(n)$ 和 $b_i(n)$ 是模型的可调系数，其原理图如图 4.18 所示。

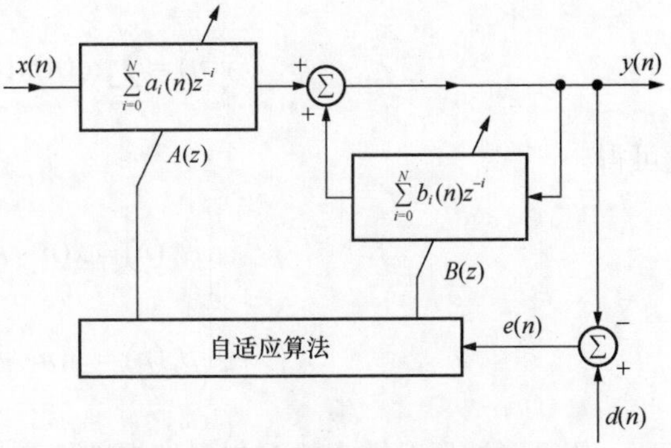

图 4.18 IIR 自适应滤波器输出误差法原理图

为得到 IIR 自适应滤波器系数 $a_i(n)$ 和 $b_i(n)$ 的迭代公式，定义两个新的向量——复合权向量 $\boldsymbol{w}(n)$ 和复合数据向量 $\boldsymbol{u}(n)$ 如下：

$$\boldsymbol{w}(n)=[a_0(n) \quad a_1(n) \quad \cdots \quad a_N(n) \quad b_1(n) \quad b_2(n) \quad \cdots \quad b_N(n)]^{\mathrm{T}} \quad (4.4.2)$$

$$\boldsymbol{u}(n)=[x(n) \quad x(n-1) \quad \cdots \quad x(n-N) \quad y(n-1) \quad \cdots \quad y(n-N)]^{\mathrm{T}} \quad (4.4.3)$$

于是，可将式（4.4.1）用向量形式表示为

$$y(n)=\boldsymbol{w}^{\mathrm{T}}(n)\boldsymbol{u}(n)=\boldsymbol{u}^{\mathrm{T}}(n)\boldsymbol{w}(n) \quad (4.4.4)$$

误差为

$$e(n)=d(n)-y(n)=d(n)-\boldsymbol{w}^{\mathrm{T}}(n)\boldsymbol{u}(n) \quad (4.4.5)$$

式（4.4.5）与 FIR 自适应滤波器的误差公式相似，区别在于现在的向量 $\boldsymbol{w}(n)$ 和 $\boldsymbol{u}(n)$ 有着

不同的含义。

与 FIR 自适应滤波器的 LMS 算法类似，用平方误差代替均方误差来估计梯度向量，则有

$$\begin{aligned}\hat{\nabla}(n) &= \frac{\partial e^2(n)}{\partial \boldsymbol{w}(n)} = 2e(n)\frac{\partial e(n)}{\partial \boldsymbol{w}(n)} \\ &= 2e(n)\left[\frac{\partial e(n)}{\partial a_0(n)} \quad \cdots \quad \frac{\partial e(n)}{\partial a_N(n)} \quad \frac{\partial e(n)}{\partial b_1(n)} \quad \cdots \quad \frac{\partial e(n)}{\partial b_N(n)}\right]^{\mathrm{T}} \\ &= -2e(n)\left[\frac{\partial y(n)}{\partial a_0(n)} \quad \cdots \quad \frac{\partial y(n)}{\partial a_N(n)} \quad \frac{\partial y(n)}{\partial b_1(n)} \cdots \quad \frac{\partial y(n)}{\partial b_N(n)}\right]^{\mathrm{T}}\end{aligned}$$

令 $\alpha_k(n) = \dfrac{\partial y(n)}{\partial a_k(n)}$， $\beta_k(n) = \dfrac{\partial y(n)}{\partial b_k(n)}$，则

$$\hat{\nabla}(n) = -2e(n)[\alpha_0(n) \quad \alpha_1(n) \quad \cdots \quad \alpha_N(n) \quad \beta_1(n) \quad \beta_2(n) \quad \cdots \quad \beta_N(n)]^{\mathrm{T}}$$

于是可得 IIR 自适应滤波器权向量更新公式

$$\begin{aligned}\boldsymbol{w}(n+1) &= \boldsymbol{w}(n) - \mu\hat{\nabla}(n) \\ &= \boldsymbol{w}(n) + 2\mu e(n)[\alpha_0(n) \quad \alpha_1(n) \quad \cdots \quad \alpha_N(n) \quad \beta_1(n) \quad \beta_2(n) \quad \cdots \quad \beta_N(n)]^{\mathrm{T}}\end{aligned}$$

可见，算法还涉及系数 $\alpha_k(n)$ 和 $\beta_k(n)$ 的计算。接下来寻找 $\alpha_k(n)$ 和 $\beta_k(n)$ 的递推计算公式。

由差分方程

$$y(n) = \sum_{i=0}^{N} a_i(n)x(n-i) + \sum_{i=1}^{N} b_i(n)y(n-i)$$

可得

$$\begin{cases} \alpha_k(n) = x(n-k) + \displaystyle\sum_{i=1}^{N} b_i(n)\frac{\partial y(n-i)}{\partial a_k(n)} \\ \beta_k(n) = y(n-k) + \displaystyle\sum_{i=1}^{N} b_i(n)\frac{\partial y(n-i)}{\partial b_k(n)} \end{cases} \tag{4.4.6}$$

假设滤波器对较小的 N 以足够慢的速率进行自适应，则可以做如下近似：

$$\frac{\partial y(n-i)}{\partial a_k(n)} \cong \frac{\partial y(n-i)}{\partial a_k(n-i)} = \alpha_k(n-i), \qquad i = 1,2,\cdots,N$$

$$\frac{\partial y(n-i)}{\partial b_k(n)} \cong \frac{\partial y(n-i)}{\partial b_k(n-i)} = \beta_k(n-i), \qquad i = 1,2,\cdots,N$$

而 IIR 滤波器的阶数一般不高，且 LMS 算法的收敛速度不快，因此以上假设是成立的，于是可将式（4.4.6）改写成

$$\alpha_k(n) = x(n-k) + \sum_{i=1}^{N} b_i(n)\alpha_k(n-i), \qquad k = 0,1,2,\cdots,N$$

$$\beta_k(n) = y(n-k) + \sum_{i=1}^{N} b_i(n)\beta_k(n-i), \qquad k = 1,2,\cdots,N$$

综合上面的分析，将完整的算法总结如下：

$$y(n) = \boldsymbol{w}^{\mathrm{T}}(n)\boldsymbol{u}(n)$$

$$\alpha_k(n) = x(n-k) + \sum_{i=1}^{N} b_i(n)\alpha_k(n-i), \qquad k = 0,1,2,\cdots,N \tag{4.4.7}$$

$$\beta_k(n) = y(n-k) + \sum_{i=1}^{N} b_i(n)\beta_k(n-i), \qquad k = 1,2,\cdots,N \tag{4.4.8}$$

$$\hat{\nabla}(n) = -2[d(n)-y(n)][\alpha_0(n) \quad \alpha_1(n) \quad \cdots \quad \alpha_N(n) \quad \beta_1(n) \quad \beta_2(n) \quad \cdots \quad \beta_N(n)]^{\mathrm{T}}$$

$$\boldsymbol{w}(n+1) = \boldsymbol{w}(n) - \mu\hat{\nabla}(n)$$

式中$\alpha(n)$和$\beta(n)$的初始值一般设为0。

令$B(z) = \sum_{i=1}^{N} b_i(n) z^{-i}$，则式（4.4.7）和式（4.4.8）所对应的传递函数都可以表示为

$$H(z) = \frac{z^{-k}}{1-B(z)}$$

其实现结构如图4.19或图4.20所示。

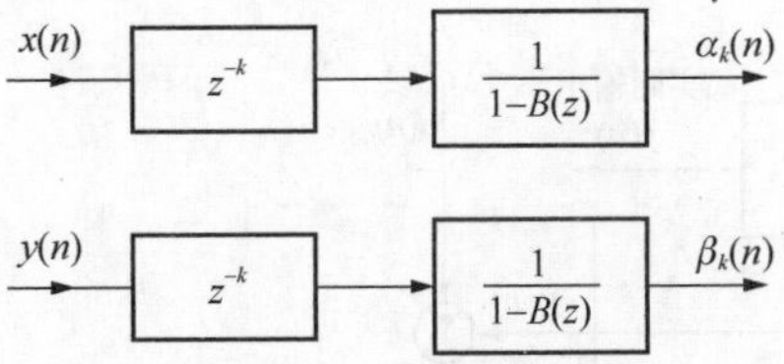

图4.19 $\alpha_k(n)$、$\beta_k(n)$的实现结构

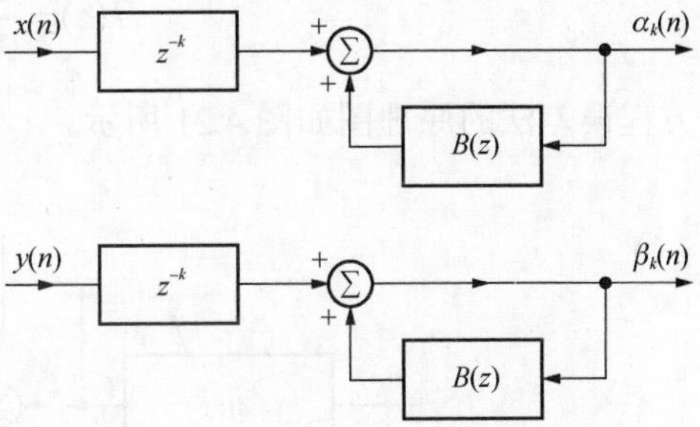

图4.20 $\alpha_k(n)$、$\beta_k(n)$的等效实现结构

用输出误差法设计IIR自适应滤波器受到以下两个限制。

（1）误差性能曲面除了全局最低点外还有许多局部极小点，这意味着很难确保用这种方法设计的IIR自适应滤波器是全局最优的。

（2）不能保证模型的极点始终在z平面的单位圆内，这意味着IIR自适应滤波器有可能不稳定。

不稳定问题的解决办法之一是，在实际使用过程中，向自适应方程中引入某种简短的稳定性测试来克服不稳定，但这样会拖慢自适应的速率。至于局部极小点问题，可用下面讨论的方程误差法来解决。

4.4.2 方程误差法

在滤波器训练阶段，将差分方程

$$y(n) = \sum_{i=0}^{N} a_i(n)x(n-i) + \sum_{i=1}^{N} b_i(n)y(n-i)$$

中的 $y(n-i)$ 替换为 $d(n-i)$，替换后的方程为

$$y'(n)=\sum_{i=0}^{N}a_i(n)x(n-i)+\sum_{i=1}^{N}b_i(n)d(n-i) \tag{4.4.9}$$

相应地，定义误差信号为

$$e'(n)=d(n)-y'(n) \tag{4.4.10}$$

式（4.4.10）用于在训练阶段调整 $\{a_i(n)\}$ 和 $\{b_i(n)\}$ 两组参数。

在方程误差法中，误差信号由一个方程来定义，而不是如输出误差法那样根据自适应滤波器的实际输出与期望响应的误差来定义。

与输出误差法不同，方程误差法是由二次均方误差性能函数表征的，所以可以解决局部极小点问题。

如果令 $A(z)=\sum_{i=0}^{N}a_i(n)z^{-i}$，$B(z)=\sum_{i=1}^{N}b_i(n)z^{-i}$，则系统

$$y(n)=\sum_{i=0}^{N}a_i(n)x(n-i)+\sum_{i=1}^{N}b_i(n)y(n-i)$$

的系统函数可以表示为

$$H(z)=\frac{Y(z)}{X(z)}=\frac{A(z)}{1-B(z)}$$

可得方程误差法的原理图如图 4.21 所示。

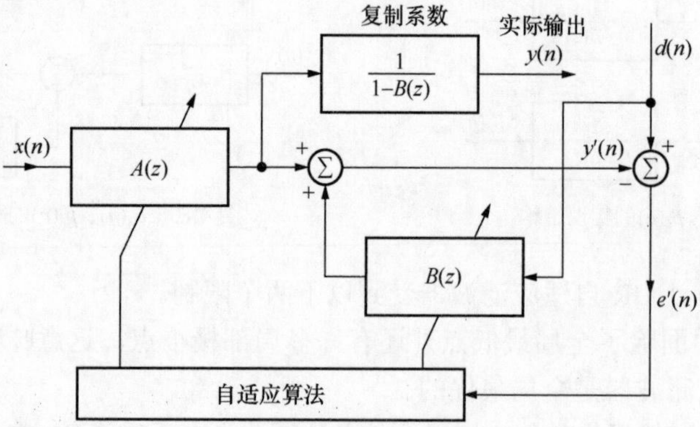

图 4.21　IIR 自适应滤波器方程误差法原理图

方程误差 $e'(n)$ 与输出误差 $e(n)$ 本质上是相关的，因为

$$e'(n)-e(n)=-y'(n)+y(n)=\sum_{i=1}^{N}b_i(n)[y(n-i)-d(n-i)]$$

$$=-\sum_{i=1}^{N}b_i(n)e(n-i)$$

有

$$e'(n)=e(n)-\sum_{i=1}^{N}b_i(n)e(n-i)$$

两边求 Z 变换，得

$$E'(z)=[1-B(z)]E(z)$$

让输出误差 $e(n)$ 通过一个传递函数为 $1-B(z)$ 的滤波器就可得到方程误差 $e'(n)$ 。

IIR 自适应滤波器的方程误差法和输出误差法一般将得到不同的解，因为方程误差法自适应滤波算法实际上是在优化一个不同于输出误差的性能函数。

相对于输出误差法，方程误差法可加快自适应滤波器的训练速度，因为方程误差法相当于假设滤波器准确地完成了导师强制的学习任务。

4.5 拉盖尔自适应滤波器

根据前面对 FIR 和 IIR 自适应滤波器的讨论，可以对长脉冲响应的情况做出如下评述。

（1）使用 IIR 结构可以用较低阶实现长脉冲响应，但使稳定问题变得更加复杂。

（2）使用 FIR 结构容易解决稳定问题，但以增加计算量为代价。

从以上分析不难看出，结合 FIR 和 IIR 结构的混合方法应是一个折中方案。

4.5.1 拉盖尔横向滤波器

对基于抽头延迟线的横向滤波器来说，如果系统的单位脉冲响应很长，则横向滤波器的阶数很高。

根据数学分析，该脉冲响应可以用一组截断的正交序列来近似。这组正交的离散序列称为拉盖尔（Laguerre）序列，表示为 $l_i(n,\alpha)$，其中，n 表示离散时间，i 是非负整数，参数 α 为实数，且 $|\alpha|<1$。

以下两个依据使得单位脉冲响应可以用一组截断的拉盖尔序列来近似。

（1）拉盖尔序列 $l_i(n,\alpha)$ 构成一个完备的正交集，所以任何物理上可实现的实序列 $h(n)$ 可表示为

$$h(n)=\sum_{i=0}^{\infty}w_i(\alpha)l_i(n,\alpha) \tag{4.5.1}$$

（2）系数 $w_i(\alpha)$ 随着 i 的增大迅速衰减，因此展开式可以在某个 $i=M$ 处截断为

$$h(n)=\sum_{i=0}^{M}w_i(\alpha)l_i(n,\alpha) \tag{4.5.2}$$

下面通过 Z 域分析，得出式(4.5.2)所示系统的结构。拉盖尔序列 $l_i(n,\alpha)$ 的 Z 变换 $L_i(z,\alpha)$ 可以表示为

$$L_i(z,\alpha)=\sqrt{1-\alpha^2}\,\frac{(z^{-1}-\alpha)^i}{(1-\alpha z^{-1})^{i+1}},\qquad i=0,1,2,\cdots \tag{4.5.3}$$

当 $i=0$ 时，式（4.5.3）成为

$$L_0(z,\alpha)=\frac{\sqrt{1-\alpha^2}}{1-\alpha z^{-1}} \tag{4.5.4}$$

因此，式（4.5.3）表示的拉盖尔函数可表示为

$$L_i(z,\alpha)=L_0(z,\alpha)[L(z,\alpha)]^i\text{，}\ i=0,1,2,\cdots \tag{4.5.5}$$

其中

$$L(z,\alpha)=\frac{z^{-1}-\alpha}{1-\alpha z^{-1}} \tag{4.5.6}$$

式（4.5.6）是一阶全通滤波器的系统函数①，参数 α 对所有 $i \geqslant 0$ 控制拉盖尔函数 $L_i(z,\alpha)$ 的极点位置。

综上，可以得到式（4.5.2）所示系统的结构，如图 4.22 所示，即拉盖尔横向滤波器结构。

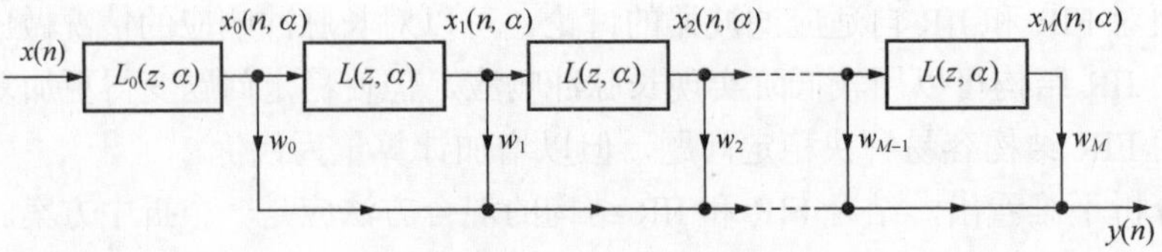

图 4.22　拉盖尔横向滤波器结构

当参数 $\alpha \neq 0$ 时，一阶全通滤波器 $L(z,\alpha)=\dfrac{z^{-1}-\alpha}{1-\alpha z^{-1}}$ 是 IIR 滤波器，其实现结构如图 4.23 所示。

当参数 $\alpha=0$ 时，根据式（4.5.4）和式（4.5.6）有

$$L_0(z,0)=1$$

$$L(z,0)=z^{-1}$$

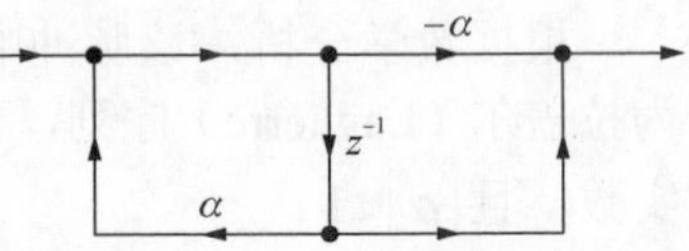

图 4.23　一阶全通滤波器结构

这样，图 4.22 所示的拉盖尔横向滤波器结构则退化为传统的 FIR 横向滤波器结构。因此，传统的 FIR 横向滤波器可以认为是拉盖尔横向滤波器在参数 $\alpha=0$ 时的特例。

根据上面的分析，可以将拉盖尔横向滤波器的特性总结如下。

（1）拉盖尔横向滤波器是一个受约束的 IIR 滤波器。受约束是指其传递函数的所有极点都固定在 z 平面的同一位置，即 $z=\alpha$ 处。$|\alpha|<1$ 保证了拉盖尔横向滤波器是稳定的，但也使它的灵活性不如无约束 IIR 滤波器。

（2）传统的 FIR 横向滤波器是拉盖尔横向滤波器在 $\alpha=0$ 时的特例。

（3）同样滤波性能下，拉盖尔横向滤波器的系数少于传统的 FIR 横向滤波器，多于无约束 IIR 滤波器，因为它对极点位置强加了约束。

4.5.2　基于拉盖尔格型的联合过程估计

拉盖尔格型滤波器与拉盖尔横向滤波器一样，是建立在式（4.5.5）所示的拉盖尔函数级联表示的基础上的，即

---

① 任何全通函数可表示成 $H(z)=\pm\prod_{i=1}^{N}\dfrac{z^{-1}-\alpha_i^*}{1-\alpha_i z^{-1}}$，$N$ 为全通函数的阶数，α_i 是全通函数的极点，α_i 要么是实数，要么是共轭成对的复数。

$$L_i(z,\alpha)=L_0(z,\alpha)[L(z,\alpha)]^i\text{，}\quad i=0,1,2,\cdots \tag{4.5.7}$$

平稳条件下，对第 3 章中基于格型结构的联合过程估计做如下变动。

（1）将前、后向预测误差的初始值用输入信号 $x(n)$ 经过 $L_0(z,\alpha)$ 产生的输出代替。

（2）将单位时延 z^{-1} 用一阶全通滤波器 $L(z,\alpha)$ 代替。

可以得到基于拉盖尔格型的联合过程估计，如图 4.24 所示。

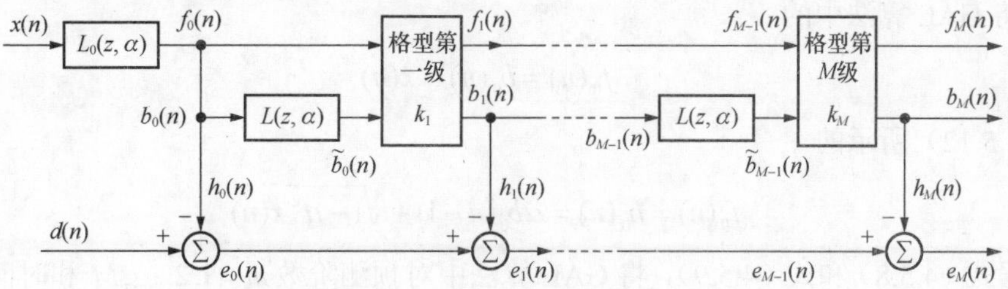

图 4.24　基于拉盖尔格型的联合过程估计

一阶全通滤波器 $L(z,\alpha)$ 的输出 $\tilde{b}_{m-1}(n)$ 与后向预测误差 $b_{m-1}(n)$ 之间的关系为

$$Z[\tilde{b}_{m-1}(n)]=L(z,\alpha)Z[b_{m-1}(n)]$$

将 $L(z,\alpha)=\dfrac{z^{-1}-\alpha}{1-\alpha z^{-1}}$ 代入上式并变换到时域，有

$$\tilde{b}_{m-1}(n)-\alpha\tilde{b}_{m-1}(n-1)=b_{m-1}(n-1)-\alpha b_{m-1}(n)$$

即

$$\tilde{b}_{m-1}(n)=b_{m-1}(n-1)+\alpha[\tilde{b}_{m-1}(n-1)-b_{m-1}(n)] \tag{4.5.8}$$

则拉盖尔格型基本节的输入输出之间的关系为

$$f_m(n)=f_{m-1}(n)+k_m\tilde{b}_{m-1}(n) \tag{4.5.9a}$$

$$b_m(n)=\tilde{b}_{m-1}(n)+k_m f_{m-1}(n) \tag{4.5.9b}$$

且有

$$Z[f_0(n)]=Z[b_0(n)]=L_0(z,\alpha)Z[x(n)] \tag{4.5.10}$$

将式（4.5.9）与伯格算法涉及的前、后向预测误差的递推公式

$$f_m(n)=f_{m-1}(n)+k_m b_{m-1}(n-1) \tag{4.5.11a}$$

$$b_m(n)=b_{m-1}(n-1)+k_m f_{m-1}(n) \tag{4.5.11b}$$

相比可以看出，式（4.5.9）就是将式（4.5.11）中的 $b_{m-1}(n-1)$ 替换为 $\tilde{b}_{m-1}(n)$。考虑到

$$L_0(z,\alpha)=\frac{\sqrt{1-\alpha^2}}{1-\alpha z^{-1}}$$

可以得到式（4.5.10）对应的时域公式

$$f_0(n)=b_0(n)=\alpha b_0(n-1)+\sqrt{1-\alpha^2}\,x(n) \tag{4.5.12}$$

式（4.5.12）所示为拉盖尔格型滤波器对应于零阶预测的前、后向预测误差。

4.5.3 梯度自适应拉盖尔格型算法

在非平稳情况下，滤波器的系数随时间自适应地调整。可以根据梯度自适应格型（GAL）算法的推导方法，导出梯度自适应拉盖尔格型（Gradient Adaptive Laguerre Lattice，GALL）算法。

首先将 GAL 算法中的

$$f_0(n)=b_0(n)=x(n)$$

改为式（4.5.12）所示的

$$f_0(n)=b_0(n)=\alpha b_0(n-1)+\sqrt{1-\alpha^2}\,x(n)$$

另外，根据式（4.5.8）和式（4.5.9），将 GAL 算法中对预测阶数 $m=1,2,\cdots,M$ 和时间 $n=1,2,\cdots$ 的计算改为

$$\tilde{b}_{m-1}(n)=b_{m-1}(n-1)+\alpha[\tilde{b}_{m-1}(n-1)-b_{m-1}(n)]$$

$$f_m(n)=f_{m-1}(n)+k_m(n-1)\tilde{b}_{m-1}(n)$$

$$b_m(n)=\tilde{b}_{m-1}(n)+k_m(n-1)f_{m-1}(n)$$

再将其余公式中的 $b_{m-1}(n-1)$ 改为 $\tilde{b}_{m-1}(n)$，即

$$\varepsilon_{m-1}(n)=\beta\varepsilon_{m-1}(n-1)+(1-\beta)[f_{m-1}^2(n)+\tilde{b}_{m-1}^2(n)]$$

$$k_m(n)=k_m(n-1)-\frac{\tilde{\mu}}{\varepsilon_{m-1}(n)}[f_m(n)\tilde{b}_{m-1}(n)+b_m(n)f_{m-1}(n)]$$

可得完整的算法如下。

参数：$M=$ 最终预测阶数；$\beta=\tilde{\mu}<0.1$；δ、a 分别置为小的正常数。

多阶格型预测器：

对预测阶数 $m=1,2,\cdots,M$，置

$$f_m(0)=b_m(0)=0$$

$$\varepsilon_{m-1}(0)=a$$

$$k_m(0)=0$$

对时间 $n=1,2,\cdots$，置

$$f_0(n)=b_0(n)=\alpha b_0(n-1)+\sqrt{1-\alpha^2}\,x(n)$$

对阶数 $m=1,2,\cdots,M$ 和时间 $n=1,2,\cdots$，计算

$$\tilde{b}_{m-1}(n)=b_{m-1}(n-1)+\alpha[\tilde{b}_{m-1}(n-1)-b_{m-1}(n)]$$

$$f_m(n)=f_{m-1}(n)+k_m(n-1)\tilde{b}_{m-1}(n)$$

$$b_m(n)=\tilde{b}_{m-1}(n)+k_m(n-1)f_{m-1}(n)$$

$$\varepsilon_{m-1}(n)=\beta\varepsilon_{m-1}(n-1)+(1-\beta)[f_{m-1}^2(n)+\tilde{b}_{m-1}^2(n)]$$

$$k_m(n)=k_m(n-1)-\frac{\tilde{\mu}}{\varepsilon_{m-1}(n)}[f_m(n)\tilde{b}_{m-1}(n)+b_m(n)f_{m-1}(n)]$$

期望响应估计器：

对预测阶数 $m=0,1,\cdots,M$ ，置

$$h_m(0)=0$$

对时间 $n=0,1,\cdots$，置

$$\hat{d}_{-1}(n)=0$$

$$\|\boldsymbol{b}_{-1}(n)\|^2=\delta$$

对阶数 $m=0,1,\cdots,M$ 和时间 $n=0,1,\cdots$，计算

$$\hat{d}_m(n)=\hat{d}_{m-1}(n)+h_m(n)b_m(n)$$

$$e_m(n)=d(n)-\hat{d}_m(n)$$

$$\|\boldsymbol{b}_m(n)\|^2=\|\boldsymbol{b}_{m-1}(n)\|^2+b_m^2(n)$$

$$h_m(n+1)=h_m(n)+\frac{\tilde{\mu}}{\|\boldsymbol{b}_m(n)\|^2}b_m(n)e_m(n)$$

可以看出，如果在 GALL 算法中取 $\alpha=0$ ，则

$$f_0(n)=b_0(n)=x(n)$$

$$\tilde{b}_{m-1}(n)=b_{m-1}(n-1)$$

此时 GALL 算法成为 GAL 算法。

4.6 自适应滤波的应用

4.6.1 自适应预测

前面我们已经接触过线性预测的概念，所谓自适应预测（Adaptive Prediction）就是预测器的系数能够自动调整。

自适应预测的应用很广，例如，在谱估计中用于确定 AR 过程所对应的模型参数。设某二阶 AR 过程 $x(n)$ 所对应的 AR 模型为

$$H(z)=\frac{1}{1+a_1z^{-1}+a_2z^{-2}}$$

则 $x(n)$ 满足差分方程

$$x(n)=-a_1x(n-1)-a_2x(n-2)+w(n)$$

其中 $w(n)$ 是激励源白噪声。由于 AR 模型的逆滤波器是预测误差滤波器，因此通过使预测误差功率最小来设计最优线性预测器可以得到模型参数。在自适应预测中，自适应算法能够通过迭代使预测系数最终收敛到最优值(或保持接近最优)。自适应预测器的结构如图 4.25 所示，预测值为

$$\hat{x}(n)=w_1(n)x(n-1)+w_2(n)x(n-2)$$

如果采用 LMS 算法，则预测系数按下式迭代修正：

$$w_i(n+1)=w_i(n)+2\mu e(n)x(n-i)，\quad i=1,2$$

在满足收敛条件的情况下，预测系数 $w_1(n)$ 和 $w_2(n)$ 将在统计意义上收敛于最优值 $-a_1$ 和 $-a_2$。预测误差为

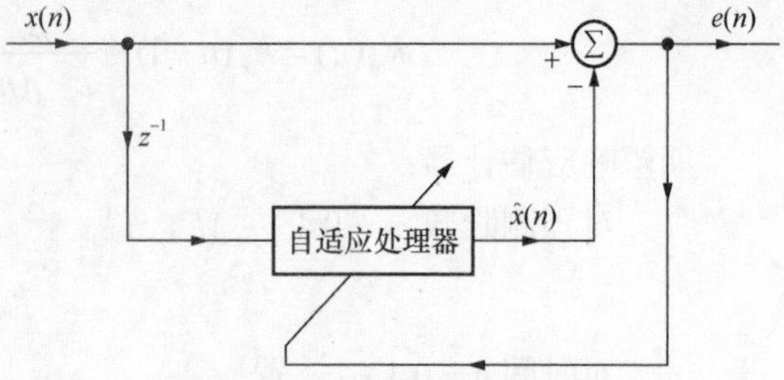

图 4.25　自适应线性预测器

$$e(n)=x(n)-\hat{x}(n)$$

当 $w_1(n)=-a_1$、$w_2(n)=-a_2$ 时，预测误差等于激励源白噪声 $w(n)$，最小预测误差功率就是激励源白噪声的方差。

自适应预测应用的例子还有很多，如自适应差分脉码调制（Adaptive Differential Pulse-Code Modulation，ADPCM）语音编码。ADPCM 是通过自适应预测，根据过去时刻的语音样值得到对现时刻语音样值 $x(n)$ 的估计 $\hat{x}(n)$，然后对预测误差 $e(n)=x(n)-\hat{x}(n)$ 进行量化编码。因为 $e(n)$ 的动态范围比 $x(n)$ 的动态范围小得多，所以同样比特率下可以减小量化误差，同样量化误差下可以降低比特率。事实上，ADPCM 由于应用了自适应预测和自适应量化等技术，信噪比提高了近 20dB。ADPCM4bit 量化的效果与 PCM 8bit 量化的效果差不多，码率由 PCM 的 64kbit/s 压到了 ADPCM 的 32kbit/s。

4.6.2　自适应干扰对消

自适应干扰对消（Adaptive Interference Cancel）的原理如图 4.26 所示，$s(n)$ 是有用信号，$v(n)$ 是混杂在信号中的干扰噪声，希望通过自适应干扰对消最大限度地降低混杂在信号中的干扰噪声 $v(n)$。例如，在路边的公共电话亭打电话，人讲话的声音是有用信号 $s(n)$，但同时送入话筒的还有街上的喧闹声以及各种交通工具发出的声音。将各种干扰噪声的总和用 $v(n)$ 表示，则送入话筒的是 $x(n)=s(n)+v(n)$。通过自适应干扰对消，能够使接听者感觉到的干扰噪声 $v(n)$ 最弱。

为达到干扰对消的目的，在信号 $s(n)$ 所在的环境中安放一采集器采集背景噪声 $v'(n)$。一般情况下，$v'(n)$ 与 $v(n)$ 是相关的，因为它们是来自同一环境的噪声，而信号 $s(n)$ 与噪声 $v'(n)$ 和 $v(n)$ 都不相关。图 4.26 中的自适应处理器用于将 $v'(n)$ 加工成 $\hat{v}(n)$，加工时所依据的准则就是在均方误差最小的前提下使 $\hat{v}(n)$ 最好地逼近 $v(n)$。

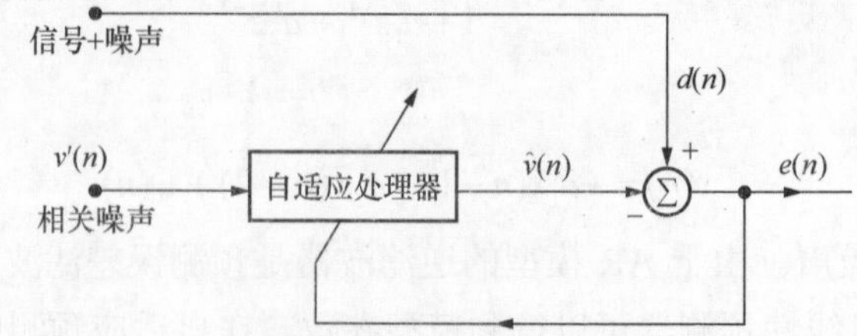

图 4.26　自适应干扰对消原理

假定 $s(n)$、$v(n)$ 和 $v'(n)$ 都是零均值的平稳随机过程，将 $x(n)=s(n)+v(n)$ 作为参考信号

$d(n)$，将背景噪声 $v'(n)$ 作为辅助输入，根据图 4.26 有

$$e(n)=d(n)-\hat{v}(n)=s(n)+v(n)-\hat{v}(n) \tag{4.6.1}$$

$$e^2(n)=s^2(n)+[v(n)-\hat{v}(n)]^2+2s(n)[v(n)-\hat{v}(n)]$$

$$\mathrm{E}[e^2(n)]=\mathrm{E}[s^2(n)]+\mathrm{E}\{[v(n)-\hat{v}(n)]^2\}+2\mathrm{E}\{s(n)[v(n)-\hat{v}(n)]\} \tag{4.6.2}$$

因为信号与噪声不相关，所以

$$\mathrm{E}\{s(n)[v(n)-\hat{v}(n)]\}=\mathrm{E}[s(n)]\cdot\mathrm{E}[v(n)-\hat{v}(n)]=0$$

于是式（4.6.2）成为

$$\mathrm{E}[e^2(n)]=\mathrm{E}[s^2(n)]+\mathrm{E}\{[v(n)-\hat{v}(n)]^2\} \tag{4.6.3}$$

其中 $\mathrm{E}[s^2(n)]$ 为信号功率，与自适应调整无关。由式（4.6.3）可以看出，使 $\mathrm{E}[e^2(n)]$ 最小，就是使 $\mathrm{E}\{[v(n)-\hat{v}(n)]^2\}$ 最小。根据式（4.6.1），有

$$v(n)-\hat{v}(n)=e(n)-s(n)$$

所以，当 $\mathrm{E}\{[v(n)-\hat{v}(n)]^2\}$ 最小时，$\mathrm{E}[(e(n)-s(n))^2]$ 也最小，其中 $e(n)$ 是自适应干扰对消系统的输出信号。$\mathrm{E}[(e(n)-s(n))^2]$ 最小意味着自适应干扰对消系统的输出信号与有用信号的均方误差为最小。也就是说，在均方误差最小前提下，实现了对干扰噪声最大限度的抑制。理想情况下，自适应处理器将 $v'(n)$ 加工成 $\hat{v}(n)=v(n)$，则 $e(n)=s(n)$，信号中的噪声 $v(n)$ 完全被 $\hat{v}(n)$ 抵消。

自适应干扰对消的应用非常广泛，例如，听胎儿的心音，此时母亲腹腔内的各种声音都是噪声，从母亲腹部偏离胎儿心跳的位置取得背景噪声作为辅助输入，利用自适应干扰对消，可以得到胎儿心音的最佳估计。

当需要抵消掉的噪声是单色干扰（即单一频率的正弦波干扰）时，应用自适应干扰对消的系统称为自适应陷波器（Notch Filter，NF），又称为点阻滤波器。自适应陷波器能够自动跟踪干扰频率，消噪能力强，并且容易控制带宽。若干扰是频率为 ω_0 的正弦信号，则自适应陷波器的频率特性如图 4.27 所示。

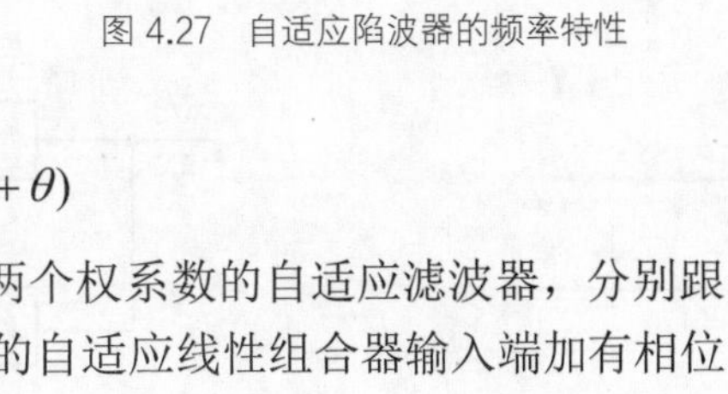

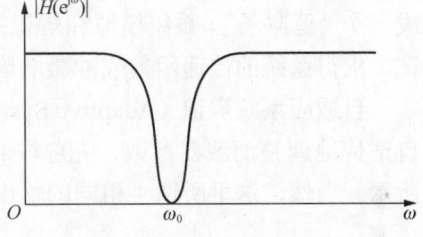

图 4.27　自适应陷波器的频率特性

要消掉单色干扰，需将混有单频率干扰的信号作为期望响应，即

$$d(n)=s(n)+A\cos(\omega_0 n+\theta)$$

另外，在参考输入端输入同频率的正弦干扰，并且需要两个权系数的自适应滤波器，分别跟踪干扰的相位和幅度变化，如图 4.28 所示。两个权系数的自适应线性组合器输入端加有相位差为90°的信号 $x_1(n)$ 和 $x_2(n)$，它们分别为

$$x_1(n)=C\cos(\omega_0 n+\varphi)$$

$$x_2(n)=C\sin(\omega_0 n+\varphi)$$

线性组合器的输出为

$$y(n) = w_1(n)x_1(n) + w_2(n)x_2(n)$$
$$= w_1(n)C\cos(\omega_0 n + \varphi) + w_2(n)C\sin(\omega_0 n + \varphi)$$

通过自适应地调整权系数 $w_1(n)$ 和 $w_2(n)$，使线性组合器的输出为

$$y(n) = \hat{A}\cos(\omega_0 n + \hat{\theta}) \tag{4.6.4}$$

式（4.6.4）中，$\hat{A}$ 和 $\hat{\theta}$ 分别是干扰 $A\cos(\omega_0 n + \theta)$ 的幅度 A 和相位 θ 的最佳估计。$d(n)$ 与 $y(n)$ 相减后，$e(n)$ 便是信号 $s(n)$ 的最佳估计，从而实现干扰对消。

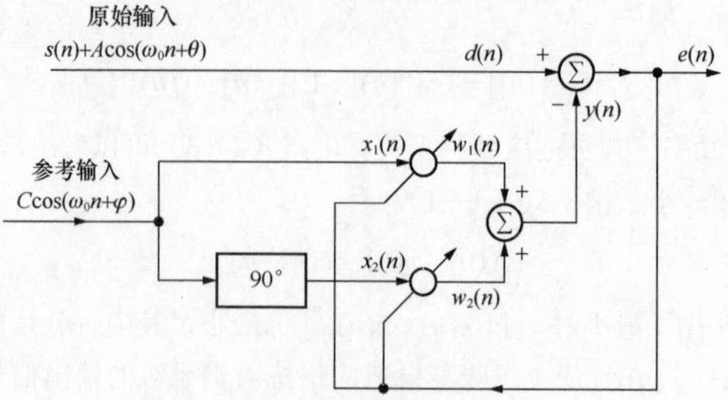

图 4.28 自适应陷波器

如果 $\omega_0 = 0$，则自适应陷波器成为消除零点漂移的装置；如果同时存在 N 个单频正弦干扰，则输入信号是 $2N$ 个正弦和余弦信号，对应 $2N$ 个可自适应调整的权系数。

4.6.3 自适应系统辨识

一个物理系统，如果不知道它的内部结构，只知道它的输入和相应的输出，一般将其看成一个“黑匣子”。系统模拟和辨识的目的就是通过对输入信号和相应的输出信号的分析或测试，求得系统的传递函数或冲激响应或其他的特性参数。

自适应系统辨识（Adaptive System Identification）是用自适应滤波器模拟未知系统，通过自适应地调整滤波器参数，使它与未知系统在有相同激励的情况下有相同的输出，如图 4.29 所示。当然，这里所谓“相同的输出”是指在最小均方误差准则下的最佳逼近。

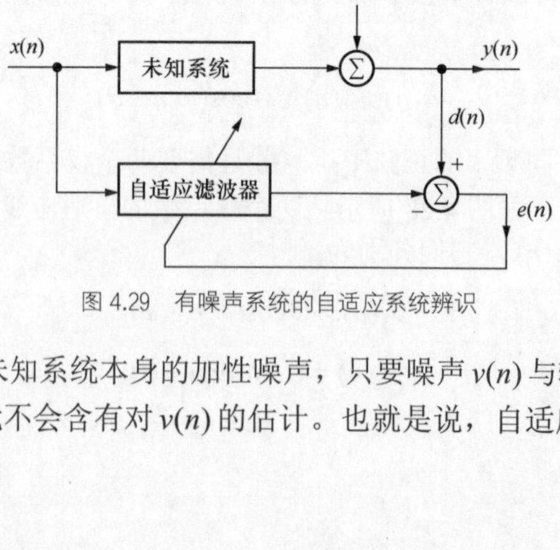

图 4.29 有噪声系统的自适应系统辨识

图 4.29 中的 $v(n)$ 是未知系统本身的加性噪声，只要噪声 $v(n)$ 与输入信号不相关，所设计的等效数学模型的输出就不会含有对 $v(n)$ 的估计。也就是说，自适应滤波器不会模拟未知系统中的噪声特性。

自适应滤波器收敛之后，其结构与参数不一定会与未知系统的结构和参数相同，但二者的输入、输出关系是拟合的。因此，可以将此自适应滤波器作为未知系统的模型。

4.6.4 自适应信道均衡

在数字数据传输中，信道常等效成一个线性移不变系统，为了抵消信道失真，常在接收端用一个自适应逆滤波器进行处理，其传递函数等于信道传递函数的倒数，以使总的传递函数等于1，这就是自适应信道均衡（Adaptive Channel Equalization），其原理图如图4.30所示。

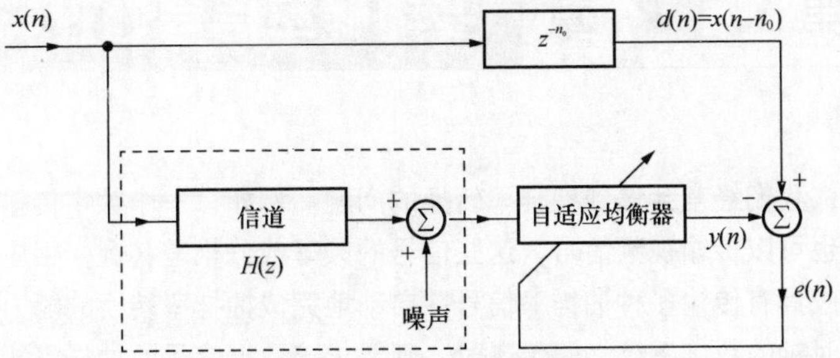

图4.30 自适应信道均衡原理图

图4.30中，信道的传递函数等效为$H(z)$，自适应逆滤波系统的传递函数以均方误差最小为准则逼近$H^{-1}(z)$，参考信号$d(n)$是输入信号$x(n)$延时n_0的结果，即$d(n)=x(n-n_0)$。这是因为任何物理系统都有时延（假设时延为n_0'），如果参考信号直接取$x(n)$，那么就要求自适应逆滤波器具有超前特性（即具有时延$-n_0'$），这意味着它是一个非因果系统。现在将$x(n-n_0)$作为参考信号，只要取$n_0>n_0'$，自适应逆滤波器就应该具有时延$n_0-n_0'>0$，从而成为一个因果系统。

第5章　多抽样率信号处理与滤波器组

在实际应用中，我们经常会遇到抽样率转换的问题。例如，一个数字传输系统，既可以传输一般的语音信号，也可以传输视频信号，这些信号的频率成分相差甚远，相应的抽样率也相差甚远，因此，该系统应具有传输多种抽样率信号并自动地完成抽样率转换的能力；当需要将数据信号在两个具有独立时钟的数字系统之间传递时，则要求该数据信号的抽样率能根据系统时钟的不同而转换。因此，我们需要能对抽样率进行转换，或要求数字系统能工作在多抽样率状态。

降低抽样率以去掉过多数据的过程称为信号的抽取（Decimation）；提高抽样率以增加数据的过程称为信号的插值（Interpolation）。抽取、插值及两者结合使用可实现信号抽样率的转换。信号抽样率的转换及滤波器组是多抽样率信号处理的核心内容。

5.1　抽取与插值

5.1.1　信号的抽取

设 $x(n)=x(t)|_{t=nT_s}$，欲使 f_s 降低至 $\frac{1}{M}$，最简单的方法是对序列 $x(n)$ 每 M 个点抽取一个点，组成一个新的序列 $y(n)$。显然，$y(n)$ 的抽样率为 $\frac{f_s}{M}$。

为了导出 $Y(z)$ 和 $X(z)$ 之间的关系，定义一个中间序列 $x'(n)$，$x'(n)$ 与 $x(n)$ 之间的关系为

$$x'(n)=\begin{cases}x(n), & n=0,\pm M,\pm 2M,\cdots \\ 0, & 其他\end{cases}$$

对序列 $x'(n)$ 而言，其抽样率仍为 f_s。$x(n)$、$x'(n)$ 及 $y(n)$ 的关系如图 5.1 所示。

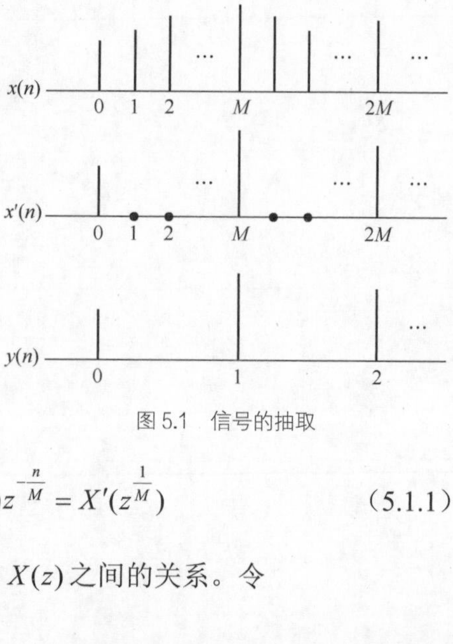

图 5.1　信号的抽取

从图 5.1 可以看出，$y(n)=x(Mn)=x'(Mn)$，因此，有

$$Y(z)=\sum_{n=-\infty}^{\infty}x'(Mn)z^{-n}=\sum_{n=-\infty}^{\infty}x'(n)z^{-\frac{n}{M}}=X'(z^{\frac{1}{M}}) \qquad (5.1.1)$$

为了得出 $Y(z)$ 和 $X(z)$ 之间的关系，还需要找到 $X'(z)$ 与 $X(z)$ 之间的关系。令

$$p(n)=\begin{cases}1, & n=iM \\ 0, & n\neq iM\end{cases}\quad（i\text{为任意整数}）\tag{5.1.2}$$

显然有

$$x'(n)=x(n)p(n)$$

又 $p(n)$ 可以表示为

$$p(n)=\frac{1}{M}\cdot\frac{1-\mathrm{e}^{-\mathrm{j}\frac{2\pi}{M}nM}}{1-\mathrm{e}^{\mathrm{j}\frac{2\pi}{M}n}}=\frac{1}{M}\sum_{k=0}^{M-1}\mathrm{e}^{\mathrm{j}\frac{2\pi}{M}kn}$$

于是可将序列 $x'(n)$ 表示为

$$x'(n)=x(n)\cdot\frac{1}{M}\sum_{k=0}^{M-1}W_M^{-kn}\tag{5.1.3}$$

式（5.1.3）中 $W_M=\mathrm{e}^{-\mathrm{j}\frac{2\pi}{M}}$。由式（5.1.3）可得序列 $x'(n)$ 的 Z 变换为

$$\begin{aligned}X'(z)&=\sum_{n=-\infty}^{\infty}x'(n)z^{-n}=\frac{1}{M}\sum_{n=-\infty}^{\infty}x(n)\sum_{k=0}^{M-1}W_M^{-kn}z^{-n}\\&=\frac{1}{M}\sum_{k=0}^{M-1}\left[\sum_{n=-\infty}^{\infty}x(n)(zW_M^k)^{-n}\right]=\frac{1}{M}\sum_{k=0}^{M-1}X(zW_M^k)\end{aligned}$$

将 $X'(z)=\frac{1}{M}\sum_{k=0}^{M-1}X(zW_M^k)$ 代入式（5.1.1），有

$$Y(z)=\frac{1}{M}\sum_{k=0}^{M-1}X(z^{\frac{1}{M}}W_M^k)\tag{5.1.4}$$

在二抽取（$M=2$）情况下，式（5.1.4）成为

$$Y(z)=\frac{1}{2}[X(z^{\frac{1}{2}})+X(-z^{\frac{1}{2}})]\tag{5.1.5}$$

二抽取（$M=2$）的情况应用较为普遍。

为得到 M 倍抽取前后的频率关系，将 $z=\mathrm{e}^{\mathrm{j}\omega}$ 代入式（5.1.4），得

$$Y(\mathrm{e}^{\mathrm{j}\omega})=\frac{1}{M}\sum_{k=0}^{M-1}X(\mathrm{e}^{\mathrm{j}\frac{\omega-2\pi k}{M}})$$

上式表明，对信号 $x(n)$ 做 M 倍抽取后，所得信号 $y(n)$ 的频谱与原信号 $x(n)$ 的频谱的关系如下。

（1）$X(\mathrm{e}^{\mathrm{j}\omega})$ 做 M 倍的扩展。

（2）在 ω 轴上做 $2\pi k$（$k=1,2,\cdots,M-1$）倍的移位。

（3）幅度降为原来的 $\frac{1}{M}$。

（4）M 个 $\frac{1}{M}X(\mathrm{e}^{\mathrm{j}\frac{\omega-2\pi k}{M}})$ 叠加起来，$k=1,2,\cdots,M-1$。

由抽样定理可知，在由 $x(t)$ 抽样得到 $x(n)$ 时，抽样率必须大于等于信号最高频率的两倍，即必须满足 $f_s\geqslant 2f_m$ 的条件，抽样的结果才不会发生频谱的混叠。

现对 $x(n)$ 做 M 倍抽取得到 $y(n)$，如果要保证由 $y(n)$ 能重建 $x(t)$，则 $Y(\mathrm{e}^{\mathrm{j}\omega})$ 在自己的一个周期 $(-\pi,\pi)$ 内也应与 $X(\mathrm{e}^{\mathrm{j}\omega})$ 在其一个周期内做 M 倍扩展后的频谱相同。这就要求抽样率必须满足 $f_{\mathrm{s}} \geqslant 2Mf_{\mathrm{m}}$，这样，在 $Y(\mathrm{e}^{\mathrm{j}\omega})$ 中就不会发生频谱的混叠。图 5.2 所示为信号在二抽取（$M=2$）情况下频谱的变化。

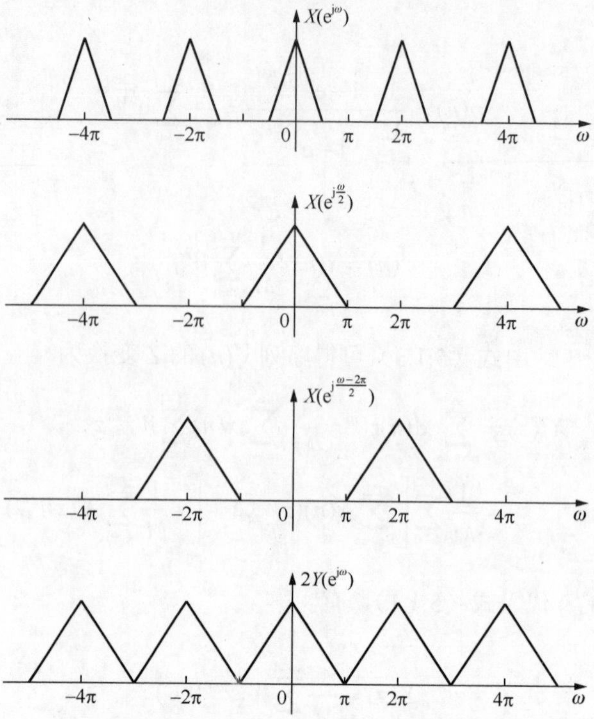

图 5.2　信号二抽取前后频谱的变化（$M=2$）

需要指出的是，不同时钟的数字系统需要的 M 是不同的，很难要求在不同的 M 下都能满足 $f_{\mathrm{s}} \geqslant 2Mf_{\mathrm{m}}$ 的条件。在抽样率变换时，部分频谱损失是允许的，但造成信号失真的混叠是不允许的。为此采取的方法是，在对 $x(n)$ 抽取前先进行低通滤波，压缩其频带，以防止抽取后在 $Y(\mathrm{e}^{\mathrm{j}\omega})$ 中出现频谱的混叠失真。所谓先滤波后抽取，如图 5.3 所示。图 5.3 中，$H(z)$ 为一理想低通滤波器，其频带范围为

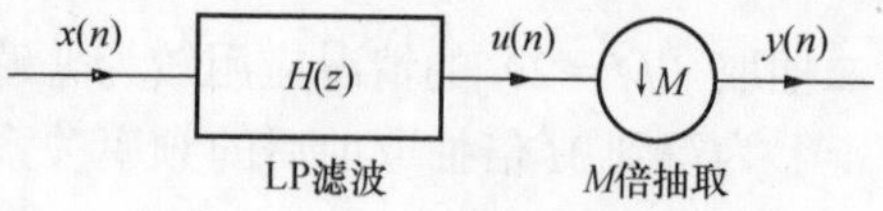

图 5.3　先滤波后抽取示意图

$$H(\mathrm{e}^{\mathrm{j}\omega})=\begin{cases}1, & 0\leqslant|\omega|\leqslant\dfrac{\pi}{M}\\ 0, & \text{其他}\end{cases} \tag{5.1.6}$$

图 5.3 所示的是一个多抽样率系统，抽取器前后的信号工作在不同的抽样率，因此，该系统中各处信号频率的变量 ω 具有不同的含义。

在图 5.3 中，若记 $x(n)$ 的抽样率为 f_x，$y(n)$ 的抽样率为 f_y，则

$$f_x = Mf_y$$

因为数字角频率 ω 是对抽样率的归一化，若令相对 $Y(\mathrm{e}^{\mathrm{j}\omega})$ 的数字角频率为 ω_y，相对 $X(\mathrm{e}^{\mathrm{j}\omega})$ 的数字角频率为 ω_x，则 ω_y 和 ω_x 有如下关系：

$$\omega_y = \frac{2\pi f}{f_y} = \frac{2\pi M f}{f_x} = M\omega_x$$

如果要求$|\omega_y| \leqslant \pi$，则必须有$|M\omega_x| \leqslant \pi$，即$|\omega_x| \leqslant \frac{\pi}{M}$。这正是对抽取前的低通滤波器$H(e^{j\omega})$的频带要求，如式（5.1.6）所示。

同时使用ω_y和ω_x两个变量虽然能指出抽取前后信号频率的内涵，但使用起来很不方便，而且与平常人们将$\omega = 2\pi$作为一个周期相矛盾。因此，无论抽取前后，信号的数字角频率都统一用ω表示，只要搞清了抽取和插值前后的频率关系，一般是不会混淆的。

5.1.2　信号的插值

如果希望将$x(n)$的抽样率f_s变成Lf_s，那么，最简单的方法是将$x(n)$每两个点之间补$(L-1)$个0，如图5.4所示。

设补0后的信号为$v(n)$，则

$$v(n) = \begin{cases} x(\frac{n}{L}), & n = 0, \pm L, \pm 2L, \cdots \\ 0, & 其他 \end{cases} \tag{5.1.7}$$

有

$$V(z) = \sum_{n=-\infty}^{\infty} v(n) z^{-n} = \sum_{n=-\infty}^{\infty} x(\frac{n}{L}) z^{-n} = \sum_{n=-\infty}^{\infty} x(n) z^{-Ln} = X(z^L) \tag{5.1.8}$$

令$z = e^{j\omega}$，得频谱之间的关系为

$$V(e^{j\omega}) = X(e^{jL\omega}) \tag{5.1.9}$$

式（5.1.9）中，$V(e^{j\omega})$和$X(e^{j\omega})$都是周期的，$X(e^{j\omega})$的周期是2π，但$X(e^{jL\omega})$的周期是$\frac{2\pi}{L}$，即$V(e^{j\omega})$的周期是$\frac{2\pi}{L}$。$V(e^{j\omega}) = X(e^{jL\omega})$表明，在$-\pi \sim \pi$的范围内，$X(e^{j\omega})$的带宽被压缩到了$\frac{1}{L}$，同时产生了$(L-1)$个映像，因此，$V(e^{j\omega})$在$-\pi \sim \pi$的范围内包含了$L$个$X(e^{j\omega})$的压缩样本。在二插值（$L = 2$）情况下，插值前后频谱的关系如图5.5所示。

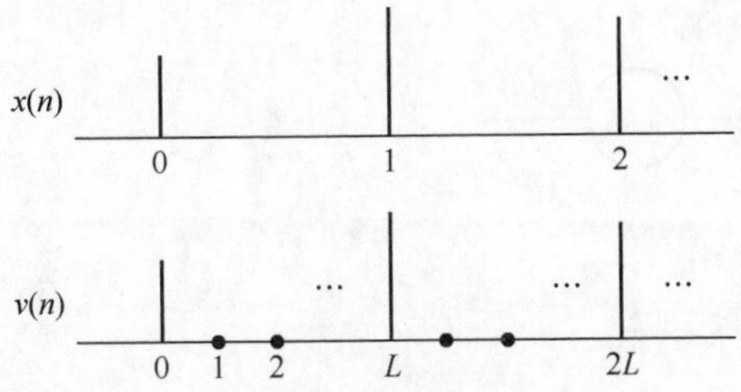

图5.4　信号的插值

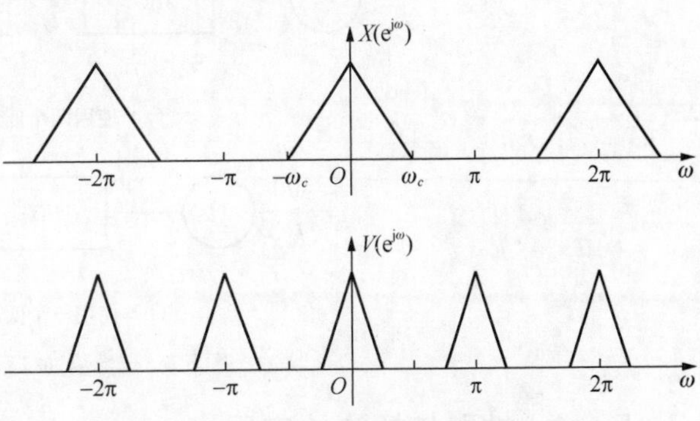

图5.5　信号二插值前后频谱的变化（$L = 2$）

可以看出，插值以后，在原来的一个周期$-\pi \sim \pi$内，$V(e^{j\omega})$出现了L个周期，多余的$(L-1)$

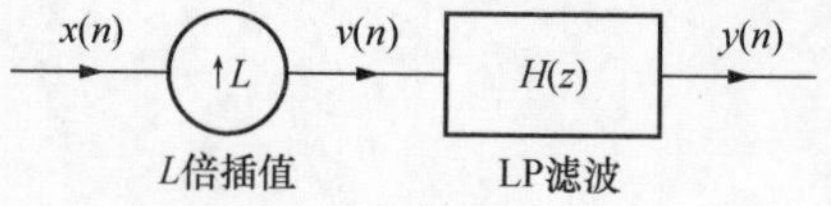

图 5.6 先插值后滤波示意图

个周期称为 $X(\mathrm{e}^{\mathrm{j}\omega})$ 的映像，是应当设法去除的成分。有效的方法是让 $v(n)$ 再通过一个低通滤波器，所谓先插值后滤波，如图 5.6 所示。图 5.6 中，$H(z)$ 为一理想低通滤波器，其频带范围为

$$H(\mathrm{e}^{\mathrm{j}\omega})=\begin{cases}1, & 0\leqslant|\omega|\leqslant\dfrac{\pi}{L}\\0, & 其他\end{cases} \tag{5.1.10}$$

滤波器 $H(z)$ 的作用有两个：①去除了 $V(\mathrm{e}^{\mathrm{j}\omega})$ 中多余的 $(L-1)$ 个映像，这是由其频带的设置实现的；②实现了对 $v(n)$ 中填充的零值点的平滑，这是由卷积运算实现的。

5.1.3 分数倍抽样率转换

从前面的分析可以看出，整数倍抽取使抽样率下降，抽取后频谱被展宽；整数倍插值使抽样率上升，插值后频谱被压缩。

对给定的信号 $x(n)$，如果希望将抽样率转变为 $\dfrac{L}{M}$ 倍，可以先对 $x(n)$ 做 M 倍的抽取，再做 L 倍的插值，也可以先做 L 倍的插值，再做 M 倍的抽取。

由于抽取使 $x(n)$ 的数据点减少，会造成信息的丢失，因此，合理的方法是先对信号做插值，再抽取，如图 5.7（a）所示。

图 5.7 中，插值和抽取工作在级联状态，图 5.7（a）中有两个低通滤波器，$H_1(z)$ 用于插值后去除多余的 $(L-1)$ 个映像，并起平滑作用；$H_2(z)$ 防止抽取后发生频谱混叠。两个低通滤波器所处理的信号的抽样率都是 Lf_{s}，因此可以将它们合二为一，如图 5.7（b）所示。图 5.7（b）中低通滤波器的频率特性为

$$H(\mathrm{e}^{\mathrm{j}\omega})=\begin{cases}1, & 0\leqslant|\omega|\leqslant\min\left(\dfrac{\pi}{L},\dfrac{\pi}{M}\right)\\0, & 其他\end{cases} \tag{5.1.11}$$

该滤波器既去除了插值后的映像，又防止了抽取后的混叠。

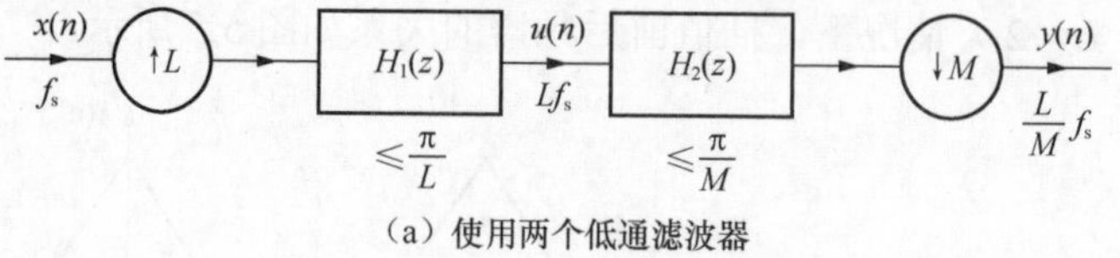

（a）使用两个低通滤波器

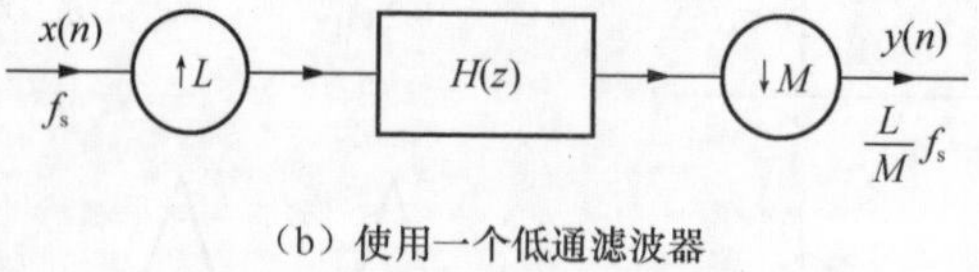

（b）使用一个低通滤波器

图 5.7 分数倍抽样率转换的实现

5.1.4 抽取与插值的应用

抽取与插值的应用非常广泛，例如，借助抽取与插值可以实现时分复用（Time Division

Multiplexing，TDM）和频分复用（Frequency Division Multiplexing，FDM）方案。下面以三路数字信号复用的情况为例简要介绍抽取与插值在 TDM 和 FDM 中的应用。

假定在一条线路上同时传输 $x_1(n)$、$x_2(n)$、$x_3(n)$ 三路数字信号，TDM 方案下传输线上出现的序列 $y(n)$ 是

$$\{x_1(0), x_2(0), x_3(0), x_1(1), x_2(1), x_3(1), x_1(2), x_2(2), x_3(2), \cdots\}$$

即 $y(n)$ 是 $x_1(n)$、$x_2(n)$、$x_3(n)$ 按时间分开后的组合。如果 $x_1(n)$、$x_2(n)$、$x_3(n)$ 的采样频率为 f_s，样点间隔为 T_s，则 $y(n)$ 的采样频率为 $3f_s$，样点间隔为 $\frac{T_s}{3}$。合成 TDM 信号的原理如图 5.8（a）所示。

三路数字信号经过插值、延时之后如图 5.8（b）所示，图中的实线是序列在三倍插值之后的情况，图中的虚线是序列经过延时单元之后的位置。

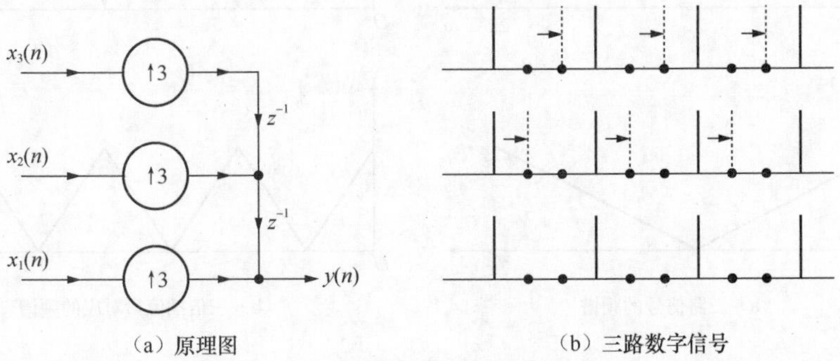

图 5.8　三路数字信号合成 TDM 信号

在实现三路信号分离时，通过抽取使抽样率恢复为 f_s，如图 5.9 所示。图 5.9（a）是原理图，实际中用开关就可以实现，如图 5.9（b）所示，只要开关依次闭合各路，对每一路来说就相当于对 $y(n)$ 进行三抽取，并且三路的闭合时间依次滞后 $\frac{T_s}{3}$。

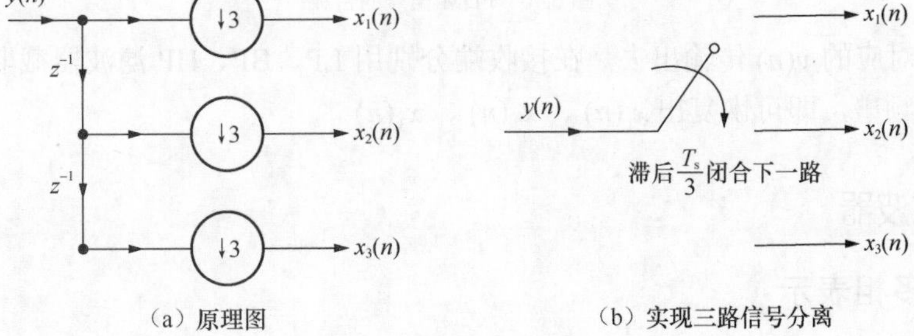

图 5.9　TDM 信号分离

在 TDM 中，$x_1(n)$、$x_2(n)$、$x_3(n)$ 三路信号在时域上是分离的，但频域上却是混在一起的，即 $y(n)$ 的频谱是三者的叠加。

FDM 的概念是将三者的频谱分开，对 $x_1(n)$、$x_2(n)$、$x_3(n)$ 分别做 3 倍插值，频谱各自被压缩至 $\frac{1}{3}$，且同时多出了两个映像，将三路插值后的频谱分别用低通（Low Pass，LP）、带通

（Band Pass，BP）、高通（High Pass，HP）滤波器截取一段完整谱后再叠加，即形成了频谱 $Y(\mathrm{e}^{\mathrm{j}\omega})$，如图 5.10 所示。

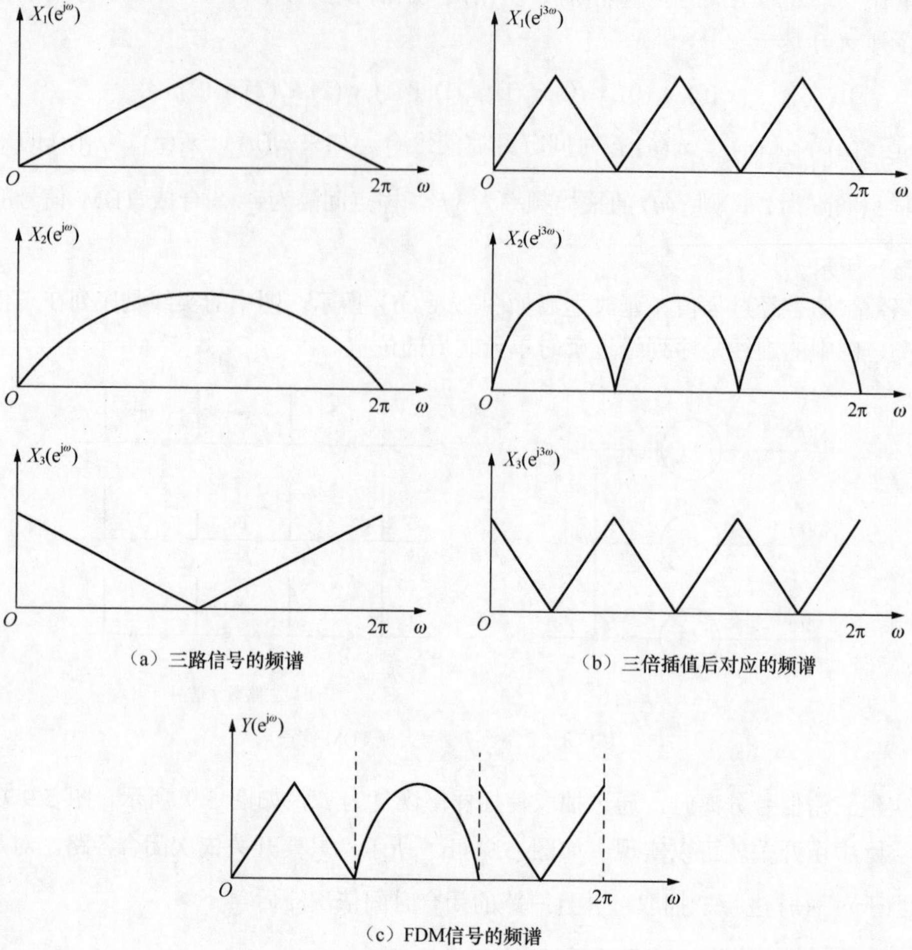

（c）FDM信号的频谱

图 5.10　FDM 信号的合成

将 $Y(\mathrm{e}^{\mathrm{j}\omega})$ 对应的 $y(n)$ 传输出去，在接收端分别用 LP、BP、HP 滤波器截取，然后分别做三倍抽取扩展频谱，即可恢复出 $x_1(n)$、$x_2(n)$、$x_3(n)$。

5.2　多相滤波器

5.2.1　多相表示

多相（Polyphase）表示在多抽样率信号处理中有着重要作用。一方面，使用多相表示可以在抽样率转换的过程中去掉许多不必要的计算，提高运算效率；另一方面，多相表示还是多抽样率信号处理中的重要工具，常用于理论推导。

给定序列 $h(n)$，假定 $n=0\sim+\infty$，可以将其 Z 变换表示为

$$H(z)=\sum_{n=0}^{\infty}h(n)z^{-n}=h(0)+h(4)z^{-4}+h(8)z^{-8}+h(12)z^{-12}+\cdots$$

$$+h(1)z^{-1}+h(5)z^{-5}+h(9)z^{-9}+h(13)z^{-13}+\cdots$$
$$+h(2)z^{-2}+h(6)z^{-6}+h(10)z^{-10}+h(14)z^{-14}+\cdots$$
$$+h(3)z^{-3}+h(7)z^{-7}+h(11)z^{-11}+h(15)z^{-15}+\cdots$$

上式可以进一步表示为

$$\begin{aligned}H(z)=&z^{0}[h(0)+h(4)z^{-4}+h(8)z^{-8}+h(12)z^{-12}+\cdots]\\&+z^{-1}[h(1)+h(5)z^{-4}+h(9)z^{-8}+h(13)z^{-12}+\cdots]\\&+z^{-2}[h(2)+h(6)z^{-4}+h(10)z^{-8}+h(14)z^{-12}+\cdots]\\&+z^{-3}[h(3)+h(7)z^{-4}+h(11)z^{-8}+h(15)z^{-12}+\cdots]\end{aligned}$$

就是

$$H(z)=\sum_{l=0}^{3}z^{-l}\sum_{n=0}^{\infty}h(4n+l)z^{-4n} \tag{5.2.1}$$

式（5.2.1）就是系统 $H(z)$ 对 $M=4$ 的多相表示。不失一般性，对任意 M，可以将系统 $H(z)$ 表示为

$$H(z)=\sum_{l=0}^{M-1}z^{-l}E_l(z^M) \tag{5.2.2a}$$

其中

$$E_l(z)=\sum_{n=0}^{\infty}h(Mn+l)z^{-n} \tag{5.2.2b}$$

式（5.2.2）就是系统 $H(z)$ 的多相表示，所对应的多相分解实现结构如图 5.11 所示。

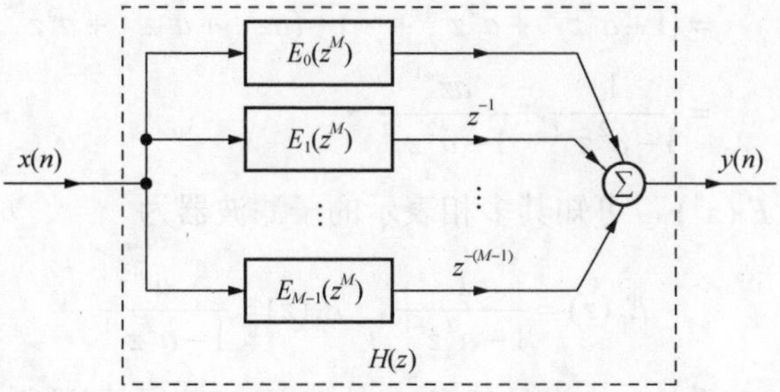

图 5.11　多相分解实现结构

可以看出，系统 $H(z)$ 的抽样率是 $E_l(z)$ 的 M 倍，这样，就用低抽样率子系统 $E_l(z)$ 表示了系统 $H(z)$。

上面的多相表示对 FIR 系统和 IIR 系统都适用。

例 5.2.1　对 FIR 系统

$$H(z)=1+1.5z^{-1}+2.2z^{-2}+4z^{-3}+2.2z^{-4}+1.5z^{-5}+z^{-6}$$

按 $M=2$ 进行多相分解。

解：

$$\begin{aligned}H(z)&=1+1.5z^{-1}+2.2z^{-2}+4z^{-3}+2.2z^{-4}+1.5z^{-5}+z^{-6}\\&=(1+2.2z^{-2}+2.2z^{-4}+z^{-6})+(1.5z^{-1}+4z^{-3}+1.5z^{-5})\end{aligned}$$

$$=(1+2.2z^{-2}+2.2z^{-4}+z^{-6})+z^{-1}(1.5+4z^{-2}+1.5z^{-4})$$

令

$$E_0(z)=1+2.2z^{-1}+2.2z^{-2}+z^{-3}$$

$$E_1(z)=1.5+4z^{-1}+1.5z^{-2}$$

则有

$$H(z)=E_0(z^2)+z^{-1}E_1(z^2)$$

例 5.2.2 对因果 IIR 系统

$$H(z)=\frac{1}{1-az^{-1}}$$

给出其多相表示的子滤波器的系统函数（取 $M=2$）。

解法一： $$H(z)=\frac{1+az^{-1}}{(1-az^{-1})(1+az^{-1})}=\frac{1}{1-a^2z^{-2}}+\frac{az^{-1}}{1-a^2z^{-2}}$$

根据 $H(z)=E_0(z^2)+z^{-1}E_1(z^2)$，可知其多相表示的子滤波器为

$$E_0(z)=\frac{1}{1-a^2z^{-1}},\qquad E_1(z)=\frac{a}{1-a^2z^{-1}}$$

解法二：

对因果系统有 $|z|>|a|$，所以 $|az^{-1}|<1$，有

$$\frac{1}{1-az^{-1}}=1+az^{-1}+a^2z^{-2}+a^3z^{-3}+a^4z^{-4}+a^5z^{-5}+\cdots$$
$$=(1+a^2z^{-2}+a^4z^{-4}+\cdots)+(az^{-1}+a^3z^{-3}+a^5z^{-5}+\cdots)$$
$$=\frac{1}{1-a^2z^{-2}}+\frac{az^{-1}}{1-a^2z^{-2}}$$

根据 $H(z)=E_0(z^2)+z^{-1}E_1(z^2)$，可知其多相表示的子滤波器为

$$E_0(z)=\frac{1}{1-a^2z^{-1}},\quad E_1(z)=\frac{a}{1-a^2z^{-1}}$$

对例 5.2.2 所示的 IIR 系统，如果是任意 M 的情况，可以利用数学关系式进行所需要的多相分解。因为

$$1-a^Mz^{-M}=(1-az^{-1})(1+az^{-1}+a^2z^{-2}+\cdots+a^{M-1}z^{-(M-1)})$$

所以

$$\frac{1}{1-az^{-1}}=\frac{1}{1-a^Mz^{-M}}+\frac{az^{-1}}{1-a^Mz^{-M}}+\frac{a^2z^{-2}}{1-a^Mz^{-M}}+\cdots+\frac{a^{M-1}z^{-(M-1)}}{1-a^Mz^{-M}}$$

令

$$E_0(z)=\frac{1}{1-a^Mz^{-1}}$$

$$E_1(z)=\frac{a}{1-a^M z^{-1}}$$

$$E_2(z)=\frac{a^2}{1-a^M z^{-1}}$$

$$\cdots$$

$$E_{M-1}(z)=\frac{a^{M-1}}{1-a^M z^{-1}}$$

则

$$H(z)=\sum_{l=0}^{M-1} z^{-l} E_l(z^M)$$

5.2.2 等效关系与互联

多抽样率系统中有几个重要的恒等关系，简单介绍如下。

（1）恒等关系 1：两个信号线性组合后抽取等于它们分别抽取后再线性组合，如图 5.12 所示，图中“⟺”表示等效。

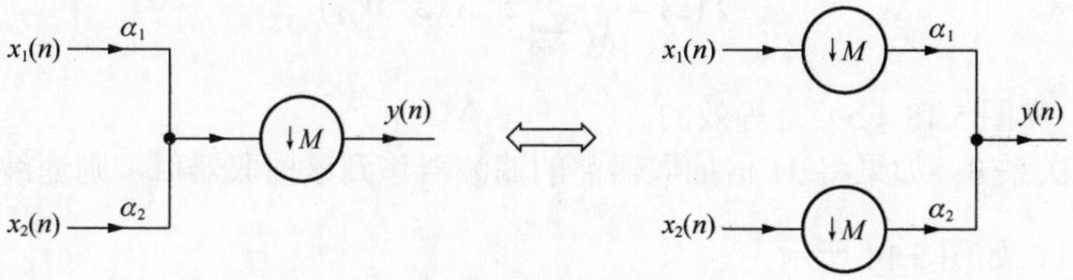

图 5.12 恒等关系 1

利用该恒等关系，信号在抽取后再与常数 α_1、α_2 相乘，可以减少乘法次数。

（2）恒等关系 2：信号延迟 M 个样本后做 M 倍抽取，等效于先 M 倍抽取再延迟一个样本，如图 5.13 所示。

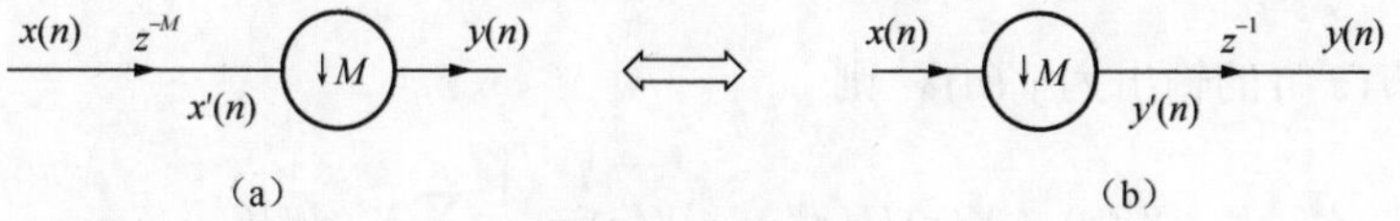

图 5.13 恒等关系 2

证明：对图 5.13（a），令

$$x'(n)=x(n-M)$$

则

$$X'(z)=z^{-M}X(z)$$

由抽取前后的频域关系，有

$$Y(z)=\frac{1}{M}\sum_{k=0}^{M-1} X'(z^{\frac{1}{M}}W_M^k)$$

所以

$$Y(z)=\frac{1}{M}\sum_{k=0}^{M-1}(z^{\frac{1}{M}}W_M^k)^{-M}X(z^{\frac{1}{M}}W_M^k)$$
$$=\frac{1}{M}\sum_{k=0}^{M-1}z^{-1}X(z^{\frac{1}{M}}W_M^k)$$

对图 5.13（b），令

$$y'(n)=x(Mn)$$

则

$$y(n)=y'(n-1)\text{，}\ Y(z)=z^{-1}Y'(z)$$

又

$$Y'(z)=\frac{1}{M}\sum_{k=0}^{M-1}X(z^{\frac{1}{M}}W_M^k)$$

所以

$$Y(z)=\frac{1}{M}\sum_{k=0}^{M-1}z^{-1}X(z^{\frac{1}{M}}W_M^k)$$

即图 5.13（a）和图 5.13（b）是等效的。

（3）恒等关系 3：如果将 M 倍抽取器前的滤波器移到该抽取器后，则滤波器的变量 z 的幂次减少至 $\frac{1}{M}$，如图 5.14 所示。

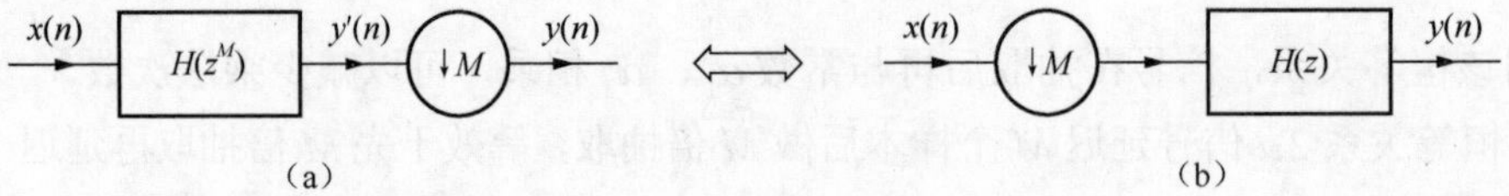

图 5.14　恒等关系 3

证明：设 $H(z^M)$ 的输出为 $y'(n)$，则

$$Y'(z)=X(z)H(z^M)\text{，}\ Y(z)=\frac{1}{M}\sum_{k=0}^{M-1}Y'(z^{\frac{1}{M}}W_M^k)$$

所以

$$Y(z)=\frac{1}{M}\sum_{k=0}^{M-1}X(z^{\frac{1}{M}}W_M^k)H[(z^{\frac{1}{M}}W_M^k)^M]$$
$$=\frac{1}{M}\sum_{k=0}^{M-1}X(z^{\frac{1}{M}}W_M^k)H(z)$$

可见，图 5.14（a）和图 5.14（b）等效。

为便于理解处理过程，下面以 $M=2$ 的情况为例来说明图 5.14 所示的恒等关系 3。设原始序列为

$$x(n)=\{a,a',b,b',c,c',d,d'\}$$

系统的单位脉冲响应为

$$h(n)=\{h_0,h_1,h_2\}$$

对应的恒等关系 3 如图 5.15 所示。

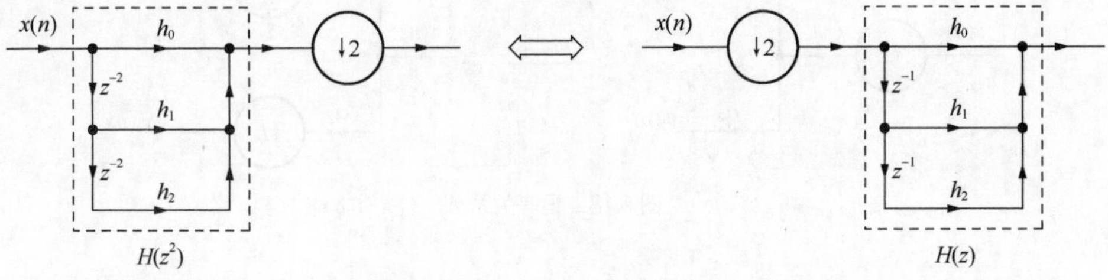

（a）　　　　（b）

图 5.15　恒等关系 3 示例

序列 $x(n)$ 经过系统 $H(z^2)$ 的处理过程如图 5.16 所示。

序列 $x(n)$ 经过系统 $H(z^2)$ 后再作二抽取，中间的 $y(n)=a'h_2+b'h_1+c'h_0$ 被二抽取去除，则图 5.15（a）的处理结果为

$$y(n)=ah_2+bh_1+ch_0$$

$$y(n+1)=bh_2+ch_1+dh_0$$

如果将二抽取移至系统前，其处理过程如图 5.17 所示。可以看出图 5.15（b）的处理结果亦为

$$y(n)=ah_2+bh_1+ch_0$$

$$y(n+1)=bh_2+ch_1+dh_0$$

也就是说，图 5.15（a）与图 5.15（b）的处理结果是等效的。

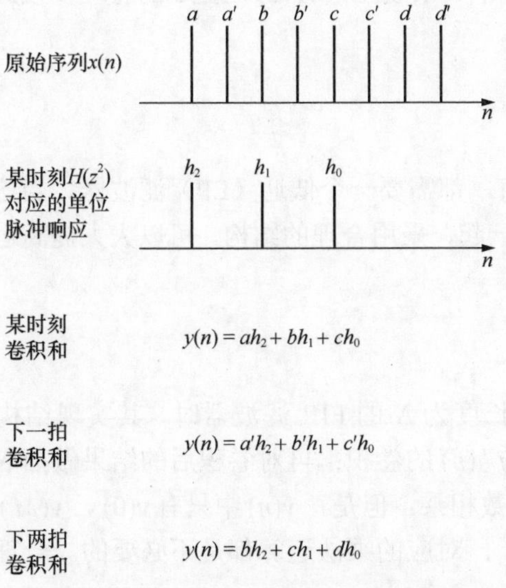

图 5.16　序列 $x(n)$经过系统 $H(z^2)$的处理过程

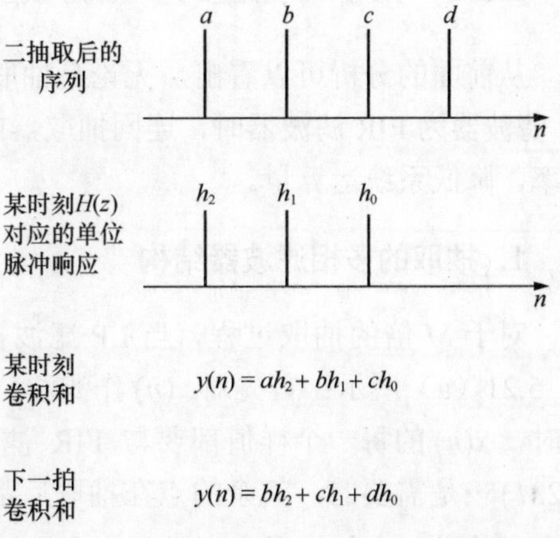

图 5.17　序列 $x(n)$二抽取后经过系统 $H(z)$的处理过程

与上面介绍的抽取的 3 个恒等关系相对应，插值也存在类似的 3 个恒等关系。

（4）恒等关系 4：两个信号各自插值后再与常数相乘等效于它们分别乘以常数后再插值，如图 5.18 所示。

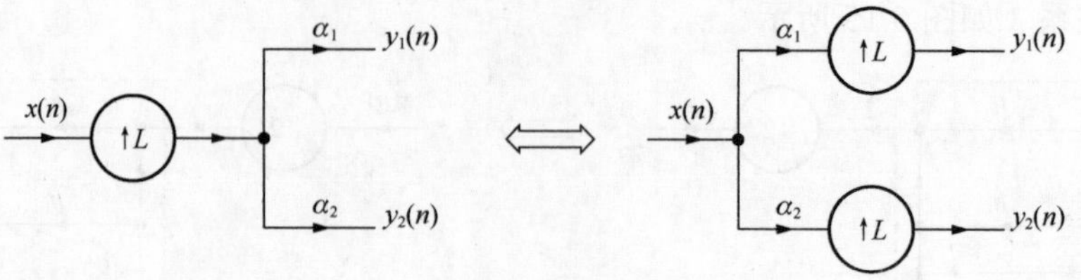

图 5.18　恒等关系 4

（5）恒等关系 5：信号经单位延迟后做 L 倍插值等效于先做 L 倍插值再延迟 L 个样本，如图 5.19 所示。

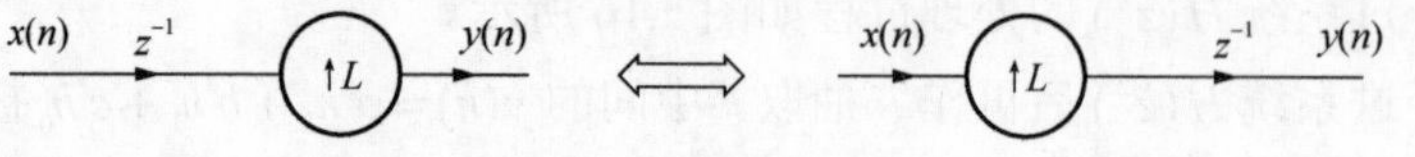

图 5.19　恒等关系 5

（6）恒等关系 6：如果将 L 倍插值器前的滤波器移到该插值器后，则滤波器的变量 z 的幂次增加至 L 倍，如图 5.20 所示。

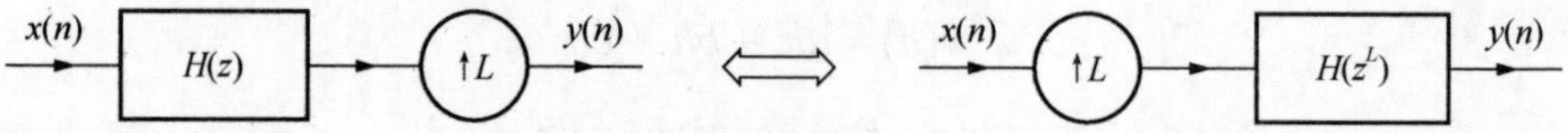

图 5.20　恒等关系 6

这 6 个关系又称为 Noble 恒等式。为保证这 6 个关系成立，$H(z)$ 应是 z 的有理多项式，而且 z 的幂次应是整数。

5.2.3　抽取与插值的多相滤波器结构

从前面的分析可以看出，无论是抽取还是插值，都需要一个低通（LP）滤波器。当这个 LP 滤波器为 FIR 滤波器时，连同抽取器或插值器一起，采用合理的结构，可以大大提高运算效率，降低系统运算量。

1．抽取的多相滤波器结构

对于 M 倍的抽取过程，当 LP 滤波器 $h(n)$ 是长度为 N 的 FIR 滤波器时，其实现结构如图 5.21（a）所示：首先对 $x(n)$ 作滤波，求 $x(n)$ 与 $h(n)$ 的卷积；再对卷积后的结果做抽取。这时，$x(n)$ 的每一个样值都要与 FIR 滤波器的系数相乘。但是，$v(n)$ 中只有 $v(0)$，$v(M)$，$v(2M)$…是需要的，其余的点在抽取后都被舍弃了，对应的乘法运算都是不必要的。合理的方案是使卷积在低抽样率下进行，利用恒等关系 1，可得其实现结构如图 5.21（b）所示，由

级联的延迟器 z^{-1} 移入各抽头的 $x(n)$ 先做抽取，再与 $h(n)$（$n=0,1,\cdots,N-1$）相乘。

由于工作在低抽样率状态，系统的运算量降低至 $\frac{1}{M}$。

对长度为 N 的 FIR 滤波器，通常取 N 为 M 的整数倍。假定 $M=3$，取 $N=9$，则 FIR 滤波器的单位脉冲响应为

$$\{h(0),h(1),h(2),h(3),h(4),h(5),h(6),h(7),h(8)\}$$

根据图 5.21（b）可以看出：

输入到 $h(0)$ 的是 $x(0)$, $x(3)$, $x(6)$ ⋯

输入到 $h(1)$ 的是 $x(1)$, $x(4)$, $x(7)$ ⋯

输入到 $h(2)$ 的是 $x(2)$, $x(5)$, $x(8)$ ⋯

输入到 $h(3)$ 的是 $x(3)$, $x(6)$, $x(9)$ ⋯

输入到 $h(4)$ 的是 $x(4)$, $x(7)$, $x(10)$ ⋯

输入到 $h(5)$ 的是 $x(5)$, $x(8)$, $x(11)$ ⋯

输入到 $h(6)$ 的是 $x(6)$, $x(9)$, $x(12)$ ⋯

输入到 $h(7)$ 的是 $x(7)$, $x(10)$, $x(13)$ ⋯

输入到 $h(8)$ 的是 $x(8)$, $x(11)$, $x(14)$ ⋯

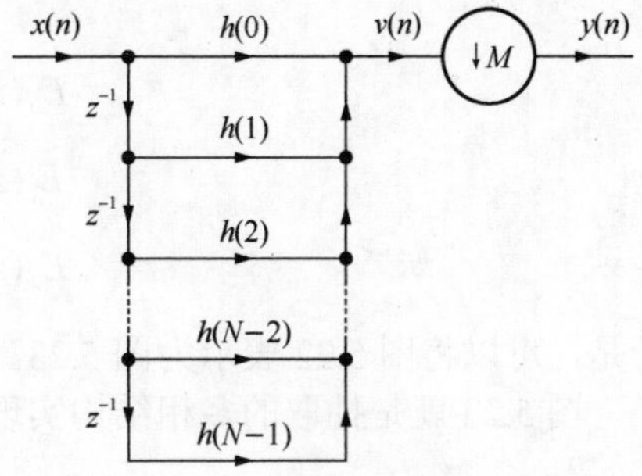

（a）先卷积后抽取

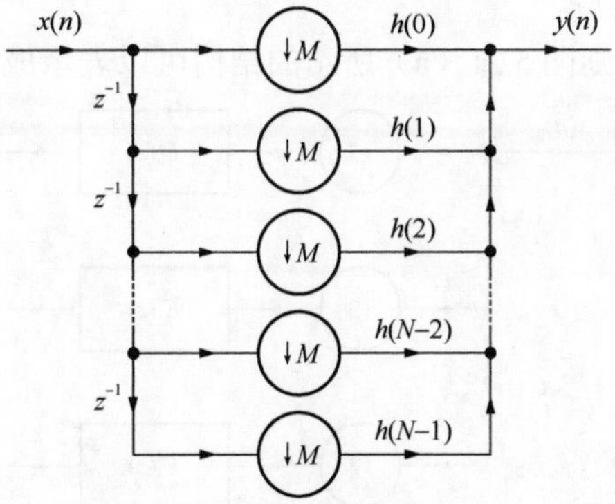

（b）先抽取后卷积

图 5.21 抽取的 FIR 滤波器实现

上面的分组情况表明：与子序列 $x(Mn)$ 做卷积的滤波器系数是 $h(0)$、$h(3)$、$h(6)$；与子序列 $x(Mn+1)$ 作卷积的滤波器系数是 $h(1)$、$h(4)$、$h(7)$；与子序列 $x(Mn+2)$ 做卷积的滤波器系数是 $h(2)$、$h(5)$、$h(8)$。这样，可将 FIR 滤波器的系数分成 $\frac{N}{M}=3$ 组，其实现结构如图 5.22 所示。

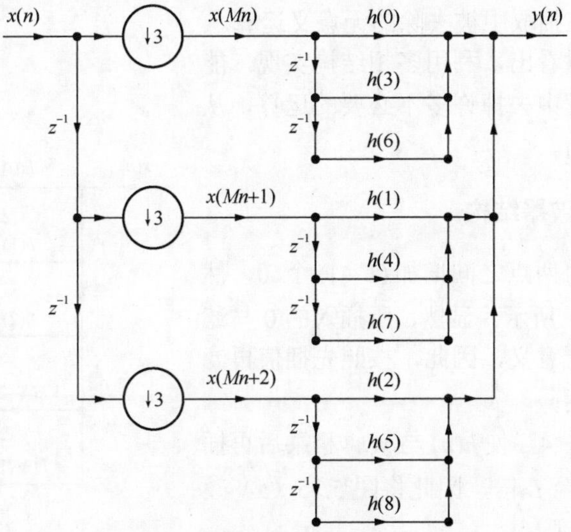

图 5.22 将滤波器系数分组实现信号的抽取

令

$$E_0(z)=h(0)+h(3)z^{-1}+h(6)z^{-2}$$

$$E_1(z)=h(1)+h(4)z^{-1}+h(7)z^{-2}$$

$$E_2(z)=h(2)+h(5)z^{-1}+h(8)z^{-2}$$

于是，可以将图 5.22 表示为图 5.23。

图 5.23 就是抽取的多相结构实现。可以看出，如果对 $H(z)$ 按 $M=3$ 进行多相分解，有

$$H(z)=\sum_{l=0}^{2}z^{-l}E_l(z^3)=E_0(z^3)+z^{-1}E_1(z^3)+z^{-2}E_2(z^3)$$

则图 5.21（a）所示的结构可以表示成图 5.24。

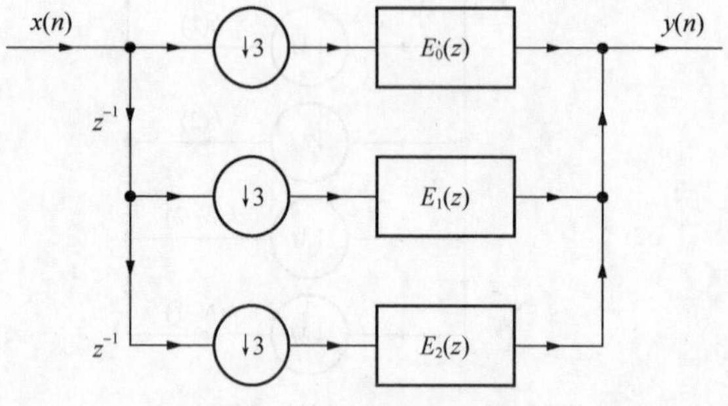

图 5.23　抽取的多相结构实现

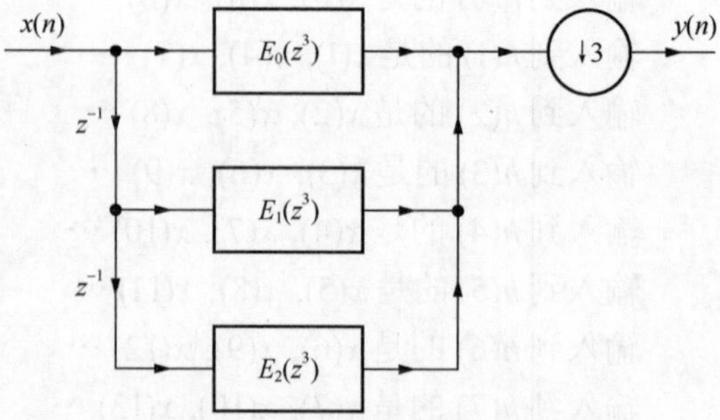

图 5.24　将图 5.21（a）中的 $H(z)$ 表示成多相结构（取 $M=3$）

图 5.24 所示的结构依然是在高抽样率端进行卷积运算。利用恒等关系 3，将图 5.24 中 3 倍抽取器前的子系统 $E_i(z^3)$（$i=0,1,2$）移到 3 倍抽取器后，则子系统 $E_i(z^3)$ 成为 $E_i(z)$（$i=0,1,2$），于是得到图 5.23 所示的多相结构实现。此时卷积运算在低抽样率端进行，从而避免了相乘后再在抽取中被去除的无意义运算。

由上面的分析可以看出，利用多相结构实现，能够在抽样率转换的过程中去掉许多不必要的运算，从而使运算效率得到提高。

2．插值的多相滤波器结构

插值是在 $x(n)$ 的每两点之间增加 $(L-1)$ 个 0，然后滤波，如图 5.25（a）所示。显然，所插入的 0 与滤波器的 $h(n)$ 做乘法毫无意义，因此，按照先插值再滤波来实现是费时的做法。

如果利用恒等关系 4，使 $h(n)$ 与 $x(n)$ 相乘后再插 0，可将运行效率提高至 L 倍，因此将图 5.25（a）改为图 5.25（b）更为合理。

仿照抽取器的多相滤波器结构，可以得到插值器

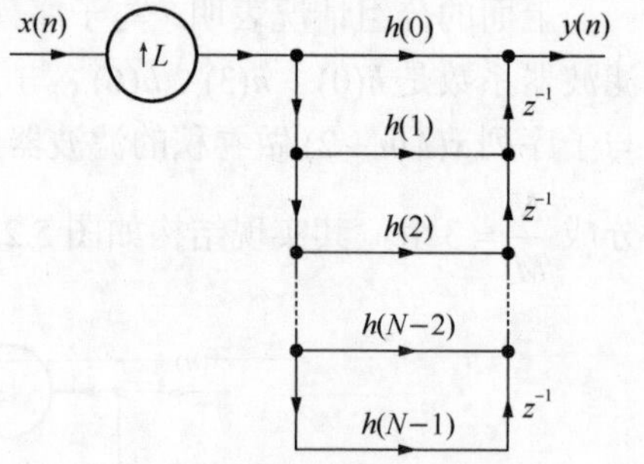

（a）先插值后卷积

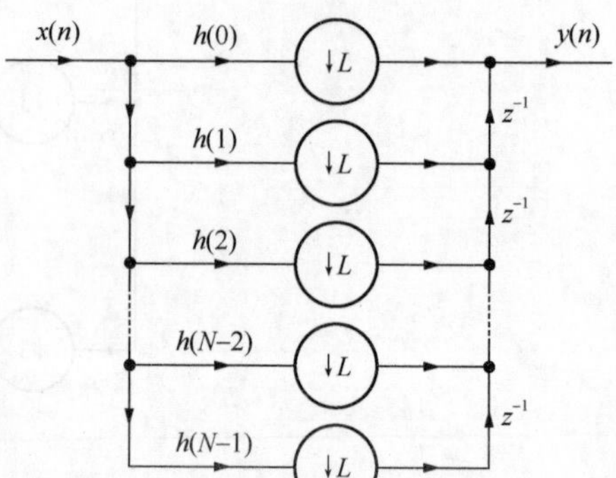

（b）先卷积后插值

图 5.25　插值的 FIR 滤波器实现

的多相结构实现。在 $N=9$ 、$L=3$ 的情况下，对 $H(z)$ 进行多相分解，有

$$H(z)=\sum_{l=0}^{2} z^{-l} E_l(z^3)=E_0(z^3)+z^{-1}E_1(z^3)+z^{-2}E_2(z^3)$$

则图 5.25（a）所示的结构可以表示成图 5.26。

当然，图 5.26 所示的结构依然是在高抽样率端进行卷积运算。利用恒等关系 6，将图 5.26 中 3 倍插值器后的子系统 $E_i(z^3)$ $(i=0,1,2)$ 移到 3 倍插值器前，则子系统 $E_i(z^3)$ 成为 $E_i(z)$ $(i=0,1,2)$，于是得到图 5.27 所示的多相结构实现。此时卷积运算在低抽样率端进行，从而避免了乘以零的无意义运算。

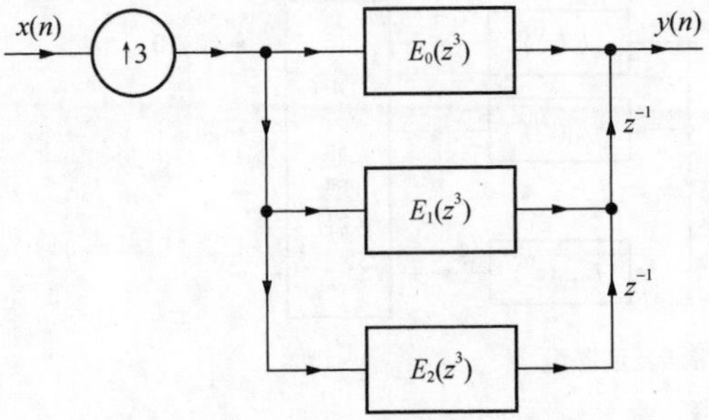

图 5.26　将图 5.25（a）中的 $H(z)$ 表示成多相结构（取 $L=3$）

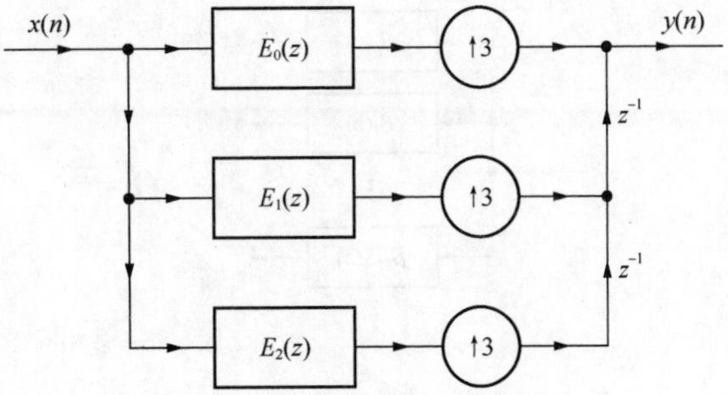

图 5.27　插值的多相结构实现

5.2.4　利用多相分解设计带通滤波器组

带通（BP）滤波器组在多速率信号处理中的应用非常广泛，利用低通（LP）滤波器多相分解的子系统可以设计带通滤波器组。

设带通滤波器组 $B_k(z)$ 的中心频率为 $\omega_k=\dfrac{2\pi}{M}k$，$k=0,1,\cdots,M-1$，则该带通滤波器组可由理想低通滤波器 $H(z)$ 移频 $\dfrac{2\pi}{M}k$ 得到，即

$$B_k(z)=H(z')\Big|_{z'=z\mathrm{e}^{-\mathrm{j}\frac{2\pi}{M}k}}=H(zW_M^k)，\ k=0,1,\cdots,M-1 \tag{5.2.3}$$

式（5.2.3）中 $W_M=\mathrm{e}^{-\mathrm{j}\frac{2\pi}{M}}$。

理想低通滤波器 $H(z')$ 的多相表示为

$$H(z')=\sum_{l=0}^{M-1} z'^{-l}E_l(z'^M) \tag{5.2.4}$$

将式（5.2.4）代入式（5.2.3），可得

$$B_k(z)=\sum_{l=0}^{M-1} z^{-l}W_M^{-kl}E_l(z^M)，\ k=0,1,\cdots,M-1 \tag{5.2.5}$$

式（5.2.5）的矩阵表示为

$$\begin{bmatrix} B_0(z) \\ B_1(z) \\ \vdots \\ B_{M-1}(z) \end{bmatrix} = \begin{bmatrix} W_M^0 & W_M^0 & \cdots & W_M^0 \\ W_M^0 & W_M^{-1} & \cdots & W_M^{-(M-1)} \\ \vdots & \vdots & \ddots & \vdots \\ W_M^0 & W_M^{-(M-1)} & \cdots & W_M^{-(M-1)^2} \end{bmatrix} \begin{bmatrix} E_0(z^M) \\ z^{-1}E_1(z^M) \\ \vdots \\ z^{-(M-1)}E_{M-1}(z^M) \end{bmatrix} \tag{5.2.6}$$

式（5.2.6）中的 W 因子矩阵正是 IDFT 的变换矩阵。

上面的分析表明，带通滤波器组可由理想低通滤波器多相分解的子滤波器 $E_l(z^M)$ 与傅里叶变换器（严格说是 IDFT）的级联来实现，这种滤波器组也叫作 DFT 滤波器组，其等效关系如图 5.28 所示，图中“⟺”表示等效。

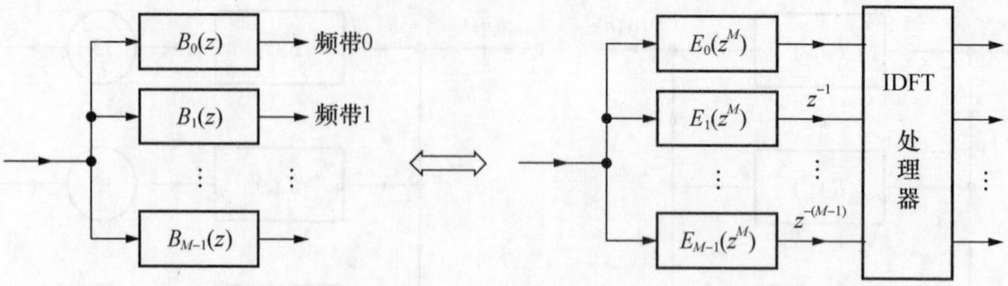

图 5.28　多相网络实现带通滤波器组

在 $M=2$ 的特殊情况下，滤波器组所包含的两个滤波器分别是低通（LP）滤波器 $H_{\mathrm{LP}}(z)$ 和高通（HP）滤波器 $H_{\mathrm{HP}}(z)$。这两个滤波器可以由一个低通原型滤波器 $H(z)$ 导出：

$$H_{\mathrm{LP}}(\mathrm{e}^{\mathrm{j}\omega}) = H(\mathrm{e}^{\mathrm{j}\omega})$$

$$H_{\mathrm{HP}}(\mathrm{e}^{\mathrm{j}\omega}) = H[\mathrm{e}^{\mathrm{j}(\omega-\pi)}]$$

其传递函数为

$$H_{\mathrm{LP}}(z) = H(z) = \sum_n h(n)z^{-n}$$

$$H_{\mathrm{HP}}(z) = H(-z) = \sum_n h(n)(-z)^{-n} = \sum_n (-1)^n h(n)z^{-n}$$

从上面两式可以发现，构成低通滤波器和高通滤波器的单位脉冲响应，其偶数序号的 $h(n)$ 相同，奇数序号的 $h(n)$ 符号相反。可做如下分解：

$$H_{\mathrm{LP}}(z) = \sum_m h(2m)z^{-2m} + \sum_m h(2m+1)z^{-(2m+1)}$$

$$H_{\mathrm{HP}}(z) = \sum_m h(2m)z^{-2m} - \sum_m h(2m+1)z^{-(2m+1)}$$

令

$$E_0(z^2) = \sum_m h(2m)z^{-2m}$$

$$E_1(z^2) = \sum_m h(2m+1)z^{-2m}$$

则

$$H_{\mathrm{LP}}(z)=E_0(z^2)+z^{-1}E_1(z^2)$$
$$H_{\mathrm{HP}}(z)=E_0(z^2)-z^{-1}E_1(z^2)$$

只要分别计算滤波器 $E_0(z^2)$ 和 $z^{-1}E_1(z^2)$，然后将它们相加则得到低通滤波器 $H_{\mathrm{LP}}(z)$，相减则得到高通滤波器 $H_{\mathrm{HP}}(z)$，即

$$\begin{bmatrix} H(z) \\ H(-z) \end{bmatrix}=\begin{bmatrix} 1 & 1 \\ 1 & -1 \end{bmatrix}\begin{bmatrix} E_0(z^2) \\ z^{-1}E_1(z^2) \end{bmatrix} \tag{5.2.7}$$

式（5.2.7）中的 $E_0(z)$ 和 $E_1(z)$ 是低通原型滤波器 $H(z)$ 的多相分量，即

$$H(z)=E_0(z^2)+z^{-1}E_1(z^2)$$

式（5.2.7）中的 2×2 矩阵实际上是两点 DFT 的变换矩阵，可以用一个蝶形完成。式（5.2.7）的实现结构如图 5.29 所示。

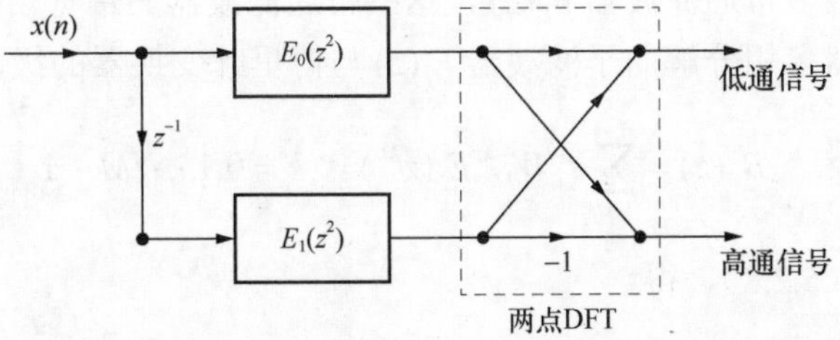

图 5.29　$M=2$ 的 DFT 滤波器组

上面的多相网络可以用于实现时分复用（TDM）—频分复用（FDM）的复用转换。TDM 和 FDM 是目前两种共存的传输方式，电话群路在通信网全程传输很可能涉及两种复用方式的转换。最好的解决方法是利用数字信号处理技术，用 FFT 和多相网络实现 TDM—FDM 的复用转换。目前这种技术已实用化，这样的电信设备叫复用转换器（Transmultiplexer，TMUX）。

以下简要介绍由 TDM 到 FDM 方向转换的基本原理，反方向转换的原理与此相同，只是逆过程而已。

将 TDM 群路信号按时隙分路解码可得到单路话音信号（8kHz 抽样），每路信号的频谱都是原话音频谱（0.3kHz～3.4kHz）以 8kHz 为周期的周期延拓。显然，取其中任意一个边带都可以得到原话音的全部信息，因此，可以用一个带宽为 4kHz、中心频率以至少 4kHz 间距错开的窄带带通滤波器组，对不同的话路截取不同位置上的一个边带，然后将它们不重叠地合在一起构成 FDM 信号。

考虑一组分路信号 $X_k(z^M)$ 分别通过相应的带通滤波器 $B_k(z)$，各路带通滤波器的输出分别为

$$Y_k(z)=X_k(z^M)B_k(z),\quad k=0,1,\cdots,M-1$$

如图 5.30 所示，FDM 信号 $Y(z)$ 由各路带通滤波器的输出综合得到，即

$$Y(z)=\sum_{k=0}^{M-1}Y_k(z)=\sum_{k=0}^{M-1}X_k(z^M)B_k(z) \tag{5.2.8}$$

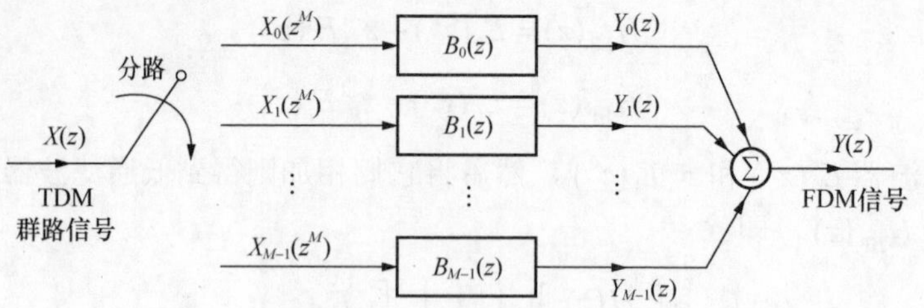

图 5.30　TDM—FDM 的复用转换

图 5.30 涉及的处理可以简单总结如下。

（1）通过抽取将 TDM 群路信号 $X(z)$ 按时隙实现分路。

（2）用一组带宽相同、中心频率错开的窄带带通滤波器 $B_k(z)$ 对不同的话路截取不同位置的谱。

（3）将不同位置的谱不重叠地汇在一起构成 FDM 信号 $Y(z)$。

该实现方案需要很多带通滤波器 $B_k(z)$，这些带通滤波器的带宽相同，仅中心频率不同，可以由理想低通滤波器多相分解的子滤波器 $E_l(z)$ 与傅里叶变换器的级联来实现，即

$$B_k(z)=\sum_{l=0}^{M-1} z^{-l} W_M^{-kl} E_l(z^M)\text{，}\quad k=0,1,\cdots,M-1 \tag{5.2.9}$$

将式（5.2.9）代入式（5.2.8），得

$$Y(z)=\sum_{k=0}^{M-1} X_k(z^M)\left[\sum_{l=0}^{M-1} W_M^{-kl} E_l(z^M) z^{-l}\right]$$

其中，$E_l(z)$ 是低通原型滤波器的多相分量。利用多相网络实现 TDM 到 FDM 转换的基本原理如图 5.31 所示。

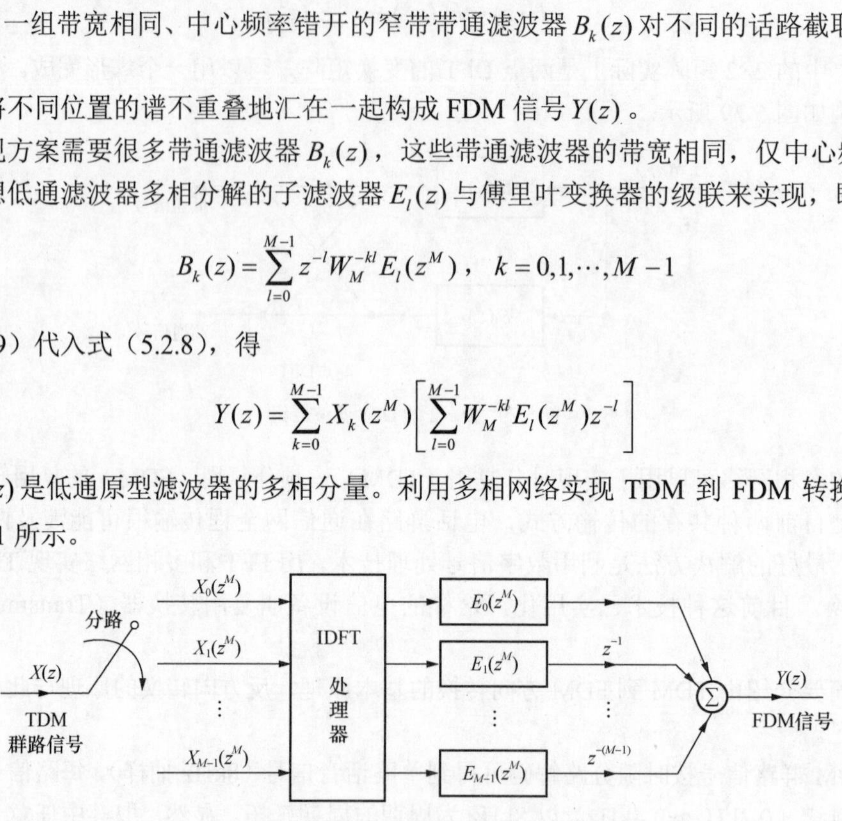

图 5.31　利用多相网络实现 TDM—FDM 的复用转换

5.3　滤波器组基础

5.3.1　滤波器组的基本概念

一个滤波器组是指一组滤波器，它们有着共同的输入，用以将输入信号分解成一组子带信号，或者有着共同的相加后的输出，用以将子带信号重新合成为所需的信号。前者为分析滤波器组，后者为综合滤波器组，如图 5.32 所示。

假定滤波器 $H_0(z)$，$H_1(z)$，⋯，$H_{M-1}(z)$ 是一组带通滤波器，其通带中心频率分别为 $\frac{2\pi}{M}k$，$k=0,1,2,\cdots,M-1$，则 $x(n)$ 通过这些滤波器后，得到的 $x_0(n)$，$x_1(n)$，⋯，$x_{M-1}(n)$ 是 $x(n)$ 的

一个个子带信号。理想情况下，各子带信号的频谱之间没有交叠。

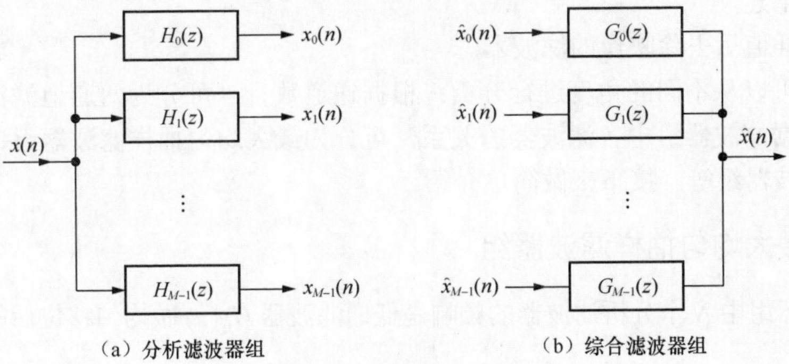

图 5.32　滤波器组示意图

由于 $H_0(z)$，$H_1(z)$，…，$H_{M-1}(z)$ 的作用是对 $x(n)$ 作子带分解，因此称它们为分析滤波器组。

M 个信号 $\hat{x}_0(n)$，$\hat{x}_1(n)$，…，$\hat{x}_{M-1}(n)$ 分别通过滤波器 $G_0(z)$，$G_1(z)$，…，$G_{M-1}(z)$，所产生的输出相加后得到的是重建后的信号 $\hat{x}(n)$，则 $G_0(z)$，$G_1(z)$，…，$G_{M-1}(z)$ 称为综合滤波器组，其任务是将 M 个子带信号综合为信号 $\hat{x}(n)$。

考虑到分解后子带信号的带宽小于原输入信号，可以降低抽样率，以提高计算效率。如果将 $x(n)$ 均匀分成 M 个子带信号，则 M 个子带信号的带宽将是原来的 $\dfrac{1}{M}$，这样，它们的抽样率也降低至 $\dfrac{1}{M}$，需要在分析滤波器 $H_0(z)$，$H_1(z)$，…，$H_{M-1}(z)$ 后分别加上一个 M 倍的抽取器，如图 5.33 所示。图 5.33 中，$H_0(z)$，$H_1(z)$，…，$H_{M-1}(z)$ 工作在抽样率 f_s 状态下，抽样后的信号处在低抽样率状态（$\dfrac{f_s}{M}$）。

各子带信号在低抽样率状态被处理之后，应再恢复为高速率信号，因此，图 5.33 中的综合滤波器 $G_0(z)$，$G_1(z)$，…，$G_{M-1}(z)$ 之前分别加上了一个 M 倍的插值器。综合滤波器组合成输出信号，重建后的信号 $\hat{x}(n)$ 应等于原信号 $x(n)$，或是 $x(n)$ 的好的近似。

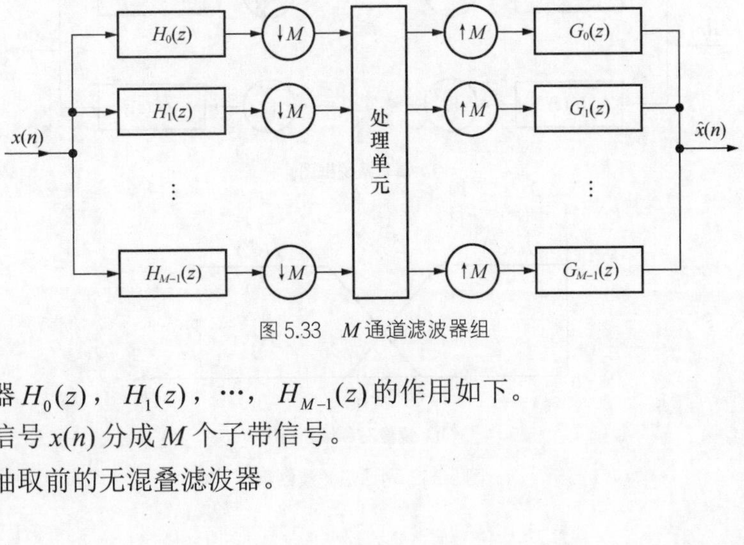

图 5.33　M 通道滤波器组

分析滤波器 $H_0(z)$，$H_1(z)$，…，$H_{M-1}(z)$ 的作用如下。

（1）将原信号 $x(n)$ 分成 M 个子带信号。

（2）作为抽取前的无混叠滤波器。

综合滤波器 $G_0(z)$，$G_1(z)$，…，$G_{M-1}(z)$ 的作用如下。

（1）信号重建。

（2）作为插值后去除映像的滤波器。

滤波器组可以从不同的角度进行分类：根据通道数目，可分为两通道滤波器组和多通道滤波器组；根据滤波器组中各滤波器的关系，可分为最大均匀抽样滤波器组、正交镜像滤波器组、互补滤波器组等。接下来做简单介绍。

5.3.2 最大均匀抽样滤波器组

如果滤波器组中 N 个分析滤波器的频响是低通滤波器 $H_0(z)$ 做均匀移位后的结果，这时有

$$H_k(\mathrm{e}^{\mathrm{j}\omega}) = H_0[\mathrm{e}^{\mathrm{j}(\omega-\frac{2\pi}{N}k)}]，\quad k = 0,1,\cdots,N-1 \tag{5.3.1}$$

则称该滤波器组为均匀滤波器组。$x(n)$ 经 $H_k(z)$ 滤波器后变成一个个子带信号，因此可以进一步抽取以降低其抽样率。如果做 M 倍抽取，且有 $M = N$，则称该滤波器组为最大均匀抽样滤波器组（Maximally Decimated Uniform Filter Bank），称这种情况为临界抽样（Critical Subsampling）。这是因为 $M = N$ 是保证实现准确重建的最大抽取数。这样的滤波器组又称 DFT 滤波器组，相关内容参见 5.2.4 节。

5.3.3 正交镜像滤波器组

对最大均匀抽样滤波器组令 $M = 2$，可以得到一个两通道的滤波器组，如图 5.34（a）所示，其中分析滤波器 $H_0(z)$ 与 $H_1(z)$ 的关系为

$$H_1(z) = H_0(-z)$$

频域关系为

$$H_1(\mathrm{e}^{\mathrm{j}\omega}) = H_0[\mathrm{e}^{\mathrm{j}(\omega-\pi)}] \tag{5.3.2}$$

它们的幅频响应关于 $\frac{\pi}{2}$ 镜像对称，如图 5.34（b）所示。

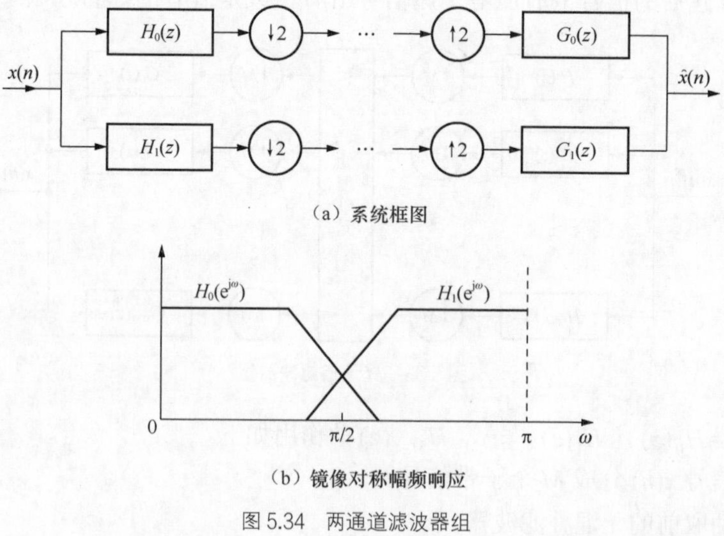

（a）系统框图

（b）镜像对称幅频响应

图 5.34　两通道滤波器组

如果 $H_0(e^{j\omega})$ 和 $H_1(e^{j\omega})$ 二者没有重合，即当 $\frac{\pi}{2} \leqslant |\omega| \leqslant \pi$ 时，$|H_0(e^{j\omega})|=0$，那么，$H_0(e^{j\omega})$ 和 $H_1(e^{j\omega})$ 是正交的，这一类滤波器组称为正交镜像滤波器组（Quadrature Mirror Filter Bank，QMFB）。

事实上，严格正交的滤波器组是难以实现的。如果 $H_0(e^{j\omega})$ 和 $H_1(e^{j\omega})$ 有少量的重叠，但其幅频响应镜像对称，如图 5.34（b）所示，就称它们为 QMFB。

QMFB 是一对分割频率的低通（LP）和高通（HP）滤波器，利用 QMFB 可以构成树状结构的滤波器组，如图 5.35 所示。

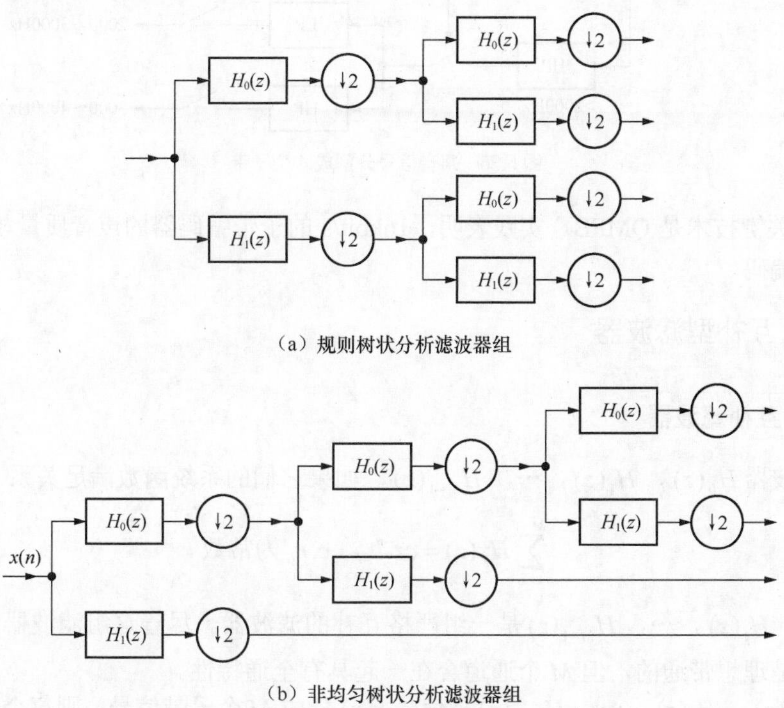

图 5.35　树状结构的滤波器组

需要说明的是，图 5.35 中各阶的 $H_0(z)$、$H_1(z)$ 都是关于 $\frac{\pi}{2}$ 镜像对称的，这是因为信号在经过 $H_0(z)$、$H_1(z)$ 后，实际频带减半，二抽取后抽样率减半，工作在第二阶的 $H_0(z)$、$H_1(z)$ 较之第一阶 $H_0(z)$、$H_1(z)$ 实际频带也随之减半，但数字角频率 ω 不变。

树状分析滤波器组的应用非常广泛，例如，图 5.35（a）所示结构在子带编码（Sub-Band Coding，SBC）中的应用。SBC 也称为频带分割编码，其基本原理如下。

（1）将声音信号分割成若干个频段（子带）。

（2）用调制的方法对滤波后的信号进行频谱平移，将其变成低通信号（即基带信号）。

（3）用子带的 2 倍带宽的频率采样、编码。

SBC 的优点是考虑了人的听觉特性，按照各子带在声音恢复中的重要性合理地分配比特数，这样可以在声音质量相同的前提下降低码率。基本原则是：对能量较大、含有基音频率和第一共振峰的低频部分，分配较多的比特数；对次要信号（如电话话音中 3kHz 以上的信号）

则分配较少的比特数。在接收端，各编码后的子信号被分别解码，然后合成为重构的声音信号。

声音信号的 SBC 一般使用 4～8 个子带，频带分割过程如图 5.36 所示，它将 4kHz 频带分割成 4 个子带。

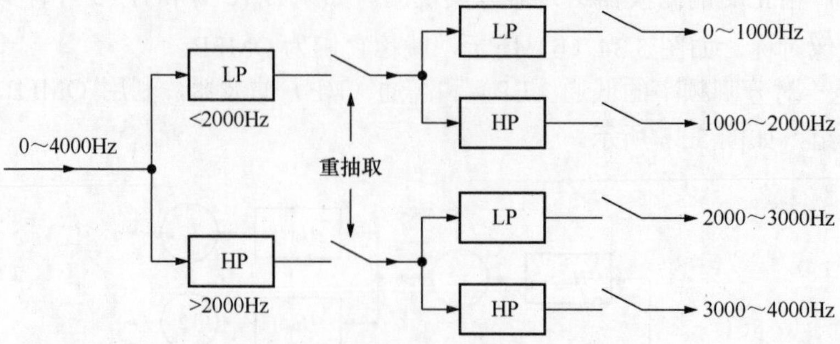

图 5.36　声音信号分割成 4 个子带

SBC 的关键技术是 QMFB。实践表明，16kbit/s 的子带编码器的声音质量相当于 24kbit/s 的 ADPCM 编码。

5.3.4　互补型滤波器

1．严格互补滤波器

一组滤波器 $H_0(z)$，$H_1(z)$，…，$H_{M-1}(z)$，如果它们的系统函数满足关系

$$\sum_{k=0}^{M-1} H_k(z) = cz^{-n_0}\text{，} c, n_0 \text{为常数} \tag{5.3.3}$$

则称 $H_0(z)$，$H_1(z)$，…，$H_{M-1}(z)$ 是一组严格互补的滤波器。尽管这组滤波器中每个通道的频率特性不是理想带通的，但 M 个通道合在一起具有全通特性。

利用 $H_0(z)$，$H_1(z)$，…，$H_{M-1}(z)$ 把信号 $x(n)$ 分成 M 个子带信号，则每个子带信号分别为 $X(z)H_0(z)$，$X(z)H_1(z)$，…，$X(z)H_{M-1}(z)$，然后把这 M 个子带信号相加，有

$$X(z)H_0(z) + \cdots + X(z)H_{M-1}(z) = X(z)\sum_{k=0}^{M-1} H_k(z) = X(z)cz^{-n_0}$$

$X(z)cz^{-n_0}$ 对应的时域信号是 $cx(n-n_0)$，它与原始信号 $x(n)$ 仅差一个延迟和常数倍。显然，这种严格互补的滤波器对于信号的准确重建是非常有用的。

2．功率互补滤波器

如果 M 个滤波器的频响满足

$$\sum_{k=0}^{M-1} |H_k(\mathrm{e}^{\mathrm{j}\omega})|^2 = c\text{，} c \text{为常数} \tag{5.3.4}$$

则称 $H_0(z)$，$H_1(z)$，…，$H_{M-1}(z)$ 是功率互补的。$\sum_{k=0}^{M-1} |H_k(\mathrm{e}^{\mathrm{j}\omega})|^2 = c$ 又可以表示为

$$\sum_{k=0}^{M-1} H_k(z)\tilde{H}_k(z) = c \tag{5.3.5}$$

式（5.3.5）中的 $\tilde{H}_k(z)$ 表示对 $H_k(z)$ 的系数取共轭，并用 z^{-1} 代替 z。如果 $H_k(z)$ 是实系数的，则式（5.3.5）成为

$$\sum_{k=0}^{M-1} H_k(z)H_k(z^{-1}) = c$$

功率互补滤波器在实现信号准确重建的滤波器组中具有重要作用。例如，在图 5.32 中，若令

$$G_k(z) = \tilde{H}_k(z), \quad k = 0,1,\cdots,M-1$$

并将图 5.32（b）直接与图 5.32（a）相级联，那么，重建信号为

$$\hat{X}(z) = X(z)\sum_{k=0}^{M-1} H_k(z)G_k(z) = X(z)\sum_{k=0}^{M-1} H_k(z)\tilde{H}_k(z) \tag{5.3.6}$$

如果 $H_0(z)$，$H_1(z)$，…，$H_{M-1}(z)$ 是功率互补的，将式（5.3.5）代入式（5.3.6），则有

$$\hat{X}(z) = cX(z)$$

即

$$\hat{x}(n) = cx(n)$$

在 $M = 2$ 的情况下，功率互补可表示为

$$H_0(z)\tilde{H}_0(z) + H_1(z)\tilde{H}_1(z) = c \tag{5.3.7}$$

称 $H_0(z)$、$H_1(z)$ 是功率互补的。如果 $H_0(z)$、$H_1(z)$ 是实系数的，则

$$H_0(z)H_0(z^{-1}) + H_1(z)H_1(z^{-1}) = c \tag{5.3.8}$$

5.3.5　第 M 带滤波器

将滤波器 $H(z)$ 表示为多相形式，有

$$H(z) = \sum_{l=0}^{M-1} z^{-l}E_l(z^M) \tag{5.3.9}$$

其中

$$E_l(z) = \sum_{n=-\infty}^{\infty} h(Mn+l)z^{-n} \tag{5.3.10}$$

如果其第 0 相，也就是 $E_0(z^M)$ 恒为一常数 c，即

$$H(z) = c + \sum_{l=1}^{M-1} z^{-l}E_l(z^M) \tag{5.3.11}$$

那么，其单位脉冲响应必有

$$h(Mn) = \begin{cases} c, & n = 0 \\ 0, & \text{其他} \end{cases} \tag{5.3.12}$$

满足式（5.3.12）的滤波器 $h(n)$ 称为第 M 带滤波器。式（5.3.12）的含义是，除了在 $n=0$ 点外，$h(n)$ 在 M 的整数倍处都为 0，如图 5.37 所示。

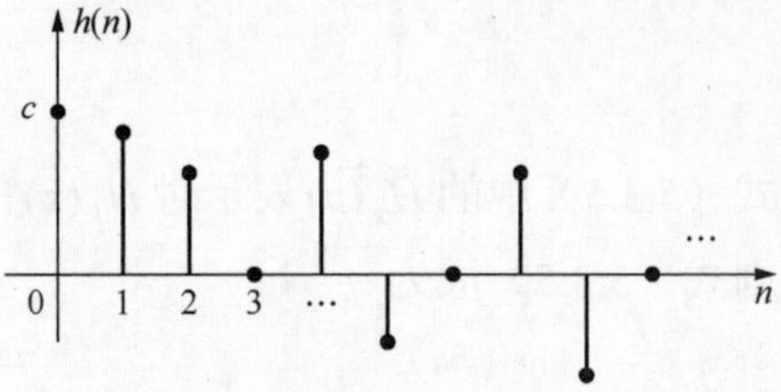

图 5.37　第 M 带滤波器的单位脉冲响应（M=3）

对第 M 带滤波器，可以证明有

$$\sum_{k=0}^{M-1} H(zW_M^k) = Mc = 1 \text{（假设 } c=\frac{1}{M}\text{）} \quad (5.3.13)$$

证明：将滤波器 $H(z)$ 表示为多相形式，有

$$H(z) = \sum_{l=0}^{M-1} z^{-l} E_l(z^M)$$

其中

$$E_l(z) = \sum_{n=-\infty}^{\infty} h(Mn+l) z^{-n}$$

对第 M 带滤波器，当 $l=0$ 时，$E_0(z^M)=c$，即

$$E_0(z^M) = \sum_{n=-\infty}^{\infty} h(Mn) z^{-Mn} = \sum_{n=-\infty}^{\infty} e_0(n) z^{-Mn} = c \quad (5.3.14)$$

式（5.3.14）中序列 $e_0(n)$ 是对序列 $h(n)$ 做 M 倍抽取之后的序列。利用抽取前后 Z 变换的关系式可得

$$E_0(z) = \frac{1}{M} \sum_{k=0}^{M-1} H(z^{\frac{1}{M}} W_M^k) \quad (5.3.15)$$

式（5.3.15）中 $W_M = \mathrm{e}^{-\mathrm{j}\frac{2\pi}{M}}$。由式（5.3.14）和式（5.3.15），可得

$$\frac{1}{M} \sum_{k=0}^{M-1} H(zW_M^k) = c$$

假设 $c=\frac{1}{M}$，则有

$$\sum_{k=0}^{M-1} H(zW_M^k) = 1$$

于是式（5.3.13）得证。

若令 $H_k(z) = H(zW_M^k)$，$k=0,1,\cdots,M-1$，则 H_0，H_1，…，H_{M-1} 的频响存在如下关系

$$\sum_{k=0}^{M-1} H_k(z) = 1$$

或

$$\sum_{k=0}^{M-1} H[\mathrm{e}^{\mathrm{j}(\omega-\frac{2\pi}{M}k)}] = 1$$

也就是说，如果有一个第 M 带滤波器 $h(n)$，那么将其依次移位 $\frac{2\pi}{M}k$ 后，所得到的 M 个

滤波器的频响之和等于 1，即 $H_0(z)$，$H_1(z)$，…，$H_{M-1}(z)$ 是一组严格互补滤波器。

5.3.6　半带滤波器

在第 M 带滤波器中，令 $M=2$，则所得的滤波器称为半带（Half-Band）滤波器。与第 M 带滤波器一样，半带滤波器也是严格互补的。

对半带滤波器（$M=2$），式（5.3.11）和式（5.3.12）分别成为

$$H(z)=c+z^{-1}E_1(z^2) \tag{5.3.16}$$

$$h(2n)=\begin{cases} c, & n=0 \\ 0, & 其他 \end{cases} \tag{5.3.17}$$

也就是说，除了在 $n=0$ 点外，$h(n)$ 在所有偶数序号处都为 0，如图 5.38 所示。

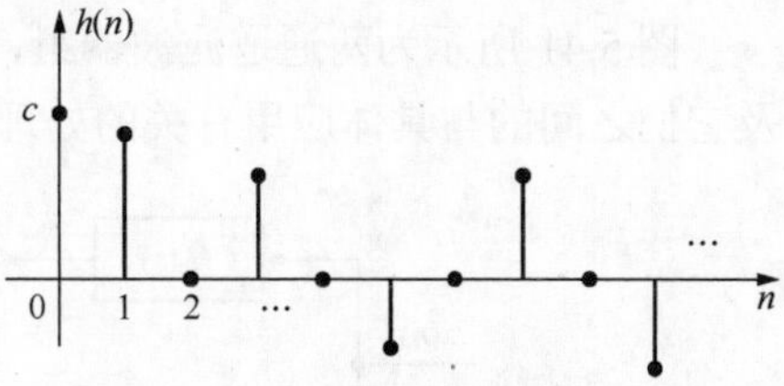

图 5.38　半带滤波器的单位脉冲响应

在式（5.3.13）中，令 $M=2$，$c=\dfrac{1}{2}$，则有

$$H(z)+H(-z)=1$$

$$H(\mathrm{e}^{\mathrm{j}\omega})+H[\mathrm{e}^{\mathrm{j}(\omega-\pi)}]=1$$

令 $H_0(z)=H(z)$，$H_1(z)=H(-z)$，则 $H_1(\mathrm{e}^{\mathrm{j}\omega})$ 和 $H_0(\mathrm{e}^{\mathrm{j}\omega})$ 关于 $\dfrac{\pi}{2}$ 对称，称 $H_0(z)$ 和 $H_1(z)$ 构成一个正交镜像滤波器组（QMFB）。在 QMFB 中，并没有要求 $H_0(\mathrm{e}^{\mathrm{j}\omega})+H_1(\mathrm{e}^{\mathrm{j}\omega})=1$，所以，两通道正交镜像滤波器不一定是半带滤波器。但半带滤波器一定是正交镜像滤波器。

半带滤波器在设计具有理想重建（Perfect Reconstruction，PR）性能的滤波器组方面具有重要作用，相关内容在下一节将会讲解。

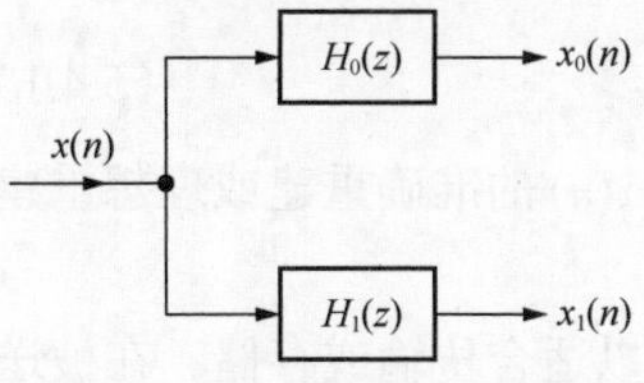

图 5.39　两通道分析滤波器组

例 5.3.1　现有图 5.39 所示的两通道分析滤波器组，已知 $H_0(z)$ 是长度为 6 的 FIR 数字滤波器，为

$$H_0(z)=h(0)+h(1)z^{-1}+h(2)z^{-2}+h(3)z^{-3}+h(4)z^{-4}+h(5)z^{-5}$$

且 $H_1(z)=H_0(-z)$，要求只使用 5 个延迟单元和 6 个乘法器实现它（加法器不限）。

解： $H_1(z)=H_0(-z)=h(0)-h(1)z^{-1}+h(2)z^{-2}-h(3)z^{-3}+h(4)z^{-4}-h(5)z^{-5}$

令

$$F_0(z)=h(0)+h(2)z^{-2}+h(4)z^{-4}$$

$$F_1(z)=h(1)z^{-1}+h(3)z^{-3}+h(5)z^{-5}$$

则

$$H_0(z)=F_0(z)+F_1(z)$$

$$H_1(z)=H_0(-z)=F_0(-z)+F_1(-z)=F_0(z)-F_1(z)$$

其实现结构如图 5.40 所示。

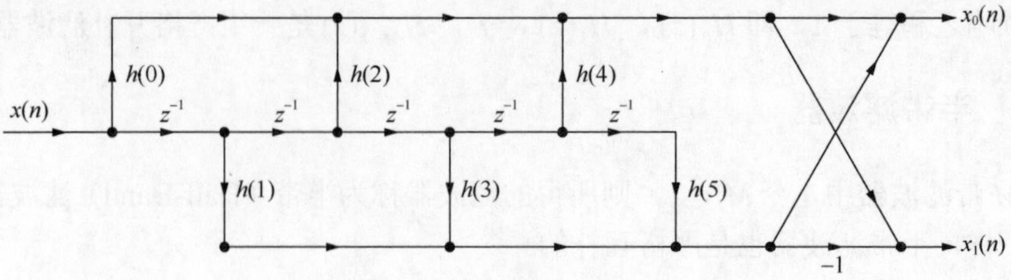

图 5.40　两通道分析滤波器组实现结构

5.4　两通道滤波器组

5.4.1　信号的理想重建

图 5.41 所示为两通道滤波器组，它包含 3 个基本模块：分析滤波器组、综合滤波器组以及它们之间的与具体应用有关的处理单元。

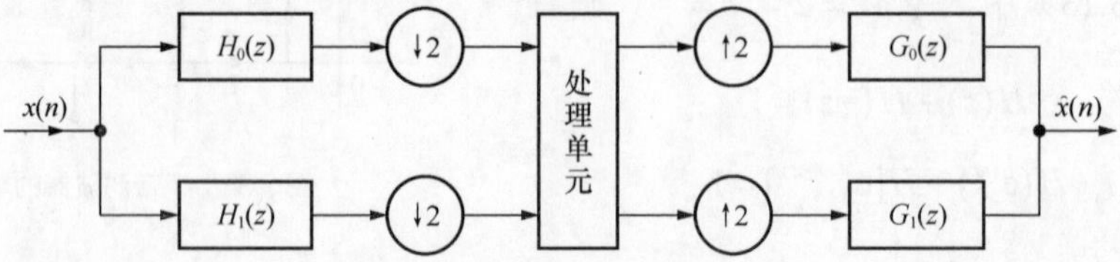

图 5.41　两通道滤波器组

信号 $x(n)$ 经过分解、处理和综合得到 $\hat{x}(n)$，希望重建信号 $\hat{x}(n)=x(n)$。例如，在通信中总希望接收到的信号与发送的信号完全一样。

但是，$\hat{x}(n)=x(n)$ 几乎是不可能的。如果有

$$\hat{x}(n)=cx(n-n_0)，\quad c,n_0 \text{ 为常数} \tag{5.4.1}$$

即 $\hat{x}(n)$ 是 $x(n)$ 纯延迟后的信号，只是幅度发生倍乘，则称 $\hat{x}(n)$ 是 $x(n)$ 的准确重建或理想重建（PR），能实现 PR 的滤波器组就称为 PR 系统。

在图 5.41 所示的处理单元中，信号经过压缩和编码等处理，以适合传输或存储。在被送入综合滤波器组之前，两路信号都要被解码。由于量化误差和信道失真等因素的存在，处理单元前后的信号不完全相同。因为本节主要讨论滤波器组的影响，所以对量化误差和信道失真等因素忽略不计，系统结构如图 5.42 所示。下面通过对图 5.42 中各信号间关系的分析，讨论实现信号理想重建的条件及途径。

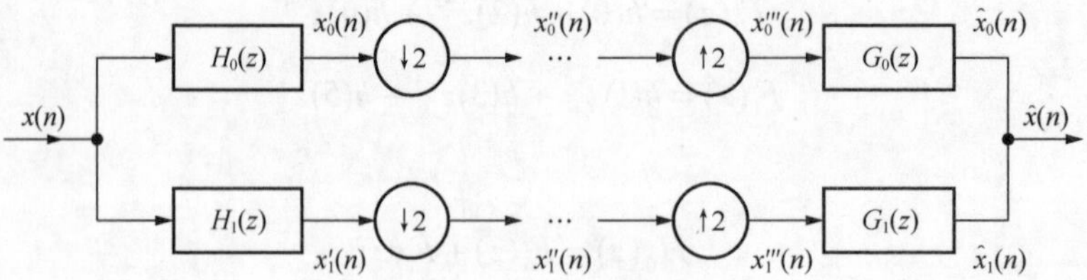

图 5.42　两通道滤波器组

由图 5.42 可知

$$\begin{cases} X_0'(z) = X(z)H_0(z) \\ X_0''(z) = \dfrac{1}{2}[X_0'(z^{\frac{1}{2}}) + X_0'(-z^{\frac{1}{2}})] \\ X_0'''(z) = X_0''(z^2) \\ \hat{X}_0(z) = X_0'''(z)G_0(z) \end{cases}$$

可得

$$\hat{X}_0(z) = \frac{1}{2}H_0(z)G_0(z)X(z) + \frac{1}{2}H_0(-z)G_0(z)X(-z)$$

同理可得

$$\hat{X}_1(z) = \frac{1}{2}H_1(z)G_1(z)X(z) + \frac{1}{2}H_1(-z)G_1(z)X(-z)$$

有

$$\begin{aligned} \hat{X}(z) &= \hat{X}_0(z) + \hat{X}_1(z) \\ &= \frac{1}{2}[H_0(z)G_0(z) + H_1(z)G_1(z)]X(z) \\ &\quad + \frac{1}{2}[H_0(-z)G_0(z) + H_1(-z)G_1(z)]X(-z) \end{aligned}$$

令

$$T(z) = \frac{1}{2}[H_0(z)G_0(z) + H_1(z)G_1(z)] \tag{5.4.2}$$

$$F(z) = \frac{1}{2}[H_0(-z)G_0(z) + H_1(-z)G_1(z)] \tag{5.4.3}$$

则有

$$\hat{X}(z) = T(z)X(z) + F(z)X(-z)$$

上式中

$$X(-z)\big|_{z=\mathrm{e}^{\mathrm{j}\omega}} = X(-\mathrm{e}^{\mathrm{j}\omega}) = X[\mathrm{e}^{\mathrm{j}(\omega-\pi)}]$$

是 $X(\mathrm{e}^{\mathrm{j}\omega})$ 移位 π 后的结果，因此是混叠成分。

要实现信号的理想重建，输入、输出信号需满足

$$\hat{x}(n) = cx(n-n_0)\text{，}\quad c, n_0 \text{ 为常数}$$

即

$$\hat{X}(z) = cX(z)z^{-n_0}$$

于是可以得到信号的理想重建条件如下。

（1）无混叠条件

为了消除映像 $X(-z)$ 引起的混叠，要求

$$F(z) = \frac{1}{2}[H_0(-z)G_0(z) + H_1(-z)G_1(z)] = 0$$

此时

$$\hat{X}(z)=T(z)X(z)=\frac{1}{2}[H_0(z)G_0(z)+H_1(z)G_1(z)]X(z)$$

（2）纯延迟条件

$T(z)$ 反映了去除混叠失真后的两通道滤波器组的总的传输特性，为了使 $\hat{X}(z)$ 成为 $X(z)$ 的延迟，要求

$$T(z)=cz^{-n_0}$$

上式中 c 、n_0 为常数，且 n_0 为整数。即要求 $T(z)$ 是具有线性相位特性的全通系统，以保证整个系统既不发生幅度失真也不发生相位失真。

无混叠条件和纯延迟条件共同构成信号理想重建的条件。

如果将综合滤波器取为

$$G_0(z)=+H_1(-z) \tag{5.4.4a}$$

$$G_1(z)=-H_0(-z) \tag{5.4.4b}$$

可以看出，无论给出什么样的 H_0 和 H_1，都可去除混叠失真。

如果在分析滤波器 H_0、H_1 之间建立如下联系：

$$H_1(z)=H_0(-z)$$

则两者的幅频关系满足

$$H_1(\mathrm{e}^{\mathrm{j}\omega})=H_0(-\mathrm{e}^{\mathrm{j}\omega})=H_0(\mathrm{e}^{\mathrm{j}(\omega-\pi)})$$

即该滤波器组为QMFB。如果 $H_0(z)$ 是低通的，则 $H_1(z)$ 是高通的。不难看出，按式（5.4.4），$G_0(z)$ 是低通的，而 $G_1(z)$ 是高通的。

要实现理想重建（PR），在无混叠的条件下，还要去除相位失真和幅度失真。如果 $H_0(z)$、$H_1(z)$、$G_0(z)$ 和 $G_1(z)$ 全部用线性相位的 FIR 数字滤波器实现，可以设计出符合 PR 条件的滤波器组。遗憾的是，符合 PR 条件的滤波器 $H_0(z)$ 和 $H_1(z)$ 不具有锐截止特性，因此没有实际意义。尽管 PR 是最终目的，但滤波器组的核心作用是信号的子带分解。在两通道滤波器组中，我们希望 $H_0(z)$ 和 $H_1(z)$ 能把信号分解成频谱分别在 $0\sim\frac{\pi}{2}$ 和 $\frac{\pi}{2}\sim\pi$ 范围内的两个子带信号，且希望频谱尽量不重叠，因此对 $H_0(z)$、$H_1(z)$ 通带和阻带的性能要求是非常高的。而实际情况是，在 $H_0(z)$ 和 $H_1(z)$ 都是 FIR 数字滤波器的情况下，既保持滤波器组的 PR 性质，又使 $H_0(z)$ 和 $H_1(z)$ 具有实际意义是不可能的。目前已经证明，对选取 $H_1(z)=H_0(-z)$ 的 QMFB，要满足 PR 特性，其阻带衰减特性是很差的。解决上述矛盾的途径如下。

（1）去除相位失真，尽可能地减小幅度失真，实现近似理想重建（Near Perfect Reconstruction，NPR）。实现方案是 FIR 正交镜像滤波器组（QMFB）。

（2）去除幅度失真，不考虑相位失真，这种情况也是实现近似理想重建（NPR）。实现方案是 IIR 正交镜像滤波器组（QMFB）。

（3）放弃 $H_1(z)=H_0(-z)$ 的简单形式，取更为合理的形式，从而实现理想重建。

5.4.2 FIR 正交镜像滤波器组

FIR 滤波器的优点是容易实现线性相位。假定 $H_0(z)$ 是 N 点 FIR 低通滤波器，其单位脉

冲响应为 $h_0(n)$，则

$$H_0(z)=\sum_{n=0}^{N-1}h_0(n)z^{-n}$$

如果有

$$h_0(n)=h_0(N-1-n)$$

则 $H_0(z)$ 是线性相位的。根据

$$H_1(z)=H_0(-z) \tag{5.4.5}$$

$$G_0(z)=+H_1(-z)$$

$$G_1(z)=-H_0(-z)$$

可知，H_1、G_0 和 G_1 也是线性相位的。因而

$$T(z)=\frac{1}{2}[H_0(z)G_0(z)+H_1(z)G_1(z)]=\frac{1}{2}[H_0^2(z)-H_1^2(z)] \tag{5.4.6}$$

或

$$T(\mathrm{e}^{\mathrm{j}\omega})=\frac{1}{2}[H_0^2(\mathrm{e}^{\mathrm{j}\omega})-H_1^2(\mathrm{e}^{\mathrm{j}\omega})]=\frac{1}{2}[H_0^2(\mathrm{e}^{\mathrm{j}\omega})-H_0^2(\mathrm{e}^{\mathrm{j}(\omega+\pi)})] \tag{5.4.7}$$

也是线性相位的，可以去除相位失真。下面来分析一下，在保证线性相位的条件下，$T(\mathrm{e}^{\mathrm{j}\omega})$ 的幅度情况。

将线性相位 FIR 低通滤波器 $H_0(z)$ 的频响表示为

$$H_0(\mathrm{e}^{\mathrm{j}\omega})=\mathrm{e}^{-\mathrm{j}\omega(N-1)/2}H_0(\omega) \tag{5.4.8}$$

式（5.4.8）中，幅度函数 $H_0(\omega)$ 是 ω 的实函数，可正可负。将式（5.4.8）代入式（5.4.7），有

$$T(\mathrm{e}^{\mathrm{j}\omega})=\mathrm{e}^{-\mathrm{j}\omega(N-1)}\frac{1}{2}[H_0^2(\omega)-(-1)^{N-1}H_0^2(\omega+\pi)]$$

$$=\mathrm{e}^{-\mathrm{j}\omega(N-1)}\frac{1}{2}[|H_0(\mathrm{e}^{\mathrm{j}\omega})|^2-(-1)^{N-1}|H_0(\mathrm{e}^{\mathrm{j}(\omega+\pi)})|^2]$$

如果 $(N-1)$ 为偶数，即 N 为奇数，则 $T(\mathrm{e}^{\mathrm{j}\omega})$ 可以表示为

$$T(\mathrm{e}^{\mathrm{j}\omega})=\mathrm{e}^{-\mathrm{j}\omega(N-1)}\frac{1}{2}[|H_0(\mathrm{e}^{\mathrm{j}\omega})|^2-|H_0(\mathrm{e}^{\mathrm{j}(\omega+\pi)})|^2]$$

可以看出，$|H_0(\mathrm{e}^{\mathrm{j}\omega})|^2-|H_0(\mathrm{e}^{\mathrm{j}(\omega+\pi)})|^2$ 在 $\omega=\dfrac{\pi}{2}$ 处为 0，即

$$T(\mathrm{e}^{\mathrm{j}\omega})\Big|_{\omega=\frac{\pi}{2}}=0$$

也就是说，$|T(\mathrm{e}^{\mathrm{j}\omega})|$ 不可能是全通函数，这将导致严重的幅度失真。

如果 $(N-1)$ 为奇数，即 N 为偶数，则 $T(\mathrm{e}^{\mathrm{j}\omega})$ 可以表示为

$$T(\mathrm{e}^{\mathrm{j}\omega})=\mathrm{e}^{-\mathrm{j}\omega(N-1)}\frac{1}{2}[|H_0(\mathrm{e}^{\mathrm{j}\omega})|^2+|H_0(\mathrm{e}^{\mathrm{j}(\omega+\pi)})|^2]$$

可以看出，只要

$$|H_0(e^{j\omega})|^2+|H_0(e^{j(\omega+\pi)})|^2=1 \tag{5.4.9}$$

则有

$$T(e^{j\omega})=0.5e^{-j\omega(N-1)}$$

这样，既去除了相位失真，又去除了幅度失真。按照式（5.4.5），可以将式（5.4.9）表示为

$$|H_0(e^{j\omega})|^2+|H_1(e^{j\omega})|^2=1 \tag{5.4.10}$$

式（5.4.10）就是前面介绍过的功率互补滤波器。也就是说，如果能设计出功率互补的线性相位 FIR 滤波器 $H_0(z)$、$H_1(z)$（单位脉冲响应的长度 N 为偶数），就可以实现理想重建。

但是，前面已经指出，若使用 FIR 滤波器组及简单地选择 $H_1(z)=H_0(-z)$，那么能够实现理想重建的 $H_0(z)$、$H_1(z)$ 将因频率选择性差而失去实用价值。因此，实际中只能使滤波器的频响近似式（5.4.9），在保证无相位失真的情况下实现近似理想重建（NPR），近似的程度取决于滤波器的设计。约翰斯顿（Johnston）算法是方法之一，该算法通过优化过程，使 $H_0(e^{j\omega})$ 在通带内的幅频特性接近于 1，在阻带内的幅频特性接近于 0，同时，由于选择了 $H_1(z)=H_0(-z)$，因此，$H_1(e^{j\omega})$ 在 $H_0(e^{j\omega})$ 的通带内的幅频特性接近于 0，在其阻带内的幅频特性接近于 1，$H_0(z)$ 和 $H_1(z)$ 的幅频特性可以近似做到式（5.4.10）所示的功率互补。限于篇幅，这里不做详细讨论，有兴趣的读者可以参阅有关文献。

5.4.3 IIR 正交镜像滤波器组

根据

$$H_1(z)=H_0(-z)$$
$$G_0(z)=+H_1(-z)$$
$$G_1(z)=-H_0(-z)$$

可知

$$T(z)=\frac{1}{2}[H_0(z)G_0(z)+H_1(z)G_1(z)]=\frac{1}{2}[H_0^2(z)-H_1^2(z)] \tag{5.4.11}$$

将 $H_0(z)$ 按 $M=2$ 表示成多相形式，有

$$H_0(z)=E_0(z^2)+z^{-1}E_1(z^2) \tag{5.4.12}$$

则 $H_1(z)=H_0(-z)$ 的多相表示为

$$H_1(z)=E_0(z^2)-z^{-1}E_1(z^2) \tag{5.4.13}$$

对综合滤波器，有

$$G_0(z)=H_1(-z)=E_0(z^2)+z^{-1}E_1(z^2)$$
$$G_1(z)=-H_0(-z)=-[E_0(z^2)-z^{-1}E_1(z^2)]$$

于是可将图 5.41 所示的两通道滤波器组用图 5.43 所示的多相结构来实现。为减少运算量，通常将运算放在抽取之后、插值之前进行。利用等效关系，可以将图 5.43 进一步表示为其等效

形式，如图 5.44 所示。

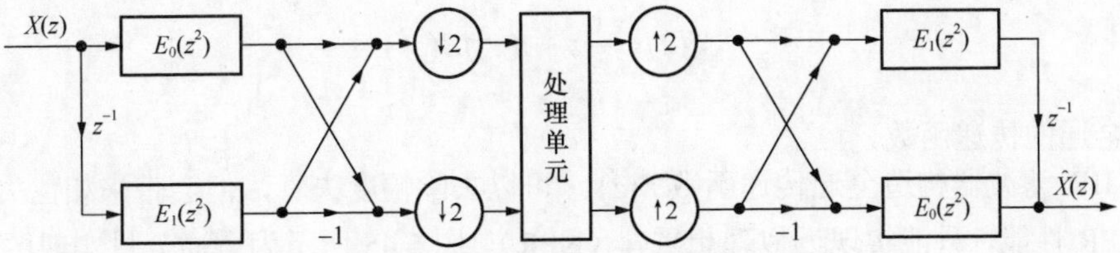

图 5.43　多相分量实现两通道滤波器组

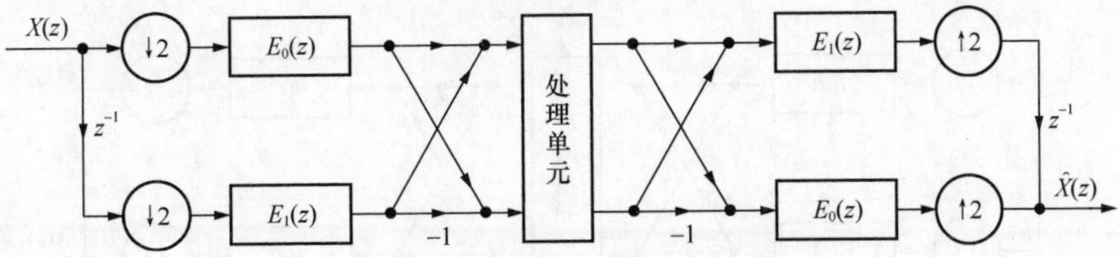

图 5.44　多相分量实现两通道滤波器组的等效形式

根据式（5.4.12）和式（5.4.13），可以将式（5.4.11）表示为

$$T(z)=2z^{-1}E_0(z^2)E_1(z^2) \tag{5.4.14}$$

如果要去除幅度失真，传递函数 $T(z)$ 必须是全通函数，则 $E_0(z)$ 和 $E_1(z)$ 也都是全通的，因而也都是 IIR 的。

如果令

$$E_0(z)=\frac{1}{2}A(z)$$

$$E_1(z)=\frac{1}{2}B(z)$$

则式（5.4.12）和式（5.4.13）所示的分析滤波器可以构造为如下形式：

$$H_0(z)=\frac{1}{2}[A(z^2)+z^{-1}B(z^2)] \tag{5.4.15a}$$

$$H_1(z)=\frac{1}{2}[A(z^2)-z^{-1}B(z^2)] \tag{5.4.15b}$$

可以证明，$A(z)$ 和 $B(z)$ 都是幅度为 1 的全通系统，即

$$A(z)=\prod_{i=1}^{N}\frac{a_i+z^{-1}}{1+a_iz^{-1}}$$

$$B(z)=\prod_{i=1}^{M}\frac{b_i+z^{-1}}{1+b_iz^{-1}}$$

对综合滤波器，有

$$G_0(z)=H_1(-z)=\frac{1}{2}[A(z^2)+z^{-1}B(z^2)] \tag{5.4.16a}$$

$$G_1(z)=-H_0(-z)=-\frac{1}{2}[A(z^2)-z^{-1}B(z^2)] \tag{5.4.16b}$$

传递函数 $T(z)$ 成为

$$T(z)=\frac{1}{2}z^{-1}A(z^2)B(z^2)$$

这是一个全通的传递函数。

利用 IIR 滤波器构造全通传递函数 $T(z)$，可以去除幅度失真，但会带来相位失真，因此也不具备 PR 性能，只能实现近似理想重建（NPR）。图 5.45 所示为全通分量实现图 5.41 所示的两通道滤波器组。

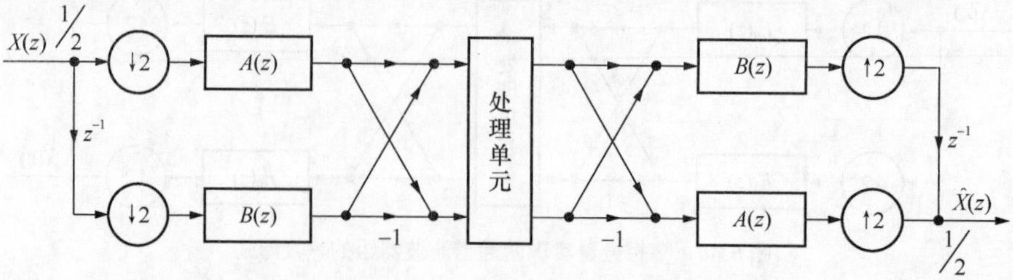

图 5.45 全通分量实现两通道滤波器组

之所以将 $H_0(z)$ 分解为两个全通系统，主要是考虑在滤波器组的实现中能够利用全通系统在实现上的一些优点。一阶、二阶及 N 阶全通系统的系统函数可以用展开式表示为

$$A_1(z)=\frac{\lambda+z^{-1}}{1+\lambda z^{-1}} \tag{5.4.17}$$

$$A_2(z)=\frac{\lambda_2+\lambda_1 z^{-1}+z^{-2}}{1+\lambda_1 z^{-1}+\lambda_2 z^{-2}} \tag{5.4.18}$$

$$\cdots$$

$$A_N(z)=\frac{\lambda_N+\lambda_{N-1}z^{-1}+\cdots\lambda_1 z^{-(N-1)}+z^{-N}}{1+\lambda_1 z^{-1}+\lambda_2 z^{-2}+\cdots+\lambda_N z^{-N}} \tag{5.4.19}$$

根据上面表达式的特点，可以将全通系统在实现上的一些优点简单总结如下。

（1）一个 N 阶的 IIR 系统，直接实现时需要 $2N$ 个乘法器（假定分子分母的阶次都是 N）。但是，如果将该 IIR 系统按式（5.4.15a）分解为两个全通系统的并联，假定它们的阶次分别为 r 和 $(N-r)$，那么它们分别实现时各用 r 个和 $(N-r)$ 个乘法器，这样，实现该 IIR 系统共需要 N 个乘法器，比直接实现减少了一半。

以一阶 IIR 系统为例，假定分子分母的阶次都为 1，则直接实现时需要两个乘法器。而式（5.4.17）所示的一阶全通系统，两个乘法器都是与因子 λ 相乘，因此用一个乘法器就可实现，如图 5.46 所示。

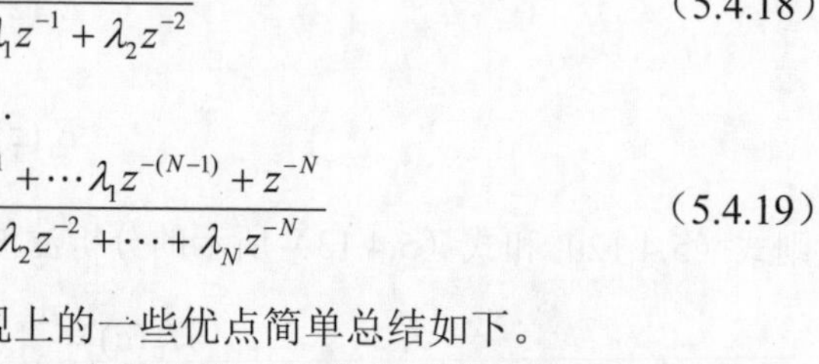

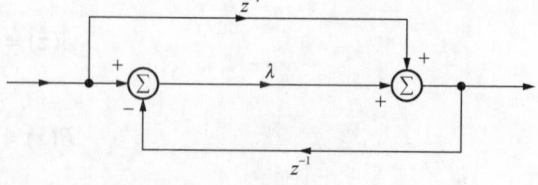

图 5.46 一阶全通系统

（2）因为 $A(z)$ 和 $B(z)$ 都是幅度为 1 的全通系统，如果用 $\tilde{A}(z)$ 表示对 $A(z)$ 的系数取共轭，并用 z^{-1} 代替 z，则有

$$\begin{bmatrix}\tilde{A}(z^2) & z\tilde{B}(z^2)\end{bmatrix}\begin{bmatrix}A(z^2)\\ z^{-1}B(z^2)\end{bmatrix}=2 \tag{5.4.20}$$

将式（5.4.15）表示为

$$\begin{bmatrix} H_0(z) \\ H_1(z) \end{bmatrix} = \frac{1}{2}\begin{bmatrix} 1 & 1 \\ 1 & -1 \end{bmatrix}\begin{bmatrix} A(z^2) \\ z^{-1}B(z^2) \end{bmatrix} \tag{5.4.21}$$

根据式（5.4.20）和式（5.4.21），考虑到$\begin{bmatrix} 1 & 1 \\ 1 & -1 \end{bmatrix}^{\mathrm{T}}\begin{bmatrix} 1 & 1 \\ 1 & -1 \end{bmatrix} = 2\begin{bmatrix} 1 & 0 \\ 0 & 1 \end{bmatrix}$，可得

$$\begin{bmatrix} \tilde{H}_0(z) & \tilde{H}_1(z) \end{bmatrix}\begin{bmatrix} H_0(z) \\ H_1(z) \end{bmatrix} = 1$$

即$H_0(z)\tilde{H}_0(z) + H_1(z)\tilde{H}_1(z) = 1$，满足功率互补（功率对称）性质。从式（5.4.15）和图 5.45 可知，$A(z)$和$B(z)$相加可得到$H_0(z)$的输出，相减可得到$H_1(z)$的输出，也就是说，一对全通系统相加、相减即可得到一对功率互补滤波器的输出。这时并没有增加额外的乘法器，只是增加了一些加法器，这对降低滤波器组中的计算量和硬件的复杂性是非常有利的。

（3）将$H_0(z)$分解为两个全通系统的并联后，每一个全通系统在实现时由一个个一阶或二阶的全通子系统级联而成。由于全通子系统分子多项式、分母多项式中的系数因子是一样的，因此乘法运算时存在的舍入误差基本上不影响该子系统的全通特性。$H_0(z)$的通带频率特性对系统中的量化误差不敏感，这也是用全通分解的方法实现 IIR 功率互补滤波器组的主要原因。

现在我们关心的问题是：怎样构造合适的全通系统$A(z)$和$B(z)$？研究表明，如果将低通滤波器$H_0(z)$设计成奇阶椭圆滤波器，那么，当椭圆滤波器通带和阻带的频响、边缘频率及纹波满足一定的条件时，通过分配$H_0(z)$的极点，可以构造两个幅度为 1 的全通函数$A(z)$和$B(z)$。奇阶椭圆滤波器的设计方法及如何分配$H_0(z)$的极点构造$A(z)$和$B(z)$，这里不做详细讨论，读者可以参阅有关文献。

5.4.4　共轭正交镜像滤波器组

实际上，在正交镜像滤波器组（QMFB）中简单地选择$H_1(z) = H_0(-z)$，会造成无论是 FIR 正交镜像滤波器组还是 IIR 正交镜像滤波器组都做不到 PR，因为不能同时消除幅度失真和相位失真，满足纯延迟条件。

要实现 PR，只有放弃$H_1(z) = H_0(-z)$的简单形式，取更为合理的形式。有关文献研究了$H_0(z)$和$H_1(z)$的指定方法，将$H_0(z)$取为一个低通 FIR 滤波器，并令

$$H_1(z) = z^{-(N-1)}H_0(-z^{-1}) \tag{5.4.22}$$

式（5.4.22）中N是 FIR 滤波器$H_0(z)$的单位脉冲响应的长度，为偶数（则该 FIR 滤波器的阶次是奇数）。抗混叠条件仍然保持为

$$G_0(z) = +H_1(-z) \tag{5.4.23a}$$

$$G_1(z) = -H_0(-z) \tag{5.4.23b}$$

按照式（5.4.22），由$H_0(z)$得到$H_1(z)$包含如下三个步骤。

（1）将z变成$-z$，这等效于将$H_0(\mathrm{e}^{\mathrm{j}\omega})$移位π，所以得到的$H_0(-z)$是高通滤波器。

（2）将z变成z^{-1}，这等效于将$h_0(n)$翻转变成$h_0(-n)$。如果$h_0(n)$是因果的，设$n = 0,1,\cdots,N-1$，那么$h_0(-n)$将是非因果的，其范围是$-(N-1),\cdots,-1,0$。

（3）乘以延迟因子 $z^{-(N-1)}$，目的是将 $h_0(-n)$ 变成因果的。

将式（5.4.22）代入式（5.4.23），因为 $(N-1)$ 为奇数，有

$$G_0(z)=H_1(-z)=-z^{-(N-1)}H_0(z^{-1})$$

$$G_1(z)=-H_0(-z)$$

可见，$G_0(z)$ 仍是低通（LP）滤波器，$G_1(z)$ 仍是高通（HP）滤波器，且二者都是因果的。

这 4 个滤波器的频域、时域关系可以归纳如下：

$$H_0(z)=\sum_{n=0}^{N-1}h_0(n)z^{-n}，\quad h_0(n)，\ n=0,1,\cdots,N-1，N\text{为偶数}$$

$$H_1(z)=z^{-(N-1)}H_0(-z^{-1})，\ h_1(n)=(-1)^{N-1-n}h_0(N-1-n)=(-1)^{n+1}h_0(N-1-n)$$

$$G_0(z)=H_1(-z)=-z^{-(N-1)}H_0(z^{-1})，\quad g_0(n)=-h_0(N-1-n)$$

$$G_1(z)=-H_0(-z)，\quad g_1(n)=(-1)^{n+1}h_0(n)=-h_1(N-1-n)$$

由于综合滤波器与分析滤波器相同，只是时序反转，因而实现简单。

就幅频特性来说，H_1 与 H_0 的关系与 QMFB 的情况是一样的，都具有镜像对称性，但由于 z 变成了 z^{-1}，所以在相频特性上比 QMFB 多了一个共轭关系，因此将按式（5.4.22）定义的滤波器组称为共轭正交镜像滤波器组（Conjugate Quadrature Mirror Filter Bank，CQMFB）。为避免混淆，有关文献将按 $H_1(z)=H_0(-z)$ 关系建立的 QMFB 称为“标准正交镜像滤波器组”。

将式（5.4.23）代入式（5.4.2）所示的传递函数表达式

$$T(z)=\frac{1}{2}[H_0(z)G_0(z)+H_1(z)G_1(z)]$$

有

$$T(z)=\frac{1}{2}[H_0(z)H_1(-z)-H_0(-z)H_1(z)]$$

再将式（5.4.22）代入上式，可得

$$T(z)=-\frac{1}{2}z^{-(N-1)}[H_0(z)H_0(z^{-1})+H_0(-z)H_0(-z^{-1})]$$

如果所设计的 FIR 滤波器 $H_0(z)$ 是功率互补的，即

$$|H_0(\mathrm{e}^{\mathrm{j}\omega})|^2+|H_0(\mathrm{e}^{\mathrm{j}(\omega+\pi)})|^2=1 \tag{5.4.24a}$$

或

$$H_0(z)H_0(z^{-1})+H_0(-z)H_0(-z^{-1})]=1 \tag{5.4.24b}$$

则有

$$T(z)=-\frac{1}{2}z^{-(N-1)}$$

从而可以实现 PR。因此，问题的关键在于设计一个能满足式（5.4.24）所示功率互补关系的 FIR 滤波器 $H_0(z)$。需要说明的是，这里对 $H_0(z)$ 没有线性相位的要求。

为了讨论方便，记

$$P(z)=H_0(z)H_0(z^{-1}) \tag{5.4.25}$$

则

$$P(-z)=H_0(-z)H_0(-z^{-1})$$

如果所设计的 FIR 滤波器 $H_0(z)$ 是功率互补的，由式（5.4.24b）有

$$P(z)+P(-z)=1 \tag{5.4.26}$$

式（5.4.25）为利用谱分解的方法设计功率互补的 $H_0(z)$ 打下了基础，同时，也是 CQMFB 可以实现 PR 的主要原因。

将 $P(z)$ 按 $M=2$ 表示成多相形式，有

$$P(z)=E_{p0}(z^2)+z^{-1}E_{p1}(z^2)$$

则

$$P(-z)=E_{p0}(z^2)-z^{-1}E_{p1}(z^2)$$

将 $P(z)$、$P(-z)$ 代入式（5.4.26），有

$$E_{p0}(z^2)=0.5$$

因此

$$P(z)=0.5+z^{-1}E_{p1}(z^2)=\frac{1}{M}+z^{-1}E_{p1}(z^2)$$

可见功率互补的 $H_0(z)$ 所对应的 $P(z)=H_0(z)H_0(z^{-1})$ 是一个半带滤波器。与之相对应，应有

$$P(z)=0.5+z^{-1}E_{p1}(z^2)$$

$$P(-z)=0.5-z^{-1}E_{p1}(z^2)$$

则

$$P(z)+P(-z)=1$$

可以看出，如果 $P(z)$ 能给出 $P(z)=H_0(z)H_0(z^{-1})$ 的分解，则 $H_0(z)$ 是功率互补的。将能给出 $P(z)=H_0(z)H_0(z^{-1})$ 的分解的 $P(z)$ 称为“合适的半带滤波器”。

上面的分析表明，可以先设计一个 FIR 的合适的半带滤波器 $P(z)$，然后将 $P(z)$ 分解为 $H_0(z)$ 和 $H_0(z^{-1})$，得到功率互补的 $H_0(z)$，从而实现 PR，其中，$H_0(z)$ 是最小相位的，$H_0(z^{-1})$ 是最大相位的。具体的设计方法此处不做详细介绍。

5.4.5 共轭正交镜像滤波器组的正交性

共轭正交镜像滤波器组（CQMFB）具有很强的正交性，所以也叫正交滤波器组。具体描述如下。

（1）$h_0(n)$ 和 $h_1(n)$ 各自都具有偶次位移的正交归一性，即

$$\langle h_0(n),h_0(n+2k)\rangle=\delta_k=\begin{cases}1, & k=0\\ 0, & 其他\end{cases},\quad k\in Z \tag{5.4.27a}$$

$$\langle h_1(n), h_1(n+2k)\rangle = \delta_k = \begin{cases} 1, & k=0 \\ 0, & 其他 \end{cases}，\quad k \in Z \tag{5.4.27b}$$

（2）$h_0(n)$ 与 $h_1(n)$ 之间具有偶次位移的正交性，即

$$\langle h_0(n), h_1(n+2k)\rangle = 0，\quad k \in Z \tag{5.4.28}$$

证明：由 $P(z) = H_0(z)H_0(z^{-1})$，有

$$p(n) = h_0(n) * h_0(-n) = R_h(n)$$

式中 $R_h(n)$ 表示确定性能量信号 $h_0(n)$ 的自相关函数。前面已指出，$P(z)$ 是半带滤波器，所以，除 $p(0) \neq 0$ 外，$p(2n) \equiv 0$，因此有（设 $h_0(n)$ 已经归一化）

$$\langle h_0(n), h_0(n+2k)\rangle = \sum_n h_0(n)h_0(n+2k) = R_h(2k) = p(2k) = \delta_k$$

同理可证式（5.4.27b）。

式（5.4.28）的左边表示 $h_0(n)$ 和 $h_1(n)$ 的互相关。由于

$$h_1(n) = (-1)^{n+1} h_0(N-1-n)$$

即 $h_1(n)$ 是将 $h_0(n)$ 翻转、移位并将偶数序号项取负所得到的，因此两者经偶次移位后再做内积运算，所得序列的前一半必与后一半大小相等、符号相反，因而在总和中相消（单位脉冲响应的长度 N 为偶数），所以式（5.4.28）成立。

例如，$h_0(n)$ 和 $h_1(n)$ 分别如图 5.47（a）和图 5.47（b）所示，则有

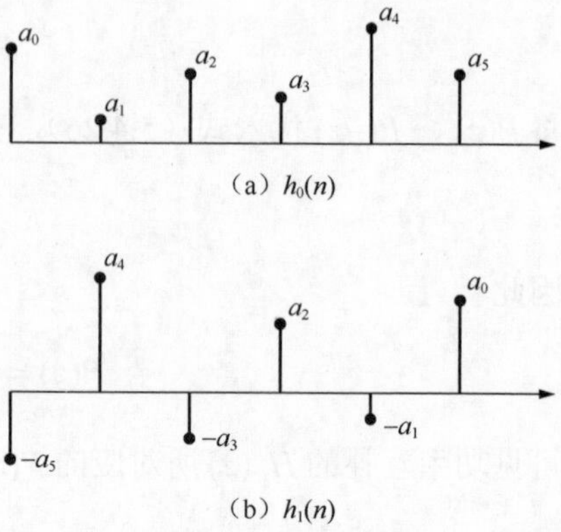

图 5.47　$h_0(n)$和 $h_1(n)$间偶次位移正交性的说明

$$\langle h_0(n), h_1(n)\rangle|_{k=0} = -a_0a_5 + a_0a_5 + a_1a_4 - a_1a_4 + a_2a_3 - a_2a_3 = 0$$

$$\langle h_0(n), h_1(n+2)\rangle|_{k=1} = -a_0a_3 + a_0a_3 + a_1a_2 - a_1a_2 = 0$$

$$\langle h_0(n), h_1(n+4)\rangle|_{k=2} = -a_0a_1 + a_0a_1 = 0$$

5.4.6　双正交滤波器组

前面已经讨论了标准正交镜像滤波器组（QMFB）和共轭正交镜像滤波器组（CQMFB），现在总结一下这两类滤波器组中的制约关系。

（1）滤波器组实现理想重建（PR）的条件是，在去除混叠失真的前提下，滤波器组的传递函数

$$T(z) = \frac{1}{2}[H_0(z)G_0(z) + H_1(z)G_1(z)]$$

是具有线性相位的全通函数。

（2）为去除混叠失真，即保证 $F(z) = 0$，QMFB 和 CQMFB 均按以下原则选取综合滤波器：

$$G_0(z) = +H_1(-z)$$

$$G_1(z) = -H_0(-z)$$

因此，一旦分析滤波器组给定，综合滤波器组也就随之确定。

（3）在 QMFB 中，分析滤波器组选择了简单的关系，即

$$H_1(z) = H_0(-z)$$

这样，用 FIR 滤波器设计的具有 PR 性质的滤波器组无实用价值，于是只能放弃 PR 要求，允许幅度失真，做到近似理想重建（NPR）；用 IIR 滤波器设计的滤波器组存在相位失真，也只能做到 NPR。

（4）在 CQMFB 中，用 FIR 滤波器设计的分析滤波器组选择

$$H_1(z) = z^{-(N-1)} H_0(-z^{-1})$$

如果分析滤波器组具有功率互补性质，就可以使整个滤波器组是线性相位的，从而实现 PR。但是，其 4 个滤波器本身都不是线性相位的，若要满足线性相位，那么正如前面指出的，滤波器的滤波性能就不好，无实用价值。

QMFB 和 CQMFB 的一些基本情况的比较如表 5.1 所示。

表 5.1　QMFB 和 CQMFB 的比较

类型	QMFB		CQMFB
	FIR	IIR	FIR
基本关系	$H_1(z) = H_0(-z)$		$H_1(z) = z^{-(N-1)} H_0(-z^{-1})$
	$G_0(z) = +H_1(-z)$ $G_1(z) = -H_0(-z)$		
$H_0(z)$ 的相位特点	线性	非线性	非线性
$H_0(e^{j\omega})$ 的幅频特点	近似功率互补	功率互补	功率互补
$F(z)$ 的特点	$F(z) = 0$（无混叠失真）		
$T(z)$ 的特点	无相位失真	有相位失真	无相位失真
	有幅度失真	无幅度失真	无幅度失真
PR 情况	NPR	NPR	PR

虽然 CQMFB 可以实现 PR，但其 4 个滤波器都不是线性相位的。在实际工作中，总希望所使用的滤波器是线性相位的，从而保证在滤波器组内部各点处的中间信号也不发生相位失真。因此，对一个两通道滤波器组，我们有如下希望。

（1）具有 PR 性能。

（2）4 个滤波器都具有好的滤波性能。

（3）4 个滤波器都具有线性相位。

要实现上面三点希望，就不能简单地由 $H_0(z)$ 得到 $H_1(z)$。具体地说，一是要放弃 $H_1(z) = H_0(-z)$，二是要放弃 $H_1(z) = z^{-(N-1)} H_0(-z^{-1})$。

放弃 $H_1(z)=H_0(-z)$ 和 $H_1(z)=z^{-(N-1)}H_0(-z^{-1})$，表面上是要求 $H_1(z)$ 不再是简单地来自 $H_0(z)$，本质上是放弃 $H_0(z)$ 和 $H_1(z)$ 之间的正交性，而只保留抗混叠条件

$$G_0(z)=+H_1(-z)$$
$$G_1(z)=-H_0(-z)$$

这一类滤波器组称为双正交滤波器组。

前面已经指出，如果半带滤波器 $P(z)$ 满足

$$P(z)=H_0(z)H_0(z^{-1}) \tag{5.4.29}$$

则称 $P(z)$ 为“合适的半带滤波器”，$H_0(z)$ 是最小相位的，$H_0(z^{-1})$ 是最大相位的。但式（5.4.29）并不是对 $P(z)$ 惟一的分解方式。

对半带滤波器可以证明，如果半带滤波器 $P(z)$ 是非因果的、零相位的 FIR 滤波器，即 $P(z)$ 对应的时域序列满足 $p(n)=p(-n)$，那么 $p(n)$ 的单边最大长度为奇数，表示为 $2J-1$（J 为整数），总长度为 4 的整数倍减 1，表示为

$$N=2(2J-1)+1=4J-1$$

若将 $P(z)$ 乘以 $z^{-(2J-1)}$，即可将零相位的 FIR 滤波器变成因果的、具有线性相位的滤波器。

设 $P(z)$ 的长度为 $4J-1$，$H_0(z)$ 和 $H_0(z^{-1})$ 的长度均为 $N=2J$，为偶数，且幅频响应相同。现将因果的 $z^{-(N-1)}P(z)$ 按式（5.4.30）分解为

$$z^{-(N-1)}P(z)=H_0(z)H_1(-z) \tag{5.4.30}$$

由 $H_0(z)$ 和 $H_1(z)$ 也可定义一个分析滤波器组。在满足抗混叠条件

$$G_0(z)=+H_1(-z)$$
$$G_1(z)=-H_0(-z)$$

的情况下，滤波器组的传递函数

$$T(z)=\frac{1}{2}[H_0(z)G_0(z)+H_1(z)G_1(z)]$$

可以表示为

$$T(z)=\frac{1}{2}[H_0(z)H_1(-z)-H_0(-z)H_1(z)]$$

将式（5.4.30）代入上式，考虑到 FIR 滤波器 $H_0(z)$ 的单位脉冲响应长度 $N=2J$，为偶数，可得

$$T(z)=\frac{1}{2}z^{-(N-1)}[P(z)+P(-z)] \tag{5.4.31}$$

对半带滤波器 $P(z)$ 有

$$P(z)=0.5+z^{-1}E_{p1}(z^2)$$

则

$$P(-z)=0.5-z^{-1}E_{p1}(z^2)$$

于是

$$P(z)+P(-z)=1 \tag{5.4.32}$$

将式（5.4.32）代入式（5.4.31）可得

$$T(z)=\frac{1}{2}z^{-(N-1)}$$

为纯延迟，可以实现 PR。

式（5.4.30）的谱分解称为广义谱分解，分解时，$H_0(z)$ 和 $H_1(-z)$ 的零点个数可以不一样，因此二者的幅频响应也就不一样，得到的 $H_0(z)$ 和 $H_1(-z)$ 是两类不同的滤波器。这样分解的好处是可以保证两个滤波器都具有线性相位。

由于 $H_0(z)$ 和 $H_1(-z)$ 是两类不同的滤波器，所以 $H_0(z)$ 和 $H_1(z)$ 不是正交的。但由于

$$G_0(z)=+H_1(-z)$$

$$G_1(z)=-H_0(-z)$$

所以，$G_0(z)$ 和 $H_1(z)$ 是正交的，$G_1(z)$ 和 $H_0(z)$ 也是正交的，这就是双正交关系。

例 5.4.1 对 $P(z)=\frac{1}{4}(z+2+z^{-1})$ 按式（5.4.30）作谱分解。

解：给定的 $P(z)$ 的长度为 3，可见 $J=1$，则 $H_0(z)$ 的长度为 $N=2J=2$，由式（5.4.30），有

$$z^{-1}P(z)=\frac{1}{4}(1+2z^{-1}+z^{-2})=\frac{1}{4}(1+z^{-1})^2=H_0(z)H_1(-z)$$

$z^{-1}P(z)$ 在 $z=-1$ 处有二重零点，将一个分配给 $H_0(z)$，另一个分配给 $H_1(-z)$，于是可得

$$H_0(z)=\frac{1}{2}(1+z^{-1}),\quad H_1(z)=\frac{1}{2}(1-z^{-1})$$

并有

$$G_0(z)=\frac{1}{2}(1+z^{-1}),\quad G_1(z)=-\frac{1}{2}(1-z^{-1})$$

将 $H_0(z)$、$H_1(z)$、$G_0(z)$ 和 $G_1(z)$ 分别代入滤波器组的传递函数

$$T(z)=\frac{1}{2}[H_0(z)G_0(z)+H_1(z)G_1(z)]$$

可得

$$T(z)=\frac{1}{2}z^{-1}$$

用 4 个具有线性相位的 FIR 滤波器实现了 PR。

双正交滤波器组较之共轭正交镜像滤波器组的主要优点是，可以使分析滤波器和综合滤波器都具有线性相位，而且分析滤波器、综合滤波器的长度可以不同。

需要注意的是，双正交滤波器放弃了 $H_0(z)$ 和 $H_1(z)$ 之间的正交关系，而这一正交关系正是共轭正交镜像滤波器组的基本关系。

第6章 小波变换

6.1 傅里叶变换与短时傅里叶变换

6.1.1 傅里叶变换及其局限性

在前面的学习中，对信号 $x(t)$ 的分析和处理或者在时域进行，或者在频域进行。我们所熟悉的傅里叶变换

$$\mathrm{FT}_x(\Omega)=\int x(t)\mathrm{e}^{-\mathrm{j}\Omega t}\,\mathrm{d}t \tag{6.1.1}$$

所反映的是信号在“整个”时间范围内的“全部”频谱成分（适用于信号的频率不随时间变化的情况），信号的局部发生变化会影响信号的整个频谱，但我们并不知道这个局部变化所发生的时间位置。

实际中，人们常常希望知道信号在任意时刻或任意一段时间内的频谱分布情况，这就需要使用“时频”分析方法，即在时间—频率两维域而不是仅在时域或仅在频域上对信号进行分析，以研究信号的频谱随时间的变化情况。

傅里叶分析的局限性可总结如下。

（1）傅里叶变换缺乏时间和频率的定位功能。

时间和频率的定位功能指对给定的信号 $x(t)$，能知道在某一特定时刻或很短的时间范围内，该信号所对应的频率是多少；反过来，对某一特定的频率，或某一很窄的频率区间，能知道是什么时刻产生了该频率分量。

（2）傅里叶变换对于时变信号有局限性。

傅里叶变换适用于频率不随时间变化的信号。

6.1.2 短时傅里叶变换及其局限性

短时傅里叶变换是用一个具有适当宽度的窗函数从信号中取出一段来，将时间局域化，对窗函数截取的短时信号做傅里叶分析，得到信号在这段时间内局部的频谱。

如果再让窗函数沿时间轴移动，便能够对信号逐段进行频谱分析，获得一定的时间分辨率。

短时傅里叶变换的定义为

$$\mathrm{STFT}_x(\Omega,b)=\int x(t)g(t-b)\mathrm{e}^{-\mathrm{j}\Omega t}\,\mathrm{d}t \tag{6.1.2}$$

式（6.1.2）中 $g(t)$为窗函数，应取对称的实函数，Ωb 分别表示频率、时移。

显然，信号在时域取得越短，则在时域有越高的分辨率；但在频域，由于矩形窗的傅里叶变换为一个辛格函数，该函数的主瓣宽度与矩形窗的宽度成反比（窗窄则主瓣宽），较宽的矩形窗频谱主瓣必然导致频域的分辨率下降。

这一结果既体现了“不定原理”的制约关系，也体现了短时傅里叶变换在时时分辨率和频率分辨率方面固有的矛盾。

不定原理（Uncertainty Principle）是信号处理中的一个重要的基本定理，又称测不准原理或不相容原理。该原理指出，对于给定的信号，其时宽与带宽的乘积为一常数，当信号的时宽减小时，其带宽将相应增大。也就是说，信号的时宽与带宽不可能同时趋于无限小。

在短时傅里叶变换（Short Time Fourier Transformation，STFT）中，窗函数起着重要作用，有以下两种极端情况。

（1）如果使用冲激信号作为窗函数（时域乘δ函数），则相当于只取信号t时刻的值进行分析，时间分辨率最高，保留了信号的所有时间变化，但却完全丧失了频率分辨率，短时傅里叶变换退化为信号本身。

（2）如果取单位直流信号作为窗函数（时域乘常数1），此时短时傅里叶变换就退化为傅里叶变换，其频率分辨率最高，但却完全丧失了时间分辨率。

这预示着，进行局部变换的窗函数必须在信号的**时间分辨率**和**频率分辨率**之间做折中选择。

值得强调的是，对非平稳信号做加窗的局域处理，窗函数长度内的信号必须是基本平稳的，即窗宽必须与非平稳信号的局部平稳性相适应。因此，非平稳信号分析所能获得的频率分辨率与信号的“局部平稳长度”有关。局部平稳长度很短的非平稳信号是不可能直接得到高的频率分辨率的，因为分析窗的时长很短。

实际应用中，为了精确获取信号中的冲激发生的时间位置，应该使用窄时域窗；为了全面观察低频现象，应该使用宽时域窗。因而，在频域中用宽窗分析高频，用窄窗分析低频同样也是合理的，如表6.1所示。

表6.1 对分析窗的要求

	时域	频域
高频	窄窗	宽窗
低频	宽窗	窄窗

STFT提供了一定的时间分辨率和频率分辨率，但问题并没有得到很好的解决。短时傅里叶变换对不同的频率总是使用宽度相同的窗，不能按照不同的频率调整窗的宽度，这是它的局限性。具体表现如下。

（1）不具有分析频率降低时时域视野自动放宽的特点。

（2）不具有频率域观察范围随分析频率自动调整的特点。

这些局限性促使人们努力探索既能得到好的时间分辨率，又能得到好的频率分辨率的信号分析方法。

6.2 连续小波变换与反变换

6.2.1 小波变换的定义

由傅里叶变换的性质可知，若$\psi(t)$的傅里叶变换是$\Psi(\mathrm{j}\Omega)$，则$\psi(t/a)$的傅里叶变换是

$a\Psi(\mathrm{j}a\Omega)$。

当$a>1$时，$\psi(t/a)$表示将$\psi(t)$在时间轴上展宽；$\Psi(\mathrm{j}a\Omega)$表示将$\Psi(\mathrm{j}\Omega)$在频率轴上压缩。

当$a<1$时，$\psi(t/a)$表示将$\psi(t)$在时间轴上压缩；$\Psi(\mathrm{j}a\Omega)$表示将$\Psi(\mathrm{j}\Omega)$在频率轴上展宽。

如果将$\psi(t)$看成一窗函数，则$\psi(t/a)$的宽度将随着a的不同而不同，同时也将影响到频域的宽度。于是我们希望找到一个基本函数$\psi(t)$，并记$\psi(t)$的**伸缩**与**位移**为一族函数，表示为

$$\psi_{a,b}(t)=\frac{1}{\sqrt{a}}\psi\left(\frac{t-b}{a}\right) \tag{6.2.1}$$

其中，a是尺度因子，b是位移，系数$\frac{1}{\sqrt{a}}$使不同a值下$\psi_{a,b}(t)$的能量保持不变。设

$$E=\int|\psi(t)|^2\mathrm{d}t$$

是$\psi(t)$的能量，则

$$\int\left|\frac{1}{\sqrt{a}}\psi\left(\frac{t}{a}\right)\right|^2\mathrm{d}t=\frac{1}{a}\int\left|\psi\left(\frac{t}{a}\right)\right|^2\mathrm{d}t=E$$

$\psi_{a,b}(t)$的能量不受a的影响。

将$x(t)$与这一族函数$\psi_{a,b}(t)$的内积定义为$x(t)$的小波变换（Wavelet Transform，WT），记为

$$\mathrm{WT}_x(a,b)=\langle x(t),\psi_{a,b}(t)\rangle=\int x(t)\psi_{a,b}^*(t)\mathrm{d}t=\frac{1}{\sqrt{a}}\int x(t)\psi^*\left(\frac{t-b}{a}\right)\mathrm{d}t \tag{6.2.2}$$

式（6.2.2）中，尺度因子$a>0$（$a<0$无实际意义）；位移$b\in R$，确定对$x(t)$分析的时间位置；$\psi(t)$称为基本小波或母小波；$\psi_{a,b}(t)$称为小波基函数，或简称小波基。因为a、b、t均是连续变量，因此式（6.2.2）称为连续小波变换（ContinuousWavelet Transform，CWT）。

尺度因子a的作用是将基本小波$\psi(t)$作伸缩。在不同尺度下小波$\psi_{a,b}(t)$的持续时间随a的增大而变长，如图6.1所示。

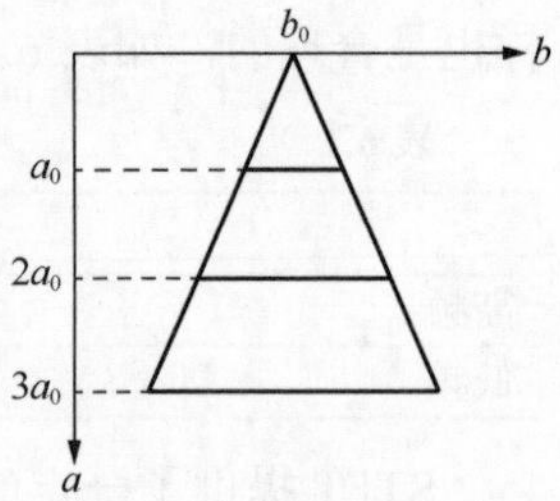

图6.1　不同尺度下小波分析区域的变化

当a小时，时轴上观察范围小，可用于细致观察；当a大时，时轴上观察范围大，可用于概貌观察。

根据定义式，小波变换是信号$x(t)$和一组小波基的内积，这可以理解为：用一组分析宽度不断变化的基函数对$x(t)$做分析，这一变化正好适应了对信号分析时在不同频率范围需要不同的分辨率这一基本要求。

小波变换的结果$\mathrm{WT}_x(a,b)$是信号$x(t)$的尺度—位移联合分析，是时—频分布的一种。

需要说明的是，用于小波变换的母小波（基本小波）$\psi(t)$必须满足一定的要求，简单说有两点：一是小波函数必须是带通函数（能用作$\psi(t)$的函数，其$\Psi(\mathrm{j}\Omega)$必须具有带通性质）；二是其时域波形应是振荡且快速衰减的。也就是说，作为小波的函数$\psi(t)$在时域和频域都应该是紧支撑（Compact Support）的（习惯上，用术语“紧支撑”代表有限长度），以达到时频定位的要求。当然，时域越窄，其频域必然越宽，反之亦然。所以，在时域和频域的紧支撑方面往往只能折中选择。

实际上存在着许多符合要求的母小波函数，因而有许多小波变换，它们具有不同的特征。几种常用的小波函数如图6.2所示。

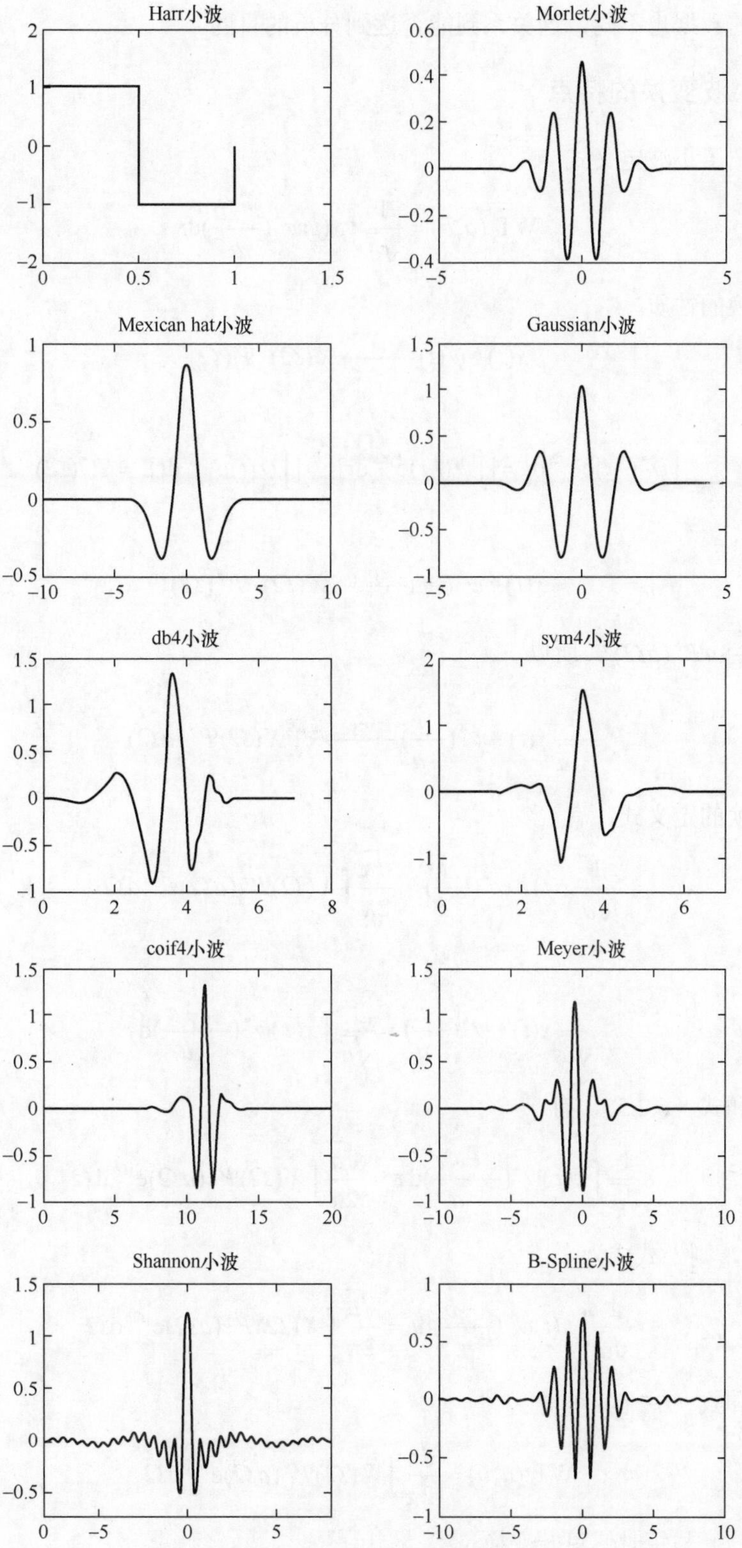

图 6.2 几种常用的小波函数

在众多的小波中，选择什么样的小波对信号进行分析是一个重要的问题。使用的小波不同，分析得到的数据也不同，这关系到能否达到分析的目的。

6.2.2 小波变换的特点

前面已介绍了小波定义式

$$\mathrm{WT}_x(a,b)=\frac{1}{\sqrt{a}}\int x(t)\psi^*(\frac{t-b}{a})\mathrm{d}t \tag{6.2.3}$$

根据傅里叶变换的性质

$$x(t)*\psi(t)\xrightarrow{\mathrm{FT}}X(\Omega)\cdot\Psi(\Omega)$$

因为

$$\int\psi^*(-t)\mathrm{e}^{-\mathrm{j}\Omega t}\mathrm{d}t=[\int\psi(-t)\mathrm{e}^{\mathrm{j}\Omega t}\mathrm{d}t]^*=[\int\psi(t)\mathrm{e}^{-\mathrm{j}\Omega t}\mathrm{d}t]^*=\Psi^*(\Omega)$$

所以

$$x(t)*\psi^*(-t)\xrightarrow{\mathrm{FT}}X(\Omega)\cdot\Psi^*(\Omega)$$

又$\psi^*(-\frac{t}{a})\xrightarrow{\mathrm{FT}}a\Psi^*(a\Omega)$，所以

$$\frac{1}{\sqrt{a}}x(t)*\psi^*(-\frac{t}{a})\xrightarrow{\mathrm{FT}}\sqrt{a}X(\Omega)\Psi^*(a\Omega)$$

由傅里叶反变换的定义式，有

$$\frac{1}{\sqrt{a}}x(t)*\psi^*(-\frac{t}{a})=\frac{\sqrt{a}}{2\pi}\int X(\Omega)\Psi^*(a\Omega)\mathrm{e}^{\mathrm{j}\Omega t}\mathrm{d}\Omega \tag{6.2.4}$$

而

$$\frac{1}{\sqrt{a}}x(t)*\psi^*(-\frac{t}{a})=\frac{1}{\sqrt{a}}\int x(\tau)\psi^*(-\frac{t-\tau}{a})\mathrm{d}\tau \tag{6.2.5}$$

由式（6.2.4）和式（6.2.5），有

$$\frac{1}{\sqrt{a}}\int x(\tau)\psi^*(-\frac{t-\tau}{a})\mathrm{d}\tau=\frac{\sqrt{a}}{2\pi}\int X(\Omega)\Psi^*(a\Omega)\mathrm{e}^{\mathrm{j}\Omega t}\mathrm{d}\Omega$$

令$b=t$，$t=\tau$，则上式成为

$$\frac{1}{\sqrt{a}}\int x(t)\psi^*(\frac{t-b}{a})\mathrm{d}t=\frac{\sqrt{a}}{2\pi}\int X(\Omega)\Psi^*(a\Omega)\mathrm{e}^{\mathrm{j}\Omega b}\mathrm{d}\Omega \tag{6.2.6}$$

由式（6.2.3）和式（6.2.6）可得

$$\mathrm{WT}_x(a,b)=\frac{\sqrt{a}}{2\pi}\int X(\Omega)\Psi^*(a\Omega)\mathrm{e}^{\mathrm{j}\Omega b}\mathrm{d}\Omega \tag{6.2.7}$$

将式（6.2.7）与短时傅里叶变换

$$\mathrm{STFT}_x(\Omega,b)=\int x(t)g(t-b)\mathrm{e}^{-\mathrm{j}\Omega t}\mathrm{d}t$$

相对照，对于某个确定的 b 值，$STFT_x(\Omega,b)$ 表示的是信号 $x(t)$ 在局部时间范围内的频谱信息，窗宽越小，则时间分辨率越高。以此分析式（6.2.7）可以得出如下结论。

（1）如果 $\Psi(\Omega)$ 是幅频特性比较集中的带通函数，则小波变换具有表征待分析信号 $X(\Omega)$ 频域上局部性质的能力。

（2）采用不同 a 值做处理时，各 $\Psi(a\Omega)$ 的中心频率和带宽都不一样，这说明，在频域不同的位置可以获得不同的频率分辨率。

例如，常用的莫莱特（Morlet）小波，$\psi(t)=\mathrm{e}^{-\frac{t^2}{T}}\mathrm{e}^{\mathrm{j}\Omega_0 t}$，其频谱

$$\Psi(\Omega)=\sqrt{\frac{4}{T}\pi}\mathrm{e}^{-\frac{T}{4}(\Omega-\Omega_0)^2}$$

是中心频率在 Ω_0 的高斯型函数，如图 6.3（a）所示。

当 $a=2$ 时（为原来的两倍），有

$$\mathrm{FT}[\psi(\frac{t}{2})]=2\Psi(2\Omega)=2\sqrt{\frac{4}{T}\pi}\mathrm{e}^{-\frac{T}{4}(2\Omega-\Omega_0)^2}=2\sqrt{\frac{4}{T}\pi}\mathrm{e}^{-T(\Omega-\frac{\Omega_0}{2})^2}$$

变化如下。

（1）中心频率由原来的 Ω_0 降为 $\frac{\Omega_0}{2}$。

（2）带宽由原来的 $\sqrt{\frac{4}{T}}=2\sqrt{\frac{1}{T}}$ 降为 $\sqrt{\frac{1}{T}}$，是原来的 $\frac{1}{2}$。

如果将中心频率与带宽的比定义为品质因数 Q，则

$$Q=中心频率/带宽$$

Q 对不同的尺度因子 a 保持不变，此为小波函数的恒 Q 性，是小波函数的重要特点。$\Psi(a\Omega)$ 随 a 的变化情况如图 6.3（b）所示。

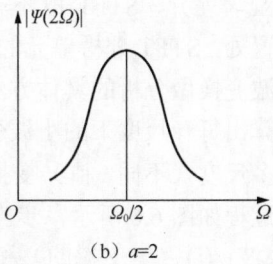

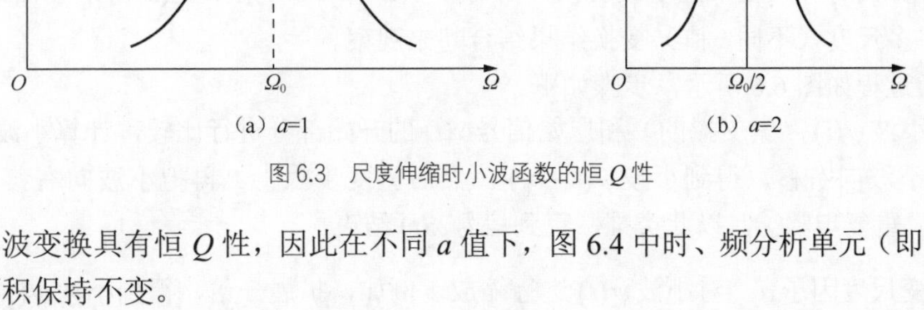

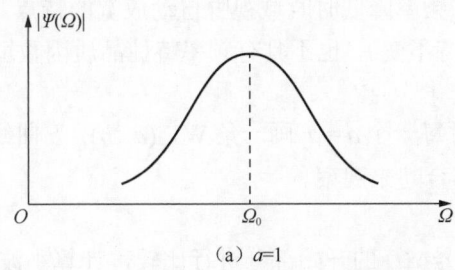

图 6.3 尺度伸缩时小波函数的恒 Q 性

由于小波变换具有恒 Q 性，因此在不同 a 值下，图 6.4 中时、频分析单元（即图 6.4 中的矩形）的面积保持不变。

从图 6.4 可以看出，小波变换提供了一个在时、频（$t-\Omega$）平面上可调的分析窗口。该分析窗在高频端（图中 $2\Omega_0$ 处）频率分辨率不高（矩形的频率边长），但时间分辨率高（矩形的时间边短）；反之，在低频端（图中 $\frac{\Omega_0}{2}$ 处），频率分辨率高，而时间分辨率低。但在不同的 a 值下，分析窗的面积保持不变，也就是说，信号的时、频分辨率可以随分析任务的需

要做调整。

图 6.4 所示的小波变换的特点是短时傅里叶变换（STFT）不具备的，STFT 在时、频（$t-\Omega$）平面的不同位置处分析单元的形状保持不变，如图 6.5 所示。STFT 不具备恒 Q 性，当然也不具备随着分辨率变化而自动调节分析带宽的能力。

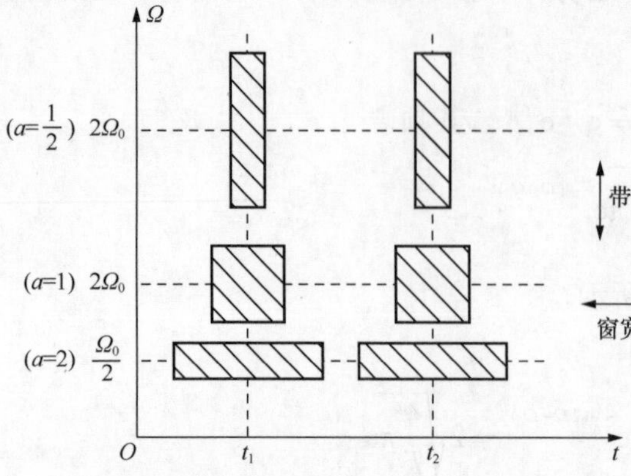

图 6.4　不同 a 值下小波变换的时、频分析单元

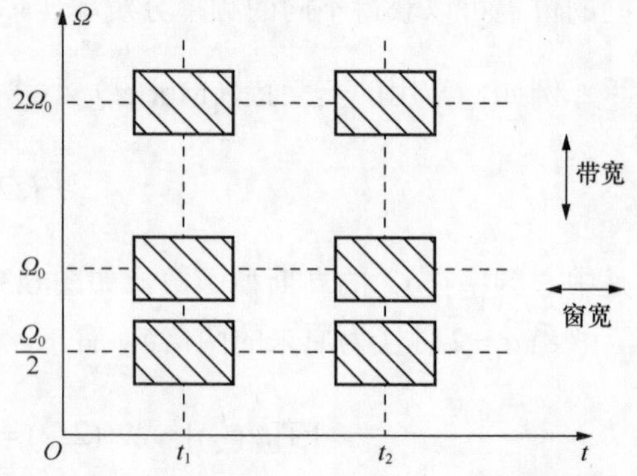

图 6.5　不同 a 值下 STFT 的时、频分析单元

小波变换的以上特点很符合实际需要，因为如果希望在时域上观察得细致（细节是高频），时、频分析窗就应处在高频端，而高频信号对应时域中的快变成分，对这类信号分析时要求时间分辨率高，以适应快变成分时间间隔短的需要，对频率分辨率的要求则可以放宽，可以通过取较小的 a 值压缩时域观察范围，a 值小对应于较高的分析频率（中心频率较高）和频域上较宽的局部区域（带宽较宽）；反之，如果希望观察时域信号的概貌（概貌是低频），低频信号往往是信号中的慢变成分，对这类信号分析时一般希望频率分辨率高，同时分析的中心频率也应移到低频处，而对时间分辨率的要求则可以放宽，可以通过取较大的 a 值放宽时域观察范围，相应的频域观察范围变窄，分析的中心频率向低频处移动。上述特点是小波变换与 STFT 的显著差异，STFT 既不具有分析频率降低时时域视野自动放宽的特点（在 $t-\Omega$ 平面的不同位置处，STFT 分析单元的形状保持不变），也不具有频率特性品质因数恒定的特点。

应用小波变换做分析的具体方法如下。

（1）计算出每一尺度下的小波变换，对每一个 $a=a_k$ 画一条 $\mathrm{WT}_x(a_k,b)\sim b$ 曲线。

（2）将多尺度（不同 a 值）变换结果结合起来观察。

其变换过程如图 6.6 所示，步骤如下。

① 把小波 $\psi(t)$（紧支撑的）和原始信号 $x(t)$ 的开始部分进行比较，计算小波变换。

② 把小波向右移，得到小波 $\psi(t-b_0)$，然后重复步骤①。再把小波向右移，得到小波 $\psi(t-2b_0)$，重复步骤①。以此类推，直到信号 $x(t)$ 结束。

③ 改变尺度因子 a，对小波 $\psi(t)$ 进行缩放，例如，扩展一倍，得到小波 $\psi(\frac{t}{2})$。

④ 重复步骤①～③。

图 6.7 所示为用哈尔（Haar）小波对叠加噪声的正弦信号在不同尺度下进行小波变换的结果。可以看出，当尺度因子 a 较小时，小波变换的结果对应信号中的高频成分；当尺度因子 a 较大时，小波变换的结果对应信号中的低频成分。

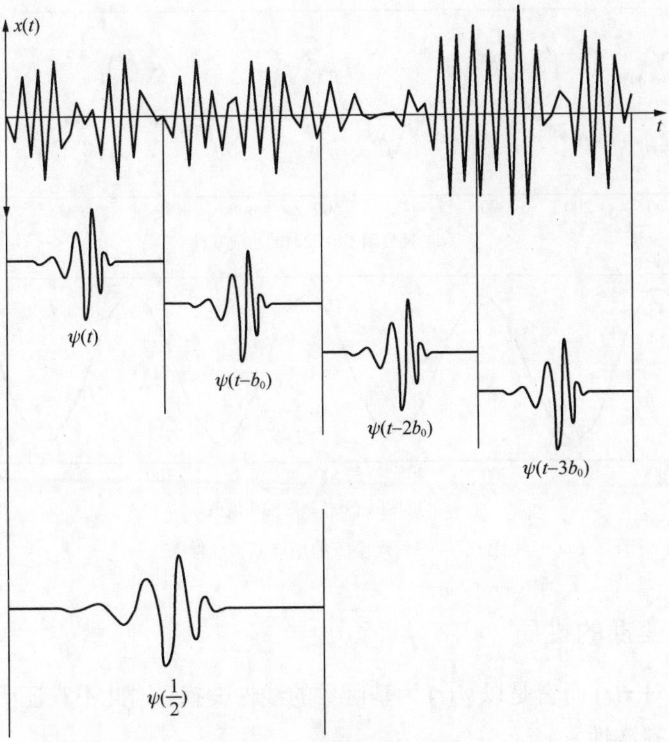

图 6.6 小波变换的过程

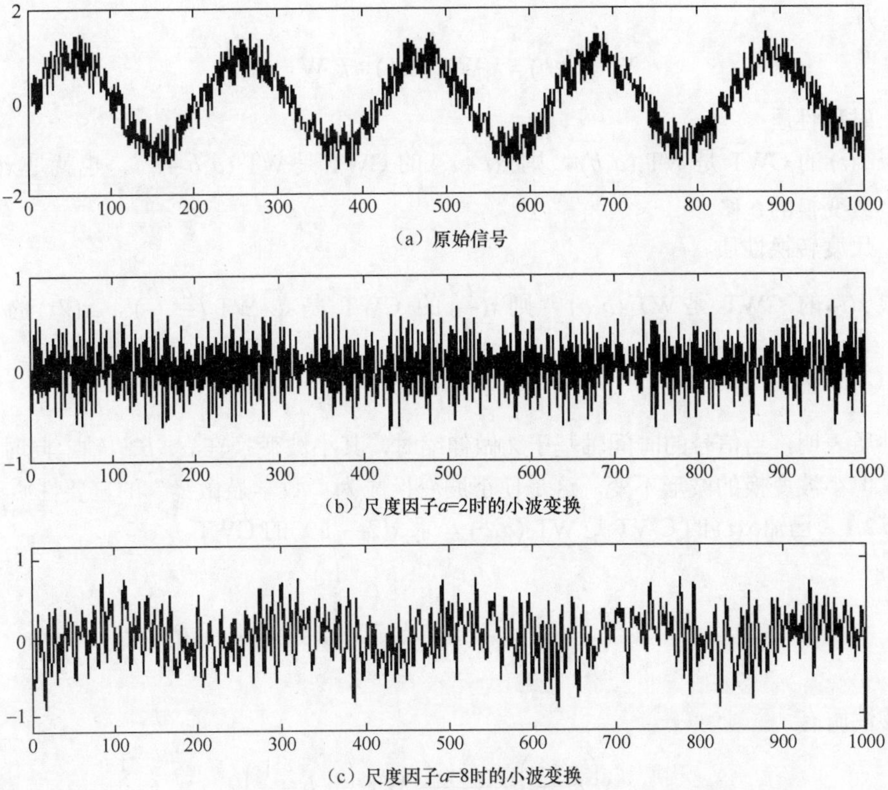

（a）原始信号

（b）尺度因子a=2时的小波变换

（c）尺度因子a=8时的小波变换

图 6.7 不同尺度下的小波变换

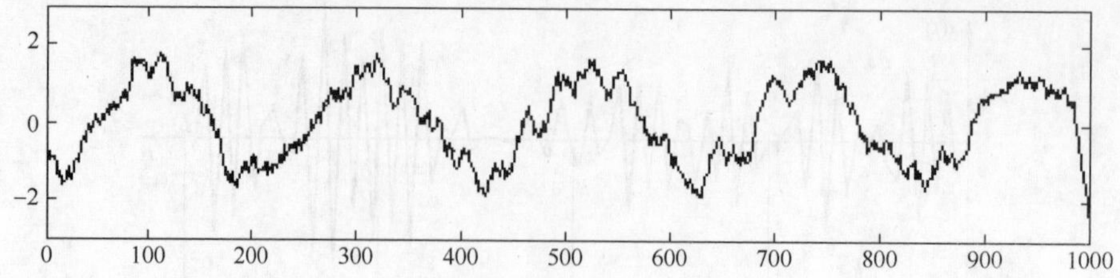
（d）尺度因子a=32时的小波变换

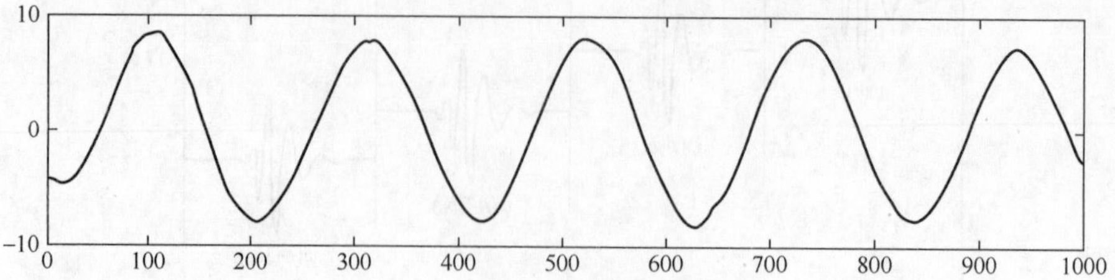
（e）尺度因子a=128时的小波变换

图 6.7 不同尺度下的小波变换（续）

6.2.3 小波变换的性质

由于小波变换对 $x(t)$ 而言是以 $\psi(t)$ 为基函数的线性变换，因此不难证明它具有下述性质。

（1）叠加性、齐次性

如果 $x(t)$ 的 CWT 是 $\mathrm{WT}_x(a,b)$， $y(t)$ 的 CWT 是 $\mathrm{WT}_y(a,b)$， $z(t)=k_1x(t)+k_2y(t)$，则 $z(t)$ 的 CWT 为

$$\mathrm{WT}_z(a,b)=k_1\mathrm{WT}_x(a,b)+k_2\mathrm{WT}_y(a,b)$$

（2）时移性质

如果 $x(t)$ 的 CWT 是 $\mathrm{WT}_x(a,b)$，则 $x(t-t_0)$ 的 CWT 是 $\mathrm{WT}_x(a,b-t_0)$，也就是 $x(t)$ 的时移对应于小波变换的 b 移。

（3）尺度转换性质

如果 $x(t)$ 的 CWT 是 $\mathrm{WT}_x(a,b)$，则 $x(\frac{t}{\lambda})$ 的 CWT 是 $\sqrt{\lambda}\mathrm{WT}_x(\frac{a}{\lambda},\frac{b}{\lambda})$， $x(\lambda t)$ 的 CWT 是 $\frac{1}{\sqrt{\lambda}}\mathrm{WT}_x(\lambda a,\lambda b)$。

此性质表明，当信号的时间轴基于 λ 做伸缩时，其小波变换在 a、b 两轴上同时以相同比例伸缩，但小波变换的波形不变。这是使小波变换成为“数学显微镜”的重要性质。

例 6.2.1 已知 $x(t)$ 的 CWT 是 $\mathrm{WT}_x(a,b)$，求 $x(2t-1)$ 的 CWT。

解：

$$x(2t-1)=x\left(\frac{t-\frac{1}{2}}{\frac{1}{2}}\right)$$

利用时移性质有

$$x\left(t-\frac{1}{2}\right)\xrightarrow{\text{CWT}}\mathrm{WT}_x\left(a,b-\frac{1}{2}\right)$$

再利用尺度转换性质有

$$x\left(\frac{t-\frac{1}{2}}{\frac{1}{2}}\right) \xrightarrow{\text{CWT}} \sqrt{\frac{1}{2}}\ \mathrm{WT}_x(2a, 2b-1)$$

（4）信号卷积的CWT

令 $x(t)$、$h(t)$ 的CWT分别是 $\mathrm{WT}_x(a,b)$ 和 $\mathrm{WT}_h(a,b)$，如果

$$y(t) = x(t) * h(t)$$

则

$$\mathrm{WT}_y(a,b) = x(t) \overset{b}{*} \mathrm{WT}_h(a,b) = h(t) \overset{b}{*} \mathrm{WT}_x(a,b)$$

上式中符号“$\overset{b}{*}$”表示对变量 b 做卷积。

证明：

$$\begin{aligned}\mathrm{WT}_y(a,b) &= \frac{1}{\sqrt{a}}\int y(t)\psi^*(\frac{t-b}{a})\mathrm{d}t \\ &= \frac{1}{\sqrt{a}}\int\left[\int_{-\infty}^{\infty} x(\tau)h(t-\tau)\mathrm{d}\tau\right]\psi^*(\frac{t-b}{a})\mathrm{d}t \\ &= \int_{-\infty}^{\infty} x(\tau)\left[\frac{1}{\sqrt{a}}\int h(t-\tau)\psi^*(\frac{t-b}{a})\mathrm{d}t\right]\mathrm{d}\tau\end{aligned} \tag{6.2.8}$$

利用移位性质有

$$\mathrm{WT}_h(a,b-\tau) = \frac{1}{\sqrt{a}}\int h(t-\tau)\psi^*(\frac{t-b}{a})\mathrm{d}t \tag{6.2.9}$$

将式（6.2.9）代入式（6.2.8），得

$$\mathrm{WT}_y(a,b) = \int_{-\infty}^{\infty} x(\tau)\mathrm{WT}_h(a,b-\tau)\mathrm{d}\tau = x(t) \overset{b}{*} \mathrm{WT}_h(a,b) \tag{6.2.10}$$

同理可证

$$\mathrm{WT}_y(a,b) = \int_{-\infty}^{\infty} h(\tau)\mathrm{WT}_x(a,b-\tau)\mathrm{d}\tau = h(t) \overset{b}{*} \mathrm{WT}_x(a,b) \tag{6.2.11}$$

（5）小波变换的内积定理

小波变换的内积定理是小波变换最重要的定理之一，由它可以引出小波容许条件、小波反变换和小波的重建核方程等。

以基本小波 $\psi(t)$ 分别对 $x_1(t)$、$x_2(t)$ 做小波变换，即

$$\mathrm{WT}_{x_1}(a,b) = \langle x_1(t), \psi_{a,b}(t)\rangle$$

$$\mathrm{WT}_{x_2}(a,b) = \langle x_2(t), \psi_{a,b}(t)\rangle$$

其中 $\psi_{a,b}(t) = \frac{1}{\sqrt{a}}\psi(\frac{t-b}{a})$，则有

$$\langle \mathrm{WT}_{x_1}(a,b), \mathrm{WT}_{x_2}(a,b)\rangle = C_\psi \langle x_1(t), x_2(t)\rangle \tag{6.2.12}$$

式（6.2.12）为内积定理形式①，其中

$$C_\psi = \int \frac{|\varPsi(\varOmega)|^2}{\varOmega} \mathrm{d}\varOmega$$

$\varPsi(\varOmega)$ 为 $\psi(t)$ 的傅里叶变换。式（6.2.12）亦可写为

$$\int_0^\infty \int_{-\infty}^\infty \mathrm{WT}_{x_1}(a,b)\mathrm{WT}_{x_2}^*(a,b)\frac{\mathrm{d}a}{a^2}\mathrm{d}b = C_\psi \langle x_1(t), x_2(t)\rangle \tag{6.2.13}$$

式（6.2.13）为内积定理形式②。式（6.2.13）亦可写为

$$\int_0^\infty \int_{-\infty}^\infty \langle x_1(t), \psi_{a,b}(t)\rangle\langle \psi_{a,b}(t), x_2(t)\rangle \frac{\mathrm{d}a}{a^2}\mathrm{d}b = C_\psi \langle x_1(t), x_2(t)\rangle \tag{6.2.14}$$

式（6.2.14）为内积定理形式③，其中 $\langle \psi_{a,b}(t), x_2(t)\rangle$ 的两个因子的次序反映了对 $\mathrm{WT}_{x_2}(a,b)$ 取共轭。

内积定理的成立以 C_ψ 存在为条件，因此存在条件可以更明确地表示为

$$C_\psi = \int \frac{|\varPsi(\varOmega)|^2}{\varOmega} \mathrm{d}\varOmega < \infty$$

接下来由内积定理引出小波反变换、小波容许条件和小波的重建核方程。

6.2.4 小波反变换

在内积定理中令

$$x_1(t) = x(t), \quad x_2(t) = \delta(t-t')$$

根据 δ 函数的性质，有

$$\langle x_1(t), x_2(t)\rangle = \langle x(t), \delta(t-t')\rangle = x(t')$$

代入内积定理形式③，即式（6.2.14），有

$$\begin{aligned} C_\psi x(t') &= \int_0^\infty \int_{-\infty}^\infty \langle x(t), \psi_{a,b}(t)\rangle\langle \psi_{a,b}(t), \delta(t-t')\rangle \frac{\mathrm{d}a}{a^2}\mathrm{d}b \\ &= \int_0^\infty \int_{-\infty}^\infty \mathrm{WT}_x(a,b)\psi_{a,b}(t')\frac{\mathrm{d}a}{a^2}\mathrm{d}b \\ &= \int_0^\infty \int_{-\infty}^\infty \mathrm{WT}_x(a,b)\cdot\frac{1}{\sqrt{a}}\psi\left(\frac{t'-b}{a}\right)\frac{\mathrm{d}a}{a^2}\mathrm{d}b \end{aligned}$$

即

$$x(t) = \frac{1}{C_\psi}\int_0^\infty \int_{-\infty}^\infty \mathrm{WT}_x(a,b)\cdot\frac{1}{\sqrt{a}}\psi\left(\frac{t-b}{a}\right)\frac{\mathrm{d}a}{a^2}\mathrm{d}b$$

或

$$x(t) = \frac{1}{C_\psi}\int_0^\infty a^{-2}\int_{-\infty}^\infty \mathrm{WT}_x(a,b)\psi_{a,b}(t)\mathrm{d}a\mathrm{d}b \tag{6.2.15}$$

式（6.2.15）就是由小波变换 $\mathrm{WT}_x(a,b)$ 反演源函数 $x(t)$ 的小波反变换。需要注意的是，反

变换不取共轭，正变换取共轭。而任何变换必须存在反变换才有实际意义，因此，所采用的小波必须满足条件

$$C_{\psi}=\int\frac{|\Psi(\Omega)|^{2}}{\Omega}\mathrm{d}\Omega<\infty \tag{6.2.16}$$

式（6.2.16）称为小波容许条件。由容许条件可以推出以下结论。

（1）能用作基本小波 $\psi(t)$ 的函数必有 $\Psi(\Omega)|_{\Omega=0}=0$，当 $|\Omega|\to\infty$ 时，$|\Psi(\Omega)|\to 0$，否则 C_{ψ} 必趋于无穷，这表明 $\Psi(\Omega)$ 必须具有带通性质。

（2）由于 $\Psi(\Omega)|_{\Omega=0}=0$，则必有 $\int\psi(t)\mathrm{d}t=0$，即 $\psi(t)$ 必是正负交替的振荡波，使其平均值为0。因为

$$\Psi(\Omega)=\int\psi(t)\mathrm{e}^{-\mathrm{j}\Omega t}\mathrm{d}t$$

所以

$$\Psi(0)=\int\psi(t)\mathrm{d}t=0$$

对于函数而言，当满足小波变换的容许条件时，这个函数就可以作为基本的小波函数，但是实际要求往往更高一些，对基本小波函数还要施加所谓“规则性条件”或称为“正则性条件”。这是为了使 $\Psi(\Omega)$ 在频域上有更好的局部特性。

为了达到此目的，要求 $\psi(t)$ 的 n 阶原点矩为 0，且 n 值越高越好，即小波函数具有高阶消失矩，表示为

$$\int t^{p}\psi(t)\mathrm{d}t=0,\quad p=1,\cdots,n \tag{6.2.17}$$

式（6.2.17）称为小波正则性条件，此要求在频域表现为 $\Psi(\Omega)$ 在 $\Omega=0$ 处有高阶零点，且阶次越高越好。一阶零点则为容许条件。

6.2.5 重建核与重建核方程

重建核方程是小波变换的另一重要性质，它说明小波变换的冗余性，即在 $a-b$ 半平面上（$a\in\mathbf{R}^{+}$，$b\in\mathbf{R}$）各点的小波变换值是相关的。具体来说，(a_0,b_0) 处的小波变换值 $\mathrm{WT}_x(a_0,b_0)$ 可以表示成半平面上其他各处 WT 值的总贡献：

$$\mathrm{WT}_x(a_0,b_0)=\int_0^{\infty}\frac{\mathrm{d}a}{a^2}\int_{-\infty}^{\infty}\mathrm{WT}_x(a,b)K_{\psi}(a_0,b_0;a,b)\mathrm{d}b \tag{6.2.18}$$

式（6.2.18）即为重建核方程，其中 $K_{\psi}(a_0,b_0;a,b)$ 称为重建核，具体为

$$K_{\psi}(a_0,b_0;a,b)=\frac{1}{C_{\psi}}\int\psi_{a,b}(t)\psi^{*}_{a_0,b_0}(t)\mathrm{d}t=\frac{1}{C_{\psi}}\langle\psi_{a,b}(t),\psi_{a_0,b_0}(t)\rangle \tag{6.2.19}$$

证明： 小波变换在 (a_0,b_0) 处的变换值为

$$\mathrm{WT}_x(a_0,b_0)=\int x(t)\psi^{*}_{a_0,b_0}(t)\mathrm{d}t$$

将小波反变换

$$x(t)=\frac{1}{C_{\psi}}\int_0^{\infty}\frac{1}{a^2}\int_{-\infty}^{\infty}\mathrm{WT}_x(a,b)\psi_{a,b}(t)\mathrm{d}a\mathrm{d}b$$

代入上式，得

$$\mathrm{WT}_x(a_0,b_0)=\frac{1}{C_\psi}\int_0^\infty \frac{1}{a^2}\int_{-\infty}^\infty \mathrm{WT}_x(a,b)[\int \psi_{a,b}(t)\psi^*_{a_0,b_0}(t)\mathrm{d}t]\mathrm{d}a\mathrm{d}b$$

所以

$$\mathrm{WT}_x(a_0,b_0)=\int_0^\infty \frac{1}{a^2}\int_{-\infty}^\infty \mathrm{WT}_x(a,b)K_\psi(a_0,b_0;a,b)\mathrm{d}a\mathrm{d}b$$

重建核 K_ψ 反映的是 $\psi_{a,b}(t)$ 与 $\psi_{a_0,b_0}(t)$ 的相关性，当 $a=a_0$，$b=b_0$（相同尺度，相同位移）时，K_ψ 最大。如果 (a,b) 偏离 (a_0,b_0)，则 K_ψ 衰减较快。

如果 $K_\psi=\delta(a-a_0,b-b_0)$，此时 $a-b$ 半平面上各点的小波变换值互不相关，小波变换所含信息才没有冗余。这要求不同尺度、不同位移的小波互相正交，当 a、b 是连续变量时这一条件很难达到。因此，由 $x(t)$ 变换得到 $\mathrm{WT}_x(a,b)$ 后信息是有冗余的。

将一个一维函数映射为二维函数后，在二维平面上往往会存在信息的冗余，由此引出了二维函数的离散化问题及标架理论。

6.3 离散小波变换及小波标架

6.3.1 离散小波变换

一维信号 $x(t)$ 做小波变换成为二维的 $\mathrm{WT}_x(a,b)$ 后其信息是有冗余的，从压缩数据及节约计算的角度上看，我们希望只在一些离散的尺度和位移值下计算小波变换。

1. 尺度的离散化

目前通行的办法是对尺度 a 按幂级数做离散化，即令 a 取离散的 $a_0^0,a_0^1,a_0^2,\cdots,a_0^j,\cdots$，此时小波基函数 $\frac{1}{\sqrt{a}}\psi(\frac{t-b}{a})$ 成为

$$a_0^{-\frac{j}{2}}\psi[a_0^{-j}(t-b)],\quad j=0,1,2,\cdots$$

2. 位移的离散化

为保证信息不丢失，在某一 j 值下沿 b 轴以 $a_0^j b_0$ 为间隔做均匀采样。

（1）其中 b_0 是对应于 $j=0$（此时 $a=a_0^0=1$）的基本间隔，b_0 的选择应保证采样后信息仍然覆盖全 b 轴而不丢失（例如，不低于奈奎斯特采样率）。

（2）当 $j\neq 0$ 时，将 a 由 a_0^{j-1} 变成 a_0^j 时，就是 a 扩大了 a_0 倍。这时，小波在频域的中心频率下降至 $\frac{1}{a_0}$，带宽也下降至 $\frac{1}{a_0}$，因此，采样频率可以下降至 $\frac{1}{a_0}$，即采样间隔可以扩大 a_0 倍。

这样，当尺度 a 分别取 $a_0^0,a_0^1,a_0^2,\cdots$ 时，对位移 b 的采样间隔可以取为 $a_0^0b_0,a_0^1b_0,a_0^2b_0,\cdots$。也就是说，在某一 j 值下，沿 b 轴以 $a_0^jb_0$ 为间隔做均匀采样仍可以保证信息不丢失。将位移 b 表示为 $ka_0^jb_0$，则 $\psi_{a,b}(t)$ 成为

$$\psi_{j,k}(t) = a_0^{-\frac{j}{2}}\psi[a_0^{-j}(t - ka_0^j b_0)] = a_0^{-\frac{j}{2}}\psi(a_0^{-j}t - kb_0) \tag{6.3.1}$$

式（6.3.1）中 $j \in Z^+, k \in Z$ 。

对给定的信号 $x(t)$，连续小波变换在这些离散点上的变换为

$$\mathrm{WT}_x(j,k) = \int x(t)\psi_{j,k}^*(t)\mathrm{d}t \tag{6.3.2}$$

有关文献常称式（6.3.2）为“离散小波变换”（Discrete Wavelet Transform，DWT）。

其实，这时待分析信号 $x(t)$ 和分析小波 $\psi_{j,k}(t)$ 中的时间变量 t 并没有离散化，所以部分文献将其称为“离散栅格上的小波变换”。

实际工作中最常见的情况是取 a_0=2，此时尺度 a 的取值为

$$a：\ 2^0, 2^1, 2^2, \cdots, 2^j, \cdots$$

如果采用对数坐标，并且以 2 为底，$\log_2 a = j$ ，则 (a,b) 平面上离散栅格的取点如图 6.8 所示。

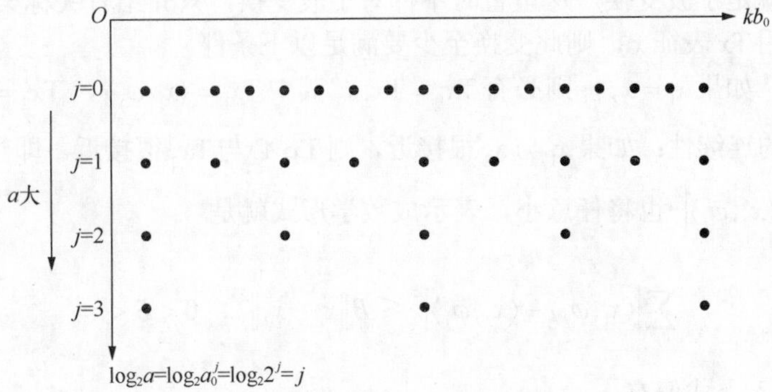

图 6.8 DWT 取值的离散栅格

从图 6.8 可以看出，小波分析的“变焦距”作用，即在不同尺度 a 下（不同的频率范围内），对时域的分析点数是不相同的。a 大，则时域观察范围宽，对时域的分析点取值较稀（此时观察不到细节）。

为了简化书写，往往认为 b_0=1（也就是将 b 轴用 b_0 加以归一）。在取 a_0=2、b_0=1 时有

$$\psi_{j,k}(t) = 2^{-\frac{j}{2}}\psi(2^{-j}t - k)$$

相应的小波变换为

$$\mathrm{WT}_x(j,k) = \int x(t)\psi_{j,k}^*(t)\mathrm{d}t = 2^{-\frac{j}{2}}\int x(t)\psi^*(2^{-j}t - k)\mathrm{d}t \tag{6.3.3}$$

需要关心的是，由离散栅格上的 $\mathrm{WT}_x(j,k)$ 能否重建信号 $x(t)$ 呢？我们知道，对任一周期信号 $\tilde{x}(t)$ ，如果其周期为 T，且 $\tilde{x}(t) \in L^2(0,T)$ ，则 $\tilde{x}(t)$ 可展开成傅里叶级数，即

$$\tilde{x}(t) = \sum_{k=-\infty}^{\infty} X(k\Omega_0)\mathrm{e}^{\mathrm{j}k\Omega_0 t}\ ,\ \ \Omega_0 = 2\pi/T \tag{6.3.4}$$

式（6.3.4）中，$X(k\Omega_0)$ 是 $\tilde{x}(t)$ 的傅里叶级数的系数，可由下式求出：

$$X(k\Omega_0) = \frac{1}{T}\int_{-\frac{T}{2}}^{\frac{T}{2}} \tilde{x}(t)\mathrm{e}^{-\mathrm{j}k\Omega_0 t}\mathrm{d}t \tag{6.3.5}$$

从概念上看，式（6.3.3）与式（6.3.5）有相似之处，DWT 的 $\mathrm{WT}_x(j,k)$ 相当于“小波级数”的系数。那么，是否可以仿照由傅里叶级数的系数 $X(k\Omega_0)$ 重建 $\tilde{x}(t)$（式（6.3.4））来考虑由 $\mathrm{WT}_x(j,k)$ 重建 $x(t)$ 呢？

至于离散栅格上的小波变换能否完整地表征 $x(t)$，问题的答案建立在数学上所谓“标架理论”（Frame Theory）的基础上。接下来对标架理论的概念做粗略介绍。

6.3.2 小波标架理论

1. 标架理论基础

定义线性变换 $[\mathrm{T}x]_j=\langle x(t),\varphi_j(t)\rangle$，$j\in Z$，简记为 $\mathrm{T}x=\langle x,\varphi_j\rangle$。可以看出，如果

$$\varphi_j(t)=\psi_{a_0^j,kb_0}(t)$$

则上述线性变换就是小波变换。这里暂时不针对小波变换，只介绍有关标架的一般概念。

如果要求能用 $\mathrm{T}x$ 表征 x，则此变换至少要满足以下条件。

（1）唯一性：如果 $x_1=x_2$，则必有 $\mathrm{T}x_1=\mathrm{T}x_2$，其中 $\mathrm{T}x_1=\langle x_1,\varphi_j\rangle$，$\mathrm{T}x_2=\langle x_2,\varphi_j\rangle$。

（2）正变换的连续性：如果 x_1 与 x_2 很接近，则 $\mathrm{T}x_1$ 必与 $\mathrm{T}x_2$ 很接近。即当 $\|x_1-x_2\|^2$ 任意小时，$\sum_j\left|\langle x_1,\varphi_j\rangle-\langle x_2,\varphi_j\rangle\right|^2$ 也将任意小，表示成数学形式就是

$$\sum_j\left|\langle x_1,\varphi_j\rangle-\langle x_2,\varphi_j\rangle\right|^2\leqslant B\|x_1-x_2\|^2,\quad 0<B<\infty$$

令 $x=x_1-x_2$，代入上式便有

$$\sum_j\left|\langle x,\varphi_j\rangle\right|^2\leqslant B\|x\|^2,\quad 0<B<\infty \tag{6.3.6}$$

如果进一步要求此变换的反变换也是连续的，则还要满足下述第三个条件。

（3）反变换的连续性：当 $\mathrm{T}x_1$ 与 $\mathrm{T}x_2$ 很接近时，则 x_1 与 x_2 也很接近，这就要求

$$\sum_j\left|\langle x,\varphi_j\rangle\right|^2\geqslant A\|x\|^2,\quad 0<A<\infty \tag{6.3.7}$$

综合式（6.3.6）和式（6.3.7），有以下条件：

$$A\|x\|^2\leqslant\sum_j\left|\langle x,\varphi_j\rangle\right|^2\leqslant B\|x\|^2,\quad 0<A\leqslant B<\infty \tag{6.3.8}$$

合理的 $\mathrm{T}x$ 变换应满足式（6.3.8）。满足式（6.3.8）要求的 $[\varphi_j\mid j\in Z]$ 便构成一个“标架”。

当 $A=B$ 时，它称为“紧标架”（tight frame），此时

$$\sum_j\left|\langle x,\varphi_j\rangle\right|^2=A\|x\|^2 \tag{6.3.9}$$

如果不但 $A=B$，而且 $A=1$，则有

$$\sum_j\left|\langle x,\varphi_j\rangle\right|^2=\|x\|^2 \tag{6.3.10}$$

式（6.3.10）正是正交变换的能量守恒性质，等号右边是变换前信号的能量，等号左边是变换后的能量，此时各 φ_j 组成一组正交基：

$$\langle \varphi_j, \varphi_{j'} \rangle = \delta(j - j')$$

需要说明的是，只有正交变换才满足能量守恒定理（Parseval 定理），即变换前后信号的能量保持不变，该性质又称为保范（数）变换。

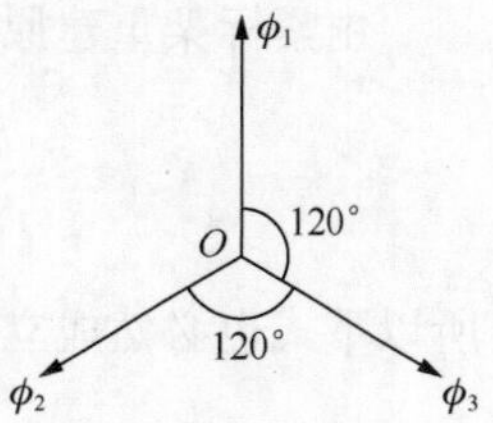

图 6.9　标架示例

例 6.3.1　设 $\phi_1 = (0,1), \phi_2 = (-\frac{\sqrt{3}}{2}, -\frac{1}{2}), \phi_3 = (\frac{\sqrt{3}}{2}, -\frac{1}{2})$，如图 6.9 所示，证明：$[\phi_1, \phi_2, \phi_3]$ 为一个紧标架。

证明：

$$\langle x, \phi_1 \rangle = [x_1, x_2]\begin{bmatrix} 0 \\ 1 \end{bmatrix} = x_2$$

$$\langle x, \phi_2 \rangle = [x_1, x_2]\begin{bmatrix} -\frac{\sqrt{3}}{2} \\ -\frac{1}{2} \end{bmatrix} = -\frac{\sqrt{3}}{2}x_1 - \frac{1}{2}x_2$$

$$\langle x, \phi_3 \rangle = [x_1, x_2]\begin{bmatrix} \frac{\sqrt{3}}{2} \\ -\frac{1}{2} \end{bmatrix} = \frac{\sqrt{3}}{2}x_1 - \frac{1}{2}x_2$$

$$\begin{aligned}\sum_{j=1}^{3} \left|\langle x, \phi_j \rangle\right|^2 &= \left|\langle x, \phi_1 \rangle\right|^2 + \left|\langle x, \phi_2 \rangle\right|^2 + \left|\langle x, \phi_3 \rangle\right|^2 \\ &= x_2^2 + (-\frac{\sqrt{3}}{2}x_1 - \frac{1}{2}x_2)^2 + (\frac{\sqrt{3}}{2}x_1 - \frac{1}{2}x_2)^2 \\ &= \frac{3}{2}(x_1^2 + x_2^2) = \frac{3}{2}\|x\|^2\end{aligned}$$

即

$$\sum_{j=1}^{3} \left|\langle x, \phi_j \rangle\right|^2 = A\|x\|^2 = \frac{3}{2}\|x\|^2 \tag{6.3.11}$$

就是式（6.3.9）所示的紧标架。A 的取值为

$$A = \frac{\text{紧标架元素个数}}{\text{基元素个数}} = \frac{3}{2}$$

显然，$[\phi_1, \phi_2, \phi_3]$ 并不是正交基，甚至不是一组基，因为它们线性相关，有

$$\phi_1 + \phi_2 + \phi_3 = 0$$

如果各 ϕ_j 是线性独立的，则称 $[\phi_j \mid j \in Z]$ 为一组里斯（Reisz）基。

虽然 $[\phi_1, \phi_2, \phi_3]$ 不是一组基，但该二维空间的任一 $x = (x_1, x_2)$ 都可以用 $[\phi_1, \phi_2, \phi_3]$ 表示为

$$x = \frac{2}{3}\sum_{j=1}^{3} \langle x, \phi_j \rangle \phi_j \tag{6.3.12}$$

因为式（6.3.12）两边对 x 做内积就是式（6.3.11）。式（6.3.12）就是由 $\langle x,\phi_j\rangle$ ($j=1,2,3$) 重建原函数 x 的重建公式。

由紧标架重建原函数 x，其重建关系不是唯一的。例如，上例中，由于

$$\sum_{j=1}^{3}\phi_j=0$$

所以下式也必然成立：

$$x=\frac{2}{3}\sum_{j=1}^{3}[\langle x,\phi_j\rangle+k]\phi_j\text{，}\ k\text{为任意常数}$$

但是，将 x 按式（6.3.12）做分解，分解系数的平方和是最小的。

通过标架进行原函数重建可以总结如下。

（1）在 $A=B=1$ 情况下，φ_j 是一组正交基，重建公式为

$$x(t)=\sum_{j\in z}\langle x(t),\varphi_j(t)\rangle\varphi_j(t) \tag{6.3.13}$$

（2）在 $A=B$ 的紧标架情况下，重建公式如前面所述，为

$$x(t)=\frac{1}{A}\sum_{j\in z}\langle x(t),\varphi_j(t)\rangle\varphi_j(t) \tag{6.3.14}$$

（3）在 $A\neq B$ 的一般标架情况下，重建比较困难。因理论分析较复杂，这里只给出结论。此时信号 x 可表示为

$$x(t)=\sum_{j\in z}\langle x(t),\varphi_j(t)\rangle\tilde{\varphi}_j(t) \tag{6.3.15}$$

或

$$x(t)=\sum_{j\in z}\langle x(t),\tilde{\varphi}_j(t)\rangle\varphi_j(t) \tag{6.3.16}$$

式（6.3.15）和式（6.3.16）中，$\tilde{\varphi}_j$ 为 φ_j 的对偶标架（标架 φ_j 与其对偶标架 $\tilde{\varphi}_j$ 的位置是可以互换的）。可以看出，在一般标架情况下，重建的关键是求出标架 φ_j 的对偶标架 $\tilde{\varphi}_j$。对偶标架在正交基和紧标架的情况下分别为：

① 正交基与其对偶基是一样的；

② 紧标架的对偶标架为 $\tilde{\varphi}_j(t)=\dfrac{1}{A}\varphi_j(t)$。

那么，一般标架的情况又是怎样的呢？通过数学分析可以得出，在标架界 A 与 B 比较接近时，作为一阶近似，可将对偶标架取为

$$\tilde{\varphi}_j\approx\frac{2}{A+B}\varphi_j$$

因此重建公式 $x(t)=\sum_{j\in z}\langle x(t),\varphi_j(t)\rangle\tilde{\varphi}_j(t)$ 成为

$$x(t)\approx\frac{2}{A+B}\sum_{j\in z}\langle x(t),\varphi_j(t)\rangle\varphi_j(t)$$

更确切地说，此时

$$x(t)=\frac{2}{A+B}\sum_{j\in z}\langle x(t),\varphi_j(t)\rangle\varphi_j(t)+Rx$$

式中 Rx 表示对 $x(t)$ 做一阶逼近的残差，且有

$$\|R\|\leqslant\frac{B-A}{B+A}$$

可以看出，A 与 B 越接近，逼近误差越小。在紧标架情况下，逼近误差为 0。因此，为了保证 φ_j 能构成一个重建误差较小的标架，希望标架接近于紧标架（$A=B$）。

2．小波标架

前面已经指出，当 $\varphi_j(t)=\psi_{j,k}(t)$ 时，$[\mathrm{T}x]_j=\langle x(t),\varphi_j(t)\rangle$ 就是小波变换。因此，前面分析的结果对小波变换同样适用。

如果由基本小波 $\psi(t)$ 经伸缩与位移引出的函数族

$$\{\psi_{j,k}(t)=2^{-\frac{j}{2}}\psi(2^{-j}t-k)\mid j\in z^+,k\in Z\}$$

具有如下性质：

$$A\|x\|^2\leqslant\sum_j\sum_k\left|\langle x,\psi_{j,k}\rangle\right|^2\leqslant B\|x\|^2,\quad 0<A\leqslant B<\infty$$

则称 $\{\psi_{j,k}(t)\mid j\in Z^+,k\in Z\}$ 构成一个标架。信号的重建公式为

$$x(t)=\sum_j\sum_k\langle x(t),\psi_{j,k}(t)\rangle\tilde{\psi}_{j,k}(t) \tag{6.3.17}$$

式（6.3.17）中，$\tilde{\psi}_{j,k}(t)$ 是 $\psi_{j,k}(t)$ 的对偶标架。对于紧标架的情况（$A=B$），有

$$x(t)=\sum_j\sum_k\langle x(t),\psi_{j,k}(t)\rangle\tilde{\psi}_{j,k}(t)=\frac{1}{A}\sum_j\sum_k\mathrm{WT}_x(j,k)\psi_{j,k}(t) \tag{6.3.18}$$

式（6.3.18）就是由 DWT 反演源函数 $x(t)$ 的信号重建公式。

在 $A\neq B$ 的一般标架情况下，如前所述，当 A 与 B 比较接近时，作为一阶逼近，可取

$$\tilde{\psi}_{j,k}(t)\approx\frac{2}{A+B}\psi_{j,k}(t)$$

信号重建公式为

$$x(t)=\sum_j\sum_k\langle x(t),\psi_{j,k}(t)\rangle\tilde{\psi}_{j,k}(t)\approx\frac{2}{A+B}\sum_j\sum_k\langle x(t),\psi_{j,k}(t)\rangle\psi_{j,k}(t)$$

可见，对偶小波用于信号综合，小波用于信号分析。为了保证重建误差较小，希望标架接近于紧标架（$A=B$），为此可以从以下两个方面来考虑。

（1）所选用的小波函数接近紧标架。

（2）a_0、b_0 大小的选取（a_0 不一定取为 2，b_0 不一定取为 1）。总的来说，尺度间隔越小，位移间隔越小，$\dfrac{B}{A}$ 越接近 1。

综上，小波级数与傅里叶级数比较如下。

（1）傅里叶级数的基函数$e^{jk\Omega_0 t}$（$k\in Z$）是一组正交基，即

$$\langle e^{jk_1\Omega_0 t}, e^{jk_2\Omega_0 t}\rangle = \int e^{jk_1\Omega_0 t}\cdot e^{-jk_2\Omega_0 t}dt = \delta(k_1-k_2)$$

而小波级数中所用的一组函数不一定是正交基，甚至不一定是一组基。

（2）对傅里叶级数来说，基函数是固定的；对小波级数来说，小波函数$\psi_{j,k}(t)$是可选的。

（3）傅里叶级数分析和重建的基函数一样（都是$e^{jk\Omega_0 t}$，只差一个负号）；小波级数中重建所用的一组函数是小波函数$\psi_{j,k}(t)$的对偶函数$\tilde{\psi}_{j,k}(t)$。

（4）在傅里叶级数中，分辨率是固定的；而小波级数在a、b轴上的离散化是不等距的。

（5）由傅里叶级数系数可准确重建信号；对小波级数来说，在紧标架（$A=B$）情况下，信号可以由式（6.3.18）准确重建：

$$x(t) = \frac{1}{A}\sum_j\sum_k \mathrm{WT}_x(j,k)\psi_{j,k}(t)$$

在标架界$A\neq B$的一般标架情况下，信号重建存在误差，误差的大小与A、B值关系很大。

6.3.3 离散小波变换的重建核与重建核方程

一般来说，标架中各$\psi_{j,k}(t)$并不正交，甚至还可能线性相关，因此经标架处理后所含的信息是有冗余的。下面通过 DWT 的重建核与重建核方程对 DWT 的冗余性进行分析。

小波变换在(j_0,k_0)处的值为

$$\mathrm{WT}_x(j_0,k_0) = \int x(t)\psi^*_{j_0,k_0}(t)dt$$

在紧标架（$A=B$）情况下，有

$$\begin{aligned}\mathrm{WT}_x(j_0,k_0) &= \frac{1}{A}\int[\sum_j\sum_k \mathrm{WT}_x(j,k)\psi_{j,k}(t)]\psi^*_{j_0,k_0}(t)dt \\ &= \frac{1}{A}\sum_j\sum_k \mathrm{WT}_x(j,k)\int\psi_{j,k}(t)\psi^*_{j_0,k_0}(t)dt\end{aligned}$$

表示为

$$\mathrm{WT}_x(j_0,k_0) = \frac{1}{A}\sum_j\sum_k K_\psi(j_0,k_0;j,k)\mathrm{WT}_x(j,k) \tag{6.3.19}$$

式（6.3.19）称为重建核方程，式中$K_\psi(j_0,k_0;j,k)$称为重建核，具体为

$$K_\psi(j_0,k_0;j,k) = \int\psi_{j,k}(t)\psi^*_{j_0,k_0}(t)dt = \langle\psi_{j,k}(t),\psi_{j_0,k_0}(t)\rangle \tag{6.3.20}$$

与连续情况一样，重建核方程给出任意一点(j_0,k_0)处小波变换的值与栅格上其他各点小波变换的内在联系。式（6.3.19）表明，只有当

$$K(j,k;j_0,k_0) = \delta(j-j_0,k-k_0) = \begin{cases}1, & j=j_0,k=k_0\\ 0, & 其他\end{cases}$$

时，信息才是没有冗余的，此时各$\psi_{j,k}(t)$互相正交，即

$$\langle \psi_{j,k}(t), \psi_{j_0,k_0}(t) \rangle = \delta(j-j_0, k-k_0) = \begin{cases} 1, & j=j_0, k=k_0 \\ 0, & 其他 \end{cases}$$

例如，支撑宽度为 1 的 Haar 小波便具有这一特性。Haar 小波来自数学家哈尔（Haar）于 1910 年提出的 Haar 正交函数集，其定义为

$$\psi(t) = \begin{cases} 1, & 0 \leqslant t < \dfrac{1}{2} \\ -1, & \dfrac{1}{2} \leqslant t < 1 \\ 0, & 其他 \end{cases}$$

该函数在不同位移、不同尺度下的正交关系如图 6.10 所示。

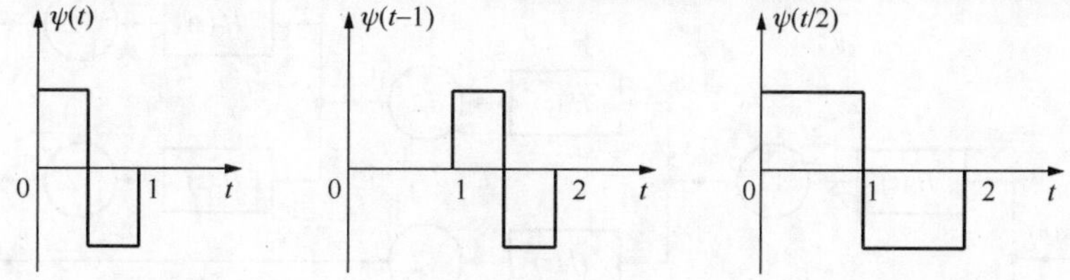

（a）Haar小波　（b）不同位移　（c）不同尺度

图 6.10　Haar 小波的正交关系

6.4　离散小波变换的多分辨率分析

离散小波变换（Discrete Wavelet Transform，DWT）是通过多分辨率分析来实现的，而多分辨率分析最终是由两通道滤波器组来实现的。本节的核心是把多分辨率分析和多采样率滤波器组这两个领域更紧密地联系起来，通过讨论达到以下三个目的。

（1）将多分辨率分析与小波变换相联系。

（2）将多分辨率分析与滤波器组相结合。

滤波器组是数字信号处理（Digital Signal Processing，DSP）中发展较完美的技术。多分辨率分析与滤波器组相结合，不但丰富了小波变换的实用意义，而且对小波滤波器组的设计提出了更系统的要求，使计算离散栅格上的小波变换更加简单明了。

（3）将小波变换与滤波器组相联系。

直接从时域上引入对离散序列进行小波变换的快速算法，即马拉特（Mallat）算法，以便熟悉数字信号处理的工程人员理解和运用小波变换。

6.4.1　多分辨率分析的引入

可以从以下两个角度引入多分辨率分析。

（1）函数空间的划分：由马拉特（Mallat）提出，数学上较严谨，结论也较全面。

（2）理想滤波器组：工程技术人员更容易接受，只是结论不够全面（理想滤波器难以设计）。

下面先从理想滤波器组（频率空间剖分）粗略地引入多分辨率分析的概念，再从函数空间的剖分进一步加以阐述。

1. 由理想滤波器组引入

用理想低通（LP）滤波器 $H_0(z)$ 和理想高通（HP）滤波器 $H_1(z)$ 可以将信号分解成频带在 $0\sim\frac{\pi}{2}$ 的低频部分和频带在 $\frac{\pi}{2}\sim\pi$ 的高频部分。因为理想的 LP 和 HP 频带不交叠，所以处理后两路输出必定正交，而且采样率可以减半而不致引起信息的丢失（因为信号带宽减半），于是可以在滤波后引入"二抽取"环节。

类似的过程对每次分解后的低频部分可重复进行下去（如图 6.11 所示），这样就对原始信号 $x(n)$ 进行了多分辨率分解。

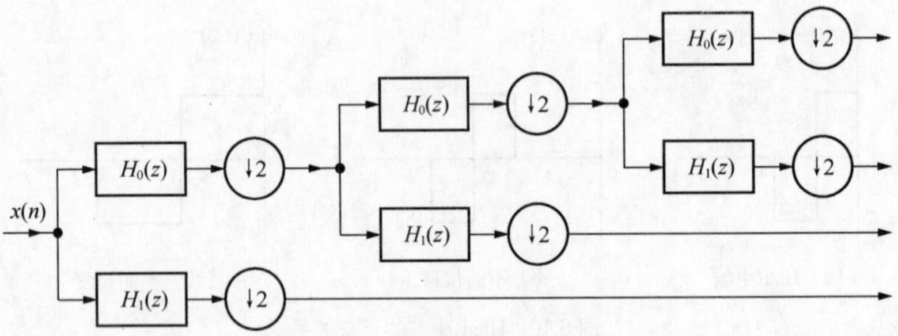

图 6.11 非均匀树状分析滤波器组

由此可以引出以下概念。

（1）频率空间的剖分

如果将原始信号 $x(n)$ 占据的总频带（$0\sim\pi$）定义为空间 V_0，则经第一级分解后 V_0 被划分成两个子空间：

$$\begin{cases} L:\ V_1\ (0\sim\frac{\pi}{2}) \\ H:\ W_1\ (\frac{\pi}{2}\sim\pi) \end{cases}$$

经第二级分解后 V_1 又被划分成两个子空间：

$$\begin{cases} L:\ V_2\ (0\sim\frac{\pi}{4}) \\ H:\ W_2\ (\frac{\pi}{4}\sim\frac{\pi}{2}) \end{cases}$$

这种子空间剖分过程可以记作

$$V_0 = V_1 \oplus W_1$$
$$V_1 = V_2 \oplus W_2$$
$$\vdots$$
$$V_{j-1} = V_j \oplus W_j$$

其中，V_j 是反映 V_{j-1} 空间信号概貌的低频子空间，W_j 是反映 V_{j-1} 空间信号细节的高频子空间。可以看出，这些子空间有以下特性。

① 逐级包含：$V_0 \supset V_1 \supset V_2 \supset \cdots$

② 逐级替换：$V_0 = W_1 \oplus V_1 = W_1 \oplus W_2 \oplus V_2 = \cdots = W_1 \oplus W_2 \oplus \cdots \oplus W_j \oplus V_j$

（2）各带通空间 W_j 的恒 Q 性

从图 6.12 所示的频带剖分图可以看出：

$$W_1\text{空间的中心频率为}\frac{3}{4}\pi，\quad \Delta\omega = \frac{\pi}{2}$$

$$W_2\text{空间的中心频率为}\frac{3}{8}\pi，\quad \Delta\omega = \frac{\pi}{4}$$

$$\vdots$$

各 W_j 的品质因数 Q 恒定（$Q = \dfrac{\text{中心频率}}{\text{带宽}}$）。

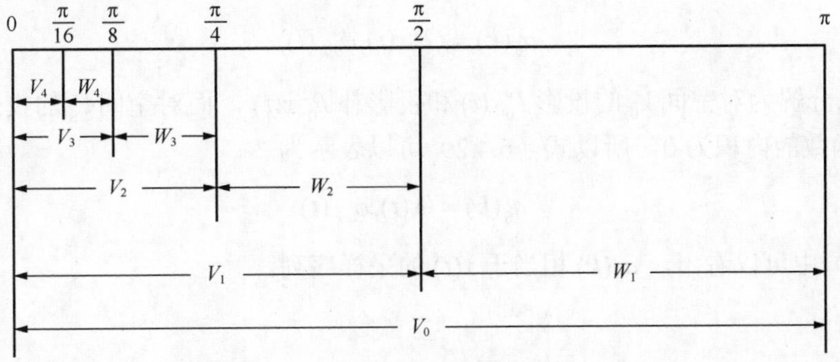

图 6.12　频带的逐级剖分

（3）各阶滤波器的一致性

因为前一阶的输出被二抽取，采样频率减半，所以尽管实际带宽减半，但其数字角频率依然是 $0 \sim \dfrac{\pi}{2}$。

信号经分解后可以传递，然后在接收端进行重建。重建是分解的逆过程：每一支路首先做“二插值”，然后由综合滤波器重建信号。

以上只是对多分辨率分析的粗略说明，目的是帮助读者初步建立空间剖分的概念和滤波器组框架。

由于讨论是结合理想滤波进行的，而理想滤波器是不能实现的，因此结论并不全面，而且这些讨论也没有和小波变换相联系。

下面从函数空间剖分的角度进行讨论，并与小波变换相联系。

2. 从函数空间的剖分引入

在二分情况下，Mallat 从函数空间的多分辨率分析的概念出发，在小波变换与多分辨率分析之间建立了联系。

下面从信号的近似分解来说明多分辨率分析的基本概念。

将平方可积的函数 $x(t) \in L^2(R)$ 看成某一逐级逼近的极限情况，令

$$\phi(t)=\begin{cases}1, & 0 \leqslant t<1 \\ 0, & \text{其他}\end{cases}$$

函数 $\phi(t)$ 如图 6.13（a）所示。可以看出，$\phi(t)$ 在整数位移之间是正交的，即

$$\langle \phi(t-k), \phi(t-k' \rangle = \delta(k-k'),\quad k,k' \in Z$$

这样，$\phi(t)$ 的整数位移 $\{\phi(t-k), k \in Z\}$ 就构成了一组正交基。

设空间 V_0 是由这一组正交基所张成的空间，则 $x(t)$ 在空间 V_0 中的投影 $P_0 x(t)$ 可表示为这一组基函数的线性组合，即

$$P_0 x(t) = \sum_k a_0(k)\phi(t-k) = \sum_k a_0(k)\phi_{0,k}(t) \tag{6.4.1}$$

式（6.4.1）中，投影 $P_0 x(t)$ 可看作 $x(t)$ 在 V_0 中的近似，如图 6.13（b）所示；$a_0(k)$ 是基函数 $\phi_{0,k}(t)$ 的加权系数，为

$$a_0(k) = \langle P_0 x(t), \phi_{0,k}(t) \rangle \tag{6.4.2}$$

由于 $x(t)$ 可以分解为对空间 V_0 的投影 $P_0 x(t)$ 和投影补 $P_0^{\perp} x(t)$，而对空间 V_0 的投影补 $P_0^{\perp} x(t)$ 与空间 V_0 中基函数的内积为 0，所以式（6.4.2）可以表示为

$$a_0(k) = \langle x(t), \phi_{0,k}(t) \rangle \tag{6.4.3}$$

从图 6.13（b）中可以看出，$a_0(k)$ 相当于 $x(t)$ 的采样序列。

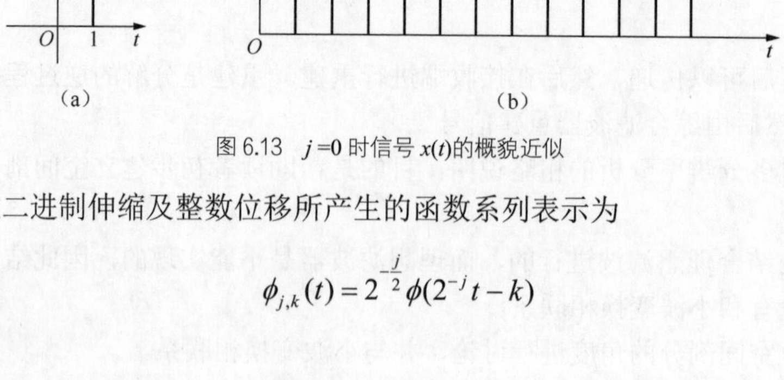

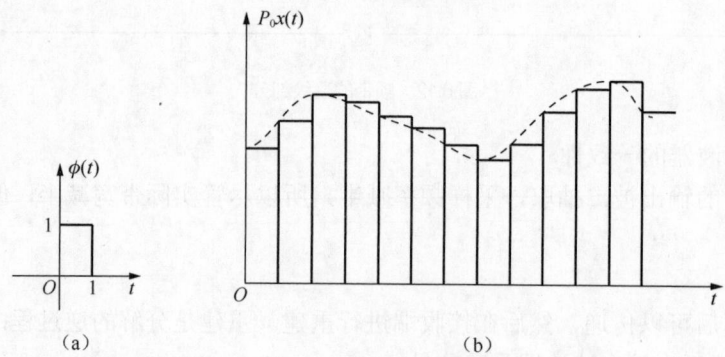

图 6.13　$j=0$ 时信号 $x(t)$ 的概貌近似

把由 $\phi(t)$ 做二进制伸缩及整数位移所产生的函数系列表示为

$$\phi_{j,k}(t) = 2^{-\frac{j}{2}}\phi(2^{-j}t-k)$$

因为

$$\langle \phi_{j,k}(t), \phi_{j,k'}(t) \rangle = 2^{-j}\int \phi(2^{-j}t-k)\phi^*(2^{-j}t-k')\mathrm{d}t$$

令 $2^{-j}t=t'$，则 $t=2^j t'$，$\mathrm{d}t = 2^j \mathrm{d}t'$，将其代入上式，再利用

$$\langle \phi(t-k), \phi(t-k') \rangle = \delta(k-k')$$

可知

$$\langle \phi_{j,k}(t), \phi_{j,k'}(t) \rangle = \delta(k-k') \tag{6.4.4}$$

即 $\phi_{j,k}(t)$ 与 $\phi_{j,k'}(t)$ 是正交的。

现取 $j=1$，即对 $\phi(t)$ 做 2 倍的扩展得 $\phi\left(\frac{t}{2}\right)$，如图 6.14（a）所示。由 $\phi\left(\frac{t}{2}\right)$ 做整数倍位移所产生的函数组为

$$\phi_{1,k}(t) = 2^{-\frac{1}{2}}\phi(2^{-1}t-k),\quad k \in Z$$

由式（6.4.4）可知，$\phi_{1,k}(t)$ 对整数 k 也是两两正交的，即

$$\langle \phi_{1,k}(t), \phi_{1,k'}(t) \rangle = \delta(k-k')$$

所以，$\{\phi_{1,k}(t), k \in Z\}$ 也构成一组正交基。将由这一组基函数所张成的空间称为 V_1 空间，记信号 $x(t)$ 在 V_1 中的投影为 $P_1x(t)$，则

$$P_1x(t) = \sum_k a_1(k)\phi_{1,k}(t) \tag{6.4.5}$$

式（6.4.5）中，$P_1x(t)$ 可看作 $x(t)$ 在 V_1 中的近似，如图 6.14（b）所示；$a_1(k)$ 是基函数 $\phi_{1,k}(t)$ 的加权系数，且有

$$a_1(k) = \langle P_1x(t), \phi_{1,k}(t) \rangle = \langle x(t), \phi_{1,k}(t) \rangle$$

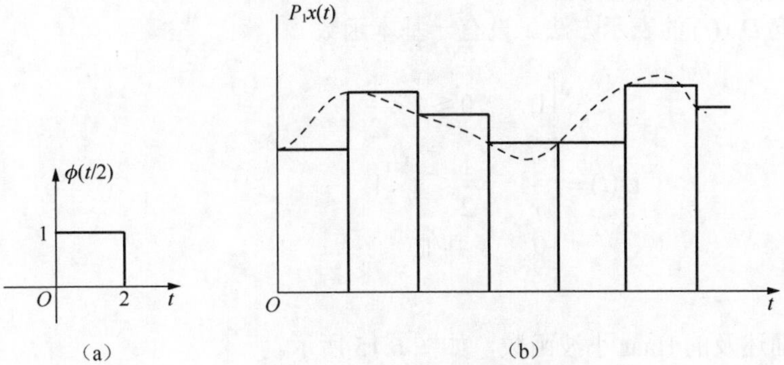

图 6.14　$j=1$ 时信号 $x(t)$的概貌近似

从图 6.14 中可以看出，$a_1(k)$ 也是 $x(t)$ 的采样序列，只是比 $a_0(k)$ 的采样间隔大。不失一般性，可以将尺度 j 下 $x(t)$ 的采样序列表示为

$$a_j(k) = \langle x(t), \phi_{j,k}(t) \rangle \tag{6.4.6}$$

显然，$P_0x(t)$ 对 $x(t)$ 的近似优于 $P_1x(t)$ 对 $x(t)$ 的近似，体现在分辨率较高。若如此继续下去，由给定的 $\phi(t)$，可在不同尺度 j 下，通过做整数位移得到一组组的正交基 $\phi_{j,k}(t)$，将这些基函数所张成的空间表示为 V_j，则可以用空间 V_j 中的正交基 $\phi_{j,k}(t)$ 对 $x(t)$ 做近似，得到 $x(t)$ 在 V_j 中的投影 $P_jx(t)$。

根据上面的分析可以看出，用 $\phi_{j,k}(t)$ 对 $x(t)$ 做近似的特点是：j 越小，近似程度越高，亦

即分辨率越高。两种极端情况如下。

当 $j \to -\infty$ 时，$\phi_{j,k}(t)$ 中的每一个函数的宽度都变成无穷小，有 $P_j x(t)|_{j\to-\infty} = x(t)$。

当 $j \to +\infty$ 时，$\phi_{j,k}(t)$ 中的每一个函数的宽度都变成无穷大，$P_j x(t)|_{j\to+\infty}$ 对 $x(t)$ 的近似误差最大。

另外，由于

$$\phi\left(\frac{t}{2}\right) = \phi(t) + \phi(t-1)$$

按此思路可以想象，低分辨率空间的基函数（如 V_1 空间中的 $\phi_{1,k}(t)$）完全可以由高一级分辨率空间的基函数（如 V_0 空间的 $\phi_{0,k}(t)$）决定。从空间上来讲，低分辨率的空间 V_1 应包含在高分辨率的空间 V_0 中，即

$$V_0 \supset V_1$$

可以看出，相对 $P_1 x(t)$，$P_0 x(t)$ 对 $x(t)$ 的近似程度较好，二者对 $x(t)$ 的近似差别缘于 $\phi(t-k)$ 和 $\phi\left(\frac{t}{2}-k\right)$ 的宽度不同。显然，$\phi\left(\frac{t}{2}-k\right)$ 因为较宽而造成近似较粗略。所以，$P_0 x(t)$ 与 $P_1 x(t)$ 的差别应是一些细节信号，将之记为 $D_1 x(t)$，应有

$$P_0 x(t) = P_1 x(t) + D_1 x(t)$$

也就是说，$x(t)$ 在高分辨率基函数所张成的空间中的近似应等于它在低分辨率基函数所张成的空间中的近似再加上某些细节。

接下来研究 $D_1 x(t)$ 的表示方法。设有一基本函数

$$\psi(t) = \begin{cases} 1, & 0 \leqslant t < \frac{1}{2} \\ -1, & \frac{1}{2} \leqslant t < 1 \\ 0, & \text{其他} \end{cases}$$

该函数就是前面述及的 Haar 小波函数，如图 6.15 所示。

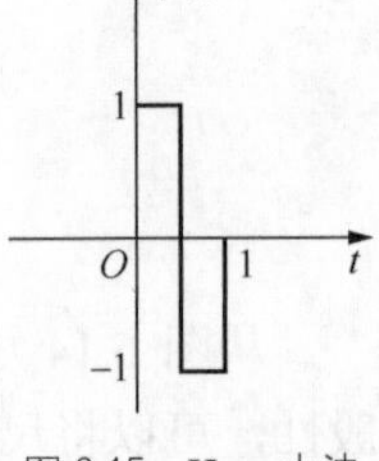

图 6.15 Haar 小波

从图 6.15 中可以看出，$\psi(t)$ 的整数位移之间是正交的，即

$$\langle \psi(t-k), \psi(t-k') \rangle = \delta(k-k')$$

$\psi(t)$ 尺度变换后的整数位移之间也是正交的，即

$$\langle \psi_{j,k}(t), \psi_{j,k'}(t) \rangle = \delta(k-k')$$

同时可以发现，相同尺度下 $\phi(t)$ 与 $\psi(t)$ 的整数位移之间也是正交的，即

$$\langle \phi(t-k), \psi(t-k') \rangle = 0, \quad k, k' \in \mathbf{Z}$$

$$\vdots$$

$$\langle \phi_{j,k}(t), \psi_{j,k'}(t) \rangle = 0, \quad k, k' \in \mathbf{Z}$$

记 $\{\psi_{0,k}(t), k \in \mathbf{Z}\}$ 张成的空间为 W_0，$\{\psi_{1,k}(t), k \in \mathbf{Z}\}$ 张成的空间为 W_1，…，$\{\psi_{j,k}(t), k \in \mathbf{Z}\}$ 张

成的空间为W_j，由于W_j空间的基函数$\{\psi_{j,k}(t),k\in\mathbf{Z}\}$与$V_j$空间的基函数$\{\phi_{j,k}(t),k\in\mathbf{Z}\}$相互正交，故有

$$V_0\perp W_0,\ V_1\perp W_1,\ \cdots,\ V_j\perp W_j$$

根据$P_0x(t)=P_1x(t)+D_1x(t)$，可将细节$D_1x(t)$表示为$x(t)$在空间W_1中的投影，有

$$D_0x(t)=\sum_k d_0(k)\psi_{0,k}(t)$$

$$D_1x(t)=\sum_k d_1(k)\psi_{1,k}(t)$$

式中$d_0(k)$, $d_1(k)$分别是$j=0$、$j=1$尺度下基函数的组合系数，且

$$d_0(k)=\langle D_0x(t),\psi_{0,k}(t)\rangle=\langle x(t),\psi_{0,k}(t)\rangle$$

$$d_1(k)=\langle D_1x(t),\psi_{1,k}(t)\rangle=\langle x(t),\psi_{1,k}(t)\rangle$$

而$\psi(t)$正是具有带通特性的小波函数，所以，$\langle x(t),\psi_{0,k}(t)\rangle$就是尺度$a=2^0$时的离散栅格上的小波变换$\mathrm{WT}_x(0,k)$，$\langle x(t),\psi_{1,k}(t)\rangle$就是尺度$a=2^1$时的离散栅格上的小波变换$\mathrm{WT}_x(1,k)$。这样，就建立了小波变换与多分辨率分析之间的联系。

将$P_0x(t)=P_1x(t)+D_1x(t)$用空间表示，就是

$$V_0=V_1\oplus W_1\ （W_1是V_1的正交补空间）$$

$$V_0\supset V_1,\ V_0\supset W_1$$

把上述概念推广，则有

$$P_jx(t)=\sum_{k=-\infty}^{\infty}a_j(k)\phi_{j,k}(t) \tag{6.4.7}$$

$$a_j(k)=\langle x(t),\phi_{j,k}(t)\rangle \tag{6.4.8}$$

$$D_jx(t)=\sum_{k=-\infty}^{\infty}d_j(k)\psi_{j,k}(t) \tag{6.4.9}$$

$$d_j(k)=\langle x(t),\psi_{j,k}(t)\rangle \tag{6.4.10}$$

$$P_{j-1}x(t)=P_jx(t)+D_jx(t) \tag{6.4.11}$$

从空间上讲，有

$$V_{j-1}=V_j\oplus W_j,\ V_{j-1}\supset V_j,\ V_{j-1}\supset W_j$$

且有逐级包含和逐级替换的关系，即

$$V_0\supset V_1\supset V_2\supset\cdots$$

$$V_0=V_1\oplus W_1=V_2\oplus W_2\oplus W_1=\cdots=V_j\oplus W_j\oplus W_{j-1}\oplus\cdots\oplus W_1$$

这样，给定不同的分辨率水平j，可得到$x(t)$在该分辨率水平上的近似$P_jx(t)$和细节$D_jx(t)$。由于$P_jx(t)$反映了$x(t)$的低频成分（概貌），将$a_j(k)$称为$x(t)$的近似系数（Coefficients of the Approximation，CA）；由于$D_jx(t)$反映的是$x(t)$的高频成分（细节），将$d_j(k)$称为$x(t)$

的细节系数（Coefficients of the Detail，CD）。

在以上分析中，同时使用了两个函数 $\phi(t)$ 和 $\psi(t)$，并由它们的伸缩与位移形成了在不同尺度下的正交基。对 $x(t)$ 做概貌近似的函数 $\phi(t)$ 称为尺度函数（父函数），对 $x(t)$ 做细节近似的函数 $\psi(t)$ 称为小波函数（母函数）。

6.4.2 二尺度差分方程

二尺度差分方程阐明了任意两相邻空间剖分 $V_{j-1}=V_j\oplus W_j$ 间基函数 $\phi_{j-1,k}(t)$ 与相邻尺度的 $\phi_{j,k}(t)$ 和 $\psi_{j,k}(t)$ 的内在联系。

前面已经指出，$\phi_{j,k}(t)$ 是 V_j 中的正交基，$\psi_{j,k}(t)$ 是 W_j 中的正交基，并且

$$V_{j-1}=V_j\oplus W_j,\quad V_j\perp W_j$$

由于 V_j 包含在 V_{j-1} 中，所以 V_j 的基可以表示成 V_{j-1} 中正交基的线性组合，有

$$\phi_{j,0}(t)=\sum_{k=-\infty}^{\infty}h_0(k)\phi_{j-1,k}(t) \tag{6.4.12}$$

将式（6.4.12）展开就是

$$2^{-\frac{j}{2}}\phi(2^{-j}t)=2^{-\frac{j-1}{2}}\sum_{k=-\infty}^{\infty}h_0(k)\phi[2^{-(j-1)}t-k]$$

即

$$\phi\left(\frac{t}{2^j}\right)=\sqrt{2}\sum_{k=-\infty}^{\infty}h_0(k)\phi\left(\frac{t}{2^{j-1}}-k\right) \tag{6.4.13}$$

同理，由于 W_j 也包含在 V_{j-1} 中，所以 W_j 的任一基可以表示成 V_{j-1} 中正交基的线性组合，有

$$\psi_{j,0}(t)=\sum_{k=-\infty}^{\infty}h_1(k)\phi_{j-1,k}(t)$$

展开整理可得

$$\psi\left(\frac{t}{2^j}\right)=\sqrt{2}\sum_{k=-\infty}^{\infty}h_1(k)\phi\left(\frac{t}{2^{j-1}}-k\right) \tag{6.4.14}$$

式（6.4.13）和式（6.4.14）称为二尺度差分方程，它揭示了多分辨率分析中尺度函数和小波函数的相互关系，这一关系存在于任意相邻的两级之间。

式（6.4.13）和式（6.4.14）两边对 $\phi_{j-1,k}(t)$ 求内积可求组合系数 $h_0(k)$ 和 $h_1(k)$。由式（6.4.13）有

$$\begin{aligned}h_0(k)&=\langle\phi_{j,0}(t),\ \phi_{j-1,k}(t)\rangle\\&=\frac{1}{\sqrt{2^j2^{j-1}}}\int\phi\left(\frac{t}{2^j}\right)\phi^*\left(\frac{t}{2^{j-1}}-k\right)\mathrm{d}t\end{aligned}$$

令 $\frac{t}{2^{i-1}}=t'$，则 $\mathrm{d}t=2^{j-1}\mathrm{d}t'$，有

$$h_0(k)=\frac{1}{\sqrt{2}}\int\phi\left(\frac{t'}{2}\right)\phi^*\left(t'-k\right)\mathrm{d}t'$$

即

$$h_0(k)=\langle\phi_{1,0}(t),\ \phi_{0,k}(t)\rangle$$

同理

$$h_1(k)=\langle\psi_{1,0}(t),\ \phi_{0,k}(t)\rangle$$

可以看出，$h_0(k)$ 和 $h_1(k)$ 与 j 无关，它对任意两个相邻级中的 ϕ 和 ψ 的关系都适用。也就是说，由 $j=0$ 和 $j=1$ 的二尺度差分方程求出的 $h_0(k)$ 和 $h_1(k)$ 适用于 j 取任何整数时的二尺度差分方程。

这很容易使人联想到树状结构的滤波器组，树的每一级均采用相同的低通（LP）滤波器 $H_0(z)$ 和高通（HP）滤波器 $H_1(z)$，$H_0(z)$ 和 $H_1(z)$ 不随级数不同而改变。

在二尺度差分方程中，令 $j=0$，有

$$\phi(t)=\sqrt{2}\sum_{k=-\infty}^{\infty}h_0(k)\phi(2t-k)$$

$$\psi(t)=\sqrt{2}\sum_{k=-\infty}^{\infty}h_1(k)\phi(2t-k)$$

两边分别对 t 积分，由于 $\int\phi(t)\mathrm{d}t=1$，所以

$$1=\sqrt{2}\sum_{k=-\infty}^{\infty}h_0(k)\int\phi(2t-k)\mathrm{d}t=\frac{\sqrt{2}}{2}\sum_{k=-\infty}^{\infty}h_0(k)$$

即

$$\sum_{k=-\infty}^{\infty}h_0(k)=\sqrt{2}$$

由于 $\int\psi(t)\mathrm{d}t=0$，所以

$$\sum_{k=-\infty}^{\infty}h_1(k)=0$$

对应于频域，有

$$H_0(\mathrm{e}^{\mathrm{j}\omega})\big|_{\omega=0}=\sum_{k=-\infty}^{\infty}h_0(k)=\sqrt{2}\text{，对应 LP 滤波器}$$

$$H_1(\mathrm{e}^{\mathrm{j}\omega})\big|_{\omega=0}=\sum_{k=-\infty}^{\infty}h_1(k)=0\text{，对应 HP 滤波器}$$

即二尺度差分方程中的组合系数分别对应于低通滤波器和高通滤波器的单位脉冲响应。

在二尺度差分方程中，令 $j=1$，有

$$\phi\left(\frac{t}{2}\right)=\sqrt{2}\sum_{k=-\infty}^{\infty}h_0(k)\phi(t-k)\tag{6.4.15a}$$

$$\psi\left(\frac{t}{2}\right)=\sqrt{2}\sum_{k=-\infty}^{\infty}h_1(k)\phi(t-k) \tag{6.4.15b}$$

比较尺度函数$\phi(t)$与小波函数$\psi(t)$，如图 6.16 所示，可以发现

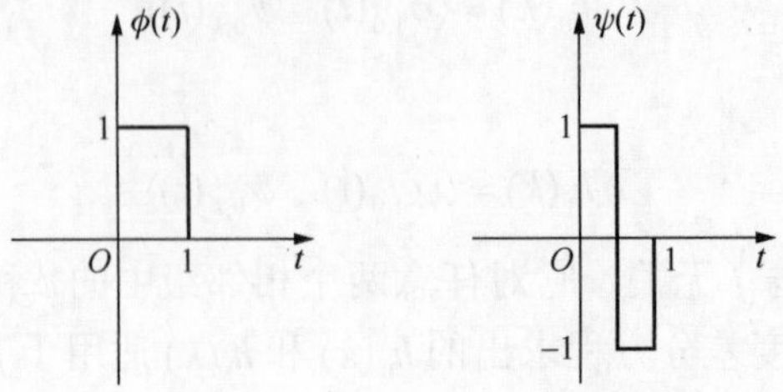

图 6.16　尺度函数与小波函数

$$\phi\left(\frac{t}{2}\right)=\phi(t)+\phi(t-1)=\sqrt{2}\left[\frac{1}{\sqrt{2}}\phi(t)+\frac{1}{\sqrt{2}}\phi(t-1)\right] \tag{6.4.16a}$$

$$\psi\left(\frac{t}{2}\right)=\phi(t)-\phi(t-1)=\sqrt{2}\left[\frac{1}{\sqrt{2}}\phi(t)-\frac{1}{\sqrt{2}}\phi(t-1)\right] \tag{6.4.16b}$$

将式（6.4.15a）与式（6.4.16a）对比，式（6.4.15b）与式（6.4.16b）对比，可以看出有

$$h_0(0)=\frac{1}{\sqrt{2}}，\quad h_0(1)=\frac{1}{\sqrt{2}}$$

$$h_1(0)=\frac{1}{\sqrt{2}}，\quad h_1(1)=-\frac{1}{\sqrt{2}}$$

即 Haar 小波对应的二尺度差分方程中的滤波器分别是

$$h_0(n)=\left\{\frac{1}{\sqrt{2}},\frac{1}{\sqrt{2}}\right\}$$

$$h_1(n)=\left\{\frac{1}{\sqrt{2}},-\frac{1}{\sqrt{2}}\right\}$$

这两个滤波器的单位脉冲响应分别符合偶对称和奇对称的条件，它们都是线性相位的 FIR 滤波器。

可以证明，满足小波变换多分辨率分析中二尺度差分方程的$H_0(z)$、$H_1(z)$是一对共轭正交镜像滤波器组。这样就把多分辨率分析和滤波器组联系起来了，从而为离散序列小波变换的快速实现提供了有效途径。

6.4.3　Mallat 算法

前面建立了多分辨率分析与滤波器组之间的联系，下面将小波变换与滤波器组联系起来，给出通过滤波器组实现信号小波变换的方法。

前已述及，正交基函数$\phi_{j+1,k}\in V_{j+1}$，$\phi_{j,k}\in V_j$，且$V_j\supset V_{j+1}$，所以$\phi_{j+1,k}(t)$可以表示成$\phi_{j,k}(t)$的线性组合：

$$\phi_{j+1,k}(t)=\sum_{n=-\infty}^{\infty}c_n\phi_{j,n}(t) \tag{6.4.17}$$

式（6.4.17）中的组合系数为

$$c_n=\langle\phi_{j+1,k}(t),\phi_{j,n}(t)\rangle=\frac{1}{\sqrt{2^{j+1}2^j}}\int\phi(2^{-(j+1)}t-k)\phi^*(2^{-j}t-n)\mathrm{d}t$$

令 $\frac{t'}{2}=2^{-(j+1)}t-k$，则 $\mathrm{d}t=2^j\mathrm{d}t'$，由上式有

$$c_n=\frac{1}{\sqrt{2}}\int\phi\left(\frac{t'}{2}\right)\phi^*(t'-n+2k)\mathrm{d}t'=\langle\phi_{1,0}(t),\phi_{0,n-2k}(t)\rangle \tag{6.4.18}$$

前面已经求出

$$h_0(k)=\langle\phi_{1,0}(t),\phi_{0,k}(t)\rangle \tag{6.4.19}$$

对比式（6.4.18）和式（6.4.19）可以看出

$$c_n=h_0(n-2k)$$

将其代入式（6.4.17），有

$$\phi_{j+1,k}(t)=\sum_{n=-\infty}^{\infty}h_0(n-2k)\phi_{j,n}(t) \tag{6.4.20}$$

式（6.4.20）两边分别对 $x(t)$ 做内积，利用式（6.4.6），有

$$\text{左边}=\langle x(t),\phi_{j+1,k}(t)\rangle=a_{j+1}(k)$$

$$\begin{aligned}\text{右边}&=\langle x(t),\sum_{n=-\infty}^{\infty}h_0(n-2k)\phi_{j,n}(t)\rangle\\&=\sum_{n=-\infty}^{\infty}h_0(n-2k)\langle x(t),\phi_{j,n}(t)\rangle\\&=\sum_{n=-\infty}^{\infty}a_j(n)h_0(n-2k)\end{aligned}$$

即

$$a_{j+1}(k)=\sum_{n=-\infty}^{\infty}a_j(n)h_0(n-2k)=a_j(k)*h_0(-2k) \tag{6.4.21}$$

用类似方法可得

$$d_{j+1}(k)=\sum_{n=-\infty}^{\infty}a_j(n)h_1(n-2k)=a_j(k)*h_1(-2k) \tag{6.4.22}$$

从式(6.4.21)和式(6.4.22)可以看出，无论是离散平滑逼近 $a_{j+1}(k)$，还是离散细节 $d_{j+1}(k)$，都是 $a_j(k)$ 通过一滤波器后得到的输出。先设 $j=0$，由式（6.4.21）可得

$$a_1(k)=a_0(k)*h_0(-2k)$$

上式中 $a_0(k)$ 是 $x(t)$ 在空间 V_0 中由正交基 $\phi(t-k)$ 做分解的系数，将 $a_0(k)$ 通过一滤波器，得到

$x(t)$ 在空间 V_1 中的离散平滑逼近 $a_1(k)$。滤波器 $h_0(-2k)$ 是对 $h_0(2k)$ 做一次翻转，可将 $h_0(-2k)$ 表示为 $\overline{h}_0(2k)$，而 $h_0(2k)$ 正体现了二抽取环节。

令 j 由 0 逐级增大，即得到多分辨率的逐级实现，如图 6.17 所示。

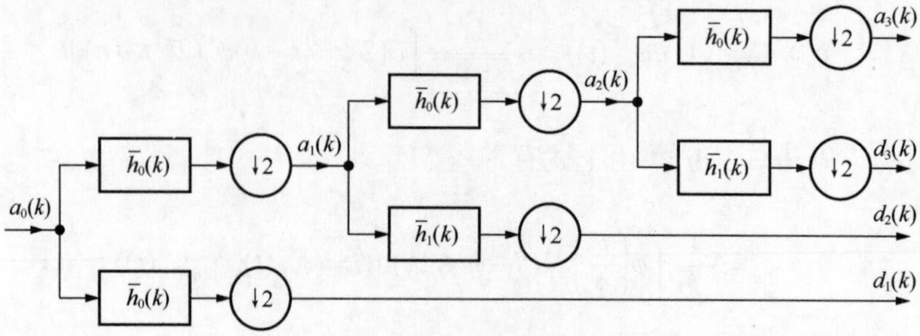

图 6.17　多分辨率分解的滤波器组实现

图 6.17 反映的过程就是 Mallat 算法，亦即小波变换的快速实现，图中的 $d_1(k)$、$d_2(k)$、$d_3(k)$ 分别是 $\mathrm{WT}_x(1,k)$、$\mathrm{WT}_x(2,k)$、$\mathrm{WT}_x(3,k)$。该算法把对离散信号 $a_0(k)$（$x(t)$ 的采样序列）的小波变换归结到逐级的线性卷积，卷积运算可用 FFT 快速实现。由于该算法是对信号 $x(t)$ 的采样序列进行的小波变换，所以称之为离散序列小波变换（Discrete Sequence Wavelet Transform，DSWT）。在离散序列小波变换中，滤波器系数 $h_0(k)$、$h_1(k)$ 是主要参数。

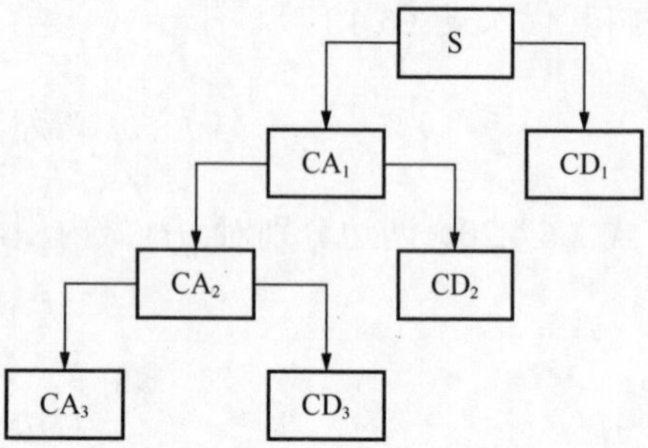

图 6.18　Mallat 算法下的多尺度小波分解树

对所分析的信号迭代使用 Mallat 小波分解算法，可以依次得到各级近似系数（CA）和细节系数（CD），其多尺度小波分解树如图 6.18 所示。

图 6.18 中的 S 表示原始信号，近似系数（CA_j）与基函数 $\phi_{j,k}(t)$ 的线性组合为到信号 S 在相应尺度下的近似；细节系数（CD_j）与基函数 $\psi_{j,k}(t)$ 的线性组合为信号 S 在相应尺度下的细节。图 6.19 所示是用 Haar 小波对信号 S 进行多尺度小波分解的直观图。

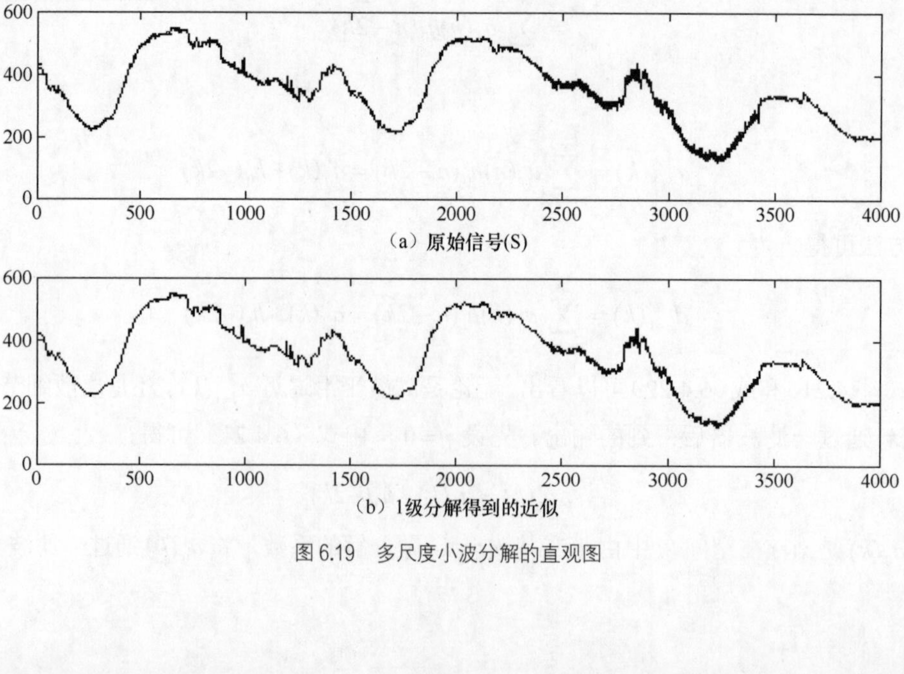

（a）原始信号(S)

（b）1级分解得到的近似

图 6.19　多尺度小波分解的直观图

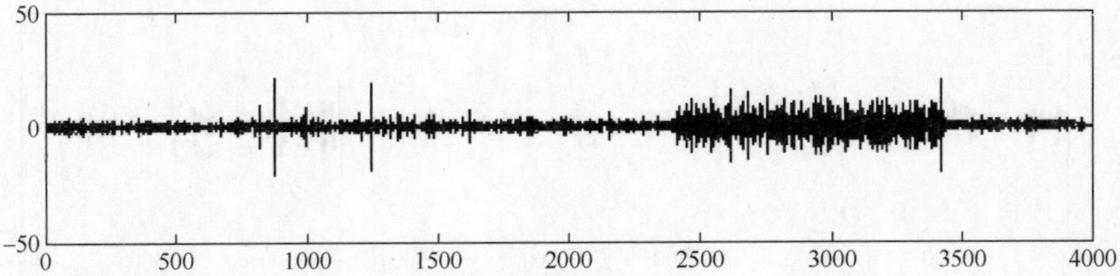

（c）1级分解得到的细节

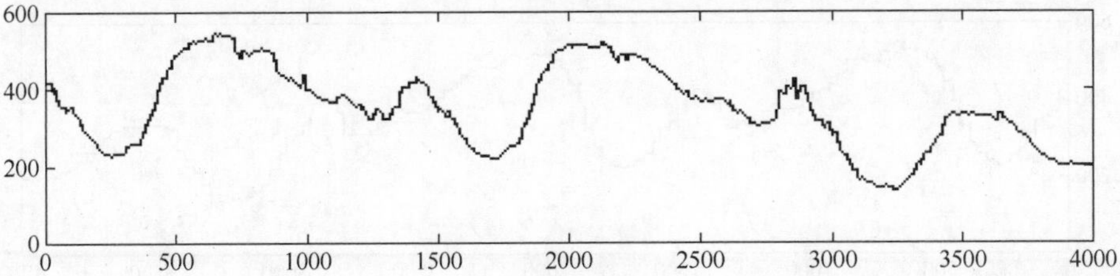

（d）2级分解得到的近似

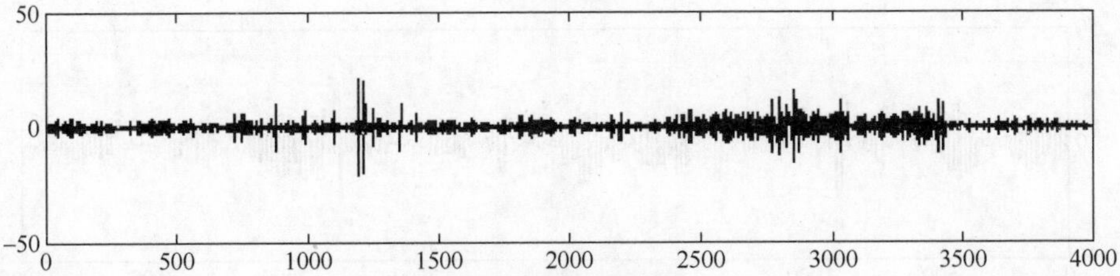

（e）2级分解得到的细节

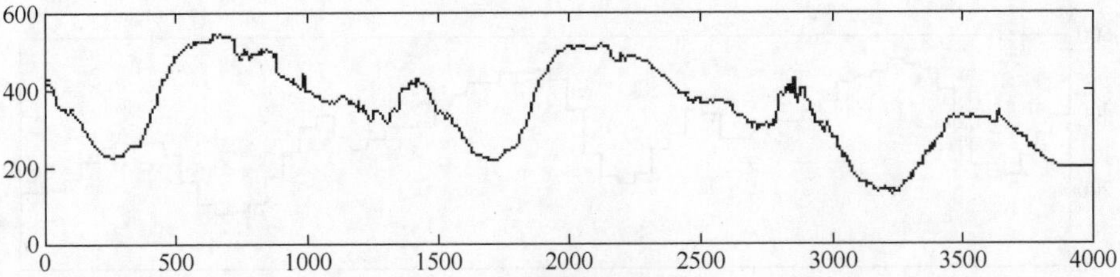

（f）3级分解得到的近似

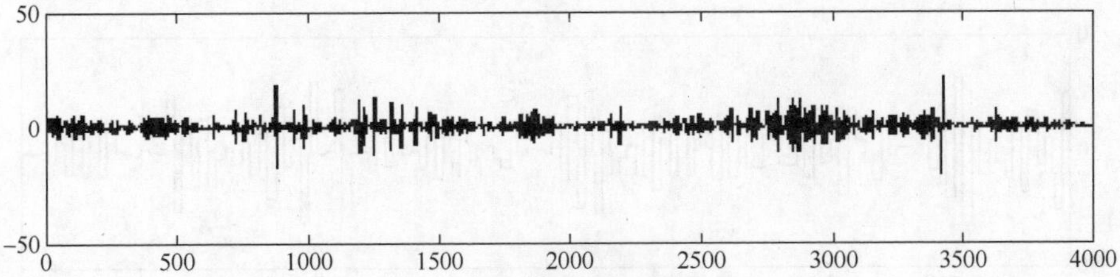

（g）3级分解得到的细节

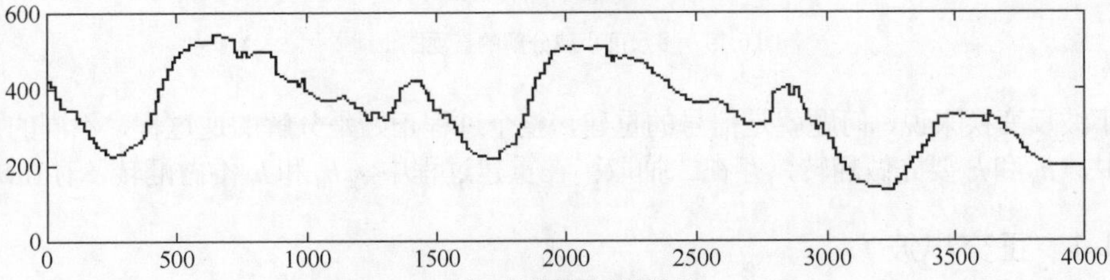

（h）4级分解得到的近似

图 6.19　多尺度小波分解的直观图（续）

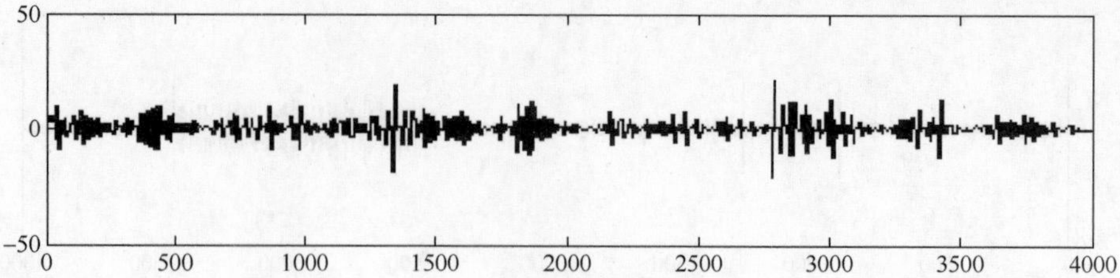

（i）4级分解得到的细节

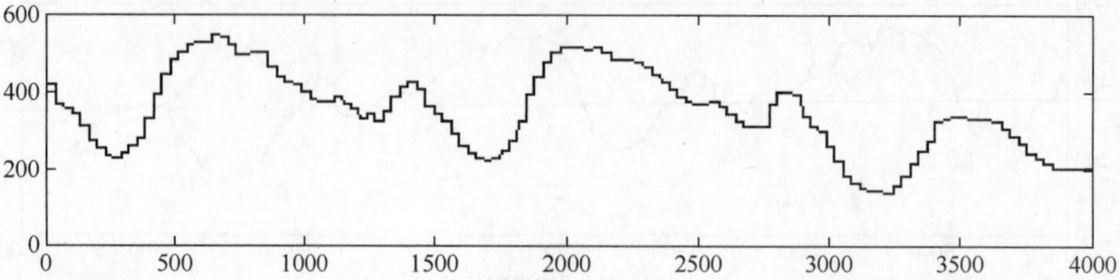

（j）5级分解得到的近似

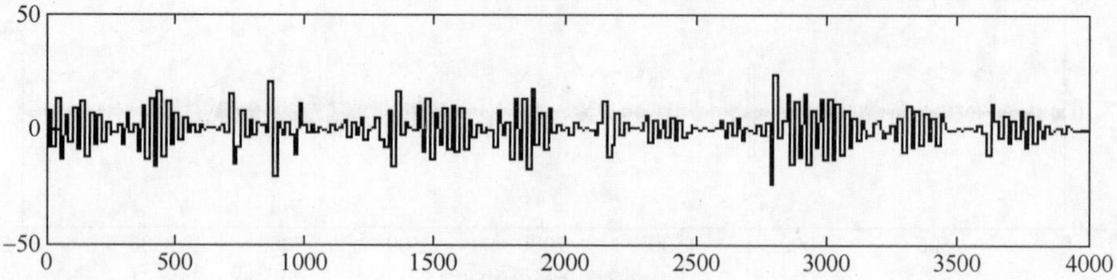

（k）5级分解得到的细节

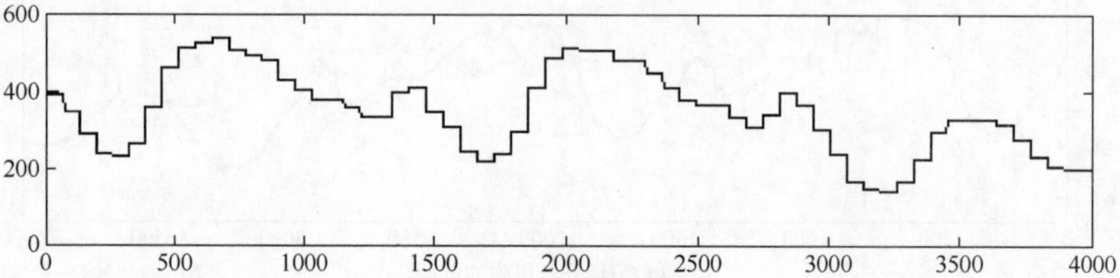

（l）6级分解得到的近似

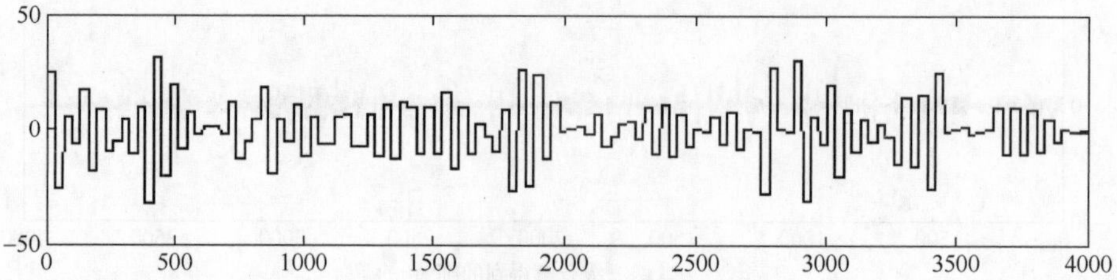

（m）6级分解得到的细节

图 6.19　多尺度小波分解的直观图（续）

对小波反变换来说，问题就是信号的重建，整个过程正好是分解的逆过程，不同的是，在分解过程中，h_0 和 h_1 要先做翻转，存在二抽取；在重建过程中，h_0 和 h_1 不做翻转，存在二插值。

6.4.4　正交小波

如果里斯（Riesz）基 $\{\psi_{j,k}(t), j,k \in \mathbf{Z}\}$ 满足

$$\langle \psi_{j,k}(t), \psi_{j_0,k_0}(t) \rangle = \delta(j-j_0, k-k_0) = \begin{cases} 1, & j=j_0, k=k_0 \\ 0, & 其他 \end{cases}$$

则称生成$\psi_{j,k}(t)$的母小波$\psi(t)$为正交小波。

正交小波与经典小波（例如：Morlet 小波、Mexican hat 小波、Caussian 小波等）不同，它们的小波函数$\psi(t)$一般不能由一个简洁的表达式给出，而是通过尺度函数$\phi(t)$的加权组合来产生；尺度函数$\phi(t)$和小波函数$\psi(t)$同时与一个低通滤波器$H_0(z)$及高通滤波器$H_1(z)$相关联；$H_0(z)$和$H_1(z)$可构成一个两通道的分析滤波器组。

目前提出的正交小波大致可以分为四种。

1. Daubechies 小波

Daubechies 小波简称 db 小波，是由法国学者多贝西（Daubechies Ingrid）于 20 世纪 90 年代初提出并构造的。Dauechies 对小波变换的理论作出了突出贡献，特别是在尺度a取 2 的整数次幂时的小波理论及正交小波的构造等方面进行了深入研究。

db 小波记为 db$N$，其中的N表示 db 小波的阶次。db 小波是非对称的（db1 除外，前面多次提及的 Harr 小波就是 db1 小波），相应的滤波器组属共轭正交镜像滤波器组，其分析滤波器和综合滤波器都不具有线性相位（Harr 小波除外）。

Haar 小波（db1 小波）具有很多优点，可简单总结如下。

（1）Haar 小波在时域是紧支撑的，其支撑宽度为 1 。

（2）Haar 小波属于正交小波。若取$a=2^j, j\in Z^+, k\in Z$，那么 Haar 小波不但在其整数位移之间是正交的，即

$$\langle \psi(t), \psi(t-k\rangle = 0$$

而且在j取不同值时也两两正交，即

$$\langle \psi(t), \psi(2^{-j}t) \rangle = 0$$

（3）Haar 小波是对称的。系统的单位脉冲响应若具有对称性，则该系统具有线性相位，这对去除相位失真是非常有利的。除 Haar 小波外，所有紧支撑的正交小波都不具备对称性。Haar 小波是目前唯一既具有对称性，又是紧支撑的正交小波。

（4）Haar 小波仅取+1 和−1，因此计算简单。

需要指出的是，Harr 小波在其支撑集上是不连续的，规则性较差。

2. 对称小波

对称小波简记为 sym$N$，$N=2,\cdots,45$，它是 db 小波的改进，也是由 Daubechies 提出并构造的。它除了有 db 小波的特点外，主要特点是$\psi(t)$接近对称，因此，所用的滤波器可接近于线性相位。

3. Coiflets 小波

Coiflets 小波简记为 coif$N$，$N=1,2,\cdots,5$。在 db 小波中，Daubechies 仅考虑了使小波函数$\psi(t)$具有N阶消失矩，没有考虑尺度函数$\phi(t)$。夸夫曼（Coifman）于 1989 年向 Daubechies

提出建议，希望能构造出使 $\phi(t)$ 也具有高阶消失矩的正交紧支撑小波。Daubechies 接受了这一建议，构造出了以 Coifman 的名字命名的 Coiflets 小波。

4．Meyer 小波

Meyer 小波由迈耶（Meyer）于 1986 年提出，该小波无时域表达式，它是由一对共轭正交镜像滤波器组的频谱定义的。该小波是对称的，且有非常好的规则性，但不是紧支撑的，其有效的支撑范围是[−8,8]。

6.4.5 双正交小波

如果 $\{\psi_{j,k}(t), j,k\in\mathbf{Z}\}$ 与其对偶小波 $\{\tilde{\psi}_{j,k}(t), j,k\in\mathbf{Z}\}$ 之间满足

$$\langle\psi_{j,k}(t),\tilde{\psi}_{j_0,k_0}(t)\rangle=\delta(j-j_0,k-k_0)=\begin{cases}1, & j=j_0,k=k_0\\0, & \text{其他}\end{cases}$$

则称生成 $\psi_{j,k}(t)$ 的母小波 $\psi(t)$ 为双正交小波。

双正交指的是 $\psi(t)$ 和其对偶小波 $\tilde{\psi}(t)$ 之间的关系，因此，双正交小波不是正交小波，但一个正交小波必定是双正交的。

离散小波变换最后由两通道滤波器组来实现，由于正交小波条件下的 $\psi(t)$、$\phi(t)$ 和 $h_0(n)$、$h_1(n)$、$g_0(n)$ 及 $g_1(n)$ 都不具有线性相位（Haar 小波除外），因此，Daubechies 和科恩（Cohen）提出并构造了双正交小波，其目的是在放宽小波正交性的条件下得到线性相位的小波及相应的滤波器组。

前面已经指出，两通道共轭正交镜像滤波器组具有很强的正交性（也叫正交滤波器组），其分析滤波器 $h_0(n)$ 和 $h_1(n)$ 各自都具有偶次位移的正交归一性，且 $h_0(n)$ 与 $h_1(n)$ 之间具有偶次位移的正交性。但也存在不足之处，例如，$h_0(n)$、$h_1(n)$、$g_0(n)$ 和 $g_1(n)$ 都不是线性相位的，且长度相同。为了获得线性相位的滤波器组，需要放弃 $h_0(n)$ 和 $h_1(n)$ 之间的正交性。

放弃 $h_0(n)$ 和 $h_1(n)$ 之间的正交要求，可以获得更大的设计自由度，从而克服上述不足。但消除混叠项的要求是必须满足的，所以，H_0 与 G_1 之间的正交关系及 H_1 与 G_0 之间的正交关系仍要保持，即双正交关系。

在小波的多分辨率分析中，当使用正交滤波器组时，综合滤波器与分析滤波器相同，只是时序反转；而在双正交小波分析中，综合滤波器与分析滤波器是对偶关系，具体内容不做详细讨论。

第7章 人工神经网络

7.1 概述

众所周知，工业革命通过用各种动力机器代替人的体力劳动开创了一个新时代，使得社会的物质财富有了极大的增长，同时使人们摆脱了过于繁重的体力劳动。

现在我们面临信息时代，这个时代将以各种智能机器代替人的脑力劳动。大规模集成电路的高速发展以及光盘存储容量的持续提高为这个时代提供了强有力的硬件支持。但是，现在智能机器的智能水平仍然非常低下。面对迫在眉睫的各种智能信息处理课题，20 世纪后半叶人类开展了多方面的研究与探索，人工神经网络（Artificial Neural Network，ANN）就是在这种背景下于 20 世纪 80 年代初期应运而生的。

人工神经网络从生理、心理和知识等各种不同的角度出发，对人脑的结构和运行方式进行各种层次的鉴定，以便在计算机上实现具有人类智能行为特点的各层次功能。

例如，水声目标分类识别，传统的做法由声呐员用耳朵听，同时结合对谱图的分析等，以辨别声音是来自鱼雷、潜艇还是鱼群。培养声纳员非常不容易，他们不仅需要丰富的经验，而且工作质量还受到精神状态、健康状况等因素的影响。如果能设计出具有这种能力的机器，就可以减轻声呐员的压力。目前，人工神经网络已经在水声信号处理等很多领域得到了广泛应用。

从功能上讲，人工神经网络是模仿人脑工作方式设计的一种机器；从物理实现上讲，人工神经网络是由大量神经元广泛互联而成的复杂的网络系统，它可用电子元件或光电元件实现，也可用软件在常规计算机上仿真。

人工神经网络对输入的处理是根据存储在网络内的模式作信息恢复，而网络存储模式是网络学习的结果，这与传统的信号处理方法有所不同。传统的信号处理方法是将问题写成算法，用网络或程序来实现。所以，人工神经网络常用来解决难以用算法描述的问题，或者对处理的对象没有充分的了解，需要做“盲处理”的问题。

构成人工神经网络的三个基本要素如下。

（1）神经元：即处理单元，或称节点。

（2）网络拓扑：神经元之间的连接方式。神经网络稳定的拓扑结构规定且制约着神经网络的性质和信息处理能力的大小。

（3）网络的学习算法：调整网络连接权的方法，以便使网络具有所需的性能。

学习方法可粗分为有监督学习和无监督学习两大类。

（1）有监督学习：在学习开始前，要提供若干对由已知输入向量和相应输出向量构成的样本集（训练集）——教师指导下的学习或有导师的学习。

（2）无监督学习：学习前只提供若干由已知输入向量构成的样本集（训练集）——无教师指导的学习或无导师的学习。

7.1.1 人工神经元模型

人脑的基本组成单元是神经元。人工神经网络的研究从一开始就借助于神经元的生理结构模型。图 7.1 所示的人工神经元模型是对生物神经元的最简单而直接的模仿。

图 7.1 中 $x_1 \sim x_N$ 表示输入信号，它们来自其他神经元或来自外部；$w_1 \sim w_N$ 表示突触强度（连接强度）；θ 为神经元的阈值；y 表示神经元的输出信号。突触可分为兴奋型和抑制型两种，且可能具有不同的强度。这就是说，对于一定的输入信号，随着突触的不同，接收方收到的是强度各异的兴奋或抑制信号。上述各变量和参数皆取实数值。

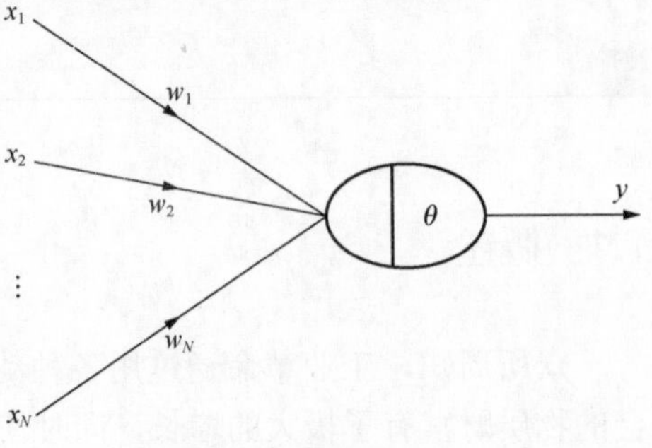

图 7.1 人工神经元模型

一种简单的输入—输出映射关系是

$$y=\begin{cases}1, & \sum_{i=1}^{N} w_i x_i > \theta \\ 0, & \sum_{i=1}^{N} w_i x_i < \theta\end{cases}$$

神经元的输入、输出取值为 0 或 1，0 代表神经元的静止状态，1 表示神经元的兴奋状态。当各输入与其连接强度的加权和 $\sum_{i=1}^{N} w_i x_i$ 超过阈值 θ 时，神经元进入兴奋状态。这是 1943 年由麦卡洛克（McCuloch）和皮茨（Pitts）提出的神经元模型，简称 M-P 模型。

M-P 模型虽然很简单，但它具有计算能力。选择适当的权值 w_i 和阈值 θ，可以进行基本的逻辑运算。图 7.2 所示为由 M-P 神经元组成的逻辑元件。

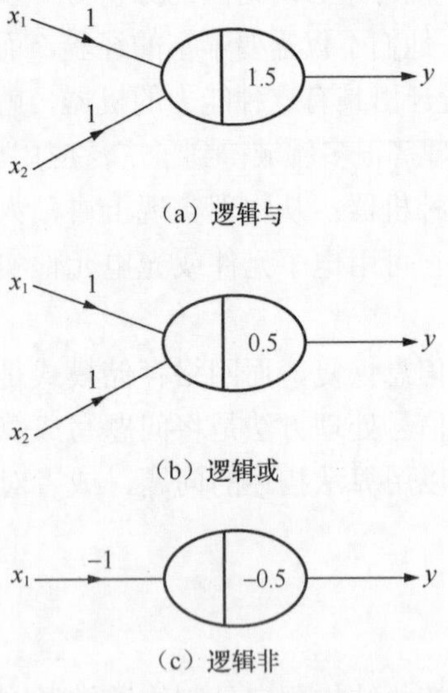

图 7.2 由 M-P 神经元组成的逻辑元件

M-P 模型具有确切的数字定义，但它仅代表了神经元的二值状态，实用价值不大。下面讨论几种常用的神经元模型。

各种神经元模型的结构是相同的：一个处理节点、若干与输入的连接权、一个输出端。信号从输入到输出单向传播。各种神经元模型的不同之处仅在于从输入到输出的映射关系不同，体现在对传递函数和激活函数（变换函数）的数学描述不同。

令

$$\boldsymbol{x}=[x_1 \quad x_2 \quad \cdots \quad x_N]^{\mathrm{T}}$$

$$\boldsymbol{w}=[w_1 \quad w_2 \quad \cdots \quad w_N]^{\mathrm{T}}$$

分别表示输入向量和连接权向量，则传递函数是指由 $\boldsymbol{x}$ 和 $\boldsymbol{w}$ 产生单元净输入 u 的规则。所谓单元净输入为

$$u=\sum_{i=1}^{N} w_i x_i-\theta=\sum_{i=0}^{N} w_i x_i$$

其中 $x_0=-1$，$w_0=\theta$。激活函数是指由净输入 u 产生单元输出 y 的规律，也叫变换函数。激活函数起非线性映射作用，并将神经元的输出幅度限制在一定范围内。

可见，神经元已被描述成一个多输入、单输出的非线性信号处理系统，其输入到输出的关系为

$$y=f(u)$$

将 $x_0=-1$，$w_0=\theta$ 作为输入向量 $\boldsymbol{x}$ 和权向量 $\boldsymbol{w}$ 的一个分量，则 M-P 模型对应的传递函数 $u(\boldsymbol{w},\boldsymbol{x})$ 可写成

$$u(\boldsymbol{w},\boldsymbol{x})=\boldsymbol{w}^{\mathrm{T}}\boldsymbol{x} \tag{7.1.1}$$

激活函数（变换函数）可写成

$$f(u)=\begin{cases}1, & u>0\\ 0, & u<0\end{cases} \tag{7.1.2}$$

几种常用的变换函数如图 7.3 所示，它们可以是单极性的，也可以是双极性的。可以看出，式（7.1.2）表示的变换函数即为单极性阶跃函数，而双极性阶跃函数就是符号函数 sgn(u)，输出取符号值。

单极性 Sigmoid 函数和双极性 Sigmoid 函数的函数表达式分别为

$$f(u)=\frac{1}{1+\mathrm{e}^{-\lambda u}} \tag{7.1.3}$$

$$f(u)=\frac{2}{1+\mathrm{e}^{-\lambda u}}-1 \tag{7.1.4}$$

其中 $\lambda>0$，常取为1。

这些函数有一个共同点，就是输出都被限定在一定范围内，这一点对于网络的稳定是非常有利的。

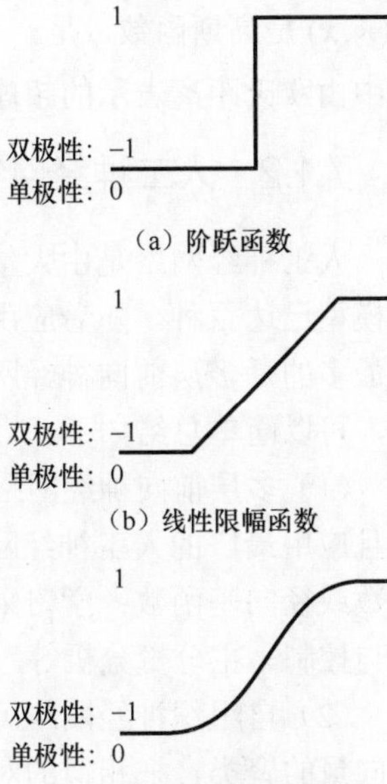

（a）阶跃函数

（b）线性限幅函数

（c）Sigmoid函数（S函数）

图 7.3 几种常用的变换函数

以上所述的神经元函数，它们的传递函数 $u(\boldsymbol{w},\boldsymbol{x})$ 都是内积运算，即

$$u(\boldsymbol{w},\boldsymbol{x})=\boldsymbol{w}^{\mathrm{T}}\boldsymbol{x}$$

所不同的是激活函数（变换函数）$f(u)$。内积是最常用的传递函数，但并不是唯一的传递函数，例如，径向基函数（Radial Basis Function，RBF）也是传递函数。常用的径向基函数有下列两种形式。

① $$u(\boldsymbol{w},\boldsymbol{x})=\frac{\|\boldsymbol{x}-\boldsymbol{w}\|^2}{2\sigma^2} \tag{7.1.5}$$

$$f(u)=\frac{\exp(-u)}{\sqrt{2\pi}\sigma} \tag{7.1.6}$$

②
$$u(\boldsymbol{w},\boldsymbol{x})=\frac{1}{2}(\boldsymbol{x}-\boldsymbol{w})^{\mathrm{T}}(\Sigma)^{-1}(\boldsymbol{x}-\boldsymbol{w}) \tag{7.1.7}$$

$$f(u)=\frac{\exp(-u)}{\sqrt{2\pi|\Sigma|}} \tag{7.1.8}$$

其中，σ^2 是数据 $\boldsymbol{x}$ 的方差，Σ 是数据 $\boldsymbol{x}$ 的协方差矩阵，$|\Sigma|$ 表示矩阵的行列式值。

如果函数 $F(\boldsymbol{x})$ 可以表示为

$$F(\boldsymbol{x})=\sum_{i=1}^{N}w_i G(\boldsymbol{x},\boldsymbol{x}_i)$$

则函数 $G(\cdot)$ 称为基函数（核函数）。如果

$$G(\boldsymbol{x},\boldsymbol{x}_i)=G(\|\boldsymbol{x}-\boldsymbol{x}_i\|)$$

则函数 $G(\boldsymbol{x},\boldsymbol{x}_i)$ 是一个中心旋转对称的函数，这样的基函数称为径向基函数。上面形式①的 $f(\boldsymbol{w},\boldsymbol{x})$ 是高斯函数，是一个中心旋转对称的函数；形式②是高斯型基函数的推广，将高斯函数中由欧氏距离表示的超球型区域推广为超椭球型区域。

7.1.2 人工神经网络模型

人工神经网络是由大量神经元按照不同方案组合而成的复杂的网络系统。现有的神经网络模型已达百种。随着应用研究的不断深入，新的模型也在不断推出。在信号处理领域，应用最多的是多层前向神经网络、自组织神经网络、霍普菲尔德神经网络。这三种网络各有特点，可以简单总结如下。

（1）多层前向神经网络（MultiLayer Feedforward Network，MLFN）。这是目前研究得最多且应用最广的人工神经网络。结构特点是多层连接、无反馈；神经元变换函数是 Sigmoid 函数或径向基函数；学习采用有监督学习方法；应用于函数逼近、分类与模式识别、系统辨识与控制、主分量分析等。

（2）自组织神经网络。这种学习算法为无监督的自组织算法；主要功能是实现对输入特征向量的聚类，把相似的对象归为一类，并分出不相似的对象，且在此基础上用于完成函数逼近、分类与模式识别等映射。著名的两种自组织神经网络是自组织特征映射（Self-Organized Feature Mapping，SOFM）和自适应谐振理论（Adaptive-Resonance Theory，ART）。

（3）霍普菲尔德（Hopfield）神经网络。其结构特点是全连接的反馈网络；神经元变换函数是符号函数 $\mathrm{sgn}(\cdot)$；典型应用是用作联想存储器。

7.1.3 人工神经网络的学习

1. 常用的学习算法

学习问题是一个优化问题。在人工神经网络的结构已经取定的情况下，学习问题归结为求网络中连接各神经元的权 w_{ij}，使得一个目标函数达到极小值，此目标函数以某种准则衡量。

对有监督学习情况，衡量ANN对训练集中各输入向量的实际输出与理想输出（在训练集中给定）之间的差异；对自组织学习情况，衡量训练集中各输入向量的聚类误差。

常用的学习算法有：误差修正学习（Delta规则）、Hebb学习规则、竞争学习规则。现简单介绍如下，具体应用在后续内容中再进行讨论。

（1）误差修正学习（Delta规则）

误差修正学习使某一基于误差$e(n)$的目标函数达到最小，以使网络中每一输出单元的实际输出在某种统计意义上最逼近于理想输出。最常用的目标函数是均方误差，具体方法可用梯度法，具体算法在7.2.3节多层前向神经网络的学习算法中介绍，包括反向传播算法（BP算法）。

（2）Hebb学习规则

Hebb学习规则由神经心理学家赫布（D.O.Hebb）根据生物神经元的工作特点提出，可归纳为：当某一突触（连接）两端的神经元的激活同步（同为兴奋或同为抑制）时，该连接的强度增强，反之则应减弱。最常用的一种情况为

$$修正量：\Delta w_{ji}(n)=\mu y_j(n)x_i(n),\quad 0<\mu\leqslant 1$$

其中$y_j(n)$、$x_i(n)$分别为w_{ji}两端神经元的状态。该规则有时也称为相关学习规则。可以看出，如果$y_j(n)$和$x_i(n)$只能取1（兴奋）或−1（抑制），则当$y_j(n)$和$x_i(n)$取相同符号时，连接强度增强；当$y_j(n)$和$x_i(n)$取相反符号时，连接强度减弱。7.3.3节的自组织主分量分析将用到Hebb学习规则。

与Hebb学习规则对应的还有反Hebb学习规则。反Hebb学习规则是在

$$\Delta w_{ji}(n)=\mu y_j(n)x_i(n) \tag{7.1.9}$$

中取$\mu<0$，或者依然取$\mu>0$，但将权的修正量由式（7.1.9）改为

$$\Delta w_{ji}(n)=-\mu y_j(n)x_i(n) \tag{7.1.10}$$

反Hebb学习规则起抑制作用。7.3.3节自组织主分量分析的APEX将用到反Hebb学习规则。

（3）竞争学习规则

竞争学习规则也叫胜者全取（Winner Take All，WTA）规则。众多输出单元中如有某一单元较强，则它在竞争中获胜并抑制其他单元，最后只有强者处于兴奋状态。最常用的竞争学习规则可写为

$$\Delta \boldsymbol{w}_j=\begin{cases}\mu(\boldsymbol{x}-\boldsymbol{w}_j), & 神经元j竞争获胜\\ 0, & 神经元j竞争失败\end{cases}$$

7.3.1节的自组织聚类将用到竞争学习规则。

2．学习算法的性能

一种学习算法的性能优劣是指由之产生的人工神经网络推广性能的优劣。所谓推广性能是指：用训练集内数据所确定的人工神经网络对训练集外数据的适应性。用于训练集以外的数据时，若误差略有增加而差异不大，则推广性能优越；反之，若误差增加很多则推广性能低劣。推广性能低劣的人工神经网络，其实用价值很低。影响人工神经网络推广性能的因素如下。

（1）待完成的映射任务的复杂度。

（2）训练集的规模。

（3）人工神经网络的结构和规模。

（4）学习算法本身。

7.2 多层前向神经网络

7.2.1 前向神经网络的结构

一个由 M 个神经元组成的单层前向神经网络（Single-Layer Feedforward Neural Network，SLFN）如图 7.4 所示。M 个神经元的每一个神经元都接收 N 个输入，第 j 个神经元与第 i 个输入的连接权表示为 w_{ji}，假定神经元的阈值为 0，则第 j 个神经元的输出是

$$y_j = f(u_j) = f(\sum_{i=1}^{N} w_{ji} x_i), \quad j = 1,2,\cdots,M \tag{7.2.1}$$

单层前向神经网络的传递函数 $\boldsymbol{u}(\boldsymbol{w},\boldsymbol{x})$ 是内积运算。令

$$\boldsymbol{x} = [x_1 \quad x_2 \quad \cdots \quad x_N]^{\mathrm{T}}$$

$$\boldsymbol{y} = [y_1 \quad y_2 \quad \cdots \quad y_M]^{\mathrm{T}}$$

可见，一个单层前向神经网络用来将一个 N 维输入空间 $\boldsymbol{x}$ 映射到 M 维输出空间 $\boldsymbol{y}$，或者说，将输入模式映射成输出模式。

如果输入层与输出层之间有隐层，则为多层前向神经网络（Multi-Layer Feedforward NeuralNetwork，MLFN）。含一个隐层的为两层前向神经网络；含两个隐层的为三层前向神经网络。图 7.5 所示为输出层只有一个神经元，含两个隐层的多层前向神经网络。

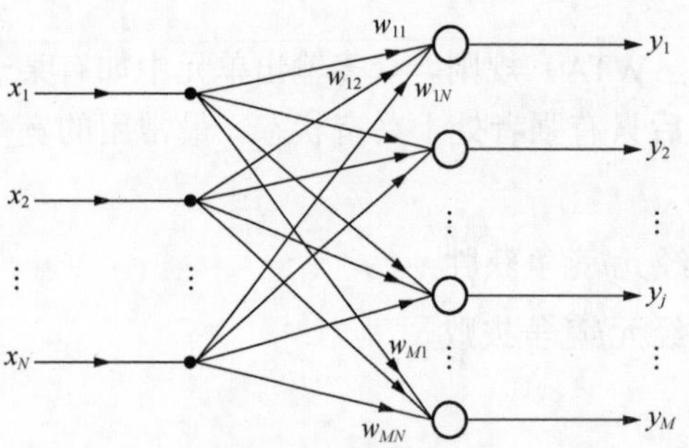

图 7.4 单层前向神经网络

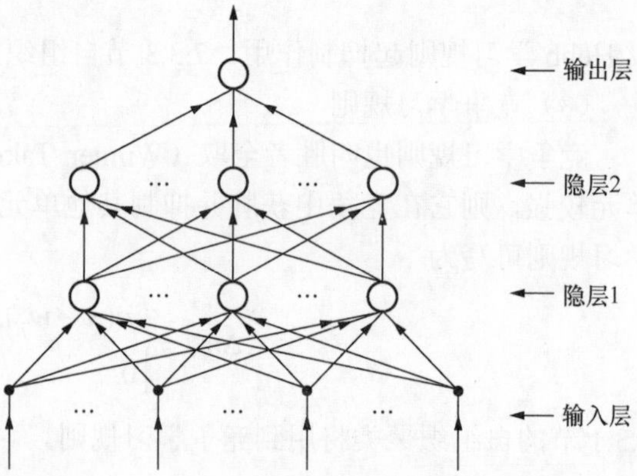

图 7.5 多层前向神经网络

7.2.2 前向神经网络的分类能力

前向神经网络的重要应用之一是分类。先来看单个神经元的二分类能力。取神经元的变换函数为双极性阶跃函数（符号函数），将 $x_0 = -1$，$w_0 = \theta$ 作为输入向量 $\boldsymbol{x}$ 和权向量 $\boldsymbol{w}$ 的一个分量，则其输入、输出关系为

$$y=\operatorname{sgn}(\boldsymbol{w}^{\mathrm{T}}\boldsymbol{x})=\begin{cases}+1, & \sum_{i=0}^{N} w_i x_i > 0 \\ -1, & \sum_{i=0}^{N} w_i x_i < 0 \\ \text{无定义}, & \sum_{i=0}^{N} w_i x_i = 0\end{cases}$$

这样的处理单元被称为线性阈值单元。

一个线性阈值单元将输入空间 $\boldsymbol{x}$ 分为两类：R_1 和 R_2。令 $g(\boldsymbol{x})=\boldsymbol{w}^{\mathrm{T}}\boldsymbol{x}$，则

当 $g(\boldsymbol{x})>0$ 时，$\boldsymbol{x}$ 属于 R_1 类

当 $g(\boldsymbol{x})<0$ 时，$\boldsymbol{x}$ 属于 R_2 类

因为 R_1 和 R_2 可用线性函数 $g(\boldsymbol{x})=\boldsymbol{w}^{\mathrm{T}}\boldsymbol{x}$ 分割开，故称 R_1 和 R_2 为线性可分类。称 $\boldsymbol{x}$ 的线性方程 $g(\boldsymbol{x})=\boldsymbol{w}^{\mathrm{T}}\boldsymbol{x}=0$ 为分界函数（线性分界函数）。

当输入向量 $\boldsymbol{x}$ 为二维时，$g(\boldsymbol{x})=0$ 是一个直线；当输入向量 $\boldsymbol{x}$ 为三维时，$g(\boldsymbol{x})=0$ 是一个平面；若输入向量的维数 $D>3$，则 $g(\boldsymbol{x})=0$ 是一个超平面。

对于给定的输入 $\boldsymbol{x}$，分界函数的最终权向量 $\boldsymbol{w}$ 可以根据两类模式集合和距离原则来计算。

设两类模式集合的中心点（质心）分别为 C_1 和 C_2，则 $g(\boldsymbol{x})$ 的合理选择是 $g(\boldsymbol{x})$ 到 C_1 和 C_2 的距离相等，是与 C_1-C_2 垂直的超平面。输入向量为二维的情况如图 7.6 所示。

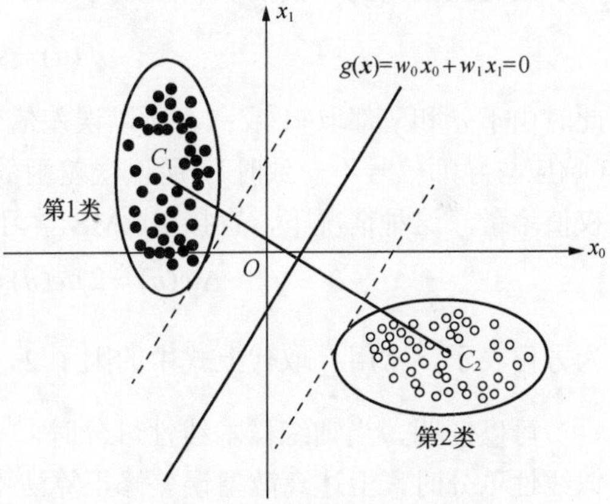

图 7.6　线性分割函数和二分类

由 M 个线性阈值单元并联而成的单层前向神经网络，用 M 个线性分界函数将输入空间 $\boldsymbol{x}$ 分割成若干个区域，每一个区域对应不同的输出模式。

单层前向神经网络只能满足线性分类，如果两类样本 A、B 不能用一个超平面分开，则需要用多层前向神经网络（在输入层与输出层之间存在一些隐层）来解决以上问题。可以证明，只要第一隐层的神经元足够多，则由线性阈值单元组成的三层前向神经网络可以对任意形状的输入向量集合进行正确分类，或者说实现任意离散非线性映射。

7.2.3　多层前向神经网络的学习算法——误差修正学习

用来训练网络的输入模式 $\boldsymbol{x}_1,\boldsymbol{x}_2,\cdots,\boldsymbol{x}_L$ 称为训练序列，它们对应的正确响应 $d_1,d_2,\cdots,d_L$ 称为导师信号。根据网络的实际响应 $y_1,y_2,\cdots,y_L$ 与导师信号的误差自适应地调整网络的权向量 $\boldsymbol{w}$，称为误差修正法，即

$$\boldsymbol{w}(n+1)=\boldsymbol{w}(n)+\Delta\boldsymbol{w}(n)$$

式中，n 为迭代次数，$\Delta\boldsymbol{w}(n)$ 为修正量，它与误差

$$e(n)=d(n)-y(n)$$

有关。

误差修正学习是有导师学习法，用于训练多层前向神经网络权系数的反向传播（Back Propagation，BP）算法属于这类方法。在讨论反向传播算法之前，先讨论单个神经元的学习算法。

1. 单个神经元的学习算法

单个神经元的学习算法依变换函数的不同而不同，分别讨论如下。

（1）变换函数为线性函数

当变换函数为线性函数时，有

$$f(u)=u=\boldsymbol{w}^{\mathrm{T}}\boldsymbol{x}$$

这时，单个神经元就是一个自适应组合器，可用最小均方算法训练权系数。

前面已经介绍，最小均方算法包含三项内容：以误差 $e(n)=d(n)-y(n)$ 的均方值最小为准则（MMSE）调整权系数 $\boldsymbol{w}$；以二次曲面 $\varepsilon(\boldsymbol{w})=\mathrm{E}[e^2(n)]$ 的负梯度作为权值增量，即 $\Delta\boldsymbol{w}(n)=-\mu\nabla[\varepsilon(n)]$；用梯度的估计 $\tilde{\nabla}$ 代替梯度 ∇。于是权向量的修正量为

$$\Delta\boldsymbol{w}(n)=2\mu e(n)\boldsymbol{x}(n)$$

（2）变换函数为双极性阶跃函数

当变换函数为双极性阶跃函数时，有

$$f(u)=\mathrm{sgn}(u)=\mathrm{sgn}(\boldsymbol{w}^{\mathrm{T}}\boldsymbol{x})$$

此时由于 d 和 y 都取+1 或−1，所以误差信号只会取 $e=0$（响应与导师信号一致时）或 $e=\pm2$（响应与导师信号不一致时），所以误差函数在整个权平面上的斜率都为 0，不能以负梯度作为权值增量。这种情况下，直接以 LMS 学习算法的调整量作为权值增量，即

$$\Delta\boldsymbol{w}(n)=2\mu e(n)\boldsymbol{x}(n)=2\mu[d(n)-y(n)]\boldsymbol{x}(n)$$

为方便表示，常用 $\frac{1}{2}$ 取代上式中的因子 2。

可以证明，当训练样本线性可分时，上述算法收敛。但当训练样本线性不可分，或者近似线性可分时，上述离散型误差修正算法不收敛。

接下来讨论以 S 函数作为变换函数的连续型误差修正算法，这种变换函数使用更为广泛。

（3）变换函数为双极性 S 函数

对双极性 S 函数取 $\lambda=1$，则双极性 S 函数为

$$f(u)=\frac{2}{1+\exp(-u)}-1$$

$$f'(u)=\frac{2\exp(-u)}{[1+\exp(-u)]^2}=\frac{1}{2}[1-f^2(u)]$$

最小均方算法以平方误差代替均方误差，则

$$\varepsilon=e^2=(d-y)^2$$

$$\frac{\partial\varepsilon}{\partial y}=-2(d-y)$$

其中

$$y = f(u)$$

最小均方算法的迭代增量为

$$\Delta w_i = -\mu \frac{\partial \varepsilon}{\partial w_i} = -\mu \frac{\partial \varepsilon}{\partial u} \cdot \frac{\partial u}{\partial w_i} \tag{7.2.2}$$

式中

$$\frac{\partial \varepsilon}{\partial u} = \frac{\partial \varepsilon}{\partial y} \cdot \frac{\partial y}{\partial u} = -2(d-y)f'(u) = -(d-y)(1-y^2) \tag{7.2.3}$$

由 $u = \sum_{i=0}^{N} w_i x_i$，有

$$\frac{\partial u}{\partial w_i} = x_i \tag{7.2.4}$$

将式（7.2.3）和式（7.2.4）代入式（7.2.2），并推广至向量，可以得到非线性最小均方算法的迭代增量为

$$\Delta \boldsymbol{w}(n) = \mu[d(n)-y(n)][1-y^2(n)]\boldsymbol{x}(n) \tag{7.2.5}$$

$\boldsymbol{w}(n)$ 为神经元与各输入的连接权所构成的权向量。

由于 S 函数具有可微性，可以将最小均方算法推广应用于多层 S 型前向神经网络。多层前向神经网络可以解决非线性可分问题，但有隐层使得学习比较困难，一度限制了多层前向神经网络的发展。反向传播算法的出现解决了这一问题，促使多层前向神经网络的研究重新得到重视。接下来讨论用于训练多层前向神经网络权系数的反向传播算法

2．误差反向传播算法

该算法涉及以下两种信号的流通。

（1）工作信号：它是施加输入信号以后前向传播直到输出端产生实际输出的信号，是输入和权值的函数。

（2）误差信号：网络实际输出与导师信号的误差，它由输出端开始逐层向后传播。

由于算法中假设输出误差做反向传递，故称为反向传播（Back Propagation，BP）算法。以下对反向传播算法的原理进行讨论。

（1）假设单元 j 是输出单元

设在第 n 次迭代中输出端的第 j 个单元的输出为 $y_j(n)$，则该单元的误差信号为

$$e_j(n) = d_j(n) - y_j(n) \tag{7.2.6}$$

定义单元 j 的平方误差为 $\frac{1}{2}e_j^2(n)$，则输出端所有输出单元总的平方误差的瞬间值为

$$E(n) = \frac{1}{2}\sum_{j \in c} e_j^2(n) \tag{7.2.7}$$

其中 c 包括所有的输出单元。$E(n)$ 是学习的目标函数，它是网络所有权值和阈值以及输入信

号的函数，学习的目的是使 $E(n)$ 达到最小。

记第 j 个单元的净输入为

$$u_j(n)=\sum_{i=0}^{p} w_{ji}(n)y_i(n) \qquad (7.2.8)$$

p 是加到单元 j 的输入个数，如图 7.7 所示。则单元 j 的输出为

$$y_j(n)=f[u_j(n)] \qquad (7.2.9)$$

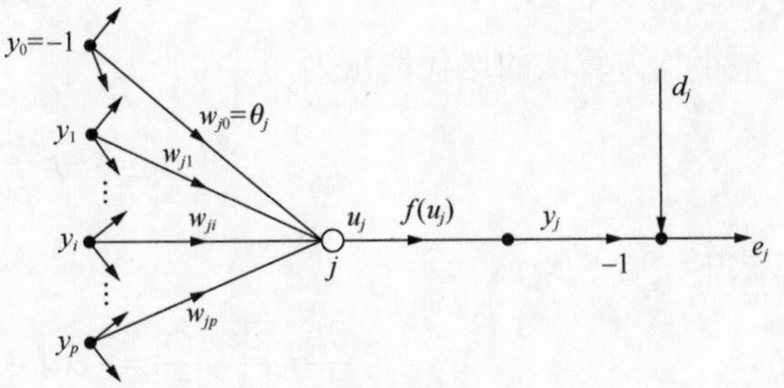

图 7.7 单元 j 是输出单元

根据式（7.2.7）、式（7.2.6）、式（7.2.9）、式（7.2.8）可求得 $E(n)$ 对 w_{ji} 的梯度为

$$\frac{\partial E(n)}{\partial w_{ji}(n)}=\frac{\partial E(n)}{\partial e_j(n)}\cdot\frac{\partial e_j(n)}{\partial y_j(n)}\cdot\frac{\partial y_j(n)}{\partial u_j(n)}\cdot\frac{\partial u_j(n)}{\partial w_{ji}(n)} \qquad (7.2.10)$$

因为

$$E(n)=\frac{1}{2}\sum_{j\in c} e_j^2(n)$$

所以

$$\frac{\partial E(n)}{\partial e_j(n)}=e_j(n)$$

因为

$$e_j(n)=d_j(n)-y_j(n)$$

所以

$$\frac{\partial e_j(n)}{\partial y_j(n)}=-1$$

因为

$$u_j(n)=\sum_{i=0}^{p} w_{ji}(n)y_i(n)$$

所以

$$\frac{\partial u_j(n)}{\partial w_{ji}(n)}=y_i(n)$$

因为

$$y_j(n)=f[u_j(n)]$$

所以

$$\frac{\partial y_j(n)}{\partial u_j(n)}=f'[u_j(n)]$$

将上面的结果代入式（7.2.10），得

$$\frac{\partial E(n)}{\partial w_{ji}(n)}=-e_j(n)f'[u_j(n)]y_i(n)$$

则权值 w_{ji} 的修正量为

$$\Delta w_{ji}(n)=-\mu\frac{\partial E(n)}{\partial w_{ji}(n)}=\mu\delta_j(n)y_i(n) \tag{7.2.11}$$

其中

$$\delta_j(n)=-\frac{\partial E(n)}{\partial u_j(n)}=-\frac{\partial E(n)}{\partial e_j(n)}\cdot\frac{\partial e_j(n)}{\partial y_j(n)}\cdot\frac{\partial y_j(n)}{\partial u_j(n)}=e_j(n)f'[u_j(n)] \tag{7.2.12}$$

称为局部梯度。

以上讨论的是单元 j 为输出单元的情况，接下来讨论单元 j 是隐单元的情况。

（2）假设单元 j 是隐单元

隐单元没有导师信号，因而也就无法获得误差信号。将局部梯度 $\delta_j(n)$ 表示为

$$\delta_j(n)=-\frac{\partial E(n)}{\partial u_j(n)}=-\frac{\partial E(n)}{\partial y_j(n)}\cdot\frac{\partial y_j(n)}{\partial u_j(n)}=-\frac{\partial E(n)}{\partial y_j(n)}f'[u_j(n)] \tag{7.2.13}$$

为获得上式中的 $\frac{\partial E(n)}{\partial y_j(n)}$，需要建立 $y_j(n)$ 与目标函数 $E(n)$ 的联系。设 k 为输出单元，有

$$E(n)=\frac{1}{2}\sum_{k\in c}e_k^2(n)$$

$$\frac{\partial E(n)}{\partial y_j(n)}=\sum_k e_k(n)\frac{\partial e_k(n)}{\partial y_j(n)}=\sum_k e_k(n)\frac{\partial e_k(n)}{\partial u_k(n)}\cdot\frac{\partial u_k(n)}{\partial y_j(n)} \tag{7.2.14}$$

因为

$$e_k(n)=d_k(n)-y_k(n)=d_k(n)-f[u_k(n)]$$

所以

$$\frac{\partial e_k(n)}{\partial u_k(n)}=-f'[u_k(n)] \tag{7.2.15}$$

设单元 k 的输入端个数为 q，如图 7.8 所示，则

$$u_k(n)=\sum_{j=0}^{q}w_{kj}(n)y_j(n)$$

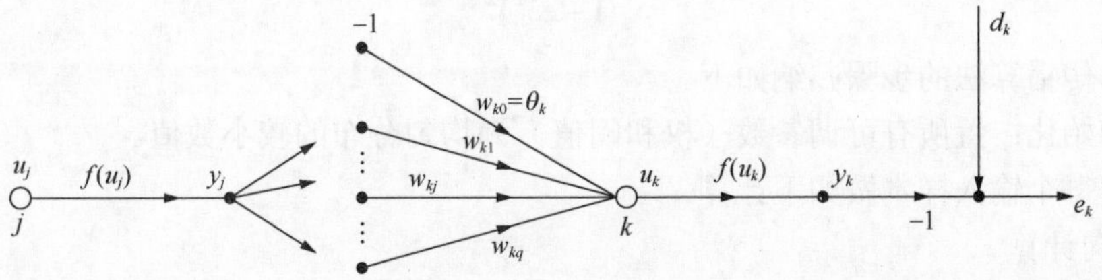

图 7.8 单元 j 是隐单元

有

$$\frac{\partial u_k(n)}{\partial y_j(n)} = w_{kj}(n) \tag{7.2.16}$$

将式（7.2.15）和式（7.2.16）代入式（7.2.14），得

$$\frac{\partial E(n)}{\partial y_j(n)} = -\sum_k e_k(n) f'[u_k(n)] w_{kj}(n) = -\sum_k \delta_k(n) w_{kj}(n) \tag{7.2.17}$$

其中

$$\delta_k(n) = e_k(n) f'[u_k(n)]$$

将式（7.2.17）代入式（7.2.13），可得隐单元 j 的局部梯度为

$$\delta_j(n) = f'[u_j(n)] \sum_k \delta_k(n) w_{kj}(n) \tag{7.2.18}$$

式（7.2.18）就是由输出单元 k 反向计算隐单元 j 的反向传播公式。

综上，可以将反向传播算法总结为

权值修正量=学习步长·局部梯度·单元的输入信号

即

$$\Delta w_{ji} = \mu \delta_j(n) y_i(n)$$

其中

$$\begin{cases} \delta_j(n) = f'[u_j(n)] \sum_k \delta_k(n) w_{kj}(n) \\ \delta_k(n) = e_k(n) f'[u_k(n)] \end{cases}$$

式中，单元 k 为输出单元，单元 j 为隐单元。

在实际应用中，学习时要输入训练样本，每输一次全部训练样本称为一个训练周期，学习要一个周期一个周期地进行，直到目标函数达到最小或小于某一给定值。训练时，各周期中样本的输入顺序要重新随机排序。

神经网络的学习方法可分成离线批处理和在线自适应。离线批处理指在应用前用训练样本集对网络进行训练，获得网络的最佳权。在线自适应指每获得一个输入向量，就进行一次学习。反向传播算法属于前者。

下面对反向传播算法的步骤进行总结。设变换函数是单极性 S 函数，并取 $\lambda = 1$，有

$$y = f(u) = \frac{1}{1 + \mathrm{e}^{-u}}$$

$$f'(u) = \frac{\mathrm{e}^{-u}}{(1 + \mathrm{e}^{-u})^2} = y(1 - y)$$

则可将反向传播算法的步骤归纳如下。

（1）初始化：置所有可调参数（权和阈值）为均匀分布的较小数值。

（2）对每个输入样本做如下计算。

① 前向计算

对第 l 层的 j 单元：

$$u_j^{(l)}(n)=\sum_{i=0} w_{ji}^{(l)}(n)y_i^{(l-1)}(n),\ \ i=0,1,2\cdots$$

其中 $y_i^{(l-1)}(n)$ 为前一层（$l-1$ 层)的单元 i 送来的工作信号，当 $i=0$ 时，置 $y_0^{(l-1)}(n)=-1$，$w_{j0}^{(l)}(n)=\theta_j^{(l)}(n)$。

如果神经元 j 属于第一隐层（$l=1$），则其输入就是 $\boldsymbol{x}$，即

$$y_j^{(0)}(n)=x_j(n)$$

如果神经元 j 属于输出层（$l=L$），用 O 表示其输出，有

$$y_j^{(L)}(n)=O_j(n)$$

且

$$e_j(n)=d_j(n)-O_j(n)$$

② 反向计算 δ

对输出单元：

$$\delta_j^{(l)}(n)=e_j^{(L)}(n)O_j(n)[1-O_j(n)]$$

对隐单元：

$$\delta_j^{(l)}(n)=y_j^{(l)}(n)[1-y_j^{(l)}(n)]\sum_k \delta_k^{(l+1)}(n)w_{kj}^{(l+1)}(n)$$

③ 修正权值

$$w_{ji}^{(l)}(n+1)=w_{ji}^{(l)}(n)+\mu\delta_j^{(l)}(n)y_i^{(l-1)}(n)$$

上式中 $i=1,2,\cdots$，$w_{j0}^{(l)}$ 不做调整。

（3） $n=n+1$，输入新的样本（或新一周期样本），重复步骤（2）中的①、②、③直至收敛。

收敛有两种情况：目标函数达到预定要求；$w_{ji}^{(l)}(n+1)$ 与 $w_{ji}^{(l)}(n)$ 相等，不能再调整。具体学习过程如图 7.9 所示。

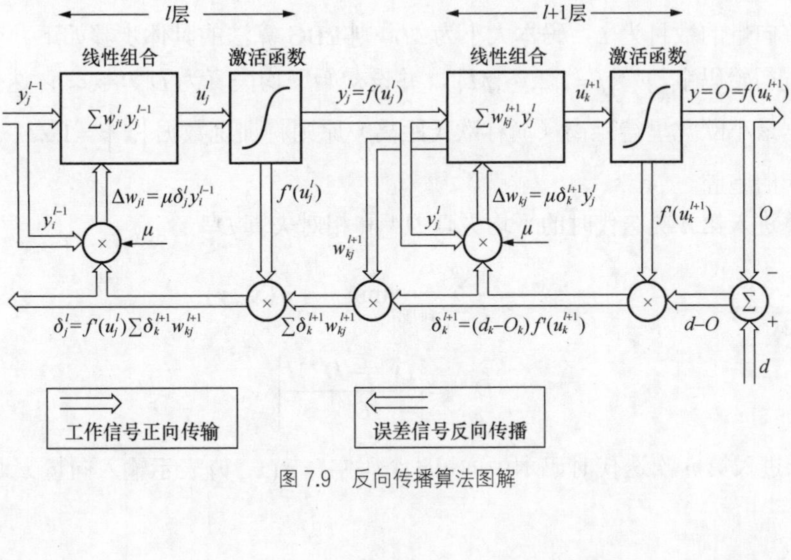

图 7.9 反向传播算法图解

反向传播算法对多层前向神经网络的应用起到了非常重要的作用，但依然存在以下问题。

（1）反向传播算法的目标函数不是二次函数，而是高次的，其性能曲面不是只有一个极小点的抛物面，而是存在许多局部极小点的超曲面，学习过程可能收敛于局部极小点。

（2）反向传播算法收敛速度较慢。即使是一个比较简单的问题，也需要几百次甚至上千次的学习才能收敛。因为是离线学习（训练和处理分阶段进行），所以此问题可忽略。如果希望有较快的收敛速度，可采用一些加速方法。

（3）网络中隐层的层数及单元数的选取尚无理论上的指导。

7.2.4 径向基函数网络

径向基函数网络通常取两层结构（1 个隐层），它与两层结构的反向传播网络不同的是：其隐层的变换函数取径向基函数而不是函数。

1. 径向基函数网络的学习方法

设训练集为$\left\{y_l, \boldsymbol{x}_l \middle| l=1,2,\cdots,L\right\}$。权参数的学习分以下三个阶段进行。

（1）隐层各神经元输入权向量$\boldsymbol{w}_j^{(1)}$的学习。这一阶段采用自组织学习算法，设隐层有 M 个神经元，则将$\left\{\boldsymbol{x}_l \middle| l=1,2,\cdots,L\right\}$分为 M 个聚类区。可以采用 LBG 算法或自 SOFM 神经网络学习算法。LBG 算法是由林德（Linde）、布佐（Buzo）和格雷（Gray）于 1980 年首先提出来的，用于向量量化（Vector Quantization，VQ），是一种自组织聚类学习算法，其目的是求得 M 个聚类区中心（即$\boldsymbol{w}_j^{(1)}$，$j=1,2\cdots,M$），使得平均量化误差最小。

（2）在输入至隐层的各个$\boldsymbol{w}_j^{(1)}$保持固定的条件下，对隐层至输出的各个权值$\boldsymbol{w}_j^{(2)}$用训练集$\left\{y_l, \boldsymbol{x}_l \middle| l=1,2,\cdots,L\right\}$，按反向传播算法进行有监督学习。

（3）对网络中所有权值，用上述训练集按反向传播算法进行有监督学习。

2. LBG 算法

这里简要介绍用于向量量化的 LBG 算法，SOFM 神经网络学习算法将在自组织神经网络部分介绍。

假定训练向量的数目为 L，码本大小为 M，则 LBG 算法的具体步骤如下。

（1）设置初始码字$\left\{\boldsymbol{y}_j^{(1)} \middle| j=1,2,\cdots,M\right\}$，并设初始平均失真为$D^{(0)} \to \infty$，迭代次数$n=1$。

（2）根据最小欧几里得距离（简称欧氏距离）原则将训练数据$\left\{\boldsymbol{x}_l \middle| l=1,2,\cdots,L\right\}$分配给 M 个码字所对应的胞腔。

（3）计算进入第 n 次迭代时的平均失真$D^{(n)}$和相对失真$\tilde{D}^{(n)}$：

$$D^{(n)} = \frac{1}{L}\sum_{l=1}^{L} \min_{\boldsymbol{y}\in\{\boldsymbol{y}_j^{(n)}|j=1,2,\cdots,M\}} d(\boldsymbol{x}_l, \boldsymbol{y})$$

$$\tilde{D}^{(n)} = \left|\frac{D^{(n)} - D^{(n-1)}}{D^{(n)}}\right|$$

式中$\boldsymbol{y}_j^{(n)}$表示进入第 n 次迭代时码本中的第 j 个码字，$d(\boldsymbol{x}_l, \boldsymbol{y})$表示输入向量$\boldsymbol{x}_l$与码字$\boldsymbol{y}$之间

的相似程度，常用平方欧氏距离来衡量，其定义为

$$d(\boldsymbol{x}_l,\boldsymbol{y})=\|\boldsymbol{x}_l-\boldsymbol{y}\|^2=\sum_{i=1}^{N}(x_{li}-y_i)^2$$

N 为组成一个向量的标量个数，即向量的维数。若相对失真 $\tilde{D}^{(n)}$ 小于某一个阈值，则停止计算，当前码本就是设计好的码本；否则执行步骤（4）。

（4）计算这时各个胞腔的质心 $\boldsymbol{y}_j^{(n+1)}$，并将其作为新的码字。

$$\boldsymbol{y}_j^{(n+1)}=\frac{1}{L_j}\sum_{\boldsymbol{x}\in R_j^{(n)}}\boldsymbol{x}\ ,\quad j=1,2,\cdots,M$$

其中 $R_j^{(n)}$ 表示第 n 次迭代时码本中的第 j 个码字 $\boldsymbol{y}_j^{(n)}$ 所对应的胞腔，即

$$R_j^{(n)}=\{\boldsymbol{x}_l:d(\boldsymbol{x}_l,\boldsymbol{y}_j^{(n)})<d(\boldsymbol{x}_l,\boldsymbol{y}_i^{(n)}),\ i\neq j,\ i=1,2,\cdots M\},\ j=1,2,\cdots M$$

L_j 是第 j 个胞腔内训练向量的数目。令 $n=n+1$，再次执行步骤（2）。

3．径向基函数网络的特点

（1）径向基函数网络与两层反向传播网络的对比

当隐层变换函数取 S 函数（反向传播网络）时，隐层每个神经元对输入向量 $\boldsymbol{x}$ 进行超平面式的划分。

径向基函数网络隐层每个神经元对 $\boldsymbol{x}$ 做超球式或超椭球式的划分。对于隐层第 j 个神经元，超球中心为 $\boldsymbol{w}_j^{(1)}$。当 $\boldsymbol{x}=\boldsymbol{w}_j^{(1)}$ 时，该神经元输出达到最大值；当 $\boldsymbol{x}$ 与 $\boldsymbol{w}_j^{(1)}$ 的欧氏距离增大时，输出趋于零。

（2）径向基函数网络的学习特点

径向基函数网络的一个突出优点是学习速度比采用 S 函数的网络快得多。它的第一阶段学习（LBG 算法或 SOFM 算法）只对隐层神经元进行训练，速度快。隐单元到输出的权可直接计算，避免了学习中的反复迭代过程。一般来说，所需训练样本多于反向传播网络。

径向基函数网络的输出层一般是线性映射，即 $f(u)=u$，所以第二阶段的学习实质上是一个线性函数神经元的学习问题，参数空间只有一个函数最小点，用最小均方算法即可完成学习。

7.3　自组织神经网络

神经网络的一个重要特点是具有向环境学习，并通过学习来改进本身功能的能力。这种学习可以通过有监督学习和无监督学习来完成。

自组织过程就是一种无监督学习，这种学习的目的是从一组数据中提取有意义的特征或实现某种内在的规律，如分布特征或某种目的的聚类。

自组织是生物神经系统的一个基本现象，所以自组织神经网络更接近生物神经系统模型。

自组织系统可以有不同的结构。它可以由一个输入层（信号来源）和输出层（表示层）组成，两层间有前向连接，输出层各单元间可以有侧向连接；它也可由多层前向神经网络组成，自组织过程逐层进行。

需要说明的是，只有当输入数据存在冗余性时，无监督学习才能够进行。如果没有这种

冗余性，无监督学习就无从发现数据中的重要特征或模式，从这种意义上可以说，冗余性提供了知识，这种知识是自组织学习的必要前提。

7.3.1 自组织聚类

聚类可理解为在无先验知识的情况下，把相似的对象归为一类，并分出不相似的对象。聚类学习算法就是根据距离准则，把距离近的样本看作一类，并把该类的中心样本存储于网络的连接权中，而网络的输出将是输入模式与中心样本的距离。

1．单层前向聚类网络——竞争学习

这里讨论单层前向神经网络通过竞争学习实现自组织聚类的过程。

对单层线性前向神经网络来说，其神经元的变换函数是线性的：

$$f(u)=u$$

所以，第 j 个单元的输入、输出关系为

$$y_j=f(u_j)=u_j=\sum_i w_{ji}x_i$$

设有 L 个输入学习模式

$$\boldsymbol{x}_l=[x_1^{(l)}\ \ x_2^{(l)}\ \cdots\ x_N^{(l)}]^{\mathrm{T}},\quad l=1,2,\cdots,L$$

若要将输入模式聚类为 M 类，则需要找到能代表这 M 类的 M 个中心样本，并将 M 个中心样本存储于网络的连接权中。由于一个神经元与 N 个输入的连接权构成一个 N 维权向量，所以 M 个神经元的单层线性前向神经网络的连接权就是 M 个 N 维向量，它对应 M 个中心样本，如图 7.10 所示。如果将输出模式表示为

$$\boldsymbol{y}=[y_1\ \ y_2\ \cdots y_M]^{\mathrm{T}}$$

则 M 维向量 $\boldsymbol{y}$ 的各分量分别表示当前输入与 M 个中心样本的距离，可表示为

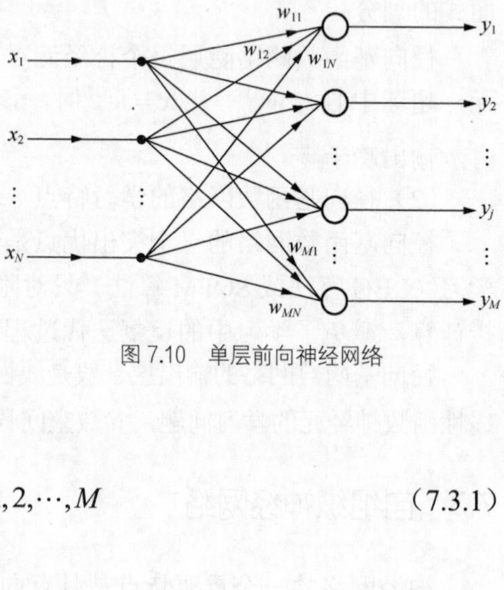

图 7.10 单层前向神经网络

$$y_j=\sum_{i=1}^{N}w_{ji}x_i^{(l)},\quad j=1,2,\cdots,M \tag{7.3.1}$$

令

$$\boldsymbol{w}_j=[w_{j1}\ \ w_{j2}\ \ \cdots w_{jN}]^{\mathrm{T}}$$

表示第 j 个神经元的连接权向量，则式（7.3.1）可表示为

$$y_j=\boldsymbol{w}_j^{\mathrm{T}}\boldsymbol{x}_l,\quad l=1,2,\cdots,L,\quad j=1,2,\cdots,M$$

当向量 $\boldsymbol{x}_l$ 和 $\boldsymbol{w}_j$ 都是单位模时，$|\boldsymbol{x}_l|=|\boldsymbol{w}_j|=1$，有

$$\boldsymbol{w}_j^{\mathrm{T}}\boldsymbol{x}_l=|\boldsymbol{w}_j|\cdot|\boldsymbol{x}_l|\cdot\cos\langle\boldsymbol{w}_j,\boldsymbol{x}_l\rangle=\cos\langle\boldsymbol{w}_j,\boldsymbol{x}_l\rangle$$

即内积成为两向量夹角的余弦。可见，内积越小，两向量夹角越大，“距离”越大；内积越大，两向量夹角越小，“距离”越小。所以距离最小者即内积最大者。

若 $x_i, w_i(\forall i) \in \{-1,1\}$，则内积所反映的“距离”就是两向量的汉明（Hamming）距离，即两向量中相异分量的个数。

例如，二维向量 $\boldsymbol{x}=[x_1 \quad x_2]^{\mathrm{T}}$，如果内积为 0，则两向量正交，如图 7.11 所示，两正交向量的汉明距离（向量相异分量的个数）为 $\dfrac{N}{2}$。

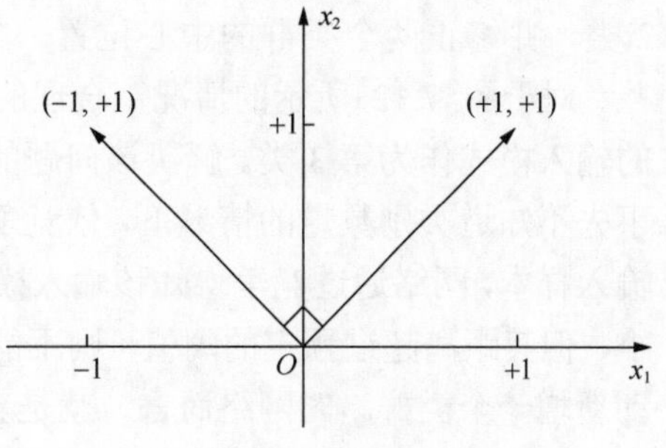

图 7.11 两正交向量

两种极端情况如下。

（1） $d_{\mathrm{h}}(\boldsymbol{x},-\boldsymbol{x})=N$，向量的每个分量都相异，汉明距离最大（为 N）；此时内积为 $-N$，最小。

（2） $d_{\mathrm{h}}(\boldsymbol{x},\boldsymbol{x})=0$，向量的每个分量都相同，汉明距离最小（为 0）；此时内积为 N，最大。

可以看出，正交是介于上述两种极端情况之间的一种情况。

综上所述，可以将竞争学习过程总结如下。

（1）对 L 个输入学习模式（N 维向量）做归一化处理，记为 $\boldsymbol{x}_l$，$l=1,2,\cdots,L$。

（2）取 M 个 N 维随机向量，并归一化，暂作为 M 个聚类的中心向量，记为 $\boldsymbol{w}_j$，$j=1,2,\cdots,M$。

（3）输入一个学习模式 $\boldsymbol{x}_l$，计算该输入模式与网络的 M 个中心聚点 $\boldsymbol{w}_j$ 间的距离 $\boldsymbol{w}_j^{\mathrm{T}}\boldsymbol{x}_l$，也就是此时网络的 M 个输出 y_j， $j=1,2,\cdots,M$。

（4）选取汉明距离最小的聚点 $\boldsymbol{w}_m$，即有最大输出的单元：

$$y_m=\boldsymbol{w}_m^{\mathrm{T}}\boldsymbol{x}_l>\boldsymbol{w}_j^{\mathrm{T}}\boldsymbol{x}_l, \quad j\neq m \tag{7.3.2}$$

称 m 单元为获胜元。设当前输入模式 $\boldsymbol{x}_l$ 属于第 m 类，并对获胜元的连接权 $\boldsymbol{w}_m$ 进行修正（奖励），使 $\boldsymbol{w}_m$ 更接近当前输入样本模式 $\boldsymbol{x}_l$，其他单元的连接权不变，即

$$\begin{cases}\Delta\boldsymbol{w}_m=\mu(\boldsymbol{x}_l-\boldsymbol{w}_m)\\ \Delta\boldsymbol{w}_j=0, \qquad\qquad j\neq m\end{cases} \tag{7.3.3}$$

式（7.3.3）中，μ 为自适应常数，一般取为 0.1~0.7，修正量 $\boldsymbol{x}_l-\boldsymbol{w}_m$ 使 $\boldsymbol{w}_m$ 朝着接近 $\boldsymbol{x}_l$ 的方向改变。这就是常用的竞争学习规则。

（5）对所有的学习模式进行重复训练，直到对所有的样本模式调整量 $\Delta\boldsymbol{w}$ 都很小，即

$$\Delta\boldsymbol{w}(n)=\mu[\boldsymbol{x}_l-\boldsymbol{w}_m(n)]\to 0, \quad l=1,2,\cdots,L$$

其中 n 为迭代序号。

可见，聚类学习算法将第 j 类的中心模式存储为 $\boldsymbol{w}_j$，而网络对输入模式的响应是

$$y_m=\max\{y_1,y_2,\cdots,y_M\}$$

它表示当前输入模式属于第 m 类。当应用于向量量化时，则将当前输入模式用第 m 类中心模式 $\boldsymbol{w}_m$ 代替。

2．反馈型聚类网络——自适应谐振学习

上面讨论的竞争学习是在所有存储的模式中挑选一个与输入模式最匹配的作为该输入模式的类别，这样就可能出现“矮子里面挑将军”的情形。如图 7.12 所示，网络已根据输入

模式（图中的实心圆所示）确定了两个类群的中心，当出现那些空心圆所示的输入模式时，网络将会依竞争结果把空心圆所示的输入模式判为第 1 类或第 2 类，并修正两个类群的中心位置。

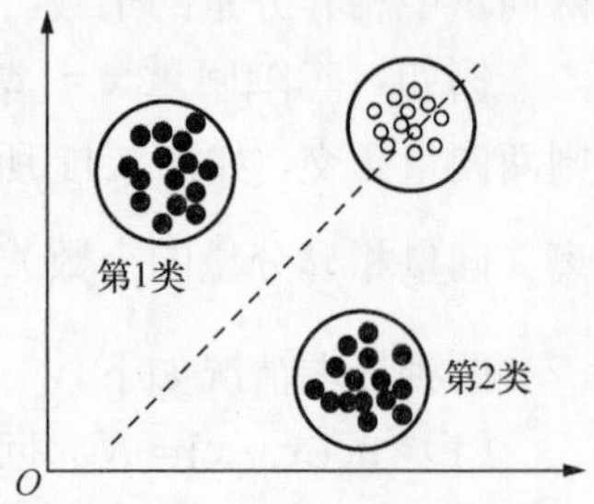

图 7.12　竞争学习实现自组织聚类

对于图 7.12 所示的情况，合理的聚类应该是将空心圆对应的输入模式作为第 3 类。解决该问题的方法是设置竞争门限，在事先不知道类别数量的情形下，依竞争的门限来学习。如果有一输入样本，网络通过竞争得知该输入模式与某一类聚点的距离最小，但其距离超过预定的阈值，则不能将它归为这一类，而应自动新增一个类群。对网络而言，就是新增一个神经元。

基于自适应谐振理论（ART）的学习算法可以满足这种要求，能够对任意复杂的输入模式实现自稳定和自组织识别。经过不断发展，现有如下 3 种 ART 结构。

（1）ART1：用于二值输入。

（2）ART2：用于连续输入（也可用于二值输入）。

（3）ART3：分别搜索模型。

它们的主要优点如下。

（1）可以实时学习，且能适应非平稳的环境。

（2）对已学过的对象具有稳定的快速识别能力，同时又能迅速适应未学习过的新对象。

（3）具有自归一能力，能根据某些特征在全体特征中所占的比例，或将其作为关键特征，或将其作为噪声处理。

（4）当系统对环境作出错误反应时，可通过提高系统的“警觉性”迅速识别新的对象。

也就是说，反馈型聚类网络是一种稳定性与灵活性兼备的网络系统。所谓“稳定性”是指：能将已学会的模式稳定地记住，对输入的新对象，通过搜索可以很快发现它与某一模式充分相似，于是将它归入该模式类。所谓“灵活性”是指：当输入对象与已学过的模式不够相似时能将它作为一种新的模式来处理。

为了达到这一目的，ART 将竞争学习模型嵌入一个自调节控制机构，用来分别处理与已存在模式“充分相似”和“不够相似”的输入。“充分相似”的含义由一个警戒参数 ρ（警戒阈值）来确定，$0<\rho\leqslant 1$。

下面就二值输入的情况，对 ART 用于聚类的学习算法进行讨论。

设输入层有 N 个节点，输出层有 M 个节点。第 j 个神经元与各输入的连接权为 w_{ji}，$i=1,2,\cdots,N$，$j=1,2,\cdots,M$，并假设第 m 个神经元是获胜元。

设向量 $\boldsymbol{b}_j=[b_{j1}\ \ b_{j2}\ \ \cdots\ \ b_{jN}]^{\mathrm{T}}$ 为第 j 个神经元的标准样板，也叫反向连接权（自上而下的权值）。标准样板 $\boldsymbol{b}_j$ 用于与输入模式做比较，获得其相似度。在二值输入的情况下，$x_i, b_{ji}\in\{0,1\}$，w_{ji} 为实数。

自适应谐振学习步骤如下。

（1）初始化：设置权 w_{ji} 的初值，$i=1,2,\cdots,N$，$j=1,2,\cdots,M$，将标准样板 $\boldsymbol{b}_j$ 置为全 1 向量，$j=1,2,\cdots,M$。

（2）输入一个二值样本 $\boldsymbol{x}=[x_1\ \ x_2\ \ \cdots\ \ x_N]^{\mathrm{T}}$，$x_i\in\{0,1\}$，$i=1,2,\cdots,N$。

（3）对每一输出节点求加权组合值：

$$y_j = \sum_{i=1}^{N} w_{ji} x_i \text{，} \quad j = 1,2,\cdots,M$$

（4）用最大值捕获算法得到获胜元 m：

$$m = \arg \max_{j=1,\cdots,M} y_j$$

（5）对获胜元 m 进行警戒测试。

$\boldsymbol{x}$ 的非零分量个数为 $\sum_{i=1}^{N} x_i$，$\boldsymbol{x}$ 与 $\boldsymbol{b}_m$ 中互相重叠的非零分量个数为 $\sum_{i=1}^{N} b_{mi} x_i$。对预先给定的警戒阈值 ρ：

如果 $\dfrac{\sum_{i=1}^{N} b_{mi} x_i}{\sum_{i=1}^{N} x_i} \geqslant \rho$，则通过警戒测试（全 1 的初始样板都能通过该测试），转（7）修正其权值；

如果 $\dfrac{\sum_{i=1}^{N} b_{mi} x_i}{\sum_{i=1}^{N} x_i} < \rho$，则将 m 单元屏蔽，使其不被选入，转（4）寻找新的获胜元（第二获胜元）；

如果所有储存的模式都不能通过警戒测试，转（6）建立新类别。

（6）增加一个新的神经元（第 $M+1$ 个神经元），将当前输入模式作为第 $(M+1)$ 类的中心点，新神经元的标准样板即为输入样本。令

$$\boldsymbol{b}_{M+1} = \boldsymbol{x}$$

$$w_{M+1,i} = \frac{x_i}{0.5 + \sum_{i=1}^{N} x_i}$$

转（2）输入新样本。

（7）对通过警戒测试的获胜元 m 做权值修正：

$$b_{mi}^{\text{new}} = b_{mi}^{\text{old}} x_i \text{，} \quad i = 1,2,\cdots,N \tag{7.3.4}$$

$$w_{mi}^{\text{new}} = \frac{b_{mi}^{\text{old}} x_i}{0.5 + \sum_{i=1}^{N} b_{mi}^{\text{old}} x_i} = \frac{b_{mi}^{\text{new}}}{0.5 + \sum_{i=1}^{N} b_{mi}^{\text{new}}} \text{，} \quad i = 1,2,\cdots,N \tag{7.3.5}$$

转（2）输入新样本。

式（7.3.4）表明，经过输入向量 $\boldsymbol{x}$ 训练后，$\boldsymbol{x}$ 所属类别的标准样板做了一定的调整。新样板 $\boldsymbol{b}_m^{\text{new}}$ 中的非零分量（等于 1 的分量）仅对应于那些原样本 $\boldsymbol{b}_m^{\text{old}}$ 和输入向量 $\boldsymbol{x}$ 都为 1 的分量。也就是说，以原样板和输入向量的共同特征为新的标准。

式（7.3.5）表明，权向量 $\boldsymbol{w}_m$ 与新的标准样板 $\boldsymbol{b}_m^{\text{new}}$ 成正比，其比例系数 $\dfrac{1}{0.5+\sum_{i=1}^{N} b_{mi}^{\text{new}}}$ 的引入，也是为了保证 $\sum_{i=1}^{N} w_{mi} \leqslant 1$。

就上述学习算法而言，如果 ρ 较大，那么相似性条件较严格，会形成许多有细微区别的类别，这时所需的网络记忆容量较大；如果 ρ 较小，则会得到较粗糙的分类。ρ 值可在学习阶段调整，增大 ρ 值意味着对已存的类别进一步划分。

对于模拟量输入的情况，学习算法的流程与上述步骤大致相同，区别如下。

（1）竞争基于欧氏距离或其他距离测度。

（2）获胜元由最小捕获器实现。

（3）通过警戒测试是指距离小于警戒阈值。

（4）如果获胜元不能通过警戒测试，就建立一个新的神经元 $(M+1)$，不需要像离散型那样，屏蔽获胜元，找另一获胜元进行测试。

7.3.2 自组织特征映射

自组织特征映射模型是哥霍南（Kohonen）于 1981 年提出的。这种模型的处理单元一般排成一维直线或二维平面，一个 3×3 网络的模型结构如图 7.13 所示。

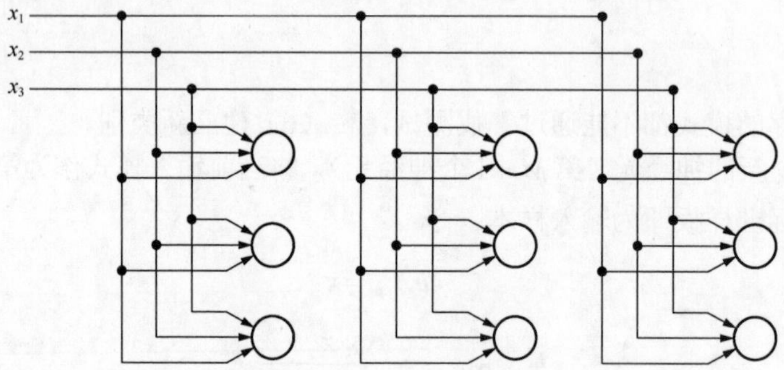

图 7.13 二维自组织特征映射模型

这种模型可以在一维或二维的处理单元阵列上形成输入信号的分布拓扑图，而在初始状态下，这些一维或二维处理单元阵列上是没有这些信号特征的分布拓扑图的。利用自组织特征映射模型的这一特征，可以从外界环境中按照某种测度或者某种可有序化的拓扑空间来抽取特征或者表达信号抽象的、概念性的元素。

哥霍南的自组织特征映射模型系统由以下四个部分组成。

（1）一个处理单元阵列（一般排成一维直线或二维平面）。这个处理单元阵列从事件空间中接收相关的输入，并且形成这些输入信号的简单的辨别函数。

（2）一种比较选择机制（竞争过程）。这种机制通过竞争学习，选出获胜元。

（3）某种局部互联作用（协作过程）。以获胜元为中心求拓扑邻域，保持信号特征的拓扑特征性。

（4）一个自适应过程（修正权值）。这个自适应过程修正被激活的处理单元的参数，以增加其相应于特定输入的辨别函数输出值。被激活的处理单元包括获胜元及其拓扑邻域的单元。

具体算法可简单描述如下。

设用欧氏距离作测度。首先通过竞争，找到与输入模式 $\boldsymbol{x}$ 有最小欧氏距离的单元 m:

$$\sum_{i=1}^{N}(x_i - w_{mi})^2 \leqslant \sum_{i=1}^{N}(x_i - w_{ji})^2, \quad j = 1, 2, \cdots, M, \quad j \neq m$$

在获胜元 m 的一个邻域 N_m 内更新权值:

$$\begin{cases} \Delta \boldsymbol{w}_j = \mu(\boldsymbol{x} - \boldsymbol{w}_j), & j \in N_m \\ \Delta \boldsymbol{w}_j = 0, & j \notin N_m \end{cases}$$

其中 μ 为学习步长。

算法中，学习步长和邻域范围都是时间 n 的函数，它们的确定对学习效果起着关键性的作用。遗憾的是，尚没有合适的理论指导，只有以下原则可供参考。

（1）步幅函数 $\mu(n)$，n 为迭代节拍。$\mu(0)$ 应选为较大的正数（如 0.5）。当 n 增大时，$\mu(n)$ 逐渐减小，且 $\mu(n) > 0$。

（2）邻域函数 $\Lambda(m, j, n)$，m 为获胜元编号，j 为待调神经元编号。邻域函数 $\Lambda(\cdot)$ 的取值决定于 j 神经元与 m 神经元在阵列中的几何距离。距离较小时，$\Lambda(\cdot)$ 取值较大，它在获胜元 m 上取值为 1。

对于每一节拍 n，学习算法的迭代公式为

$$\boldsymbol{w}_j(n) = \boldsymbol{w}_j(n-1) + \mu(n)\Lambda(m, j, n)[\boldsymbol{x}(n) - \boldsymbol{w}_j(n-1)], \quad j = 1, 2, \cdots, M$$

通过学习，利用训练集中的输入向量来调整各个 $\boldsymbol{w}_j$，使得 $\boldsymbol{x}$ 至其标号 m 的映射满足以下两项要求。

（1）聚类误差最小（这与其他自组织网络相同）。

设 $\boldsymbol{x}$ 的概率密度函数是 $p(\boldsymbol{x})$，对应于 $\boldsymbol{x}$ 的网络获胜元 m 的权向量为 $\boldsymbol{w}_m$，则编码误差（均方误差）可表示为

$$D = \int \|\boldsymbol{x} - \boldsymbol{w}_m\|^2 p(\boldsymbol{x}) \mathrm{d}\boldsymbol{x}$$

它是按照均方意义定义的。实际中用含有限多个样本的训练集 $\boldsymbol{x}_l$，$l = 1, 2, \cdots, L$（L 为样本总数）近似上式，即用 $\hat{D}$ 来代替 D:

$$\hat{D} = \sum_{l=1}^{L} \|\boldsymbol{x}_l - \boldsymbol{w}_m(\boldsymbol{x}_l)\|^2$$

式中，$\boldsymbol{w}_m(\boldsymbol{x}_l)$ 表示当前模式 $\boldsymbol{x}_l$ 所对应的获胜元 m 的权向量 $\boldsymbol{w}_m$。当 L 足够大，且样本集选取恰当时，可通过求 $\hat{D}$ 最小化近似求得各最优权向量。

（2）实现保持拓扑特征的映射。

设有两个输入向量 $\boldsymbol{x}_a$ 和 $\boldsymbol{x}_b$，如果二者的欧氏距离较小，则两者相应的获胜元在阵列中的距离也小；反之，则较大。如果两个获胜元在阵列中的距离为 d_{ab}，则 d_{ab} 正比于 $\|\boldsymbol{x}_a - \boldsymbol{x}_b\|$，这是一个保持拓扑特征的映射。

这一要求在一般的聚类或向量量化算法中是不包含的，这正是自组织特征映射网络的“特征映射”特点。这是一项很重要的特征，它使得输入向量的标号（类别号）之间的“距离”也携带了有关输入向量特点的信息，便于我们更多地了解其特征，并在以后的处理中使用。

一个自组织特征映射网络保持拓扑特征的良好程度与多种因素有关。例如，如果邻域函数值随 n 的增加而过快减小，则保持拓扑映射这项要求很难满足。极端情况是，只对获胜元修正连接权值，这样则退化为自组织聚类，而无特征映射。

7.3.3 自组织主分量分析

1．主分量分析

在统计模式识别等应用中，降低输入变量的维数很重要。具体来说，设原来变量 $\boldsymbol{x}$ 为 N 维向量，希望压缩到 M 维，$M < N$。如果简单地对 $\boldsymbol{x}$ 进行截断获得 $\hat{\boldsymbol{x}}$，则所带来的均方误差等于舍掉的各分量的方差之和（假定 $\boldsymbol{x}$ 的均值为 0）。

合理的方法是找到一个可逆的线性变换 T，使得对 $T[\boldsymbol{x}]$ 的截断在均方误差意义下为最优。显然，这要求变换后的 $T[\boldsymbol{x}]$ 的某些分量具有小的方差，主分量分析（Principle Components Analysis，PCA）正好能满足这一要求。

对一个 N 维的向量 $\boldsymbol{x}$，主分量分析就是要找到 M 个正交的主方向，使得向量 $\boldsymbol{x}$ 在 M 个主方向构成的子空间上的投影保留的方差最大（在 $E[\boldsymbol{x}]=0$ 的假设下，$\boldsymbol{x}$ 的投影的均值也为 0）。

图 7.14 所示为二维数据变换的例子。原坐标轴为 x_1、x_2，将数据投影到第一主方向 u_1 后，显示出数据的分布具有两个峰值，在此方向上的方差最大。将数据往 u_2 上投影即获得数据从二维到一维的最优降维。

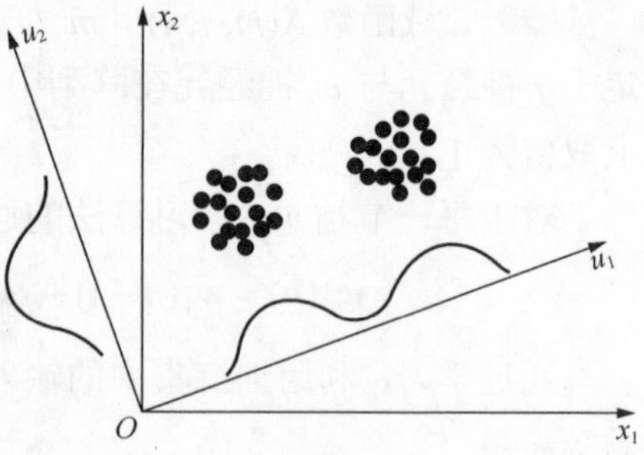

图 7.14　二维数据到一维的降维

如果希望将 $\boldsymbol{x}$ 从 N 维压缩到 M 维，且满足压缩后的均方误差最小，传统方法如下。

（1）计算输入向量 $\boldsymbol{x}$ 的相关矩阵 $\boldsymbol{R}$ 的特征值和特征向量。

（2）将特征向量归一化，将特征值按由大到小的次序排列。

（3）将原向量 $\boldsymbol{x}$ 投影到前 M 个大特征值对应的特征向量所张成的 M 维子空间中，得到 M 维向量 $\boldsymbol{y}$。

如果用 y , $y_2 \cdots, y_M$ 表示投影后 $\boldsymbol{y}$ 的各分量，可以证明，y_1 具有最大方差 λ_1，与 y_1 正交的方向中 y_2 有次大方差 λ_2，依次类推。

原始向量 $\boldsymbol{x}$ 的 N 个分量的总方差为 $\sum_{i=1}^{N}\lambda_i$，变换后向量 $\boldsymbol{y}$ 的 M 个分量的方差为 $\sum_{i=1}^{M}\lambda_i$，误差向量 $\boldsymbol{e}=\boldsymbol{x}-\boldsymbol{y}$ 的方差为 $\sum_{i=M+1}^{N}\lambda_i$，为最小。

但是，直接计算 $\boldsymbol{R}$ 的特征值较困难，特别是当原始维数 N 较大时。神经网络具有很强的自适应学习能力，通过对样本的学习，能迅速掌握模式变换的内在规律，若将其应用于主分量分析，将避免上述求矩阵特征值的复杂计算。

2．单个线性神经元提取最大主分量——Hebb 学习规则

单个线性神经元实际上是一个横向自适应滤波器，直接用 Hebb 学习规则，有

$$\boldsymbol{w}(n+1)=\boldsymbol{w}(n)+\Delta\boldsymbol{w}(n)=\boldsymbol{w}(n)+\mu\boldsymbol{x}(n)y(n) \tag{7.3.6}$$

将 $y(n)=\boldsymbol{w}^{\mathrm{T}}(n)\boldsymbol{x}(n)=\boldsymbol{x}^{\mathrm{T}}(n)\boldsymbol{w}(n)$ 代入式（7.3.6），得

$$\boldsymbol{w}(n+1)=\boldsymbol{w}(n)+\mu\boldsymbol{x}(n)\boldsymbol{x}^{\mathrm{T}}(n)\boldsymbol{w}(n)$$

求统计平均有

$$\boldsymbol{w}(n+1)=\boldsymbol{w}(n)+\mu\boldsymbol{R}\boldsymbol{w}(n) \tag{7.3.7}$$

$\boldsymbol{R}$ 是 $\boldsymbol{x}$ 的自相关矩阵，设 $\boldsymbol{R}$ 的特征值和特征向量分别为 $\lambda_i,\boldsymbol{q}_i$，$i=1,2,\cdots,N$，且 $\lambda_1>\lambda_2>\cdots>\lambda_N$，$N$ 维空间中，任何 N 维向量可以表示成 N 个特征向量 q_i 的线性组合，则

$$\boldsymbol{w}(n+1)=\sum_{i=1}^{N}a_i(n+1)\boldsymbol{q}_i \tag{7.3.8}$$

$$\boldsymbol{w}(n)=\sum_{i=1}^{N}a_i(n)\boldsymbol{q}_i \tag{7.3.9}$$

两边乘 $\mu\boldsymbol{R}$，则

$$\mu\boldsymbol{R}\boldsymbol{w}(n)=\mu\sum_{i=1}^{N}a_i(n)\boldsymbol{R}\boldsymbol{q}_i=\mu\sum_{i=1}^{N}a_i(n)\lambda_i\boldsymbol{q}_i \tag{7.3.10}$$

将式（7.3.8）、式（7.3.9）和式（7.3.10）代人式（7.3.7），整理得

$$a_i(n+1)=a_i(n)+\mu\lambda_i a_i(n) \tag{7.3.11}$$

式（7.3.11）表明，对较大的特征值 λ_i，增量 $\mu\lambda_i a_i(n)$ 较大，这意味着迭代中 a_i 将得到较大的增强。若一直迭代下去，式（7.3.9）中最大主元 $\boldsymbol{q}_i$ 将占主导地位，而其他次元将被逐渐削弱，即有

$$\boldsymbol{w}(\infty)=c\boldsymbol{q}_1\text{，}c\text{ 为常数}$$

但是，随着不断地迭代，c 可能无限增大，从而导致学习过程发散。为使 Hebb 学习规则稳定，需要对每一次迭代做归一化，使 $\|\boldsymbol{w}(n)\|=1$。即 $\boldsymbol{w}(n)$ 收敛后最终为归一化特征向量 $\boldsymbol{q}_1$，$\boldsymbol{q}_1$ 是最大特征值 λ_1 所对应的特征向量。符号“$\|\bullet\|$”表示向量的长度，有

$$\|\boldsymbol{w}(n)\|=[\boldsymbol{w}^{\mathrm{T}}(n)\boldsymbol{w}(n)]^{\frac{1}{2}}$$

用 $\boldsymbol{w}(n+1)$ 表示归一化处理后的权向量，并将按式（7.3.6）进行迭代得到的权向量表示为 $\tilde{\boldsymbol{w}}(n+1)$，则

$$\tilde{\boldsymbol{w}}(n+1)=\boldsymbol{w}(n)+\mu\boldsymbol{x}(n)y(n) \tag{7.3.12}$$

对 $\tilde{\boldsymbol{w}}(n+1)$ 做归一化处理，有

$$\boldsymbol{w}(n+1)=\frac{\tilde{\boldsymbol{w}}(n+1)}{\|\tilde{\boldsymbol{w}}(n+1)\|} \tag{7.3.13}$$

由式（7.3.12），有

$$\|\tilde{\boldsymbol{w}}(n+1)\|^2=\|\boldsymbol{w}(n)\|^2+2\mu\boldsymbol{w}^{\mathrm{T}}(n)\boldsymbol{x}(n)y(n)+O(\mu^2)$$

将 $\boldsymbol{w}^{\mathrm{T}}(n)\boldsymbol{x}(n)=y(n)$ 代入上式，考虑到 $\boldsymbol{w}(n)$ 为归一化向量，并忽略二阶小量 $O(\mu^2)$，则上式成为

$$\|\tilde{\boldsymbol{w}}(n+1)\|^2\approx 1+2\mu y^2(n)$$

将$\frac{1}{\|\tilde{\boldsymbol{w}}(n+1)\|}=[1+2\mu y^2(n)]^{-\frac{1}{2}}$在$\mu=0$附近展开成泰勒级数，并取至一次项，得

$$\frac{1}{\|\tilde{\boldsymbol{w}}(n+1)\|}\approx 1-\mu y^2(n) \tag{7.3.14}$$

将式（7.3.12）、式（7.3.14）代入式（7.3.13），并忽略μ的平方项，可得归一化 Hebb 学习规则下的权向量迭代公式

$$\boldsymbol{w}(n+1)=\boldsymbol{w}(n)+\mu[y(n)\boldsymbol{x}(n)-y^2(n)\boldsymbol{w}(n)] \tag{7.3.15}$$

相对前面的式（7.3.6），式（7.3.15）多了后面的项$-y^2(n)\boldsymbol{w}(n)$，该项起稳定作用。对第 j 个神经元，有

$$\boldsymbol{w}_j(n+1)=\boldsymbol{w}_j(n)+\mu[y_j(n)\boldsymbol{x}(n)-y_j^2(n)\boldsymbol{w}_j(n)]$$

$$\Delta\boldsymbol{w}_j(n)=\mu[y_j(n)\boldsymbol{x}(n)-y_j^2(n)\boldsymbol{w}_j(n)] \tag{7.3.16}$$

为了后面便于对照，将权向量的迭代公式写成标量形式，为

$$w_{ji}(n+1)=w_{ji}(n)+\mu[x_i(n)-w_{ji}(n)y_j(n)]y_j(n),\quad i=1,2,\cdots,N$$

且

$$\Delta w_{ji}(n)=\mu[x_i(n)-w_{ji}(n)y_j(n)]y_j(n) \tag{7.3.17}$$

需要说明的是，上面的归一化 Hebb 学习规则与文献中提到的 Oja 学习规则是等效的，它们有效解决了 Hebb 规则用于 PCA 时所存在的稳定性问题。

3．单层网络用于提取一组主分量——广义 Hebb 算法

将上面的学习扩展到一个单层网络，如图 7.15 所示，图中$M<N$。

如果每个线性单元都用 Hebb 学习规则，则 M 个单元都将独立地提取出相同的最大主元。

为了用 M 个线性单元提取前 M 个主元，桑格（Sanger）提出了如下权值修正公式：

$$\Delta w_{ji}(n)=\mu[x_i(n)-\sum_{k=1}^{j}w_{ki}(n)y_k(n)]y_j(n)$$

$$=\mu[x_i(n)-\sum_{k=1}^{j-1}w_{ki}(n)y_k(n)-w_{ji}(n)y_j(n)]y_j(n)$$

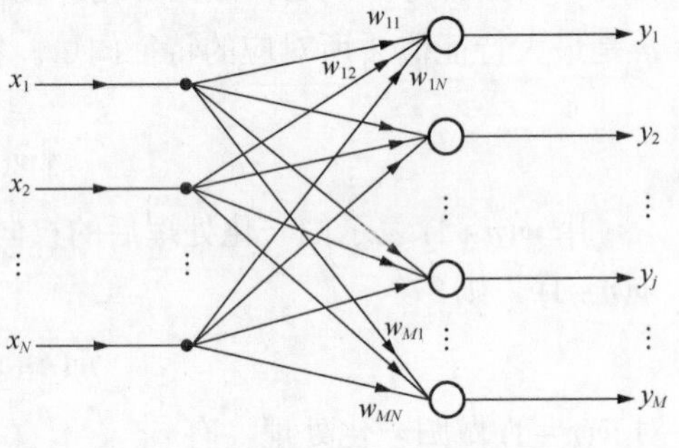

图 7.15　单层网络用于提取一组主分量

如果令$x_i'(n)=x_i(n)-\sum_{k=1}^{j-1}w_{ki}(n)y_k(n)$，则上式成为

$$\Delta w_{ji}(n)=\mu[x_i'(n)-w_{ji}(n)y_j(n)]y_j(n)$$

与式（7.3.17）对照，不同之处在于这里用$x_i'(n)$代替了 Hebb 学习规则中的$x_i(n)$，该算法被称为广义 Hebb 算法（Generalized Hebbian Algorithm，GHA）。

如果$M=1$，则$x_i'(n)=x_i(n)$，就是 Hebb 学习规则。也就是说，前面的归一化 Hebb 学习规则是 GHA 在$M=1$时的特例。

接下来分析修正公式的意义和作用。

将 GHA 写成向量形式，根据式（7.3.16），可以得到 GHA 下的相应公式

$$\Delta \boldsymbol{w}_j(n)=\mu y_j(n)\boldsymbol{x}'(n)-\mu y_j^2(n)\boldsymbol{w}_j(n),\quad j=1,2,\cdots,M$$

其中

$$\boldsymbol{x}'(n)=\boldsymbol{x}(n)-\sum_{k=1}^{j-1}y_k(n)\boldsymbol{w}_k(n)$$

据此，可以直观地得出以下结果。

（1）对第 1 个神经元，$j=1$，$\boldsymbol{x}'(n)=\boldsymbol{x}(n)$，相当于前面的一个单元的情况，可见第 1 个神经元的权向量收敛于最大主分量。

（2）对第 2 个神经元，$j=2$，且

$$\boldsymbol{x}'(n)=\boldsymbol{x}(n)-y_1(n)\boldsymbol{w}_1(n)$$

GHA 相当于对 $\boldsymbol{x}'(n)$ 应用广义 Hebb 算法，即第 2 个神经元提取的是 $\boldsymbol{x}'(n)$ 的最大主分量。第 1 个神经元的权向量 $\boldsymbol{w}_1$ 收敛于最大主分量 $\boldsymbol{q}_1$，其输出为

$$y_1(n)=\boldsymbol{w}_1^{\mathrm{T}}(n)\boldsymbol{x}(n)=\boldsymbol{q}_1^{\mathrm{T}}(n)\boldsymbol{x}(n)$$

由于归一化向量 $\boldsymbol{w}_1(n)$ 或 $\boldsymbol{q}_1(n)$ 相当于单位方向向量，故 $y_1(n)$ 是 $\boldsymbol{x}(n)$ 在特征向量 $\boldsymbol{q}_1$ 方向上的投影，则 $\boldsymbol{x}'(n)=\boldsymbol{x}(n)-y_1(n)\boldsymbol{w}_1(n)$ 相当于从 $\boldsymbol{x}(n)$ 中去掉与第一主元 $\boldsymbol{q}_1$ 的相关性。

也就是说，第 2 个神经元抽取的是 $\boldsymbol{x}'(n)$ 的最大主分量，相当于原 $\boldsymbol{x}(n)$ 的第二大主分量。

（3）对 3 个神经元，$j=3$，有

$$\boldsymbol{x}'(n)=\boldsymbol{x}(n)-y_1(n)\boldsymbol{w}_1(n)-y_2(n)\boldsymbol{w}_2(n)$$

第 3 个神经元的输入 $\boldsymbol{x}'(n)$ 是去掉最大、第二大主分量的结果，它抽取的 $\boldsymbol{x}'(n)$ 的最大主分量是 $\boldsymbol{x}(n)$ 的第三大主分量。依次类推。

以上过程类似于格雷姆-施密特（Gram-Schmidt）正交化过程。

从以上结果可以看出，通过 GHA 学习，M 个神经元的权向量将分别收敛于 $\boldsymbol{R}$ 的前 M 个特征值所对应的特征向量 $\{\boldsymbol{q}_j(n)\mid j=1,2,\cdots,M\}$，神经元的输出 $\{y_j(n)\mid j=1,2,\cdots,M\}$ 是 N 维输入向量 $\boldsymbol{x}(n)$ 在这些特征向量方向上的投影，由这 M 个投影值构成的 M 维向量 $\boldsymbol{y}(n)$ 具有最大方差。

GHA 的步骤可以归纳如下。

（1）迭代节拍 $n=1$，赋给权值以小的随机数，令步长 μ 为小的正数。

（2）对 $j=1,2,\cdots,M$ 和 $i=1,2,\cdots,N$ 计算

$$y_j(n)=\sum_{i=1}^{N}w_{ji}(n)x_i(n)$$

$$\Delta w_{ji}(n)=\mu[x_i(n)-\sum_{k=1}^{j}w_{ki}(n)y_k(n)]y_j(n)$$

权值更新：

$$w_{ji}(n+1)=w_{ji}(n)+\Delta w_{ji}(n)$$

（3）$n \leftarrow n+1$，返回步骤（1）、步骤（2），如此继续，直到 w_{ji} 达到稳定。

执行此算法时，步长 μ 的选择与 $\boldsymbol{R}$ 的特征值关系很大。与前面讨论的梯度法中的 μ 相似，收敛条件是 $\mu<\dfrac{1}{\lambda_{\max}}$，另外，当 $\mu<\dfrac{1}{2\lambda_{\max}}$ 时，μ 越小，收敛越慢（与梯度法中过阻尼的情况相似）。可以采用变步长算法：在每一轮迭代中估计特征值，步长 μ 取为特征值的函数，相应的算法称为自适应学习算法（ALA），这里不做详细讨论。

4．有侧向连接的自适应 PCA——APEX 算法

自适应主分量抽取（Adaptive Principle components EXtraction：APEX）算法特点是：由前 $(j-1)$ 个主分量递推计算第 j 个主分量，网络结构如图 7.16 所示，其中各神经元均为线性单元。

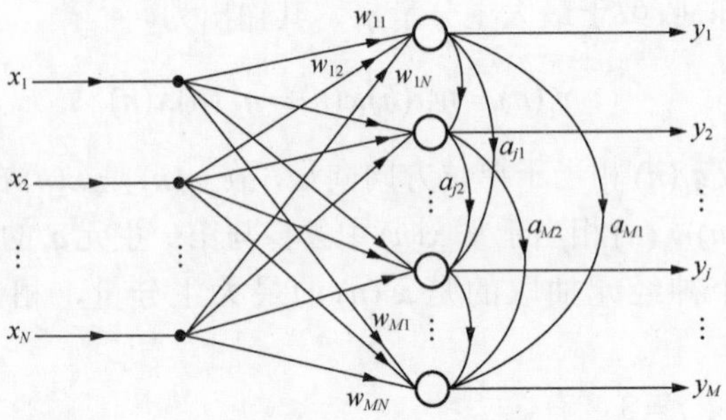

图 7.16　APEX 网络结构

网络中存在以下两种连接。

（1）由输入到神经元 j 是前向连接，第 j 个神经元的前向连接权为

$$\boldsymbol{w}_j=[w_{j1}\ \ w_{j2}\ \ \cdots\ \ w_{jN}]^{\mathrm{T}}$$

（2）从神经元 $1,2,\cdots,j-1$ 到第 j 个神经元是侧向连接，第 j 个神经元的侧向连接权为

$$\boldsymbol{a}_j=[a_{j1}\ \ a_{j2}\ \ \cdots\ \ a_{j,j-1}]^{\mathrm{T}}$$

在学习过程中，第 j 个神经元的输出是

$$y_j=\boldsymbol{w}_j^{\mathrm{T}}\boldsymbol{x}+\boldsymbol{a}_j^{\mathrm{T}}\boldsymbol{y}_{j-1}$$

上式中 $\boldsymbol{y}_{j-1}=[y_1\ \ y_2\ \ \cdots\ \ y_{j-1}]^{\mathrm{T}}$

将自相关矩阵 $\boldsymbol{R}$ 的 N 个特征值按大小次序排列为

$$\lambda_1>\lambda_2>\cdots>\lambda_N$$

相应的特征向量为 $\boldsymbol{q}_1,\boldsymbol{q}_2,\cdots,\boldsymbol{q}_N$。设网络中的 $1,2,\cdots,j-1$ 神经元均已收敛到相应的稳定条件，由于已收敛神经元的输出是输入向量 $\boldsymbol{x}$ 在相应特征向量上的投影，所以已收敛神经元的输出

应是相互正交的，故有

$$\boldsymbol{w}_k(0)=\boldsymbol{q}_k, \qquad k=1,2,\cdots,j-1$$

$$\boldsymbol{a}_k(0)=\boldsymbol{0}, \qquad k=1,2,\cdots,j-1$$

$$\boldsymbol{y}_{j-1}(n)=[\boldsymbol{q}_1^{\mathrm{T}}\boldsymbol{x}(n) \quad \boldsymbol{q}_2^{\mathrm{T}}\boldsymbol{x}(n) \quad \cdots \quad \boldsymbol{q}_{j-1}^{\mathrm{T}}\boldsymbol{x}(n)]^{\mathrm{T}}$$

由前 $j-1$ 个主分量递推计算第 j 个主分量的过程如下。

（1）第 j 个神经元的前向连接权 $\boldsymbol{w}_j$ 按归一化 Hebb 学习规则学习，起到自增强作用：

$$\boldsymbol{w}_j(n+1)=\boldsymbol{w}_j(n)+\mu[y_j(n)\boldsymbol{x}(n)-y_j^2(n)\boldsymbol{w}_j(n)]$$

式中，$-\mu y_j^2(n)\boldsymbol{w}_j(n)$ 起稳定作用。

（2）侧向连接权 $\boldsymbol{a}_j$ 按反 Hebb 学习规则学习，起抑制作用（去相关，因为稳态时，各个输出应相互正交）：

$$\boldsymbol{a}_j(n+1)=\boldsymbol{a}_j(n)-\mu[y_j(n)\boldsymbol{y}_{j-1}(n)+y_j^2(n)\boldsymbol{a}_j(n)]$$

同样，$-\mu y_j^2(n)\boldsymbol{a}_j(n)$ 起稳定作用。上式中反馈信号 $\boldsymbol{y}_{j-1}(n)$ 为

$$\boldsymbol{y}_{j-1}(n)=[y_1(n) \;\; y_2(n) \;\; \cdots \;\; y_{j-1}(n)]^{\mathrm{T}}$$

直到收敛：$\boldsymbol{w}_j=\boldsymbol{q}_j$，$\boldsymbol{a}_j=\boldsymbol{0}$。

上述算法被称为自适应主分量抽取（APEX）算法，APEX 算法的步骤可归纳如下。

（1）初始化：$n=0$，随机选取 $\boldsymbol{w}_j$、$\boldsymbol{a}_j$（都较小），选 μ 为小的正数。

（2）令 $j=1$，对 $n=1,2,\cdots$ 计算

$$y_1(n)=\boldsymbol{w}_1^{\mathrm{T}}(n)\boldsymbol{x}(n)$$

$$\boldsymbol{w}_1(n+1)=\boldsymbol{w}_1(n)+\mu[y_1(n)\boldsymbol{x}(n)-y_1^2(n)\boldsymbol{w}_1(n)]$$

（3）令 $j=2$，对 $n=1,2,\cdots$ 计算

$$\boldsymbol{y}_{j-1}(n)=[y_1(n) \;\; y_2(n) \;\; \cdots \;\; y_{j-1}(n)]^{\mathrm{T}}$$

$$y_j(n)=\boldsymbol{w}_j^{\mathrm{T}}(n)\boldsymbol{x}(n)+\boldsymbol{a}_j^{\mathrm{T}}(n)\boldsymbol{y}_{j-1}(n)$$

$$\boldsymbol{w}_j(n+1)=\boldsymbol{w}_j(n)+\mu[y_j(n)\boldsymbol{x}(n)-y_j^2(n)\boldsymbol{w}_j(n)]$$

$$\boldsymbol{a}_j(n+1)=\boldsymbol{a}_j(n)-\mu[y_j(n)\boldsymbol{y}_{j-1}(n)+y_j^2(n)\boldsymbol{a}_j(n)]$$

（4）令 $j\leftarrow j+1$，返回（3），直到 $j=M$，再判别收敛。

只要迭代次数足够多，可以证明：

$$\lim_{n\to\infty}\boldsymbol{w}_j(n)=\boldsymbol{q}_j$$

$$\lim_{n\to\infty}\boldsymbol{a}_j(n)=\boldsymbol{0}, \qquad \text{（即侧向连接的影响越来越小）}$$

$$\lim_{n\to\infty}\mathrm{E}[y_j^2(n)]=\lambda_j$$

一般无法取 $n=\infty$，实际中取一较大值。

以上过程相当于对向量 $\boldsymbol{x}$ 进行线性变换，得到向量 $\boldsymbol{y}$，$\boldsymbol{y}$ 中各分量的方差分别为 $\lambda_1,\lambda_2,\cdots,\lambda_N$，保留方差最大的 M 个分量，可使截断的均方误差最小，从而实现最优降维。

7.4 霍普菲尔德神经网络

霍普菲尔德（Hopfield）神经网络是美国物理学家霍普菲尔德（J.J.Hopfield）在 1982 年提出的神经网络模型。他引入物理学能量函数的思想，对稳定性问题给出了一个解决方案。应用这个网络可以实现联想记忆，还可以使一些解法困难的组合最优化问题容易求解。

下面先说明联想存储的有关概念，然后介绍离散霍普菲尔德网络用作联想存储器的工作原理，最后对连续霍普菲尔德网络做简单介绍。

7.4.1 联想存储器与反馈网络

记忆（存储）是生物神经系统一个独特而重要的功能，联想记忆（Associative Memory，AM）是人脑记忆的一种重要形式。例如，我们听到一首歌曲的一部分可以联想起整个曲子，看到某人的名字会联想起他的相貌和特点，等等。

联想记忆有两个突出的特点。

（1）信息（数据）的存储不像传统计算机那样通过存储器的地址来实现，而是通过信息本身的内容来实现，所以它是“按内容存取记忆”（Content-Addressable Memory，CAM）。

（2）信息并不是集中存储在某些单元中，而是分布存储的。在人脑中记忆单元与处理单元是合一的。

联想可分为自联想（Auto-Association）和异联想（Hetero-Association），前者是指线索与回想的内容相同，后者是指线索与回想的内容不同。例如，根据模糊不清的字认出正确内容，属于自联想；由人的名字想到他的相貌以至性格等特征属于异联想。

从作用方式看，联想可分为线性的与非线性的两种。线性联想记忆（存储）的关系可写为

$$\boldsymbol{y}=\boldsymbol{W}\boldsymbol{x}$$

式中，$\boldsymbol{x}$ 为输入向量，有时称为检索向量；$\boldsymbol{y}$ 为输出向量（联想结果）；$\boldsymbol{W}$ 为存储矩阵。

非线性联想记忆（存储）的关系可写为

$$\boldsymbol{y}=\Gamma(\boldsymbol{W}\boldsymbol{x})$$

式中，Γ 为非线性函数。

还可以将联想分为静态联想和动态联想。静态联想的作用是即时的：

$$\boldsymbol{y}(t)=\boldsymbol{W}\boldsymbol{x}(t)$$

最简单的线性静态联想存储器可以用前面讨论的前馈网络实现。这样做的缺点是，当 $\boldsymbol{W}$ 一定时，输入向量 $\boldsymbol{x}$ 必须完全准确，联想结果才正确，所以静态联想存储器没有实用意义。解决这一问题的办法是采用动态联想存储器，将输出反馈回去，构成一个动态系统，如图 7.17 所示。这种拓扑结构反映了生物神经系统中广泛存在的神经回路现象。

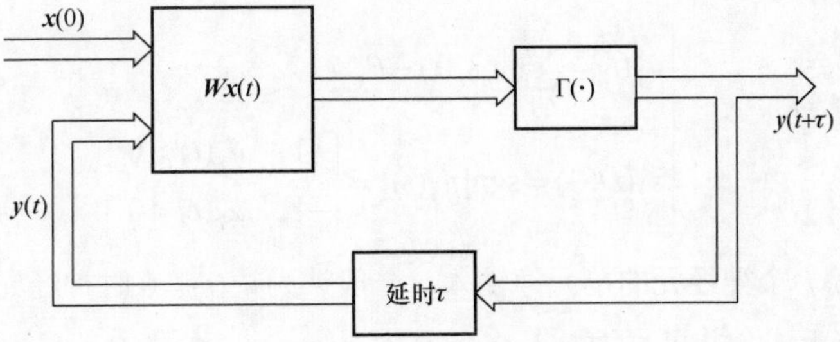

图 7.17 非线性动态联想存储器

其作用过程可写成

$$y(t+\tau)=\Gamma[Wx(t)]$$

$$x(t)=\begin{cases}x(0), & t=0\\ y(t), & t>0\end{cases}$$

加入 $x(0)$ 后，系统经过演变，会达到稳定状态。

由于引入了反馈，所以它是一个非线性动力学系统。从理论上分析这类系统很复杂，下面只从应用的角度对常用的霍普菲尔德模型给出一些定性分析。

7.4.2 离散霍普菲尔德网络

霍普菲尔德网络是反馈型网络，网络中各神经元之间是全互联的，所以也叫互联型网络。如果网络中各节点没有自反馈，由三个神经元组成的霍普菲尔德网络的连接方式如图 7.18 所示。

在这种网络中，所有节点都是一样的，它们既接受来自其他节点的输入，也输出给其他节点，所以输入输出可以统一用状态变量 $s(t)$ 表示；离散霍普菲尔德网络的非线性函数常用符号函数 sgn(·)。在网络中各节点没有自反馈的情况下，离散霍普菲尔德网络的构造如图 7.19 所示。

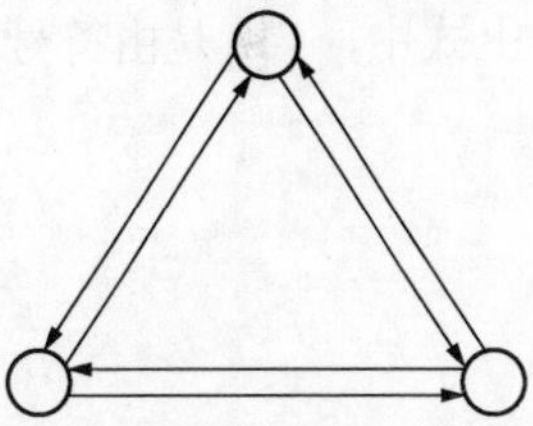

图 7.18 由三个神经元组成的霍普菲尔德网络

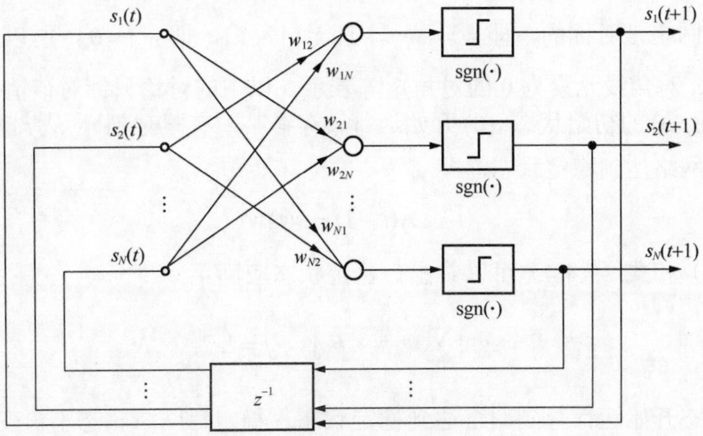

图 7.19 离散霍普菲尔德网络

作用过程可表示为

$$\begin{cases} u_j(t)=\sum_{i=1}^{N} w_{ji}s_i(t)-\theta_j \\ s_j(t+1)=\operatorname{sgn}[u_j(t)]=\begin{cases} +1, & u_j(t)>0 \\ -1, & u_j(t)<0 \end{cases} \end{cases}$$

式中的$u_j(t)$表示第 j 个神经元的单元净输入。一般认为$u_j(t)=0$时神经元状态保持不变，即$s_j(t+1)=s_j(t)$。将上式合并可写为

$$s_j(t+1)=\operatorname{sgn}[\sum_{i=1}^{N} w_{ji}s_i(t)-\theta_j] \tag{7.4.1}$$

其中$s_j(t)$表示t时刻单元j的状态（取 1 或−1）。将整个网络的状态用列向量$\boldsymbol{s}$表示为

$$\boldsymbol{s}=[s_1\ \ s_2\ \ \cdots\ \ s_N]^{\mathrm{T}}$$

再令

$$\boldsymbol{u}(t)=[u_1(t)\ u_2(t)\ \ \cdots\ \ u_N(t)]^{\mathrm{T}}$$

$$\boldsymbol{\theta}=[\theta_1\ \ \theta_2\ \ \cdots\ \ \theta_N]^{\mathrm{T}}$$

则动态联想存储的关系为

$$\boldsymbol{s}(t+1)=\Gamma[\boldsymbol{u}(t)]=\Gamma[\boldsymbol{Ws}(t)-\boldsymbol{\theta}] \tag{7.4.2}$$

上式中，$\Gamma[\cdot]$是由符号函数构成的对角矩阵（非线性算子）：

$$\Gamma[\cdot]=\begin{bmatrix} \operatorname{sgn}(\cdot) & 0 & \cdots & 0 \\ 0 & \operatorname{sgn}(\cdot) & \cdots & 0 \\ \vdots & \vdots & \ddots & \vdots \\ 0 & 0 & \cdots & \operatorname{sgn}(\cdot) \end{bmatrix}$$

当$\boldsymbol{\theta}=\boldsymbol{0}$时，可将式（7.4.2）写为更简洁的形式：

$$\boldsymbol{s}(t+1)=\Gamma[\boldsymbol{Ws}(t)] \tag{7.4.3}$$

一般情况下网络是对称的，即$w_{ij}=w_{ji}$，且无自反馈，即$w_{jj}=0$，所以连接权$\boldsymbol{W}$矩阵可用一个$N\times N$的、对角线元素为 0 的对角矩阵表示。以下的讨论只针对该情况进行。

如果网络从$t=0$的初始状态$s(0)$开始运行，存在某一有限时刻t，从t时刻以后网络状态不再变化，则称网络达到稳定状态，即

$$\boldsymbol{s}(t+1)=\boldsymbol{s}(t) \tag{7.4.4}$$

从式（7.4.1）和式（7.4.4）可以看出，稳定状态应满足

$$s_j=\operatorname{sgn}[\sum_{i=1}^{N} w_{ji}s_i-\theta_j],\quad j=1,2,\cdots,N \tag{7.4.5}$$

网络从初始态开始运行直到网络达到稳定状态，稳定后网络状态不再变化，其间网络有以下两种工作方式。

（1）串行（或称异步）方式。任一时刻只有一个单元按式（7.4.1）改变状态，其余单元保持不变。各单元动作顺序可以随机选择，或按某种确定的顺序动作。

（2）并行（或称同步）方式。某一时刻所有神经元同时改变状态。有文献称按同步方式工作的网络为 Little 模型。

以下只针对串行（异步）方式进行讨论。

根据物理学类推，霍普菲尔德网络定义了下面的能量函数。在串行（异步）方式下，网络的能量函数为

$$
\begin{aligned}
E &= -\frac{1}{2}\sum_{i=1}^{N}\sum_{j=1}^{N} w_{ij} s_i(t) s_j(t) + \sum_{i=1}^{N} \theta_i s_i(t) \\
&= -\frac{1}{2}\boldsymbol{s}^{\mathrm{T}}(t)\boldsymbol{W}\boldsymbol{s}(t) + \boldsymbol{\theta}^{\mathrm{T}}\boldsymbol{s}(t)
\end{aligned}
$$

可以证明，对于串行工作方式，当网络进行状态转移时，网络的能量单调减少，直到稳定。也就是说，从任一初始状态开始，每次迭代时都满足 $\Delta E \leqslant 0$，最后趋于稳定状态 $\Delta E = 0$。这也说明了霍普菲尔德网络在取能量函数的极小值时为稳定状态。

下面看一个简单的例子。

例 7.4.1 设网络只有两个节点，如图 7.20 所示，节点的状态只可能取 1 或−1，且认为阈值 $\boldsymbol{\theta} = \boldsymbol{0}$，网络以串行方式工作，连接权矩阵 $\boldsymbol{W} = \begin{bmatrix} 0 & -1 \\ -1 & 0 \end{bmatrix}$ 对称，求网络的稳定状态。

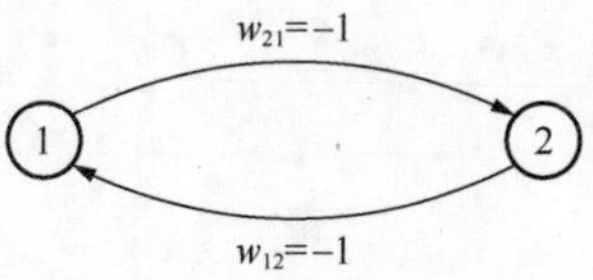

图 7.20 由两个神经元组成的互联型网络

解：两个神经元，每个神经元只能取 1 或−1，则共有四种可能的状态：

$$(1,1)、(1,-1)、(-1,1)、(-1,-1)$$

稳定状态应满足前面介绍的式（7.4.5），即

$$s_j = \mathrm{sgn}[\sum_{i=1}^{N} w_{ji} s_i - \theta_j],\quad j = 1, 2, \cdots, N$$

所以稳定状态有

$$
\begin{aligned}
s_1 &= \mathrm{sgn}[w_{11}s_1 + w_{12}s_2 - \theta_1] = \mathrm{sgn}[-s_2] = -\mathrm{sgn}[s_2] \\
s_2 &= \mathrm{sgn}[w_{21}s_1 + w_{22}s_2 - \theta_2] = \mathrm{sgn}[-s_1] = -\mathrm{sgn}[s_1]
\end{aligned}
$$

显然四种状态中只有 $\{(1,-1), (-1,1)\}$ 两个状态是稳定状态，其余状态会通过网络运行最终收敛到与之邻近的稳定状态上。

7.4.3 联想存储器及其学习

二值霍普菲尔德网络的一个典型应用是用作联想存储器，通过合理选择权矩阵 $\boldsymbol{W}$，使待存向量成为霍普菲尔德网络的稳定状态——更具普遍性的说法是：成为某一动力学系统的吸引子。这样，当外加一个测试向量时，网络运行稳定后就被稳定在（吸引到）与之相近的已存向量上。这一过程似于人的联想记忆过程，故称该系统为联想存储器。

这类存储器的特点是所有信息分布存储在权矩阵中，而不像通常计算机用的存储器那样，

每个信息存在自己的地址中。

联想存储器的性能可用下面两个指标来描述。

（1）存储容量

网络的稳定点个数，用 C 表示，一般理解为网络可存储的二值向量的平均最大数量。还有一种情况是，只要能找到合适的权矩阵 $\boldsymbol{W}$，使得 m 个向量能成为该网络的稳定状态，则将满足此条件的 m 的最大值定义为容量。

（2）联想能力（或纠错能力）

当输入一个被歪曲的样本时，网络能联想起与之距离（汉明距离：两向量相异分量的个数）最近的所存样本，从而纠正其中错误分量的能力。

例如，由三个神经元组成的互联型网络，权矩阵为

$$\boldsymbol{W}=\begin{bmatrix} 0 & -\frac{2}{3} & \frac{2}{3} \\ -\frac{2}{3} & 0 & -\frac{2}{3} \\ \frac{2}{3} & -\frac{2}{3} & 0 \end{bmatrix}$$

设阈值全为 0，则网络的稳定点为

$$s_1=\mathrm{sgn}[w_{11}s_1+w_{12}s_2+w_{13}s_3]=\mathrm{sgn}[-\frac{2}{3}s_2+\frac{2}{3}s_3]$$

$$s_2=\mathrm{sgn}[w_{21}s_1+w_{22}s_2+w_{23}s_3]=\mathrm{sgn}[-\frac{2}{3}s_1-\frac{2}{3}s_3]$$

$$s_3=\mathrm{sgn}[w_{31}s_1+w_{32}s_2+w_{33}s_3]=\mathrm{sgn}[\frac{2}{3}s_1-\frac{2}{3}s_2]$$

可以解出只有 $(1,-1,1)$ 和 $(-1,1,-1)$ 是稳定状态。

网络中三个节点共有 8 个状态，如图 7.21 所示。网络的纠错能力表现如下。

① 当测试向量为 $(-1,-1,1)$ 、 $(1,1,1)$ 、 $(1,-1,-1)$ 时，它们都会收敛到稳态 $(1,-1,1)$ 上。

② 当测试向量为 $(1,1,-1)$ 、 $(-1,-1,-1)$ $(-1,1,1)$ 时，它们都会收敛到稳态 $(-1,1,-1)$ 上。

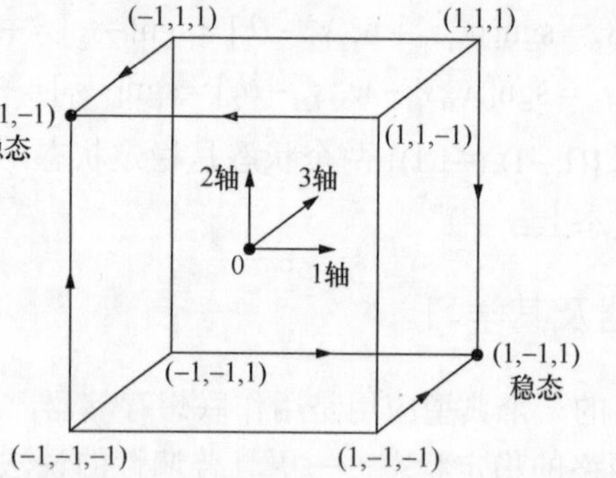

图 7.21　三节点网络的 8 个状态

将带有噪声的向量输入网络，网络经过运行收敛后，会稳定在无噪状态，这就是霍普菲尔德网络的抗噪性。当然，事先必须通过选择权矩阵 $\boldsymbol{W}$，使无噪状态成为稳态。

权矩阵 **W** 的确定通过学习过程完成，该过程根据一组待存的向量确定网络中各个权值，学习可以采用 Hebb 学习规则。

如果网络中节点总数为 N，待存向量总数为 P，则采用 Hebb 学习规则学习的网络具有如下性质。

（1）当待存的样本两两正交时，只要满足 $N > P$，则 P 个样本都可以是网络的稳定点，且各样本的吸引域（向某个吸引子演化的所有初始状态）为

$$d \leqslant \frac{N-P}{2N}$$

（2）对随机选取的样本（即样本不一定两两正交，但样本中各分量取 1 及−1 的概率各为 0.5），为达到满意的信噪比，应取 $N > P$。

已经证明，采用 Hebb 学习规则学习的霍普菲尔德网络用于联想存储时，其存储容量约为 $0.14N$（N 为网络中神经元总数），与其他学习方式的网络的存储容量相比是比较低的，因而它不适合做大容量的存储器。

7.4.4 连续霍普菲尔德网络

连续霍普菲尔德网络与离散霍普菲尔德网络的基本原理是一致的，但连续型网络的输入、输出是模拟量，网络以并行方式工作，因此实时性更好。

连续霍普菲尔德网络可与电子线路相对应，网络的结构如图 7.22 所示。

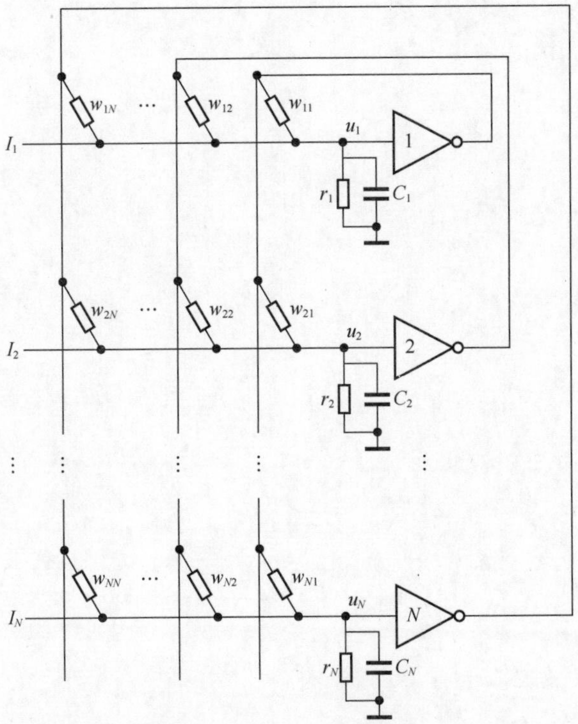

图 7.22 连续霍普菲尔德网络

对图 7.22 所示网络的说明如下。

（1）每一神经元可由一个有正反向输出的运算放大器模拟，放大器的输入、输出特性为双极性 S 函数（放大器的非饱和特性）。

（2）放大器输入端的电阻 r_i 和分布电容 C_i 并联，可模拟生物神经元的时间常数，实现反馈环中的延时 τ（参见图 7.17）。

（3）相互间的电导模拟各神经元间突触的特性（权系数 $w_{ji}=\dfrac{1}{R_{ji}}$，R_{ji} 是反馈电阻）。

（4）外加偏置电流 I_i，起神经元阈值 θ 的作用。

在连续霍普菲尔德网络中，各神经元的输出不再是离散值，而可以在某一区间连续变化。连续状态的霍普菲尔德神经网络可以用来解决很多优化问题，只要优化问题的目标函数可以化为网络的能量函数形式。这相当于用电路实现最优化模型，不做具体讨论。

参考文献

[1] SIMON HAYKIN．Adaptive Filter Theory[M]．北京：电子工业出版社，1998.

[2] 陈尚勤,李晓峰.快速自适应信息处理[M]．北京：人民邮电出版社，1993.

[3] 姚天任,孙洪．现代数字信号处理[M]．武汉：华中理工大学出版社，1999.

[4] S.M.凯依．现代谱估计——原理与应用[M]．黄建国,武延祥,杨世兴,译．北京：科学出版社，1994.

[5] 胡广书．数字信号处理——理论、算法与实现[M]．北京：清华大学出版社，1997.

[6] 张贤达．现代信号处理[M]．北京：清华大学出版社，1995.

[7] 吴兆熊，黄振兴，黄顺吉．数字信号处理：下册[M]．北京：国防工业出版社，1985.

[8] 张宗橙，张玲华，曹雪虹．数字信号处理与应用[M]．南京：东南大学出版社，1997.

[9] 王宏禹．现代谱估计[M]．南京：东南大学出版社，1991.

[10] 杨福生．随机信号分析[M]．北京：清华大学出版社，1990.

[11] 肖先赐．现代谱估计——原理及应用[M]．哈尔滨：哈尔滨工业大学出版社，1991.

[12] 张贤达．现代信号处理[M]．2 版．北京：清华大学出版社，2002.

[13] 胡广书．现代信号处理教程[M]．北京：清华大学出版社，2004.

[14] 杨福生．小波变换的工程分析与应用[M]．北京：科学出版社，1999.

[15] SIMON HAYKIN．自适应滤波器原理[M]．4 版．郑宝玉，译。北京：电子工业出版社，2003.

[16] 阎平凡，张长水．人工神经网络与模拟进化计算[M]．北京：清华大学出版社，2000.

[17] 杨行峻，郑君里．人工神经网络与盲信号处理[M]．北京：清华大学出版社，2003.

[18] 张贤达，保铮．通信信号处理[M]．北京：国防工业出版社，2000.

[19] 何振亚．自适应信号处理[M]．北京：科学出版社，2002.

[20] 王欣，王德隽．离散信号的滤波[M]．北京：电子工业出版社，2002.

[21] 张玲华，郑宝玉．随机信号处理[M]．北京：清华大学出版社，2003.

[22] 杨绿溪．现代数字信号处理[M]．北京：科学出版社，2007.

[23] Bregovic R, Saramaki. A general-purpose optimization technique for designing two-channel FIR filter banks [A]. 2000 10th European Signal Processing Conference [C]. Tampere, 2000: 1-4.

[24] Bregovic R, Saramaki. Design of causal stable perfect reconstruction two-channel IIR filter banks [A]. ISPA 2001.Proceedings of the 2nd International Symposium on Image and Signal

Processing and Analysis. In conjunction with 23rd International Conference on Information Technology Interfaces [C]. Pula, Croatia, 2001: 545-550.

[25] Chan A C, Mao J S, Ho K L. A new design method for two-channel perfect reconstruction IIR filter banks [J]. IEEE Signal Process Letters, 2000, 7(8): 221-223.

[26] Karp T, Fliege N J. Modified DFT filter banks with perfect reconstruction [J]. IEEE Transactions on Circuits and Systems II: Analog and Digital Signal Processing, 1999, 46(11): 1404-1414.

[27] Lu W S, Xu H, Antoniou A. A new method for the design of FIR quadrature mirror-image filter banks [J]. IEEE Transactions on Circuits and Systems II: Analog and Digital Signal Processing, 1998, 45(7): 922-926.

[28] Mao J S, Chan S C, Ho K L. Design of two-channel PR FIR filter banks with low system delay [A]. 2000 IEEE International Symposium on Circuits and Systems (ISCAS) [C]. Geneva, Switzerland, 2000: 627-630.

[29] Tay D B H. Design of causal stable IIR perfect reconstruction filter banks using transformation of variables [J]. IEE Proceedings - Vision, Image and Signal Processing, 1998, 145(4): 287-298.

[30] Vaidyanathan P P, Hoang P Q. Lattice structure for optimal design and robust implementation of two-channel perfect reconstruction QMF banks [J]. IEEE Transactions on Signal Processing, 1988, 36(1): 81-94.

[31] Vetterli M, Herley C. Wavelets and filter banks: theory and design [J]. IEEE Transactions on Acoustics, Speech, and Signal Processing, 1992, 40(9): 2207-2232.

[32] Vettereli M, Kovacevic J. Wavelets and Subband Coding [M]. Englewood Cliffs, NJ: Prentice Hall,1995.

[33] Xu H, Lu W S. An improved method for the design of FIR quadrature mirror-image filter banks [J]. IEEE Transactions on Signal Processing, 1998, 46(5): 1275-1281.